analog design series

■アナログ・デザイン・シリーズ

- CMRR
- PSRR
- Distortion
- Noise Gain
- DC Precision
- Slew Rate
- Output Current
- Dynamic Range
- Impedance
- Phase Margin
- Offset Drift
- Loop Gain

OPアンプ活用 成功のかぎ
ICを正しく理解して正しく使う

川田章弘 [著]
Akihiro Kawata

CQ出版社

はじめに

　アナログICの一つであるOPアンプ（オペアンプ）は，現代のアナログ回路における基本デバイスです．このICの使い方を覚えると，いろいろなアナログ回路を作ることができます．本書の目的は，このOPアンプを使った増幅回路を設計するための基礎から少し高度な内容までを提供することです．普段はマイコンしか使わないというようなビギナから，OPアンプを基礎から復習したい現場技術者まで参考になると思います．

　増幅回路を設計しながらOPアンプの使い方をマスタするだけでも，仕事や趣味で必要になるOPアンプ回路の半分は設計できるようになると思います．そのくらい，増幅回路はOPアンプ回路における基本です．スキーの上達を目指す人が初心に帰ってボーゲンの練習をするように，基礎技術の習得は大きな力になります．本書が，皆さんにとってOPアンプ回路に関する基礎知識を習得する礎となれば幸いです．

　故川上正光先生が「電子回路Ⅰ～Ⅴ」（共立全書）を著した頃，電子回路技術黎明期における基本デバイスは真空管でした．初期のOPアンプは，真空管で作られていたくらいです．

　1947年に米国のBell研究所でトランジスタ効果が発見されて以来，アナログ回路の基本デバイスはトランジスタへと変わりました．これは現在でも変わりありませんが，システム・レベルでのアナログ回路は，今と昔では様変わりしました．現在の電子機器で，個別トランジスタが使われるのはごく一部だけになってしまったからです．ほとんどの人が設計の難しいトランジスタ回路ではなく，便利で簡単なOPアンプ回路や特定用途向けIC（ASIC）周辺回路の設計者へと移行しました．

　年表に示すように，個別トランジスタを使用したモジュール型OPアンプが生まれたのは1960年代の初頭です．そして，現在のようなプレーナ・プロセスを使用したモノリシックOPアンプが登場したのは1963年になります．初期の真空管OPアンプは，砲弾誘導用のアナログ・コンピュータに使用する応用回路（モジュール）として開発されました．OPアンプ（Operational Amplifier：演算増幅器）という名称は，この増幅器がアナログ・コンピュータ内部の演算回路に使用されたことに由

OPアンプの歴史

1928年	Western Electric社のHarold Blackによる負帰還増幅の発明
1932年	Bell研究所のHarry Nyquistによるナイキストの安定判別法
1937年	Bell研究所のHendrick Bodeによるボーデ線図
1940年	砲弾誘導用のアナログ・コンピュータ(M9火器管制システム)の研究
1947年	John RagazziniによりOperational Amplifierと命名．Bell研究所にてトランジスタ効果の発見
1949年	RCA社のEdwin GoldbergとJules Lehmannによるチョッパ安定化OPアンプの発明
1952年	George A. Philbrick研究所(GAP/R) K2-W OPアンプ(真空管回路モジュール)の開発
1954年	テキサス・インスツルメンツ社のGordon Tealによる成長接合型シリコン・トランジスタの開発
1958年	テキサス・インスツルメンツ社のJack Kilbyによる(ワイヤ・ボンディングを使った)ICの発明
1959年	フェアチャイルド社のJean Hoerniによるプレーナ・プロセスの発明．フェアチャイルド社のRobert Noyceによる(プレーナ・プロセスを使った)ICの発明
1963年	フェアチャイルド社のBob Widlarによるモノリシックサック OPアンプ μA702の開発
1965年	フェアチャイルド社のBob Widlarによる μA709(最初に普及したOPアンプ)の開発
1967年	ナショナルセミコンダクター社に移籍したBob WidlarによるLM101 (LM301)の開発
1968年	フェアチャイルド社のDave Fullagarによる μA714(最初の位相補償内蔵型OPアンプ)の開発
1970年前後	Raytheon社のHary GillによるRC4558(もっとも普及した汎用OPアンプ)の開発
1974年	ナショナル セミコンダクター社のRonald Russelらによるイオン打ち込み法を用いたJFET製造技術の発表
1975年	RCA社によるCMOS OPアンプCA3130の発表
1975年	Precision Monolithics社のGorge ErdiによるOP07(最初に普及した高精度OPアンプ)の開発
1976年	ナショナル セミコンダクター社によるLF356(最初に普及したJFET OPアンプ)の発表
1978年	テキサス・インスツルメンツ社によるJFET OPアンプ TL06x/TL07x/TL08xシリーズ(プラスチック・パッケージを採用した低価格JFET OPアンプ)の発表
1984年	バー・ブラウン社のSteve Millawayによる誘電体分離プロセスを用いたOPA111(高精度/低バイアス電流JFET OPアンプ)の開発
1985年以降	LM6361(ナショナル セミコンダクター社)やAD847(アナログ・デバイセズ社)などの高速OPアンプの開発・普及が進む

来します．

　現在のOPアンプICの原型は1960年代後半に作られ，それから1980年にかけて数人の技術者によって基本設計がなされてきました．1980年代後半からは，回路技術よりも半導体プロセス技術の進歩がOPアンプの高性能化に寄与したと思われます．

　本書では，皆さんがOPアンプICを評価し選択するために必要になるであろう技術内容についても解説することにしました．OPアンプ回路を設計するには，OPアンプの選び方についても知っておく必要があるからです．OPアンプにはさまざまな特性パラメータがあり，応用回路によって重要になる性能項目が異なります．真の万能OPアンプは存在しません．OPアンプを選ぶときは，自分が使用する回路条件に近い状態で，実際に測定器を使ってデータを取得し，十分な性能が発揮されるかどうかを確かめる必要があります．ICの特性測定に関する第8章〜第12章も，皆さんの回路設計において役立つでしょう．

● 謝辞

　㈱アドバンテストの各位に感謝いたします．電子工学から生物工学という電子回路技術者として稀有な道を歩んできた私に，同社は，低周波・高周波回路からPLL回路や高速クロック回路技術（シグナル・インテグリティ）に至るまでの広範囲で実践的なアナログ回路技術の研鑽の場を与えてくださいました．同社での大小さまざまな失敗とその解決に費やした日々は，私の技術者としての基礎になりました．

　日本テキサス・インスツルメンツ㈱の各位にも感謝いたします．第5章Appendixの OPA365 に関する特性データは Texas Instruments-US の Miro Oljaca が提供してくれました．Miro には，本書へのデータ使用を快く許可してくれ，追加データを送ってくれたことに感謝します．本書に登場する低雑音OPアンプ OPA211 や OPA827 の製品仕様と代表的なアプリケーションの決定にあたって，Frank Haupt は日本からの私のフィード・バックに真摯に耳を傾けてくれました．

　私の難解な原稿をビギナでも読めるようにアレンジしてくださったCQ出版社の寺前裕司様，および日頃お世話になっているトランジスタ技術編集部の皆様，そして私を編集部に紹介してくださった馬場清太郎様へ感謝いたします．本書を読み終えた方は，ぜひ参考文献に掲げた馬場氏の著書を読むことをお勧めします．

　最後に，本書の完成を見ることなく約5年前に他界した母に一言，「ありがとう」と伝えたい．もし母が，約33年前に私を産んでくれなければ，この本が世に出ることは決してありませんでした．

2009年4月　著者

目次

はじめに ───── 002

第1章 【成功のかぎ1】OPアンプ利用のコモンセンス
繊細なアナログICとの接し方 ───── 019

1-1 アナログとディジタルは二人で一つ ───── 019
敏感で弱いアナログと鈍感で強いディジタル　019
アナログが欠けてもディジタルが欠けても良い製品にはならない　020

1-2 OPアンプの基本機能「信号増幅」の冥利 ───── 022
増幅すると雑音に強くなる　022
A-D変換後に失われる情報が少なくなる　023
理想的なアンプの出力波形と入力波形は相似　024

1-3 OPアンプの分類 ───── 026
用途別の分類　026
電源電圧による分類　027
入出力可能な電圧範囲での分類　030

1-4 OPアンプの癖を見破る ───── 032
データシートには肝心なことが書かれていない　032
ICの癖は実験で見破る　034
データシートではなく実測データを信じる　036
Column　単電源と両電源の違い　037

第2章 【成功のかぎ2】3種類のアンプを使いこなす
増幅技術の基礎を身につける ───── 039

2-1 位相は反転するけれど高精度な「反転アンプ」───── 039
入力信号と出力信号の関係　039
二つの外付け抵抗の比でゲインが決まる　040
実装方法　042

	特徴を生かした応用回路　042	
2-2	位相が反転せず使いやすいが精度がイマイチな「非反転アンプ」	045
	反転させずに振幅する　045	
	使いやすいがゲイン誤差が大きい　046	
	実装方法　050	
2-3	微弱信号にパワーを加えて負荷を強力駆動する 「ボルテージ・フォロワ」　050	
	入力インピーダンス大，出力インピーダンス小，ゲイン１倍　050	
	使い方の例　051	
	高性能だが発振しやすいのが玉に瑕　053	
	Column　OPアンプ回路は＋端子と－端子を短絡して読む　053	

第3章
【成功のかぎ3】種類と定数に込められた意味を理解して応用する
OPアンプ周辺部品の役割と値の理由 ── 055

3-1	フィードバック部 ── 056
	ゲインを決める帰還抵抗 R_{11} と R_{10} ── 056
	帰還抵抗は十数kΩにする　056
	雑音が気になるときは金属皮膜や薄膜チップを使う　057
	抵抗のばらつきとゲイン誤差　058
	直流成分の増幅を抑える C_9 ── 059
	バイアス電圧を増幅せず交流信号だけを増幅　059
	定数の決め方　060
	容量の割に小型で安価なアルミ電解を使用　061
3-2	バイアス部 ── 063
	電源電圧を分割し基準電位を作る R_3 と R_5 ── 063
	バイアスの必要性　063
	バイアスの加え方　064
	R_3 と R_5 の定数　065
	バイアス回路とOPアンプをつなぐ R_7 ── 067
	バイアス電圧を変動しにくくする C_2 ── 068
	容量をできるだけ大きくする　068
	積層セラミックを使用　069

3-3	**入力部** ── 070	
	外部機器を接続したときの回路の暴れを抑える R_8 ── 070	
	R_8 がないとOPアンプが暴れる 070	
	R_8 がないと装置Aが壊れる可能性がある 070	
	±5％精度の炭素皮膜抵抗を使用 070	
	異なる基準電位で動作する回路間のかけ橋 C_8 ── 072	
	C_8 がないと正しく増幅できない 072	
	低域カットオフ周波数から定数が決まる 073	
3-4	**入力部の詳細設計** ── 073	
	回路は影響の小さいものを省いて読む ── 074	
	OPアンプは入力インピーダンスが高いので無視する 075	
	電源5Vは交流信号に対してグラウンドとして機能する 076	
	入力インピーダンスの周波数特性 ── 077	
	領域Cの信号から見た入力回路 077	
	領域Aの信号から見た入力回路 077	
	領域Aの入力インピーダンスを算出 079	
	領域Bの入力インピーダンスを算出 079	
	領域Cの入力インピーダンスを算出 080	
3-5	**出力部** ── 080	
	次段との安定した接続を実現する R_{12} ── 080	
	R_{12} の二つの働き 080	
	数十kΩが適正値 082	
	異なる基準電位で動作する次段アンプとのかけ橋 C_{10} ── 082	
3-6	**実験で設計を確かめる** ── 082	
	正側がクリップしてしまう！ 083	
	バイアス電圧を調整したら今度は負側がクリップ 083	
	出力に抵抗を追加するとひずみが減り出力電圧範囲が広がる 085	
	Column　しゃ断周波数とは　068	
	Column　OPアンプ活用のヒント　088	
	Column　両電源OPアンプの異常動作　090	
	Column　ボリュームの接点に直流電流は禁物　92	

第4章 【成功のかぎ4】OPアンプに付いて回る誤差要因「オフセット」への対応
直流増幅技術をマスタする ─────── 093

4-1 直流アンプの必要性 ─── 093
直流アンプの設計に失敗した例 093
周期の長い信号を取り出すときにも直流アンプ 094
直流オフセット電圧と温度ドリフトがゼロのアンプが理想的 095

4-2 アンプの性能は両電源のほうが出しやすい ─── 096
単電源動作の交流アンプの欠点 ─── 096
カップリング・コンデンサは信号を劣化させる 096
信号が他のチャネルに漏れる 097
電源投入後，動作が安定するまでに時間がかかる 098
両電源型のメリットとデメリット ─── 099
コンデンサがなければ直流を増幅できる 099
雑音やひずみ，過渡現象の呪縛から開放される 099
チャネル間クロストークが小さくなる 100
正と負の電源が必要 101

4-3 直流アンプの回路 ─── 101
単電源動作の直流アンプ 101
両電源動作の直流アンプ 102

4-4 直流アンプの泣き所「オフセット電圧」 ─── 103
直流アンプは直流信号から増幅するだけに扱いにくい ─── 103
入力信号に含まれる不要な直流成分を増幅してしまう 103
極低周波のゆらぎも増幅してしまう 103
自分で出した不要な直流成分を増幅してしまう 104
オフセット電圧の弊害 105

4-5 オフセット電圧が生じる理由 ─── 106
出力オフセット電圧の原因 106
入力オフセット電圧が生じる理由 106
入力バイアス電流が生じる理由 108

4-6 出力オフセット電圧の要因 ─── 108
入力バイアス電流と出力オフセット電圧の関係 ─── 108
入力オフセット電圧と出力オフセット電圧の関係 ─── 109

	入力オフセット電圧はノイズ・ゲイン倍される　109	
	負帰還をかけても入力オフセット電圧は小さくならない　110	
	反転アンプと非反転アンプの出力オフセット電圧　110	
	実際の回路で出力オフセット電圧を計算してみる　112	
4-7	**出力オフセット電圧を減らす方法** ──── 113	
	入力オフセット電圧を小さくする ── 113	
	内部差動ペアのコレクタ電流のバランスをとる　113	
	温度ドリフトへの対応　113	
	±入力端子の入力バイアス電流の影響を減らす ── 114	
	抵抗値を選べばキャンセルできる　114	
	抵抗追加が逆効果になるケース　114	
	出力オフセット電圧を補正する方法 ── 115	
	オフセット調整回路を加える　115	
	オフセットは温度や入力電圧によって変動する　118	
4-8	**直流増幅が必要ない場合は素直に交流アンプを作る** ──── 120	
	典型的な交流アンプ　120	
	カップリング・コンデンサ不要の交流アンプ　120	
	矩形波信号を増幅するときはサグとセトリングに注意　123	
	Column　雑音指数のお話　その1…SN比の劣化具合を示すアンプの性能「雑音指数 *NF*」　125	

第5章　【成功のかぎ5】微小信号に雑音を加えずに増幅する技術
低雑音増幅技術をマスタする ──── 127

5-1	**微小信号を増幅するには** ──── 127
	SN 比を劣化させないアンプが要る　127
	ダイナミック・レンジの確保も重要　128
5-2	**雑音の周波数分布は三つの帯域に分類できる** ──── 128
	雑音の周波数分布　128
	低周波域は 1/*f* 雑音が支配的　130
	設計次第で大きさが変わる白色雑音　130
	高周波で問題になる分配雑音　131
5-3	**雑音のいろいろとその対策** ──── 131
	部品やICを交換する以外に対策のない雑音 ── 132
	ポップコーン雑音／ショット雑音／分配雑音　132

目次　**009**

接触雑音は薄膜チップ抵抗に交換して対応　132
　　抵抗値で大きさが変わる熱雑音への対応 ── 132
　　　抵抗値と周波数帯域を小さくして温度を下げる　133
　　　熱雑音は抵抗値と温度と帯域の関数　133
　　　熱雑音の大小は1Hz当たりの雑音電圧で比較する　133
　　　二つ以上の熱雑音は自乗平均で合成する　133
　　アバランシェ雑音への対応 ── 134
　　　ベース-エミッタ間が１度でも降伏すると雑音が増えたまま元に戻らない　134
　　　R_{in}とR_Fで保護ダイオードの破損を防ぐ　135

5-5　OPアンプ自体から出ている雑音 ── 136
　　電圧性と電流性の雑音が出ている　136
　　入力換算雑音電圧　136
　　入力換算雑音電流　136

5-6　OPアンプ回路の雑音電圧の計算方法 ── 137
　　雑音を定量化する ── 137
　　OPアンプから発生する雑音電圧の計算 ── 138
　　　反転アンプの低雑音化　138
　　　非反転アンプの低雑音化　139
　　　差動アンプの低雑音化　140

5-7　低雑音アンプの設計例 ── 140
　　STEP1…設計目標を立てる　140
　　STEP2…低雑音型OPアンプを選ぶ　141
　　STEP3…基本設計をする　141
　　STEP4…低雑音化する　142
　　STEP5…最終回路の雑音特性を予測する　145
　　STEP6…試作して実際の特性を確かめる　145
　　Column　1/f雑音を含めた全実効雑音電圧の求め方　148

Appendix A　ダイナミック・レンジを広げるテクニック
微小信号から大信号までの幅広い入力レベルへの対応 ── 150
　　雑音と最大出力の差分「ダイナミック・レンジ」 ── 150
　　ダイナミック・レンジを大きくする方法 ── 151
　　　耐圧の高いOPアンプを使って電源電圧を上げる　151
　　　レール・ツー・レール型OPアンプに交換する　151

シングルエンドから差動に変更する　153
出力レール・ツー・レールは電源の利用効率が高い──── 154
入力レール・ツー・レールはひずみに注意する──── 155
非直線性ひずみが発生する　155
非直線性ひずみの出ないタイプ　157
OPA365を使わずにひずみを対策する方法　159
市販の入力レール・ツー・レールOPアンプのひずみ性能　161

Appendix B
正規分布する雑音の分布のようすや合成の方法
雑音レベルの算出術 ──── 163

5B-1
雑音の算出式 ──── 163
抵抗から生じる雑音 ──── 163
熱雑音を求める式　163
等価雑音帯域幅の求め方　163
RC 4次フィルタの等価雑音帯域幅の導出　164
コンデンサから生じる雑音 ──── 165
A-Dコンバータから生じる雑音 ──── 166

5B-2
雑音の合成の方法など ──── 168
雑音実効値の合成　168
$1/f$ 雑音はほぼ正規分布　169
アンプの飽和を考えるときはピーク・ツー・ピークで　170

第6章
【成功のかぎ6】雑音や安定性に配慮して最適化する
周波数特性のコントロール ──── 171

6-1
帯域を広げる方法 ──── 171
ゲインの周波数上限を制約するゲイン帯域幅と帰還量 β ──── 171
***GBW*の大きいOPアンプを選ぶ** ──── 172
GBW が大きいほど周波数帯域が広くなる　172
GBW の異なる二つのOPアンプで実証　173
帰還量を増やす ──── 174
帰還量を増やすと周波数帯域が広がる理由　174
ゲイン＋10倍と＋1倍のアンプで実証　175
実際のOPアンプの GBW は周波数によらず一定ではない ──── 175

6-2
ノイズ・ゲインで上限周波数とゲインを個別にコントロール ──── 177

ノイズ・ゲインで雑音や周波数特性をコントロール　177
ゲインを下げつつ上限周波数の上昇を抑えるには　177

6-3　上限周波数の上昇を抑制する方法 ── 181
帰還回路で周波数特性をコントロールする　181
GBWは周波数特性の設計に使えない　182

6-4　大振幅ではスルー・レートが上限周波数を支配することがある ── 183
出力振幅の最大傾斜はスルー・レートで制限される　183
GBWは大きいのにスルー・レートが小さいOPアンプ　184
高スルー・レートが必要なら電流帰還型を使う　185
スルー・レートと上限周波数の関係　185

Appendix　数十m～数百mAを出力できるアンプの作り方
OPアンプの出力電流を強化する方法 ── 187
出力電流を強化したくなる応用 ── 187
50Ωインピーダンス系の回路　187
帰還抵抗の小さい低雑音アンプ　187
OPアンプ交換による対処法 ── 188
出力電流に着目したOPアンプの探し方　188
数百mAの低周波回路にはパワーOPアンプ　189
50Ω/75Ω系の回路には高速OPアンプ　189
回路を追加する対処方法 ── 189
ディスクリート・アンプを追加する　189
Column　雑音指数のお話　その2…NFの応用　193

第7章　【成功のかぎ7】負荷に強く安定な高信頼性アンプを作る
発振対策と周辺部品の選び方 ── 195

7-1　見つかりくいアンプの致命傷「発振」 ── 195
発振は致命的な欠陥　195
発振回路とアンプは紙一重　195
まめに発振の有無をチェックする　196
アンプ周辺には発振の要因がたくさん　196

7-2　発振の症状 ── 196
パルス応答波形が乱れたり高周波の信号が重畳されたりする　196
直流の出力電圧が想定以上に大きく変動する　197

	OPアンプのパッケージが手で触れられないほど熱い　198
	アンプの直線性が想定以上に悪い　198
7-3	**安定性の設計** ─── 199
	入力→増幅→出力→帰還→入力を一巡する信号の変化を考察　199
	位相の移り変わりにも着目する　199
	発振までの余裕度は $A_0(j\omega)\beta(j\omega)$ でわかる　200
7-4	**安定性を増して発振しにくいアンプに仕上げる** ─── 202
	出力に容量がつながれても発振しないようにする ─── 202
	出力容量が原因の発振のメカニズム　202
	負荷容量が大きすぎると発振しないこともある　203
	対策　203
	入力にコンデンサが接続されても発振しないようにする ─── 205
	発振のしくみ　205
	対策　205
	寄生の L や C による高周波発振に強くする ─── 207
	増幅素子と L/C があるところはすべて発振源になりうる　207
	寄生発振の症状…OPアンプに手を近づけると出力電圧がふらつく　211
	対策　211
7-5	**パスコンの配置と選び方** ─── 211
	パスコンがないときの発振の症状と対応　211
	パスコンがないときの発振のしくみ　213
	パスコンの施し方　214
	回路ブロックに入れる大容量パスコンの容量の決め方　216
7-6	**発振のチェック方法** ─── 216
	オシロスコープを使った簡易的な方法　216
	スペクトラム・アナライザを使って厳密にチェック　217
	ネットワーク・アナライザを使って発振マージンを定量測定　219
	冷却すると発振しやすくなる　220
	Column　極と零点　206
	Column　データシートの記載「ゲイン2倍安定」の意味　211
Appendix A	発振マージンを精度良く測るテクニック **ループ・ゲインの測定方法** ─── 221
	簡易的なシミュレーション　221

より高精度にシミュレーションする方法　222

Appendix B 温度変化によって発振するときは周辺部品をチェックする
OPアンプは低温でも発振しないようにできている　225

第8章 【成功のかぎ8】オフセット電圧／雑音電圧／バイアス電流を正しく評価する
低オフセットOPアンプの使い方と評価法　229

8-1 低オフセットOPアンプとは　229
直流精度が必要なところで威力を発揮　229

実際のデバイス　229

8-2 使い方の基本　231
オフセット調整用の抵抗追加は逆効果　231

入力にLPFを追加してOPアンプが追従できない信号を除去する　232

±1％より高精度な抵抗を使う　233

OPアンプ入力端子周辺の配線をできるだけ短くする　233

8-3 オフセットを除きながら増幅するチョッパ安定化型　234
低オフセットに特化した「チョッパ安定化型」　234

出力フィルタを追加して特有の雑音を取り除く　235

LPFを追加したらセトリング・タイムを確認する　236

8-4 重要な性能とその評価方法　236
測定系の雑音レベルを確認する　236

入力オフセット電圧とその温度ドリフト特性　237

測定方法　237

測定結果の分析　238

入力換算雑音電圧　239

測定方法　239

測定結果の分析　240

入力バイアス電流　245

測定方法　245

測定結果の分析　245

発振マージン　245

測定方法　245

測定結果の分析　247

第9章 【成功のかぎ9】入力換算雑音電圧と入力換算雑音電流を正しく評価する
低雑音OPアンプの使い方と評価法 ——— 249

9-1 低雑音OPアンプのいろいろ ——— 249
実際のデバイス 249

9-2 使い方の基本 ——— 251
反転アンプで使う場合 251
非反転アンプで使う場合 253
差動アンプで使う場合 253

9-3 低域の雑音を正確に測定できる「ロックイン・アンプ」 ——— 253

9-4 入力換算雑音電圧密度の評価と分析 ——— 257
評価回路 ——— 257
測定結果と分析 ——— 257
OPA627BP 258
AD797AN 259
LT6200CS8 259
LT6202CS8 259
LMH6702MA 259
OPA846ID 259

9-5 入力換算雑音電流密度の評価と分析 ——— 260
評価回路 260
測定結果と分析 261
Column 高速OPアンプLMH6702MAとOPA846IDの周波数特性とOIP$_3$ 262
Column いくら低雑音なOPアンプを使っても
雑音指数の小さい50Ω系アンプを作ることはできない 264

第10章 【成功のかぎ10】雑音の中から微小信号を抽出して増幅する
差動アンプの使い方と評価法 ——— 265

差動アンプとインスツルメンテーション・アンプの違い ——— 265

10-1 差動アンプのふるまいと特性 ——— 266
「同相信号をどれだけ抑圧できるか」がかぎ ——— 266
CMRRとは 266
同相信号の除去能力を高めるには 267

10-2 インスツルメンテーション・アンプはコモン・モード・ノイズに強い ── 269
すべての電子回路はノイズの海の上で動作している　269
コモン・モード・ノイズは配線インピーダンスの少しのアンバランスで
　突然悪性の雑音に化ける　270
インスツルメンテーション・アンプさまさま　272

10-3 高域での $CMRR$ 改善の方法 ── 273
$CMRR$ は高域で劣化する　273
コモン・モード除去フィルタを追加する　273
入力ケーブルの容量は $CMRR$ を悪化させる　277
フローティング電源を使うと $CMRR$ がアップする　279

10-4 実際の差動アンプとインスツルメンテーション・アンプ ── 279
AMP03　282
INA157　282
AD628　282
AMP01　282
LTC6800　283

10-5 評価すべき特性と結果の分析 ── 285
差動ゲインの周波数特性 ── 285
測定法と結果の分析　285
測定系の正規化の方法　287
出力換算 $CMRR$ ── 287
測定方法　287
結果の分析　288
出力換算 $PSRR$ ── 290
$PSRR$ とは　290
測定方法　292
結果の分析　292

第11章 【成功のかぎ11】高圧回路でも安全で，安心して測定できる
アイソレーション・デバイスの使い方と評価法 ── 293

11-1 どのような2点間も安全に計測 ── 293
測定器が壊れて感電する!?　293
アイソレーション・デバイスで絶縁する　295

11-2	**アイソレーション・アンプの使い方と評価法** ── 295	

使い方 ── 296
入力側に低雑音プリアンプとLPF，出力側にLPF　296
電源も絶縁して初めて絶縁される　297

シンプルなモジュール・タイプ ── 298
入力信号を変調してトランスで絶縁伝送　298
専用電源要らず　298
使い方の基本　300

低雑音・広帯域タイプ ── 300
動作概要　300
フォト・ダイオードの直線性が良い領域を使う　300
1次側（入力）回路の動作　302
2次側（出力）回路の動作　303

評価すべき特性と結果の分析 ── 303
周波数特性　303
誤差電圧　305
パルス応答　306
*IMRR*の評価も必要　308

11-3	**ディジタル・アイソレータの使い方と評価法** ── 309	

ディジタル・グラウンドとアナログ・グラウンドはどこでつないだらよいのか？　309
ディジタルとアナログの電流の流れをすっきりさせる　311

実際のディジタル・アイソレータと使い方 ── 311
ADuM1100BR　311
IL715　312

評価すべき特性と結果の分析 ── 312
測定項目とテスト条件　312
ADuM1100BR　313
IL715　315

第12章	【成功のかぎ12】発振しない低ひずみ/広帯域アンプの作り方 **高速OPアンプの使い方と評価法** ── 317	
12-1	**電流帰還型OPアンプを攻略する** ── 317	

高速信号を増幅するなら電流帰還型　317

電圧帰還型はゲインを上げると帯域が狭くなる　318
電流帰還型はゲインを上げても帯域が変わらない　320
大敵「発振」への対応　321
パスコンがないと高調波ひずみが増える　323

12-2　OPアンプ入力部にある寄生容量を補償する ── 324
寄生容量の正体　324
二つの対策　325
ボルテージ・フォロワの補償方法　326

12-3　負荷容量による発振への対応 ── 327
出力抵抗をつける　327
ゲイン1倍で使えないOPアンプで安定に動くボルテージ・フォロワを作る方法　329

12-4　ゲインと位相の周波数特性を測る方法 ── 330
評価の方法　330
結果と分析　332

12-5　ひずみの評価 ── 336
高調波ひずみではなく相互変調ひずみで評価　336
入力と出力の関係が非線形な増幅素子は高調波ひずみを発生させる　336
正弦波を入力して高調波を測定するひずみ測定では不十分　336
二つの信号を同時に入力してひずみを測る　337
相互変調ひずみの大きさはインターセプト・ポイントで表す　338

相互変調ひずみの評価法と分析 ── 339
測定方法　339
結果と分析　340

参考・引用*文献 ──────────────── 347
索引 ──────────────────── 354

第1章

【成功のかぎ1】
繊細なアナログICとの接し方
OPアンプ利用のコモンセンス

　OPアンプは，もっともよく利用される代表的なアナログICです．アナログICはディジタルICと異なり繊細なデバイスですから，注意深く取り扱わないと性能が出なかったり，異常な動作をしたりします．
　OPアンプの性能を引き出すためには，アナログ回路の必要性や性質を理解しておく必要があります．

1-1　アナログとディジタルは二人で一つ

● 敏感で弱いアナログと鈍感で強いディジタル

　薄型テレビやDVDレコーダなど，最近の電子機器の多くがディジタル技術を利用しています．それにしてもなぜ，これほどまでにディジタル技術は広く利用され

OPアンプの外観

るようになったのでしょう？

　理由の一つは，ディジタル回路は雑音に強く，確実に情報を伝達できるからです．ディジタルにはこの素晴らしいメリットがあるため，情報社会に欠かせない数値の演算や保存，長距離伝送まで幅広く利用されています．「雑音に弱いアナログ回路の時代は終わった．これからはディジタルだけで十分じゃないの？」という声が聞こえてきそうですが，雑音に反応しないディジタル回路は，温度センサや圧力センサが出力する微小信号を拾うこともできません．

　たとえば，体重計を例にしてみましょう．体重が50kgのとき0.1V，60kgのとき0.2Vを出力する圧力センサをマイコンのI/O端子に直結すると，マイコンはこの二つの電圧値をどちらも"L"という同一の信号であると判定し，50kgと60kgの重量差を認識しません．これでは製品になりません．

　一方アナログICは敏感で，微小な電圧変化に反応します．温度センサや圧力センサが出力する信号の細かい電圧変化を捉えることができます．しかし，雑音にも敏感に反応するため，アナログICの出力信号を雑音の多い環境中で遠方まで伝えるのは苦手です．

● アナログが欠けてもディジタルが欠けても良い製品にはならない

　図1-1と図1-2に示すのは，体重計と携帯音楽プレーヤの内部ブロック図です．これらは一般に，ディジタル技術の応用製品として認知されていますが，蓋を開けてみるとどちらも，内部はアナログ回路とディジタル回路のハイブリッドになっています．

　図1-1に示す体重計には，重さによって抵抗値が変化する素子(ひずみゲージ)を使った圧力センサ「ロードセル」が内蔵されています．ロードセルが出力する微小信号を拾って増幅するのは，本書の主役「OPアンプ」で作られたアナログ回路です．また，体脂肪率に相当するインピーダンスを測定するのもアナログ回路です．ディジタル回路は，アナログ回路が出力する信号を演算してディスプレイに表示する役割を担っており，これは全体の一部分にすぎません．

　図1-2に示す携帯音楽プレーヤも同様です．フラッシュ・メモリやパソコンとのインターフェース(USBなど)，そしてディスプレイなどに使われているのはディジタル回路です．しかし，これらのICが出力するディジタル・データをアナログ信号に変換し，ヘッドホンを駆動するのはアナログ回路です．

　体重計の内部のアナログ回路の出来が悪いと，いい加減な体重値が表示されます．ディジタル回路の出来が悪いと，体脂肪率表示機能など，便利な機能を利用できま

せん．また，携帯音楽プレーヤの内部のアナログ回路が貧弱であれば，雑音の多いひずんだ音が再生されます．ディジタル回路が貧弱であれば，音質調整機能やランダムプレー機能のないつまらない製品になります．

　この例からわかるように，レベルの微小な信号を増幅できるOPアンプ，そして増幅されたアナログ信号をディジタル信号に変換できるA-Dコンバータなどのア

(a) 外見はディジタルっぽいけれど…

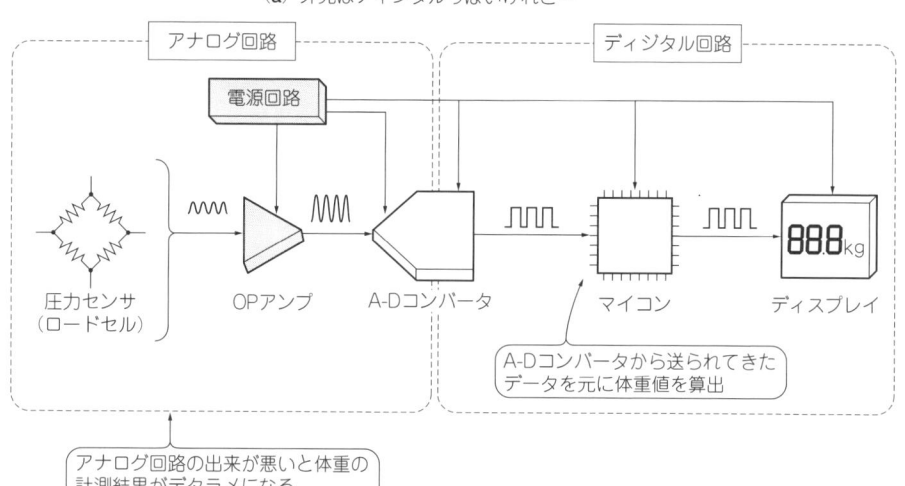

(b) 内部にはアナログ回路が入っている

[図1-1] ディジタル表示の体重計の内部はアナログ回路とディジタル回路のハイブリッド

1-1　アナログとディジタルは二人で一つ

(a) 携帯音楽プレーヤも見た目はディジタルだけど…

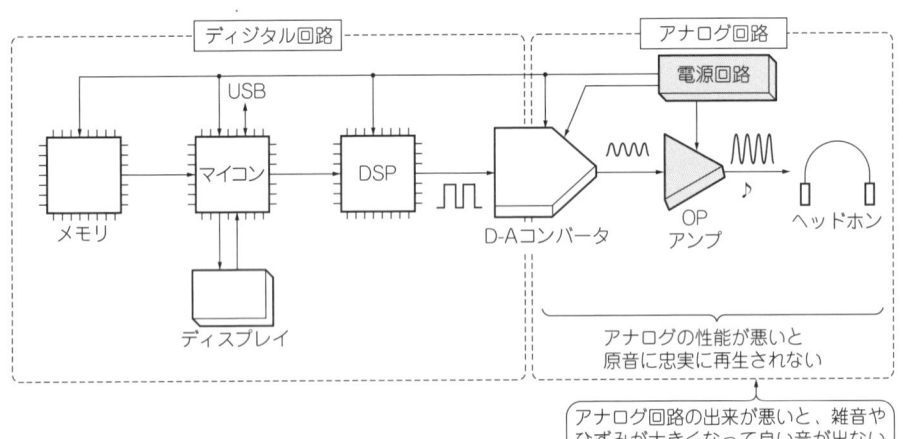

(b) 内部にはアナログ回路が入っている

[図1-2] 携帯音楽プレーヤの内部もアナログ回路とディジタル回路のハイブリッド

ナログICがあって初めて，ディジタル回路は良い仕事をすることができます．そして，良いディジタル回路は機能を充実させるために，良いアナログ回路は性能や品質という付加価値を高めるために必須です．

1-2　OPアンプの基本機能「信号増幅」の冥利

● 増幅すると雑音に強くなる

増幅とは，信号の振幅を大きくすることです．

工事現場などの騒々しい場所で会話するとき，周囲の音に負けじと声を張り上げます（図1-3）．増幅が必要な理由はこれと同じです．増幅回路は，次の回路，例えばA-Dコンバータに伝えたい信号が雑音に埋もれないように，受け取ったセンサ

[図1-3⁽¹⁾] 次の回路に信号を確実に伝えるには増幅が有効
騒々しいところでは声を張り上げないと(増幅しないと)会話にならない

の出力信号の振幅を大きくするときに利用する回路で，しばしばOPアンプが利用されます．

図1-4に示すように，光の検出に利用されるフォト・ダイオードの出力は数p～数nA程度の微弱な電流信号です．音声(音圧変化)を検出するマイクロホンの出力も数十μ～数mVと，これもまた微弱な電圧信号です．

OPアンプは，センサが出力する微弱信号を受け取ると，電源回路から増幅に必要なエネルギーを取り出して信号に加え，レベルの大きい力強い信号を出力します．信号が増幅されて，外部から混入する雑音のレベルに対してその振幅が相対的に大きくなれば，雑音の影響を受けにくくなり，次段のA-Dコンバータ回路に確実に情報が伝わります．

● A-D変換後に失われる情報が少なくなる

ほかにも増幅する理由があります．図1-5に示すのは，8ビットの理想A-Dコンバータによる変換前後の信号です．Excelでツールを作りシミュレーションしました．

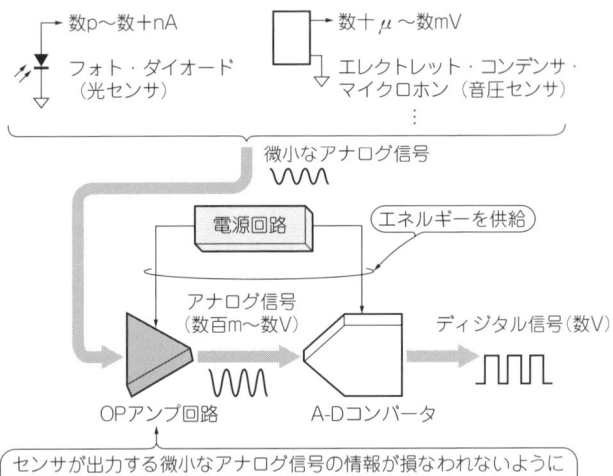

[図1-4] OPアンプは電源からのエネルギーをセンサが出力する微弱な信号に供給して力強い信号に変える

センサの出力信号はOPアンプで増幅されることによって，雑音の中を確実に伝わるようになる

　入力信号の振幅を4V→0.4V→0.04Vと小さくしていくと，A-Dコンバータが離散化（ディジタル化）した信号の波形が正弦波状から階段状に変化していきます．センサが出力したのは，微小な連続的に変化するアナログ信号ですが，A-Dコンバータによってガタガタの信号に変換されます．

　この階段状の信号は，元のアナログ信号に雑音（量子化雑音）が加わった信号ということができます．A-Dコンバータが出力するディジタル信号を受け取るDSPやマイコンは，その雑音まみれの情報がセンサの出力した情報であると信じて処理します．

　階段状の信号は，A-D変換前に振幅を大きくすればするほど波形は滑らかになり，入力信号に忠実なディジタル・データが得られます．

● 理想的なアンプの出力波形と入力波形は相似

　図1-4に示したように，OPアンプは外部（電源）から供給されたエネルギーを利用して，電圧や電流が微小な入力信号の振幅を大きくして出力します．良いアンプは，入力信号の波形が崩れないように振幅を大きくしてくれます．

　図1-6に示すのは，中学生のときに数学の授業で習った互いに相似な図形です．二つの図形は，辺の長さが1：2で，対応する角の大きさは同じです．拡大後の図形（信号）が元の図形（信号）と相似であるためには，対応する辺の比や角度がすべて

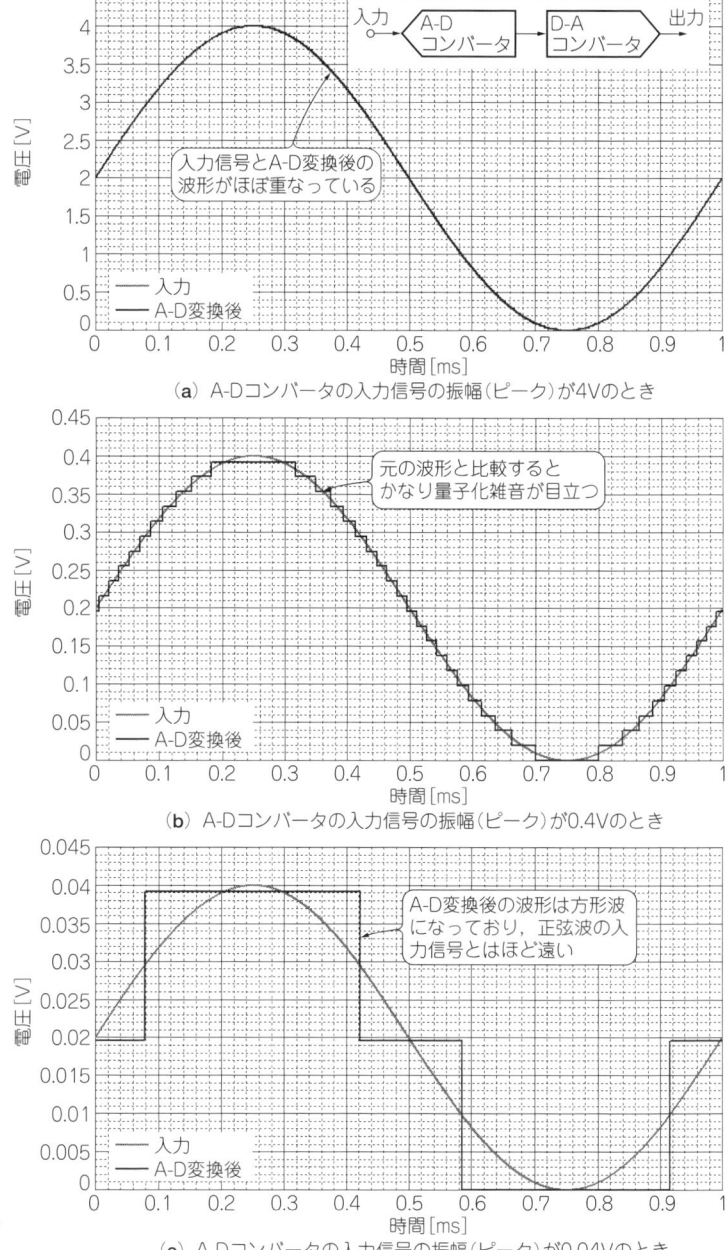

[図1-5⁽¹⁾] アナログ信号のレベルが大きいほどA-D変換後に元信号に忠実なディジタル信号が得られる
（縦軸のレンジの違いに注意）
A-D変換後のディジタル・データをアナログ信号に戻して観測

(a) A-Dコンバータの入力信号の振幅（ピーク）が4Vのとき

(b) A-Dコンバータの入力信号の振幅（ピーク）が0.4Vのとき

(c) A-Dコンバータの入力信号の振幅（ピーク）が0.04Vのとき

1-2 OPアンプの基本機能「信号増幅」の冥利 | 025

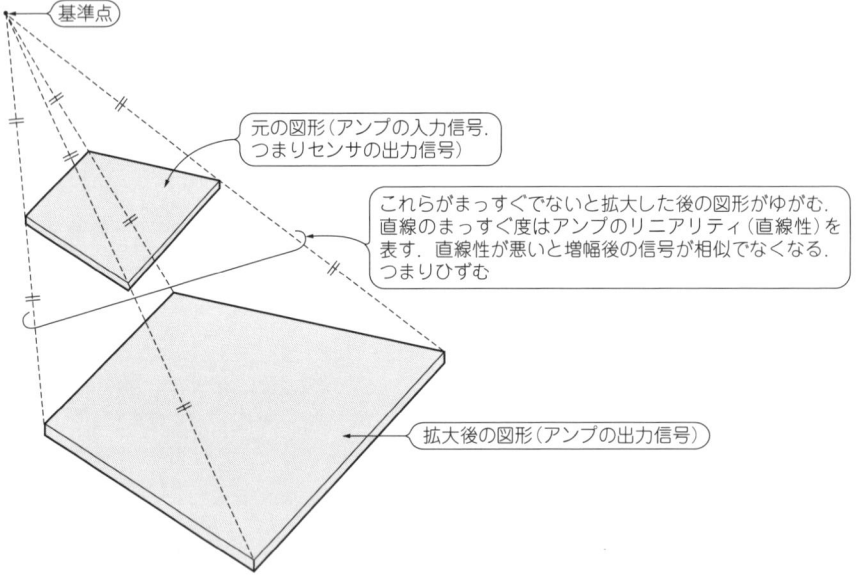

[図1-6$^{(2)}$] アンプには元信号と相似の信号を出力する能力が求められる(理想的な増幅のイメージ)
理想的なアンプは,元信号(入力信号)の波形を崩さず振幅だけを正確に大きくすることができる

保たれなければなりません.どこかの辺が短くなったり,角度が違ったりしてはいけません.

同じように,アンプは入力信号の波形や周波数スペクトラムなどを変化させず振幅だけを大きくする性能が求められます.

1-3　OPアンプの分類

● 用途別の分類

OPアンプにはいろいろなタイプがあり,プロの設計現場では回路の要求性能に応じて適切なものを選んでいます.

表1-1は,用途という観点でOPアンプを分類したものです.直流信号を高精度に増幅する回路では高精度型OPアンプが,ビデオ信号や通信機器などでは高速型OPアンプが使われます.産業用ロボットなどのモータ/アクチュエータ制御には高電圧/大電流対応の高出力型OPアンプが利用されています.

[表1-1] OPアンプを用途で分類

種　類	特　徴	応用製品
汎用型	価格優先の普及型．性能は良くもなければ悪くもない	オーディオなどの民生用電子機器など
高精度型	オフセット電圧が小さく，その温度ドリフトも小さい．高精度直流回路用	センサ機器，FA（ファクトリ・オートメーション）機器など
高速型	ゲイン・バンド幅積（GB積）やスルー・レート（slew rate）が大きく，高速/高周波信号を扱うために最適化されている．オフセット電圧は汎用型と同等	DVDプレーヤやパソコンのビデオ信号回路，計測機器，携帯電話の基地局など
低雑音型	内部雑音を小さくしたタイプ．オフセット電圧が小さく抑えられたタイプもある	高級オーディオ，計測機器など
低電圧・低消費電力型	低電圧動作/低消費電流を実現したバッテリ動作機器用のOPアンプ．汎用型～低雑音型まで各種ある	携帯音楽プレーヤ，携帯電話などのポータブル機器
高出力型（パワー型）	高電圧/大電流出力が可能なOPアンプ	産業用機器，ロボットのアクチュエータやモータ制御回路

● 電源電圧による分類

　OPアンプの動作電源電圧は，内部にある半導体でできたチップの製造方法（プロセス）に依存します．電源電圧でOPアンプを分類すると次のようになります．
- タイプ1：±15V動作が可能なOPアンプ
- タイプ2：1.8V程度から動作可能な低電圧OPアンプ
- タイプ3：±5V電源で動作させる高速OPアンプ
- タイプ4：その他

表1-2に示すのは，電源電圧で分類した代表的なOPアンプです．

　表中の「動作電源電圧範囲」の上限値は，データシートに記載されている「絶対最大定格」に相当します．実際に動作させるときは，信頼性を上げるためにこの値よりも低い電圧を供給します．上限値が40Vであれば実使用時は最大36V，上限が36Vであれば実使用時は最大32Vといったぐあいです．このような設計操作のことを「ディレーティング」と言います．

　表に示された動作電源電圧範囲は，片電源で使うことを想定した値です．動作電源電圧範囲の上限が36VのOPアンプを両電源で使う場合は，動作電源電圧を「±18V」と読み換えてください．デバイスによっては，表中の数値がパッケージや製品ランクで異なるので，詳細はメーカ提供のデータシートをチェックしてください．

▶タイプ1

　OPアンプ回路を通過する信号の振幅が大きい場合は，タイプ1が使いやすいでしょう．身の回りの製品で言えば，オーディオ機器（プリメイン・アンプなど）がこ

[表1-2] 用途で分類した市販のOPアンプ

型名	メーカ名	用途・特徴など	動作電源電圧範囲 [V]
LM358	NS	汎用,単電源	3～32
LF411	NS	汎用,JFET入力	10～36
AD822	AD	JFET入力,0V入力可,RRO	3～36
OP07	AD	汎用,高精度	6～44
TL072	TI	汎用,JFET入力	7～36
OPA132	TI	JFET入力,オーディオ用	5～36
OPA627	TI	JFET入力,高精度	9～36
THS3001	TI	CFB,低ひずみ	9～33
NJM4558	JRC	汎用,低コスト	8～36
NJM2068	JRC	低雑音,オーディオ用	8～36
μPC812	NEC	汎用,JFET入力	10～36
LME49720[1]	NS	低ひずみ,オーディオ用	5～36
NJM2729[1]	JRC	高精度	6～40
OPA211[1]	TI	低雑音,低ひずみ,RRO	4.5～40

(a) ±15V電源で動作可能なOPアンプ(タイプ1) (1) ▶最新デバイス(2008年7月時点)

型名	メーカ名	用途・特徴など	動作電源電圧範囲 [V]
LMP2231	NS	低電圧/低消費電流,0V入力可,RRO	1.6～6
LT6004	LT	低電圧/低消費電流,RRIO	1.6～18
OPA350	TI	高速,RRIO	2.7～7
OPA365	TI	入力クロスオーバーひずみなし,RRIO	2.2～5.5
OPA376	TI	低雑音(低周波雑音が小さい),RRIO	2.2～7
OPA333	TI	低ドリフト,チョッパ安定化,RRIO	1.8～7
THS4281	TI	高速,RRIO	2.7～16.5
NJU7098	JRC	低ドリフト,チョッパ安定化,0V入力可,RRO	3～11

(b) 低電圧・単電源で動作可能なOPアンプ(タイプ2)

型名	メーカ名	用途・特徴など	動作電源電圧範囲 [V]
LMH6702	NS	CFB,低ひずみ,低雑音	10～13.5
LT1818	LT	低消費電流	10～12.6
MAX4104	MAXIM	低ひずみ,低雑音	7～12
ADA4857-1	AD	低ひずみ,低電圧/低消費電流	4.5～11
OPA695	TI	CFB,低ひずみ,低雑音	10～13
OPA656	TI	高速,JFET入力	10～13
NJM2722	JRC	パルス応答特性が良い	5～11

(c) 基本的に±5V電源で動作させる高速OPアンプ(タイプ3)

型名	メーカ名	用途・特徴など	動作電源電圧範囲 [V]
LM2904	NS	単電源	3～26 (±15では使えない)
LMC662	NS	汎用CMOS,0V入力可,RRO	5～16 (低電圧で動作しない)
AD8610	AD	JFET入力	10～27.3 (推奨電源電圧は±13)
THS3201	TI	CFB,超高速スルー・レート,低ひずみ,低雑音	6.6～16.5 (推奨電源電圧は±7.5)
OPA727	TI	高精度CMOS,0V入力可,RRO	4～13.2 (低電圧で動作しない)

(d) 上記以外の特殊なOPアンプ(タイプ4)

メーカ名▶ NS:ナショナルセミコンダクター,LT:リニアテクノロジー,AD:アナログ・デバイセズ,MAXIM:マキシム,TI:テキサス・インスツルメンツ,NEC:NECエレクトロニクス,JRC:新日本無線

静止時消費電流 [mA] (最大値/ch)	入力オフセット 電圧 [mV](最大値)	入力バイアス 電流 [A](最大値)	入力換算 雑音電圧密度 [nV/√Hz](代表値)	ユニティ・ゲイン 周波数 [MHz](代表値)	スルー・レート [V/μs] (代表値)
2	7	250n	40	1	0.1
3.4	2	0.2n	25	4	15
1.8	2	25p	16	1.9	3
5	0.15	7n	11.5	0.6	0.3
2.5	10	0.2n	18	3	13
4.8	2	0.05n	8	8	20
7.5	0.25	10p	5.6	16	55
9	3	10μ	1.6	420	6500
2.9	6	500n	9.5	3	1
4	3	200n	7.6	27	6
3.4	3	0.2n	19	4	15
6	0.7	72n	4.7	55	20
2	0.06	2.8n	8	1.1	0.3
4.5	0.125	175n	1.1	80	27
16μ	150μ	1p	60	0.13	48m
1.2μ	500μ	1.4n	325	0.002	0.8m
7500μ	500μ	10p	7	38	22
5000μ	200μ	10p	4.5	50	25
950μ	25μ	10p	7.5	5.5	2
25μ	10μ	200p	55	0.35	0.16
900μ	2500μ	0.8μ	12.5	90	31
1200μ	15μ	50p	120	3	3
16.1	4.5	15μ	1.83	1700	3100
10	1.5	8μ	6	400	1800
27	8	70μ	2.1	625	400
5.5	4.5	3.3μ	4.4	850	2800
13.3	3	30μ	1.8	1700	4300
16	1.8	20p	7	500	290
25.5	28	70μ	20	170	1000
2	7	250n	40	1	0.1
0.8	6	2p	22	1.4	1.1
3.5	0.25	10p	6	25	60
18	3	35μ	1.65	1800	9800
6.5	0.3	0.5n	6	20	30

略号▶ RRI：入力レール・ツー・レール，RRO：出力レール・ツー・レール，RRIO：入出力レール・ツー・レール，VFB：電圧帰還型，CFB：電流帰還型，0V入力可：単電源使用時に0V入力可能

れに該当します．産業機器でも，4-20mA電流ループ回路では最終的に+10V程度の信号を扱うため，±15V動作のOPアンプが利用しやすいでしょう．

▶タイプ2

電池1本当たりの出力電圧は，ニッケル水素2次電池の終止電圧で約0.9V，リチウム・イオン電池の満充電時で約4.2Vと高くありません．このような応用ではタイプ2が便利です．

携帯電話にはリチウム・イオン2次電池が組み込まれており，標準のバッテリ電圧は約3.7Vです．このような携帯機器には，タイプ2に該当する低電圧動作可能なOPアンプが適します．このタイプは加えられる電源電圧の上限も低く，一般に+5V程度しかありません．

OPアンプ回路とマイコンを組み合わせる場合，+5Vや+3.3Vの単電源だけですめば，電源の数が少なくてすみます．OPアンプ回路のために±15Vや−5Vを別途用意するのは，できれば避けたいところです．このようなときは，タイプ2を選択します．

▶タイプ3

高速OPアンプの多くはタイプ3に該当し，その動作電源電圧の推奨値は±5Vです．

表1-2(a)に示すように，高速OPアンプでありながら±15V動作可能なもの(THS3001)や，±2.25V〜±18Vまでの幅広い電源電圧範囲で動作可能なもの(OPA211)もあります．「高速OPアンプだから電源電圧は±5Vまでだろう」とか，「±15V動作可能な製品は低電圧では使えない」といった先入観はもたないほうがよいです．

▶タイプ4

動作電源電圧は，内部の半導体チップを製造するプロセスを変えることで，自由にコントロールできます．**表1-2**(d)に示すように，

- 動作電源電圧の下限値が低くないCMOS型(LMC662，OPA727)
- ±7.5Vを推奨動作電圧としている高速型(THS3201)
- ±15Vで動作させるには少し耐圧が不足するタイプ(LM2904，AD8610)

などさまざまなOPアンプがあります．

● 入出力可能な電圧範囲での分類

表1-3に示すのは，入出力電圧範囲による分類です．

両電源型OPアンプは，正と負の二つの電源を加えて使うことを前提に設計されています．単電源型OPアンプは，正と負の電源を加える必要はなく，正電源だけ

で動作するように設計されています．

じつは，表1-3に示す「単電源型」「両電源型」という表現はあまり正確ではありません．というのは，両電源型を単電源で動かすこともできるし，単電源型を両電源で動かすことも可能だからです．

図1-7に示すのは，下記の各OPアンプが取り扱える入力電圧や出力電圧の範囲です．

- 両電源型
- 単電源型
- 入力レール・ツー・レール型
- 出力レール・ツー・レール型

[表1-3] 入出力電圧範囲で分類したOPアンプのいろいろ

種類	特徴
両電源型	正負電源で動作させることを想定して設計されている．使い方しだいで単電源でも動作させることが可能．トラディショナルなOPアンプは，ほとんどこのタイプ
単電源型	両電源型は，単電源で動作させる場合，0V付近の電圧を入力することができない．この問題を解決し，0V入力を可能にしたタイプ
レール・ツー・レール型	入力電圧範囲や出力電圧範囲を電源電圧（電源レール）付近まで拡大させている．仕様書に「単電源型」と書かれていなくても，単電源で動作させることができる

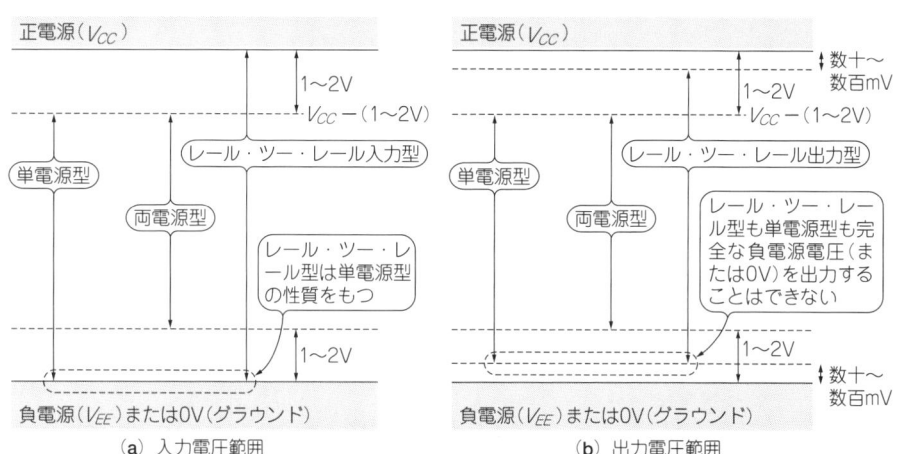

注▶ここで言う入力電圧範囲は，正確には同相入力電圧範囲のこと

[図1-7] OPアンプが対応できる入力信号や出力信号の電圧範囲

▶負電源付近の信号を入力できない両電源型の欠点を克服した単電源型

　両電源型は，負電源付近の電圧を入力することができません．単電源で使用している場合，つまりV_{CC}端子に正電源を加え，V_{EE}端子をグラウンドに接続して動作させる場合は，0V付近の電圧を入力することができません．「入力できない」とは，OPアンプが期待どおりの動作をしないという意味です．

　単電源型は，負電源付近の電圧を入力することができます．これが両電源OPアンプと単電源OPアンプの大きな違いです．

▶レール・ツー・レール型

　負電源だけではなく，正電源付近の電圧も入出力可能にしたのがレール・ツー・レール型です．レールとは「電源」を意味しています．電源電圧いっぱいまで電圧が振れる信号を入力したり出力したりできるタイプです．

　負電源電圧から正電源電圧いっぱいまで入力できるタイプを入力レール・ツー・レール，負電源電圧から正電源電圧いっぱいまで出力できるタイプを出力レール・ツー・レールと呼びます．レール・ツー・レール型は，両電源でも単電源でも使うことができる使いやすいタイプです．

▶完全な出力レール・ツー・レール型は存在しない

　入力レール・ツー・レール型は，正電源電圧と負電源電圧いっぱいまで振れる信号を入力することができます．しかし，完全に負電源または正電源いっぱいまで出力することができるOPアンプは存在しません．特別な工夫をしないかぎり，完全に0Vを出力する単電源動作のOPアンプ回路を作ることはできません．

1-4　OPアンプの癖を見破る

● データシートには肝心なことが書かれていない

　OPアンプ回路は，出力信号の質，例えば「雑音」「ひずみ」「周波数特性」など，多くの項目でその良し悪しが評価されます．そしてOPアンプ回路の性能は，OPアンプICの質や使用条件によって大きく変わります．

　皆さんは，どのようにしてOPアンプを選んでいますか？メーカが提供するデータシートや仕様書を参考にするだけではだめです．というのは，データシートに示されているスペックはどれも，「ある特定の条件で取得した値」でしかなく，皆さんが必要とする回路と同じ使用条件でのスペックは示されていません．

　どんなアナログICにも癖がありますが（図1-8），データシートには示されていません．OPアンプを選ぶときは，必ず評価サンプルを入手して実験回路を組み立

[図1-8] どんなOPアンプにも癖がある

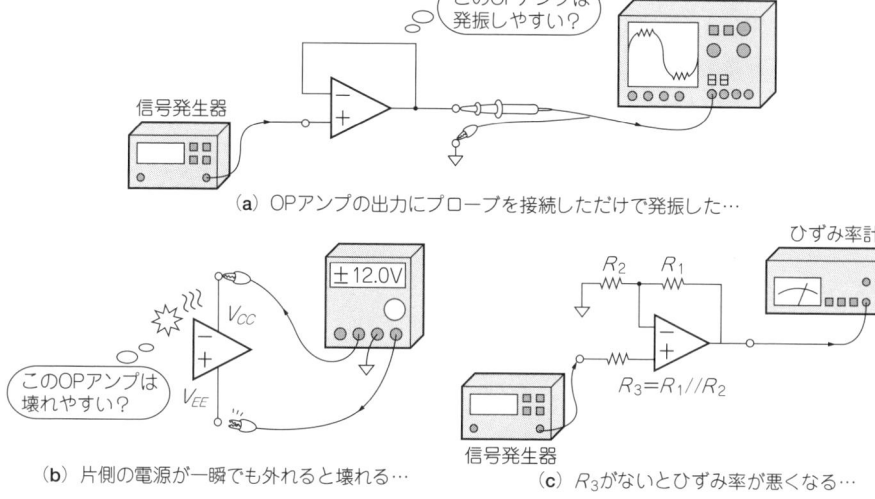

(a) OPアンプの出力にプローブを接続しただけで発振した…

(b) 片側の電源が一瞬でも外れると壊れる…

(c) R_3がないとひずみ率が悪くなる…

[図1-9] OPアンプの癖は実験で見つかる
データシートに癖は書かれていない

て，実際の使用条件で動かしてその性能や安定性を確かめなければなりません．図1-9に示すように，オシロスコープのプローブを接続しただけで発振するOPアンプもあれば，片電源になった瞬間に壊れるOPアンプもあります．OPアンプの＋入力端子と−入力端子から見たインピーダンスを等しく合わせ込まないと，高調波ひずみ率が急激に悪化するOPアンプもあります．

写真1-2に示すのは，図1-10のような回路で高速OPアンプを動作させたときのゲインの周波数特性です．図1-10に示すように，＋入力端子に抵抗R_Cを挿入し

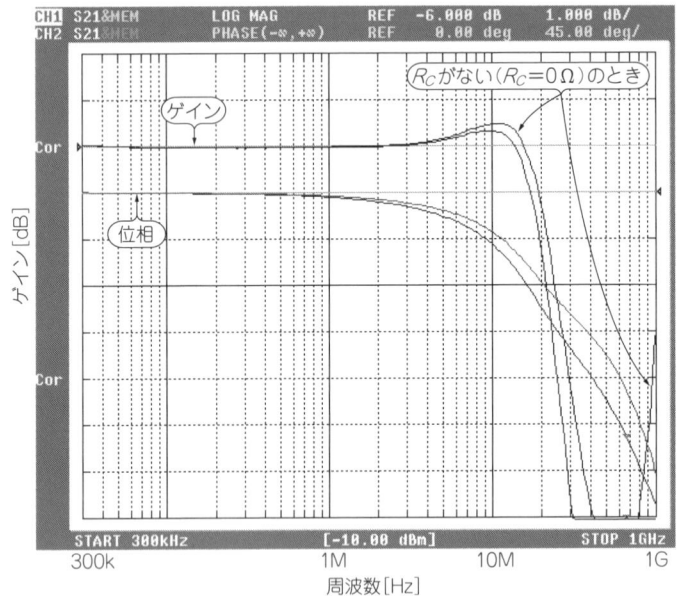

[写真1-2] 高域でゲインがもちあがるのは高速OPアンプ特有の癖

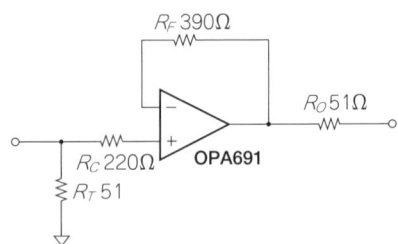

[図1-10] 写真1-2の周波数特性の実験回路

ないと高域のゲインが持ち上がります．これは，電流帰還型（第12章）と呼ばれるOPアンプの多くに見られる症状で，発振する可能性があります．電圧帰還型しか使った経験がない人は，この現象に面食らうかもしれませんが，トラブルの原因になる可能性のある大切なことに限って，データシートに記載されていないものです．欠点(癖)の多くは，回路を工夫することで回避できますが，どうしても回避できない場合は別の製品を検討します．

● ICの癖は実験で見破る
▶最終製品に近い形で試作評価する

設計前にICの癖を知りたい場合は，メーカが提供している評価ボードを使用したり，穴あき基板や生基板で実験回路を作るので十分です．しかし，最終製品としての性能を満たすかどうかを判断する場合は，本番に近い基板を製作する必要があります．

　設計初期段階の試作だったとしても，はんだ付けしやすいからといって，DIP（Dual Inline Package）のICを使うことは避けたいものです．最終製品に表面実装タイプを使うことが決まっているのに，わざわざDIPタイプで試作することは勧められません．

▶測定器の選択

　実験回路を作ったら，次に考えるのは測定方法です．表1-4に示すように，評価項目に応じて必要な測定器を選びます．

　OPアンプで作ったアンプの出力信号の品質を評価する場合は，入力信号の品質に配慮する必要があります．例えば，図1-11(a)に示すように，OPアンプのパルス応答特性を調べる場合は，OPアンプのパルス応答特性よりも立ち上がり時間と立ち下がり時間が短く，オーバーシュートの小さいパルス信号を入力します．

　高調波ひずみ率を測定する場合も同様です．図1-11(b)に示すように，入力信号のひずみ率は，OPアンプ自体のひずみ率よりも小さくなければなりません．入力信号のひずみ率が良くない場合は，ロー・パス・フィルタやバンド・パス・フィ

[表1-4] OPアンプの評価項目と必要な測定器

主な評価項目		必要な測定器	配慮が必要な測定器の性能
直流(DC)特性	オフセット電圧	ディジタル・マルチ・メータ（8桁DMMが理想）	直線性，確度，分解能
	CMRR（直流）	直流電圧電流発生器＋ディジタル・マルチ・メータ（8桁DMMが理想）	
	オフセット電圧の温度ドリフト	サーモストリーマまたは恒温槽＋ディジタル・マルチ・メータ（8桁DMMが理想）	
交流(AC)特性	ゲイン/位相/群遅延などの周波数特性	ネットワーク・アナライザや周波数特性分析器	周波数帯域，確度
	パルス応答	パルス・ジェネレータまたはファンクション・ジェネレータ＋オシロスコープ	パルス波形品質 周波数帯域
	低周波信号の高調波ひずみ率	低ひずみ発振器＋ひずみ率計またはオーディオ・アナライザ	残留ひずみ率
	高周波信号の高調波ひずみ率	標準信号発生器(SG)＋スペクトラム・アナライザ	残留ひずみ率 測定振幅確度
	雑音電圧密度	FFTアナライザなど	残留雑音レベル 測定振幅確度

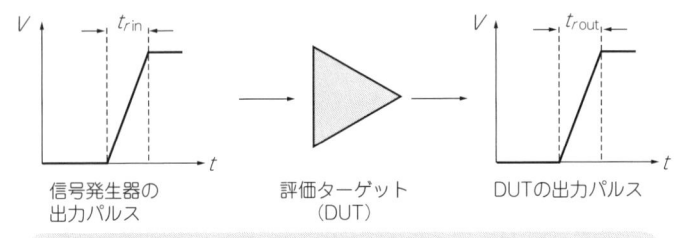

信号発生器の　　　　評価ターゲット　　　DUTの出力パルス
出力パルス　　　　　　　（DUT）

入力パルスの立ち上がり時間 t_{rin} は評価ターゲットの立ち上がり時間（t_r）
より1/10倍程度短い必要がある

（a）パルス応答を調べる場合

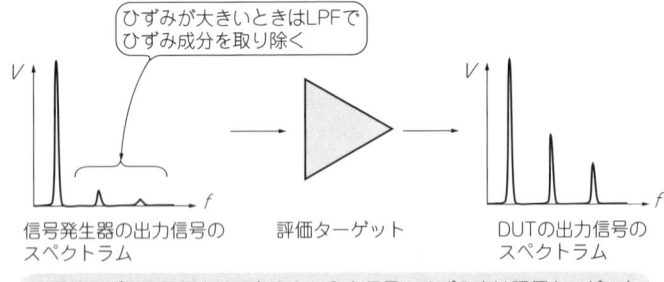

ひずみが大きいときはLPFで
ひずみ成分を取り除く

信号発生器の出力信号の　　評価ターゲット　　　DUTの出力信号の
スペクトラム　　　　　　　　　　　　　　　　　スペクトラム

高周波ひずみの評価をするときも，入力信号のひずみ率は評価ターゲット
より，ずっと良好でなければならない

（b）高周波ひずみを調べる場合

[図1-11] 入力信号の性能は評価ターゲットより良好でなければならない

ルタによって高調波成分を取り除きます．

● データシートではなく実測データを信じる

　半導体メーカがICのスペックを保証しているのはデータシートの一部です．

　データシートに載っている特性例の多くはあくまでも代表値であり，半導体メーカはそのすべてを保証していません．半導体メーカが保証するのは，データシートの表に記載された最大値と最小値だけです．項目によっては，出荷時ではなく設計時のシミュレーション結果による保証ということもあります．

　大量生産しているICの出荷試験では，たくさんある特性カーブの一つ一つを取得するわけにはいきません．メーカは，表に記載された仕様項目から数点をピックアップし，最低限のファイナル試験で製品の良否を判定しています．

　データシートの特性カーブは参考程度に考えて，実際の特性カーブは自分で測定

Column

単電源と両電源の違い

　データシートに「単電源」と記されているOPアンプは，＋電源だけで動作させることができます．「両電源」と記されているOPアンプは，動作させるために基本的に正と負の二つの電源が必要です．

　図1-Aに示すように，1個の1.5Vの乾電池から取り出せるのは＋1.5V，もしくは－1.5Vの単電源です．＋電源となるか－電源となるかは，乾電池の－側を0Vとするか，＋側を0Vにするかで決まります．もし－側を0Vとしたなら，その電圧は＋1.5Vです．逆に，＋側を0Vとしたなら－1.5Vです．このように，＋電源なのか－電源なのかは基準(0V)をどこにするかで決まります．

　両電源は乾電池を2個直列にして3Vの単電源を作り，各乾電池の－端子と＋端子をつないでいる部分を0Vとします．すると3Vの単電源は，直列接続された乾電池の＋側が＋1.5V，－側が－1.5Vになります．

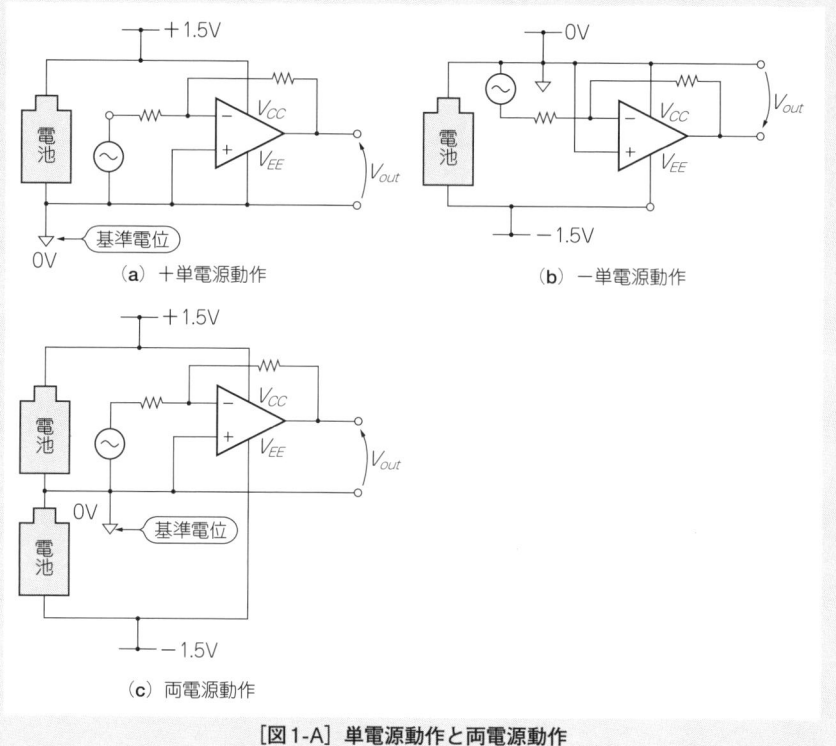

(a) ＋単電源動作

(b) －単電源動作

(c) 両電源動作

[図1-A] 単電源動作と両電源動作

して確認することが大切です．「すべてのスペックを出荷する前に試験してくれれば安心」と考える人もいるかもしれませんが，製造までの工数(時間)が増えれば，ICの単価は上昇します．ICメーカでは，テスト・エンジニアと呼ばれている技術者が，コストが低く効果的なテストの手法を日夜開発しています．ICの設計者以外にも，そんな技術者の努力によって，安くて高性能なICが市場に出ています．裏を返すと，高価な産業用ICは，出荷試験やトリミング(特性の調整)に時間をかけているということです．

第2章

【成功のかぎ2】
増幅技術の基礎を身につける
3種類のアンプを使いこなす

アンプはOPアンプと数個の抵抗を組み合わせるだけで簡単に作ることができます．確実な増幅技術を身につけるには，まず基本回路のふるまいを理解することが重要です．
本章ではアンプの三つの基本形について説明します．

2-1　位相は反転するけれど高精度な「反転アンプ」

● 入力信号と出力信号の関係

図2-1に示すように，OPアンプを使ったアンプには次の三つの基本形があります．

　(1) 反転アンプ[図(a)]
　(2) 非反転アンプ[図(b)]
　(3) ボルテージ・フォロワ[図(c)]

ここでは，基本中の基本である反転アンプ(反転増幅回路)を取り上げ，そのふるまいを見ていきます．反転型が理解できれば，非反転型もボルテージ・フォロワも難しくありません．

反転アンプは，OPアンプと二つの外付け抵抗で構成できます．

図2-2に示すのは，反転アンプの入力信号と出力信号の関係です．このように，入力信号を増幅すると同時に位相を反転させて出力します．入力と出力で振幅の変化する方向が逆なので「反転型」と呼ばれます．

入出力ゲインG[倍]は$-R_F/R_S$と簡単に表すことができます．$R_F = 2\mathrm{k}\Omega$，$R_S = 1\mathrm{k}\Omega$なら，

$$G = -\frac{R_F}{R_S} = -\frac{2}{1} = -2\text{倍}$$

となります．出力信号の振幅は入力信号の2倍になり，位相が180°違います．

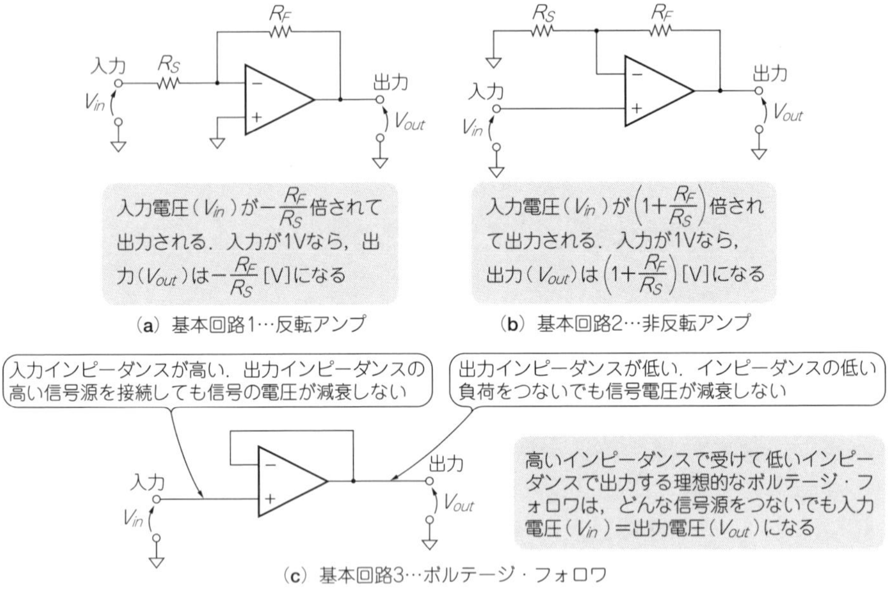

入力電圧（V_{in}）が$-\dfrac{R_F}{R_S}$倍されて出力される．入力が1Vなら，出力（V_{out}）は$-\dfrac{R_F}{R_S}$[V]になる

(a) 基本回路1…反転アンプ

入力電圧（V_{in}）が$\left(1+\dfrac{R_F}{R_S}\right)$倍されて出力される．入力が1Vなら，出力（$V_{out}$）は$\left(1+\dfrac{R_F}{R_S}\right)$[V]になる

(b) 基本回路2…非反転アンプ

入力インピーダンスが高い．出力インピーダンスの高い信号源を接続しても信号の電圧が減衰しない

出力インピーダンスが低い．インピーダンスの低い負荷をつないでも信号電圧が減衰しない

高いインピーダンスで受けて低いインピーダンスで出力する理想的なボルテージ・フォロワは，どんな信号源をつないでも入力電圧（V_{in}）＝出力電圧（V_{out}）になる

(c) 基本回路3…ボルテージ・フォロワ

[図2-1] OPアンプを使った増幅回路の三つの基本形

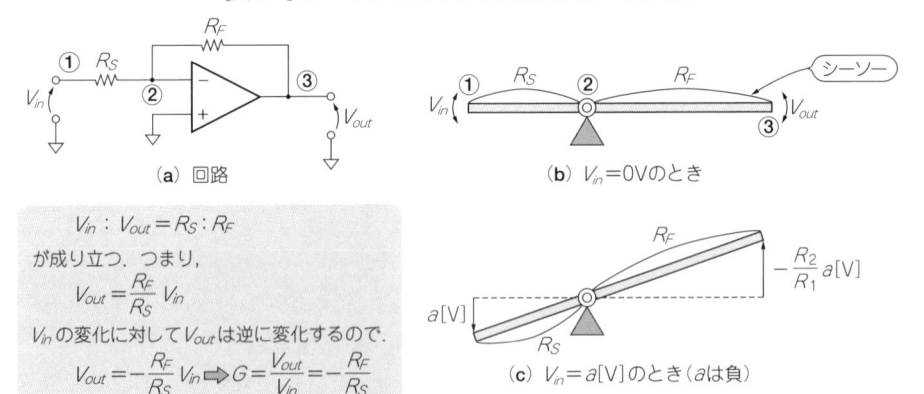

(a) 回路

(b) $V_{in}=0$Vのとき

$V_{in}:V_{out}=R_S:R_F$
が成り立つ．つまり，
$V_{out}=\dfrac{R_F}{R_S}V_{in}$
V_{in} の変化に対してV_{out}は逆に変化するので，
$V_{out}=-\dfrac{R_F}{R_S}V_{in} \Rightarrow G=\dfrac{V_{out}}{V_{in}}=-\dfrac{R_F}{R_S}$

(c) $V_{in}=a$[V]のとき（aは負）

[図2-2$^{(1)}$] 反転アンプの入力信号と出力信号の関係
入力信号を増幅すると同時に位相を反転させて出力する

● 二つの外付け抵抗の比でゲインが決まる

前出の式にOPアンプの性能パラメータが一つも登場せず，抵抗比だけで入出力ゲインが決まるのは不思議です．その理由を説明するのが**図2-3**です．

OPアンプは，＋入力端子と－入力端子の間の電圧差を100～120dB(10万～100

● **ねらい** 下記反転アンプのV_{in}とV_{out}の関係が知りたい

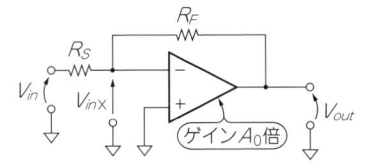

● **求め方** 重ねの理を使ってV_{inx}をV_{in}とV_{out}を使って表す

① 出力を短絡する($V_{out}=0V$)

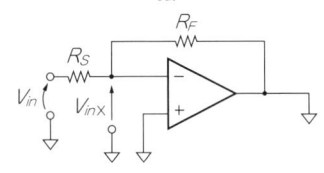

$$V_{inx} = \frac{R_F}{R_S+R_F}V_{in}$$

が成り立つ.

$$\beta = \frac{R_S}{R_S+R_F}$$

とおくと,

$$V_{inx} = \frac{R_S+R_F-R_S}{R_S+R_F}$$
$$= (1-\beta)V_{in} \cdots\cdots\cdots (2\text{-}1)$$

② 入力を短絡する($V_{in}=0V$)

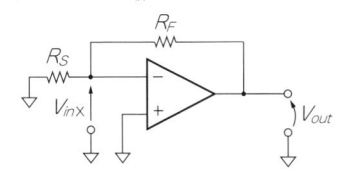

$$V_{inx} = \frac{R_S}{R_S+R_F}V_{out}$$

が成り立つ.

$$\beta = \frac{R_S}{R_S+R_F}$$

とおくと,

$$V_{inx} = \beta V_{out} \cdots\cdots\cdots\cdots (2\text{-}2)$$

③ 式(2-1)と式(2-2)を重ねる

$$V_{inx} = (1-\beta)V_{in} + \beta V_{out} \cdots\cdots (2\text{-}3)$$

(a) **ステップ1**…OPアンプがないと考えて−端子の電位(V_{inx}), 入力電圧(V_{in}), 出力電圧(V_{out})の関係を求める

OPアンプはV_{inx}をA_0倍するように動作するので,
$$V_{out} = -A_0 V_{inx} \cdots\cdots\cdots\cdots\cdots (2\text{-}4)$$
符号が負になっている理由は, 反転入力端子にV_{in}が入力されているからである. 式(2-4)に式(2-3)を代入すると,
$$V_{out}(1+A_0\beta) = -A_0(1-\beta)V_{in}$$
が得られる. 入出力ゲイン, つまりV_{out}/V_{in}をG[倍]とすると,
$$G = \frac{V_{out}}{V_{in}} = \frac{\beta-1}{\frac{1}{A_0}+\beta} = \frac{1-\frac{1}{\beta}}{1+\frac{1}{A_0\beta}}$$

$$= \left(1-\frac{1}{\beta}\right)\frac{1}{1+\frac{1}{A_0\beta}} \quad \left.\begin{array}{l}\text{マクローリン}\\\text{展開を適用}\end{array}\right.$$
$$\fallingdotseq \left(1-\frac{1}{\beta}\right)\left(1-\frac{1}{A_0\beta}\right) \cdots\cdots (2\text{-}5)$$

汎用OPアンプのA_0は低周波の入力信号に対して$10^5\sim10^6$倍もあり, $A_0\beta$は1よりはるかに大きいので,
$$G \fallingdotseq 1-\frac{1}{\beta} = -\frac{R_F}{R_S} \cdots\cdots\cdots\cdots (2\text{-}6)$$
となる.

(b) **ステップ2**…OPアンプの増幅作用を考慮する

[図2-3] 入出力ゲインは2本の抵抗比で決まる

OPアンプがとても大きなゲイン(オープン・ループ・ゲイン)を示す低周波においては, 入力信号に対する入出力ゲインがOPアンプ周辺に接続する抵抗値の比で決まると考えていい

2-1 位相は反転するけれど高精度な「反転アンプ」

万倍）のゲインで増幅します．このゲインをA_0[倍]とすると，入出力のゲインG[倍]は次式で求まります．

$$G = \left(1 - \frac{1}{\beta}\right)\left(1 - \frac{1}{A_0\beta}\right)$$

ただし，$\beta = R_S/(R_S + R_F)$

ここでポイントになるのが，多くのOPアンプのゲインA_0が直流で10万～100万倍と，1倍に対してとても大きいことです．$1/A_0\beta$は0に近似でき，上式は次のように表すことができます．

$$G = 1 - \frac{1}{\beta} = -\frac{R_F}{R_S}$$

● 実装方法

図2-4に反転アンプの実装方法を示します．この例は，SOPパッケージの2個入りOPアンプを想定したものです．

▶ポイント1

OPアンプの反転入力端子部分ができるだけ短くなるようにします．

▶ポイント2

OPアンプの＋電源端子からパスコンを通ってグラウンドにつながり，さらに－電源端子へ至るプリント・パターンのループ面積を極力小さくします．

▶ポイント3

グラウンド・パターンのある層とベタ・グラウンドのある層をつなぐビア（via）の数をできるだけ多くします．回路の基準電位でもあるグラウンドは，ベタ・グラウンドの電位が極力等しくなるように，低インピーダンスで接続します．図2-4の例では，ビアが三つしかありませんが，可能な限りたくさん設けます．

▶ポイント4

フィードバック抵抗R_Fの配線距離をできるだけ短くします．図2-4では，反転入力端子周辺のグラウンドを抜いて浮遊容量を減らしています．高速OPアンプを実装する場合，この処理は必須です．

● 特徴を生かした応用回路

▶加算回路

図2-5に示すのは，複数の信号源の出力を足し合わせる回路です．システムの直流オフセット電圧を補正するためにD-A変換回路と組み合わせて利用されます．

(a) 接続

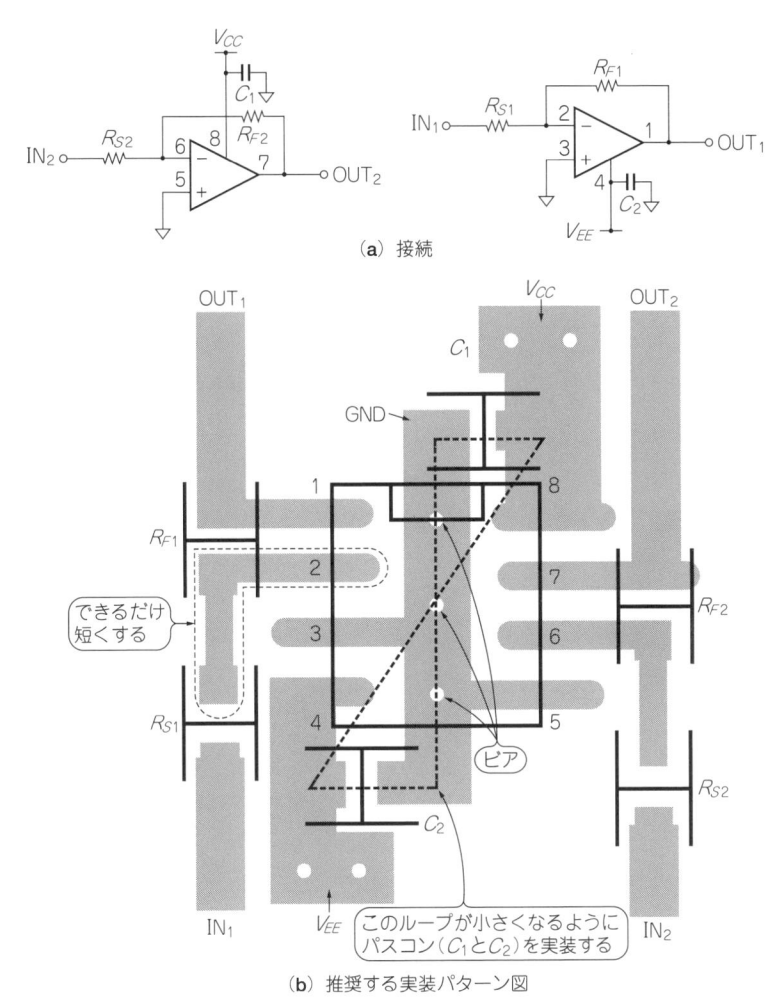

(b) 推奨する実装パターン図

[図2-4] 表面実装型の2個入りOPアンプを使った反転アンプの推奨プリント・パターン

－入力端子の電位が0V一定なので，入力信号源(V_1, V_2, …V_n)どうしが干渉することなく，信号が足し合わされます．
▶シングルエンド-差動変換
　図2-6に示す回路は，片側が接地された信号源から出力される一つの信号から，互いに位相が180°異なる正相と負相の二つの信号を作り出す回路です．
▶オフセット変動が許されない高精度直流回路

(a) 周辺抵抗の値と入出力の関係

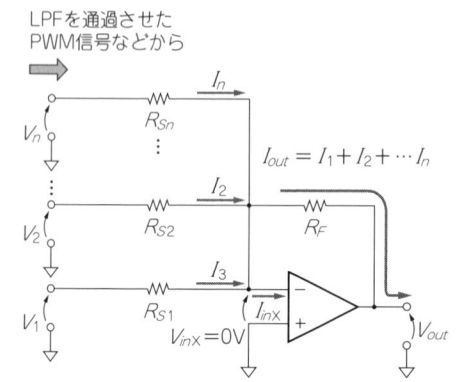

バーチャル・ショート($V_{inx}=0V$, $I_{inx}=0A$)が成立しているとすると,
$$V_{out} = -I_{out} R_F$$
OPアンプのバイアス電流 I_{inx} を0Aとすると,
$$I_1 = \frac{V_1}{R_{S1}},\quad I_2 = \frac{V_2}{R_{S2}},\quad \cdots I_n = \frac{V_n}{R_{Sn}}$$
が成り立つ. キルヒホッフの法則から,
$$I_{out} = I_1 + I_2 + \cdots I_n$$
が成立している. したがって,
$$V_{out} = -I_{out} R_F = -R_F\left(\frac{V_1}{R_{S1}} + \frac{V_2}{R_{S2}} + \cdots + \frac{V_n}{R_{Sn}}\right)$$
が成り立つ. $V_1, V_2 \cdots V_n$ それぞれの入力電圧は, $-\dfrac{R_F}{R_{Sn}}$ 倍され加算されて出力される.

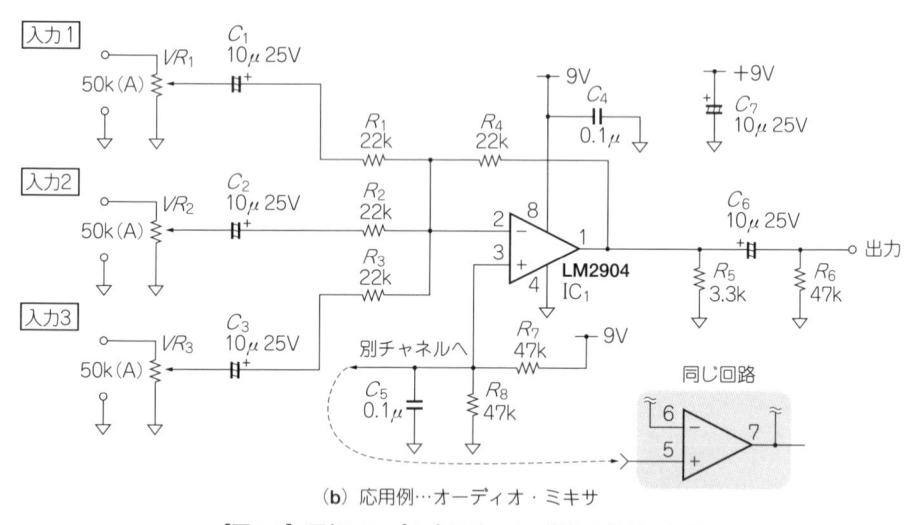

(b) 応用例…オーディオ・ミキサ

[図2-5] 反転アンプの応用その1…複数の信号の加算

　OPアンプは, 同相入力電圧が変化するとオフセット電圧が変化します. 同相入力電圧とは, 反転入力端子と非反転入力端子に同時に入力される, 位相とレベルが等しい電圧のことです. 反転アンプは, OPアンプに加わる同相入力電圧が変化せずほぼ0Vに保たれるため, オフセット電圧の変動が小さいという特徴があります. 反転アンプの回路図をバーチャル・ショート(p.53のcolumn参照)を使って眺めると, −入力端子は接地されている+入力端子と常に電位が等しく, 同相入力電圧はほぼ0V一定になることがわかります. 次に説明する非反転アンプは, +入力端子

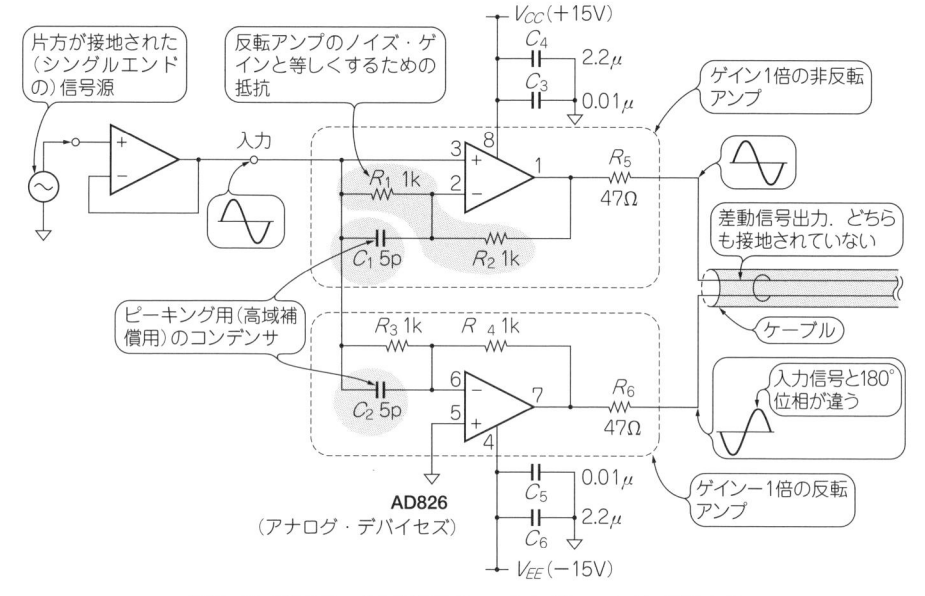

[図2-6] 反転アンプの応用その2…シングルエンド-差動変換

と−入力端子の電圧が入力信号の電圧とともに変化するため，オフセット電圧が入力電圧の大きさに影響を受けます．

2-2 位相が反転せず使いやすいが精度がイマイチな「非反転アンプ」

● 反転させずに増幅する

　図2-7に，非反転アンプ（非反転増幅回路）の入力信号と出力信号の関係をイメージする図を示します．このように，入力信号を増幅して正相で出力します．
　図2-8に示すように，OPアンプのゲインが非常に大きく，＋入力端子と−入力端子がバーチャル・ショートしていると考えると，非反転アンプのゲイン G [倍]は次のように表されます．

$$G = 1 + \frac{R_F}{R_S}$$

　OPアンプのオープン・ループ・ゲイン A_0 と帰還量 β を考慮すると（図2-9），次のようになります．

(a) 回路

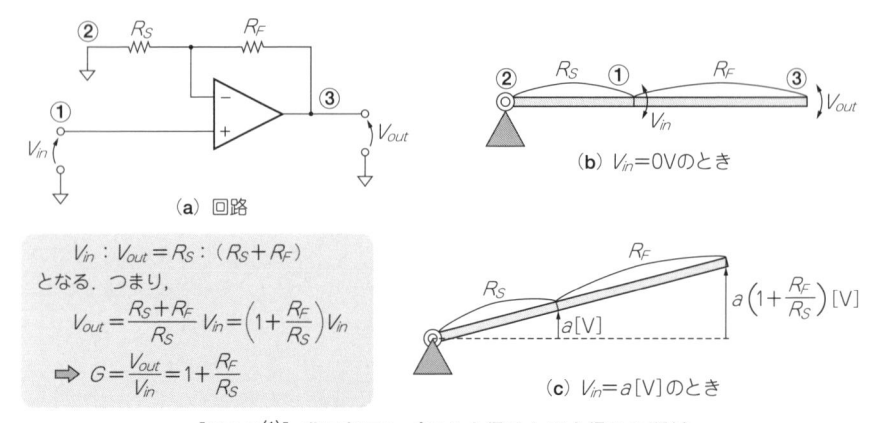

$V_{in} : V_{out} = R_S : (R_S + R_F)$
となる．つまり，
$V_{out} = \dfrac{R_S + R_F}{R_S} V_{in} = \left(1 + \dfrac{R_F}{R_S}\right) V_{in}$
⇒ $G = \dfrac{V_{out}}{V_{in}} \fallingdotseq 1 + \dfrac{R_F}{R_S}$

(b) $V_{in} = 0V$ のとき

(c) $V_{in} = a[V]$ のとき

[図2-7(1)] 非反転アンプの入力信号と出力信号の関係
入力信号を増幅して正相で出力する

V_{inx} と V_{out} の間には次の関係が成立している．

$V_{inx} = \dfrac{R_S}{R_S + R_F} V_{out}$

反転入力端子と非反転入力端子間がバーチャル・ショートに（$V_{inx} = V_{in}$）なっていると考えると，次式が成り立つ．

$V_{in} = \dfrac{R_S}{R_S + R_F} V_{out}$

この回路の入出力ゲイン G［倍］は，

$G = \dfrac{V_{out}}{V_{in}} = \dfrac{R_S + R_F}{R_S} = 1 + \dfrac{R_F}{R_S}$

となる．実際には $V_{inx} = V_{in}$ ではなく，わずかな電位差が生じる．バーチャル・ショート（$V_{inx} = V_{in}$）は近似操作である

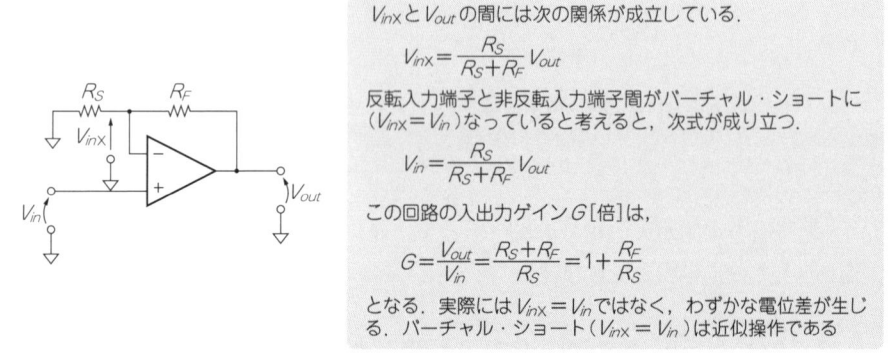

[図2-8] 非反転アンプの入出力ゲインを求める式（バーチャル・ショートを利用）
オープン・ループ・ゲイン（A_0）を考慮しなくても抵抗比だけで入出力ゲインが決まるのは，OPアンプがとても大きなゲインを示す周波数の信号に対してである

$$G \fallingdotseq \left(1 + \dfrac{R_F}{R_S}\right)\left(1 - \dfrac{1}{A_0 \beta}\right) \quad \cdots\cdots (2\text{-}7)$$

ただし，$\beta = \dfrac{R_S}{R_S + R_F}$

● 使いやすいがゲイン誤差が大きい

　非反転アンプは，反転アンプよりも入力インピーダンスが高いのが特徴です．高

- **ねらい** 下記非反転アンプのV_{in}とV_{out}の関係が知りたい

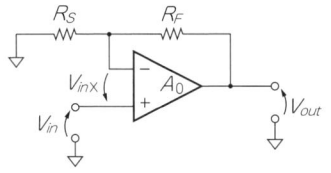

- **求め方** 重ねの理を使ってV_{inX}をV_{in}とV_{out}を使って表す

  ① 出力を短絡する($V_{out}=0V$)

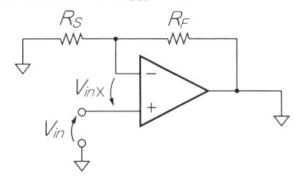

  $$V_{inX} = V_{in} \quad \cdots\cdots\cdots (2\text{-}7)$$

  ② 入力を短絡する($V_{in}=0V$)

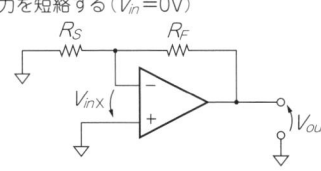

  $$V_{inX} = \frac{-R_S}{R_S+R_F} V_{out}$$

  が成り立つ.

  $$\beta = \frac{R_S}{R_S+R_F}$$

  とおくと,

  $$V_{inX} = -\beta V_{out} \cdots\cdots (2\text{-}8)$$

  ③ 式(2-7)と式(2-8)を重ねる

  $$V_{inX} = V_{in} - \beta V_{out} \cdots\cdots (2\text{-}9)$$

  (a) **ステップ1**…OPアンプがないと考えて＋端子と－端子間の電位(V_{inX}), 入力電圧(V_{in}), 出力電圧(V_{out})の関係を求める

OPアンプはV_{inX}をA_0倍するように動作するので,
$$V_{out} = A_0 V_{inX} \cdots\cdots\cdots (2\text{-}10)$$
式(2-10)に式(2-9)を代入して,
$$V_{out}(1+A_0\beta) = A_0 V_{in}$$
入出力ゲイン, つまりV_{out}/V_{in}をG[倍]とすると,
$$G = \frac{V_{out}}{V_{in}} = \frac{A_0}{1+A_0\beta} = \frac{1}{\beta + \frac{1}{A_0}}$$
$$= \frac{1}{\beta} \cdot \frac{1}{1+\frac{1}{A_0\beta}} \quad \text{マクローリン展開を適用}$$
$$\fallingdotseq \frac{1}{\beta}\left(1 - \frac{1}{A_0\beta}\right) \cdots\cdots (2\text{-}11)$$

汎用OPアンプのA_0は低周波の入力信号に対して$10^5 \sim 10^6$倍もあり, $A_0\beta$は1よりはるかに大きいので,
$$G \fallingdotseq \frac{1}{\beta} = 1 + \frac{R_F}{R_S} \quad \cdots\cdots\cdots (2\text{-}12)$$
となる.

(b) **ステップ2**…OPアンプの増幅作用を考慮する

[図2-9] OPアンプのオープン・ループ・ゲインA_0と帰還量βを考慮したときの非反転アンプの入出力ゲイン

入力インピーダンスは，低周波アンプに求められる性能の一つです．信号の位相が反転することもなく，ゲインも容易に決めることができるので，増幅する必要に迫られたときに，まず検討すべき回路方式です．

欠点を挙げるなら，入力信号の電圧変化がそのまま同相入力電圧の変化となり，出力直流オフセット電圧（第4章参照）が変化することです．変化の割合は*CMRR*（同相電圧除去比）というパラメータで表されます．**図2-10**に示すように，*CMRR*はOPアンプ自体のゲインA_0と同様にゲイン誤差の要因になります．

理想的なOPアンプで作ったボルテージ・フォロワは，V_{in}の大きさによらず出

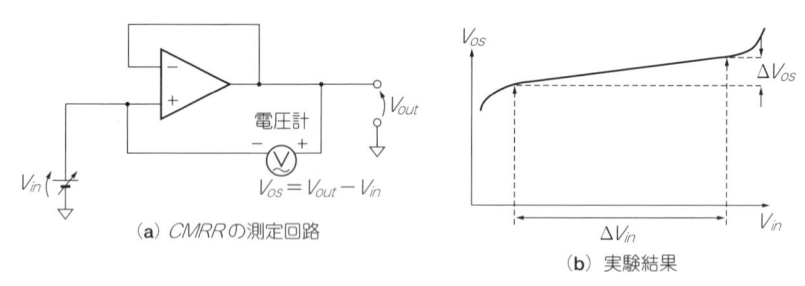

(a) *CMRR*の測定回路

(b) 実験結果

[図2-10] 非反転アンプの入出力ゲインは*CMRR*の影響を受ける

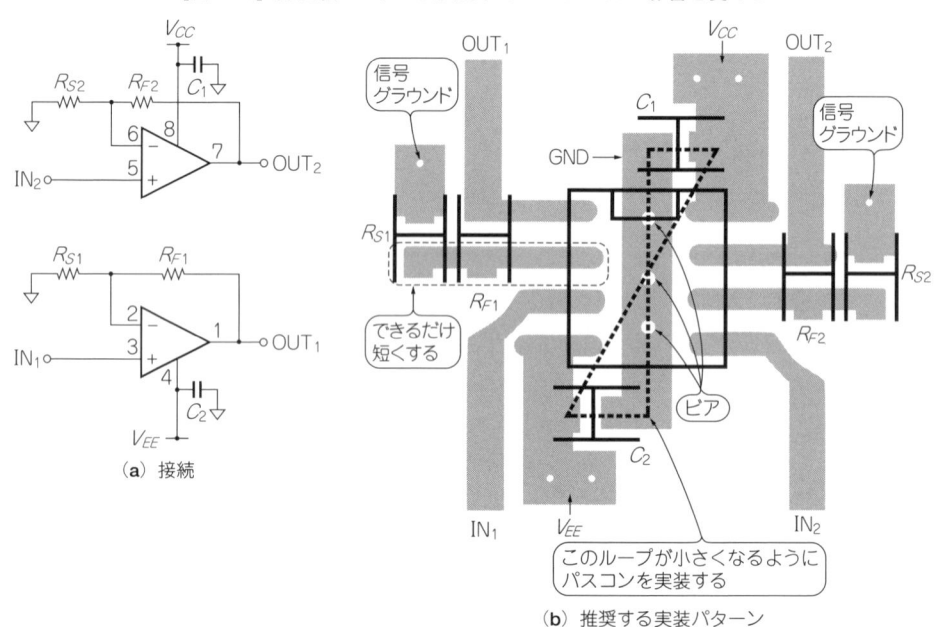

(a) 接続

(b) 推奨する実装パターン

[図2-11] 非反転アンプの推奨プリント・パターン

(a) 回路図

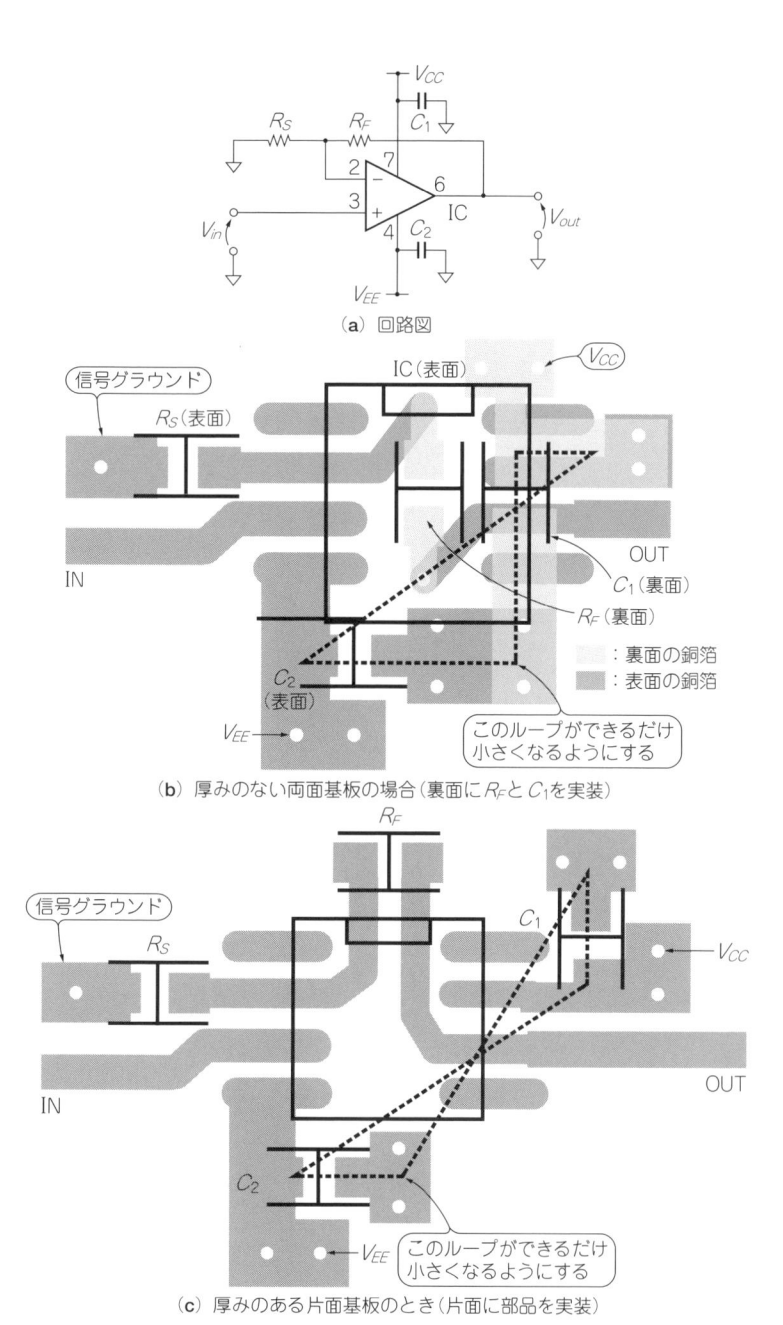

(b) 厚みのない両面基板の場合（裏面に R_F と C_1 を実装）

(c) 厚みのある片面基板のとき（片面に部品を実装）

[図2-12] 1個入り高速OPアンプを使った非反転アンプの推奨プリント・パターン

力電圧が入力電圧と等しく($V_{in} = V_{out}$)なりますが，現実のOPアンプではわずかな電圧差(オフセット電圧V_{OS})が生じます．

実際，図2-10(a)に示す回路を動作させてV_{OS}を測定すると，図2-10(b)のような結果が得られます．この図の入力電圧に対するV_{OS}の変化率が$CMRR$です．式で表すと次のようになります．

$$CMRR [\text{dB}] = -20 \log (\Delta V_{OS} / \Delta V_{in})$$

$CMRR$[倍]を考慮した入力電圧と出力電圧の関係式は次のとおりです．

$$V_{out} = (1 + \frac{R_F}{R_S})(1 + \frac{1}{CMRR}) V_{in}$$

ゲインG[倍]は，

$$G = (1 + \frac{R_F}{R_S})(1 + \frac{1}{CMRR})$$

と表され，式(2-11)に示す$A_0\beta$だけでなく，$CMRR$もゲイン誤差の要因になることがわかります．

● 実装方法

図2-11に非反転アンプの実装例を示します．非反転アンプの場合も，実装のポイントは反転アンプと同じです．反転入力端子の配線が極力短くなるようにします．図2-12に示すのは，1個入りの高速OPアンプ(SOPパッケージ)を使って非反転アンプを作るときの実装例です．

2-3 微弱信号にパワーを加えて負荷を強力駆動する「ボルテージ・フォロワ」

● 入力インピーダンス大，出力インピーダンス小，ゲイン1倍

ボルテージ・フォロワは，バッファ・アンプまたは単にバッファとも呼びます．

バッファは緩衝材という意味です．図2-13からわかるように，ボルテージ・フォロワの入出力ゲインは1倍です．

理想的なボルテージ・フォロワは，信号源の出力インピーダンスが高くても低くても，また負荷抵抗が大きくても小さくても，入力された信号とまったく同じ大きさ，同じ位相の信号を出力します．まさに，出力信号を入力信号に完全に追随させることのできるフォロワ回路です．

ボルテージ・フォロワのゲインは+1倍で，電圧増幅作用はありませんが，出力インピーダンスはとても低く，かつ入力インピーダンスがとても高いのが特徴です．

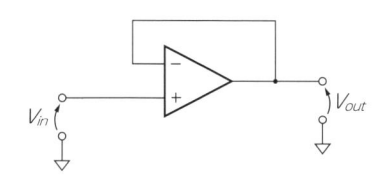

反転入力端子と非反転入力端子間がバーチャル・ショート状態にあれば，次式が成り立つ．

$$V_{in} = V_{out}$$

回路のゲインG [倍]は，次のように1倍になる．

$$G = \frac{V_{out}}{V_{in}} = 1倍$$

[図2-13] ボルテージ・フォロワの入出力ゲインを求める

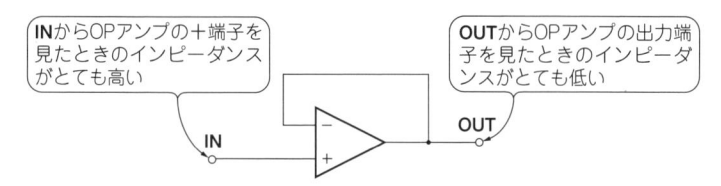

(a) ボルテージ・フォロワは入出力インピーダンスの変換器

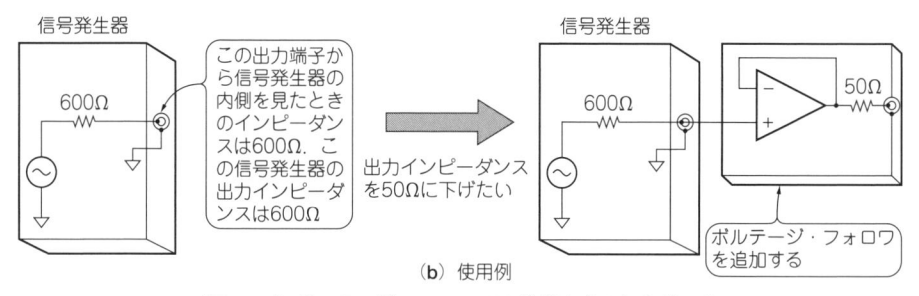

(b) 使用例

[図2-14] ボルテージ・フォロワの特徴を生かした使い方

● 使い方の例

図2-14(b)に示すように，出力インピーダンスが600Ωの信号源の出力にボルテージ・フォロワと50Ωの抵抗を接続すると，出力インピーダンス50Ωの信号源として利用できるようになります．

図2-15に示すのは，実際の例です．出力を$1V_{RMS}$に設定した信号発生器にゲイン2倍の反転アンプを接続したのですが，反転アンプからは$2V_{RMS}$ではなく，$1.25V_{RMS}$しか出力されませんでした．理由は，信号発生器の出力端子の内部にある600Ωの出力インピーダンスの影響です．図に示すように，ボルテージ・フォロワを信号発生器と反転アンプの間に挿入すると，600Ωの影響が消えて反転アンプから$2V_{RMS}$が出力されます．

実際のボルテージ・フォロワの出力インピーダンスは完全に0Ωではありませんから，負荷の抵抗値が小さすぎると，出力信号の波形がひずんだり振幅が小さくな

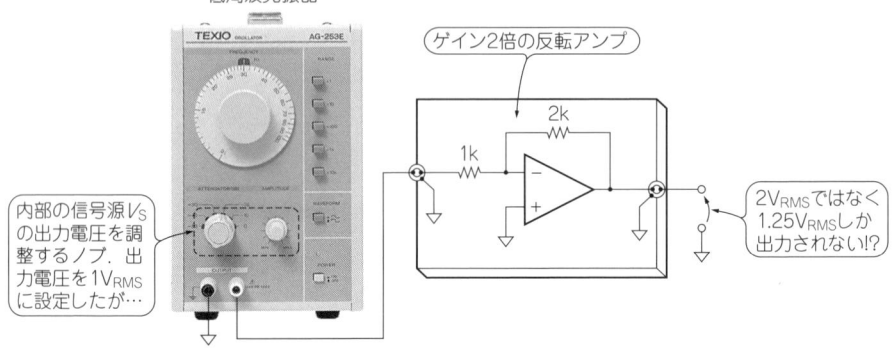

低周波発振器

ゲイン2倍の反転アンプ

内部の信号源V_Sの出力電圧を調整するノブ．出力電圧を1V_{RMS}に設定したが…

2V_{RMS}ではなく1.25V_{RMS}しか出力されない!?

(a) 反転アンプの実験回路の出力電圧が期待値と違う

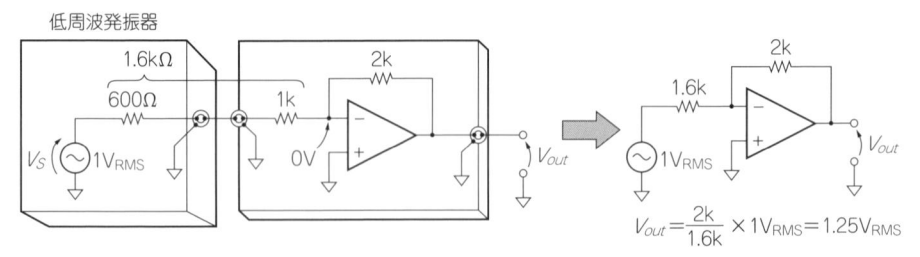

低周波発振器

$V_{out} = \dfrac{2k}{1.6k} \times 1V_{RMS} = 1.25V_{RMS}$

(b) 低周波発振器の出力インピーダンス（600Ω）を考慮すべきだった…

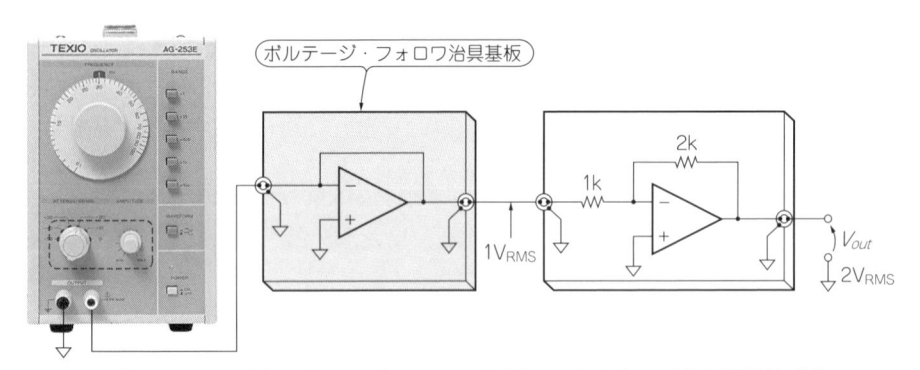

ボルテージ・フォロワ治具基板

(c) 低周波発振器の出力にボルテージ・フォロワを追加しておけばこのような問題は起きない

[図2-15] ボルテージ・フォロワの使用例

ったりします．ボルテージ・フォロワから取り出せる電流の最大値は，OPアンプにエネルギーを供給している電源の最大出力電流と，OPアンプ自体の最大出力電流で制限されます．

Column

OPアンプ回路は＋端子と－端子を短絡して読む

OPアンプが抵抗やコンデンサと複雑に接続された回路図を見るとゾッとします．ここで，回路図が読みやすくなる方法を紹介しましょう．

図2-3の式(2-4)を変形すると，

$$V_{inX} = -\frac{V_{out}}{A_0}$$

となります．OPアンプは，－入力端子と＋入力端子間の電圧をA_0倍(10万～100万倍)に増幅するため，V_{out}が10Vであったとしても，V_{inX}は0.01m～0.1mVと，とても微小です．つまり，OPアンプの非反転入力端子と反転入力端子間は，仮想的に同電位と見なすことができます．この頭の中で行う近似操作を「バーチャル・ショート」と呼びます．

バーチャル・ショートを使うと，反転アンプのゲインも図2-Aのように簡単に求まります．トランジスタ回路を眺めるときベース-エミッタ間を0.6Vと近似するのと同じやり方です．高周波信号や高速のパルス信号に対しては，バーチャル・ショートは適用できないことがあります．

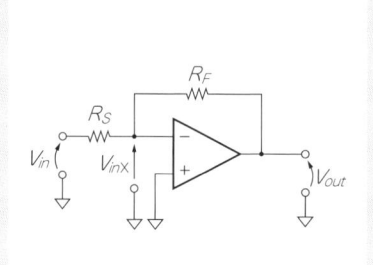

OPアンプがないと考えると，次式が成り立つ．

$$V_{inX} = \frac{R_F}{R_S + R_F} V_{in} + \frac{R_S}{R_S + R_F} V_{out} \cdots\cdots (2\text{-A})$$

一方，OPアンプの増幅作用によって，
$V_{inX} = 0V$ (バーチャル・ショート)
が成立するなら，式(2-A)は次のようになる

$$\frac{R_S}{R_S + R_F} V_{out} = -\frac{R_F}{R_S + R_F} V_{in} \cdots\cdots (2\text{-B})$$

入出力のゲインG [倍]は，

$$G = \frac{V_{out}}{V_{in}} = -\frac{R_F}{R_S}$$

と求まる．バーチャル・ショートは$A_0 \beta \gg 1$のときに成立することに留意する．

[図2-A] バーチャル・ショートするとゲインと周辺抵抗の関係が理解しやすくなる

● 高性能だが発振しやすいのが玉に瑕(きず)

アンプは，出力から入力に戻す信号の量(フィードバック量)を増やせば，低出力インピーダンス，高入力インピーダンス，低ひずみ，低雑音，広帯域など，さまざまな基本性能を高めることができます．フィードバック量は，非反転アンプ(図2-8)のフィードバック抵抗R_FとR_Sの比$R_S/(R_S + R_F)$に出力電圧(V_{out})をかけた

ものです．ボルテージ・フォロワ回路は，非反転アンプのR_Fを0ΩにしてR_Sを除去した回路ですから，出力信号のすべてが入力に戻されています．つまりボルテージ・フォロワは，フィードバックの効能が100％引き出される方式です．

　どんなアンプもフィードバック量が多いほど発振しやすくなります．また，出力に容量成分が接続されると発振の可能性が増えます．これはすべての増幅器の宿命です．多量のフィードバックがかかっているボルテージ・フォロワは，少しの容量成分が出力に接続されるだけで発振する可能性が高いことを覚えておかなければなりません．

第3章

【成功のかぎ3】
OPアンプ周辺部品の役割と値の理由
種類と定数に込められた意味を理解して応用する

　OPアンプはIC単体で使うことは多くなく，周辺に抵抗やコンデンサなどの電子部品を接続して使います．部品の種類や定数を適切に選ばなければ，OPアンプの性能を十分に引き出すことができず，性能や安定した動作を期待できません．

　設計を成功させるには，周辺に接続するすべての部品の役割と値の理由をしっかりと理解することが大切です．

本章では，図3-1に示す5V単一で動作する非反転アンプを例に，
(1) フィードバック部 (feedback)
(2) バイアス部 (bias)
(3) 入力部
(4) 出力部

にある抵抗やコンデンサの働きや値の意味を詳しく説明します．

　図3-1は，入力信号を10倍に増幅して出力する回路です．仕様は下記のとおり

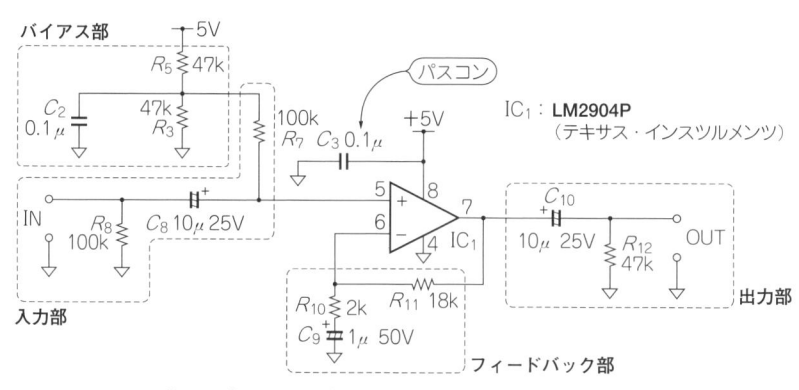

[図3-1] OPアンプ周辺の部品の役割と値の理由は？
この回路を例に説明する．非反転型，単一の＋5V電源，ゲイン＋10倍，周波数特性 約300Hz～約10kHz@-3dB，入力インピーダンス 約50kΩ@300Hz～10kHz，音声帯域信号の増幅用

[写真3-1] 例題回路（図3-1）のOPアンプの外観
LM2904P，単電源動作型，バッテリ動作機器用

です．
- 電源：＋5V（単電源）
- ゲイン：＋10倍
- 周波数特性：約300Hz～約10kHz＠－3dB
- 入力インピーダンス：約50kΩ＠300Hz～10kHz
- 用途：音声帯域信号の増幅

　LM2904P（**写真3-1**）は，バッテリ動作機器用の単電源OPアンプです．複数の半導体メーカがセカンド・ソース品を作っており，入手性も良好です．LM2904の最大動作電圧を拡大したLM358も使えます．

3-1	フィードバック部

■ゲインを決める帰還抵抗 R_{11} と R_{10}

● 帰還抵抗は十数kΩにする

　第2章の図2-2や図2-3で説明したように，非反転アンプのゲイン G [倍]は，フィードバック抵抗 R_F と R_S で決まります．**図3-1**の場合，後述する C_9 の影響を無視すると，R_{11} と R_{10} の2本の抵抗の比で決まります．つまり，次式で求まります．

$$G = 1 + \frac{R_{11}}{R_{10}}$$

抵抗 R_{11} と R_{10} が，

　　$R_{11} : R_{10} = 9 : 1$

となるように値を決めれば，ゲイン G は10倍になります．

　ゲインは抵抗比で決まりますから，1MΩでも1Ωでもよさそうですが，ここがアナログ回路の面白いところで，ゲインだけではなく雑音や安定性など，他の性能も考慮すると，適切な範囲が自ずと決まります．

▶帰還抵抗は十数kΩにする

　特別な理由がない限り，OPアンプの帰還抵抗(R_{11})の値は十数kΩに設定します．これは，OPアンプの最大出力電流や安定性(発振のしにくさ)などを考慮したときに合理的な値です．経験的にも十数kΩは妥当な値です．

　$R_{11} = 18\text{k}\Omega$と決めると，$R_{10}$は18kΩの1/9ですから，2kΩと求まります．

▶広帯域化，低雑音化する場合は抵抗値を小さく

　増幅したい信号の周波数が数十MHz以上の高周波の場合は，R_{11}は数百Ωにします．抵抗値を大きくすると，OPアンプの反転入力端子にある容量成分(浮遊容量)の影響で，ゲインの周波数特性にピークが生じたり発振したりするからです．オーディオ用途でも，低雑音回路にしたい場合は数k～数百Ωと小さくします．これは，熱雑音を小さくするためです．

● 雑音が気になるときは金属皮膜や薄膜チップを使う

　表3-1に，OPアンプ回路で利用する抵抗の種類と特徴をまとめます．

　抵抗には，炭素皮膜タイプ，金属皮膜タイプなどいくつか種類があり，回路に要求される性能に影響します．

　増幅回路のゲイン誤差や温度安定性が気にならない応用であれば，±5%精度の炭素皮膜抵抗[**写真3-2(a)**]で十分です．チップ抵抗を使用する場合も，低周波雑音($1/f$雑音)やゲインの温度変動が気にならなければ，安価な±5%精度のメタル・グレーズ厚膜チップ抵抗[**写真3-2(b)**]でよいでしょう．

　$1/f$雑音のような低周波雑音を気にする場合やゲインの温度変動が問題になる場合は，金属皮膜抵抗[**写真3-2(c)**]や薄膜チップ抵抗[**写真3-2(d)**]を使用します．

　計測回路のようにゲインの温度変動を極めて小さくする必要がある場合は，**写真**

[表3-1] OPアンプ回路に使われる主な抵抗器の種類と用途

名　称	主な用途	特　徴
炭素皮膜抵抗器	AV機器，家電製品など	低価格．許容差±5%程度．温度係数(TCR)は負で，$-500 \sim -1000\text{ppm}/℃$と比較的大きい
金属皮膜抵抗器	測定器など高性能/高信頼性が要求される機器	高精度．低雑音．許容差±0.5～±1%．TCRは±50～±200ppm/℃
厚膜チップ抵抗器	あらゆる電子機器	メタル・グレーズ厚膜を抵抗体として使用．低価格．許容差±1～±5%程度．定格電力1/16～1W．TCRは±100～±400ppm/℃
薄膜チップ抵抗器	測定器など高性能が要求される機器	金属薄膜を抵抗体として使用．許容差は±0.1～±0.5%．定格電力は1/16～1/4W．TCRは約±50ppm/℃

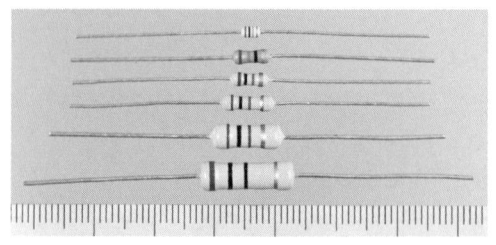

(a) 炭素皮膜抵抗器

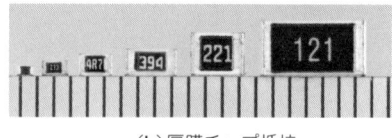

(b) 厚膜チップ抵抗

(d) 薄膜チップ抵抗

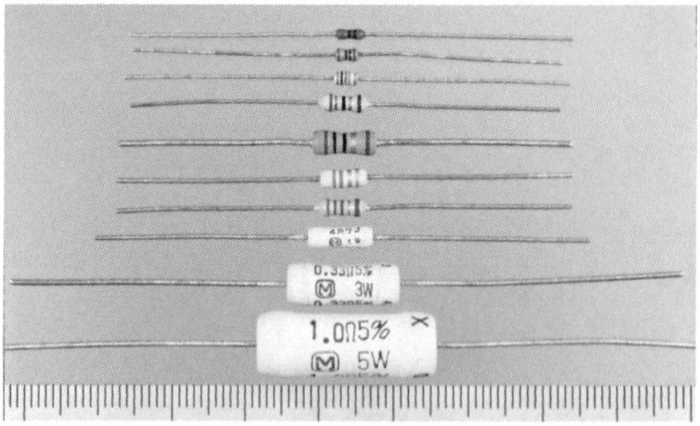

(c) 金属皮膜抵抗器

(e) 組抵抗[2]

[写真3-2[1]] OPアンプ回路に使用する主な抵抗器の種類と外観

3-2(e)のような相対温度特性(トラッキング・エラー)が数ppm/℃の組抵抗を使用します．

● 抵抗のばらつきとゲイン誤差

▶非反転アンプの場合

抵抗の誤差が非反転アンプのゲインに与える誤差 ε_G[%]は，次式で概算できます．

$$|\varepsilon_G| \fallingdotseq 2\varepsilon_R - \frac{2\varepsilon_R}{G_{ideal}}$$

ただし，ε_R：抵抗の誤差[%]，G_{ideal}：計算上のゲイン[倍]

ε_Rが±5%，G_{ideal}が+2倍とすると，ゲイン誤差 ε_G は，

$$|\varepsilon_G| \fallingdotseq 2 \times 5 - \frac{2 \times 5}{2} = 5\%$$

$\varepsilon_G = \pm 5\%$

から±5%になります．G_{ideal}が+10倍の場合は，

$$|\varepsilon_G| \fallingdotseq 10 - \frac{2 \times 5}{10} = 9\%$$

つまり，

$$\varepsilon_G = \pm 9\%$$

となります．したがって，非反転アンプにおける抵抗の誤差 $\varepsilon_R[\%]$ によって生じるゲイン誤差 $\varepsilon_G[\%]$ は，回路のゲインが十分に大きければ次式で近似できます．

$$\varepsilon_G \fallingdotseq \pm 2\varepsilon_R$$

▶反転アンプの場合

ゲインの大小によらず抵抗の誤差がゲイン精度に与える影響は上式（$\varepsilon_G \fallingdotseq \pm 2\varepsilon_R$）で概算できます．

*

今回の回路は音声増幅が目的であり，精度が要求されていないため，安価な±5%の炭素皮膜抵抗で問題ありません．

■直流成分の増幅を抑える C_9

● バイアス電圧を増幅せず交流信号だけを増幅

図3-1を見てください．バイアス部という抵抗2本とコンデンサ1個から作られた回路からは直流信号（0Hz信号）が出力されており，R_7を介してOPアンプの＋入力端子に加えられています．

図3-2に示すように，OPアンプの＋入力端子には，300Hz～10kHzの交流信号に直流電圧（バイアス電圧）が足された信号が加えられます．増幅したいのは交流信号だけで，バイアス電圧は増幅したくありません．単電源で動作しているOPアンプには，負の入力電圧を増幅することができないので，バイアス電圧をなくすわけにもいきません．

図3-2のゲインを求める式は C_9 を考慮して，次のようになります．

$$G = 1 + \frac{R_{11}}{R_{10} + Z_{C9}}$$

ただし，Z_{C9}：C_9のインピーダンス[Ω]

コンデンサのインピーダンスは周波数が高くなるほど小さく，低くなるほど大きくなります．Z_{C9}も同様の特性を示します．C_9を追加すると，上式の分母である $R_{10} + Z_{C9}$ が，周波数の低下とともに大きくなり，ゲイン G は1倍に近づきます．

Z_{C9}は0Hzの信号に対して無限大になり，R_{10}はグラウンドから切り離されて存在しない状態になります．つまり，0Hzの入力信号に対しては，上式は次のように

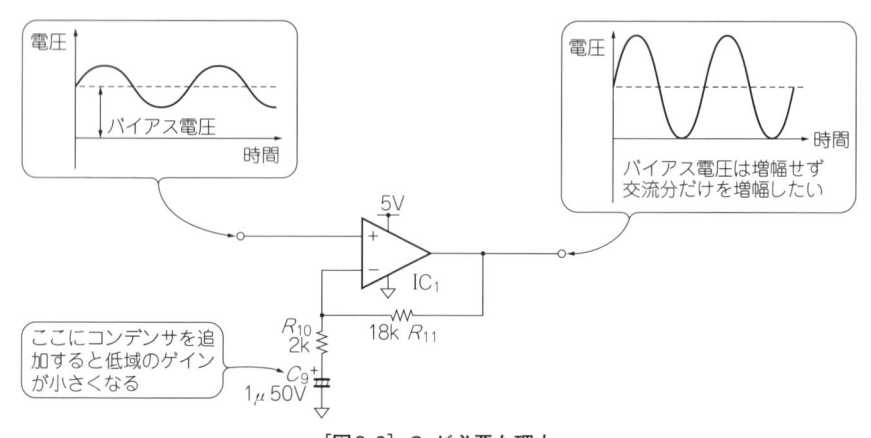

[図3-2] C_9 が必要な理由
C_9 を追加すると直流電圧を増幅しなくなる．増幅するのは交流分だけ

なります．
$\quad G = 1 + 0 = 1$ 倍

図3-2の回路は，300Hz～10kHzの信号に対してゲイン10倍，0Hzのバイアス電圧に対してゲイン1倍のアンプになっています．

● 定数の決め方

前述のように，図3-1のOPアンプ回路のゲインは，0Hzで突然1倍になるわけではなく，入力信号の周波数が低くなるにしたがって徐々に低下します．このゲインの低下のぐあいが仕様に合うようにC_9を決めます．

目標は前述の，
 ● 周波数特性：約300Hz～約10kHz@－3dB

です．つまり，300Hzと10kHzでゲインが－3dB減衰するように決めます．ゲインが－3dB減衰する周波数をカットオフ周波数と呼び，300Hz側の周波数を低域カットオフ周波数，10kHz側を高域カットオフ周波数と呼びます．

次式のとおり，低域カットオフ周波数f_{CL1}［Hz］は，C_9とR_{10}で決まります．

$$f_{CL1} = \frac{1}{2\pi C_9 R_{10}}$$

上式に$f_{CL1} = 300$Hz，$R_{10} = 2000 \Omega$を代入すると，
$\quad C_9 \fallingdotseq 0.265 \mu F$

と算出され，C_9は$0.265 \mu F$以上必要なことがわかります．図3-2では，余裕をもた

せつつ，きりの良い値 1 μF に設定しています．実際の低域カットオフ周波数は79.6Hz になります．

● **容量の割に小型で安価なアルミ電解を使用**
　表3-2と写真3-3にOPアンプ回路に使用するコンデンサの種類を示します．
　計測回路のように，雑音や温度安定性などの厳しい性能が要求される応用の場合は，フィルム・コンデンサがよく使われます．フィルム・コンデンサは，1 μF 以上になると形状が大きく価格も高くなります．
　音声帯域信号の増幅回路は，計測回路などに比べると性能を重視する回路ではないので，コストを考えてアルミ電解コンデンサを使用します．アルミ電解コンデンサの誤差は比較的大きく − 20 〜 80％の範囲でばらつくため，余裕をもたせて少し大きめの容量値にします．

[表3-2] OPアンプ回路に使う主なコンデンサの種類と用途

名　称	主な用途	特　徴
アルミ電解コンデンサ	電源の平滑，バイパス・コンデンサ，信号ラインのカップリング・コンデンサなど．実装面積が小さく大容量が必要な箇所に使われる	安価．小型で大容量が得られる．ただし容量精度は − 20 〜 +80％と悪く，経年変化が大きい．多くは極性があるが，両極性タイプも製造されている．高周波特性は良くない
積層セラミック・コンデンサ	電源のバイパス・コンデンサなど高周波の通過特性が必要な箇所に使われる．温度補償タイプはフィルタ回路にも使用されるが，高誘電率タイプを信号経路に使用すると高調波ひずみが生じる	高周波まで容量性を示す．B, C0G, X7R など種々の温度特性をもった製品がある．温度補償タイプ（低誘電率タイプ）はフィルタ回路にも使用可能．製品によっては直流電圧重畳時に容量が大幅に減少するものがある
ポリエステル・フィルム・コンデンサ	カップリング・コンデンサや低/中精度のフィルタ回路など，オーディオ周波数帯の回路で1000pF以上の容量が必要，かつ低ひずみが要求される回路に使われる	フィルム・コンデンサとしては比較的安価．精度があまり良くないほか，低温時に容量が低下する傾向があるため，高精度のフィルタ回路には向かない
ポリプロピレン・フィルム・コンデンサ	温度特性が比較的良く高精度なため，測定回路のフィルタや時定数回路などに使われる	誘電体損失が小さく高精度であるため，フィルタ回路や時定数回路に向く．耐熱性が低いためチップ・タイプは製造できない
ポリフェニレン・スルファイド・フィルム・コンデンサ	チップ・タイプも供給されており，精度，温度特性も良好なため，表面実装部品を使用したフィルタ回路や時定数回路などに使われる	ポリプロピレン・フィルム・コンデンサと同様の用途に向く．耐熱性が高いため，チップ・タイプも供給されている

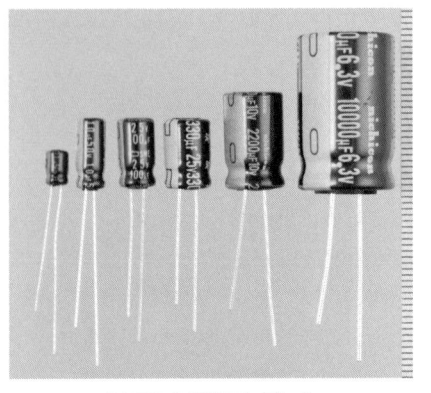

(a) アルミ電解コンデンサ

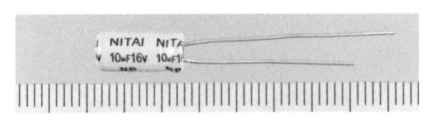

(b) バイポーラ（両極性）電解コンデンサ

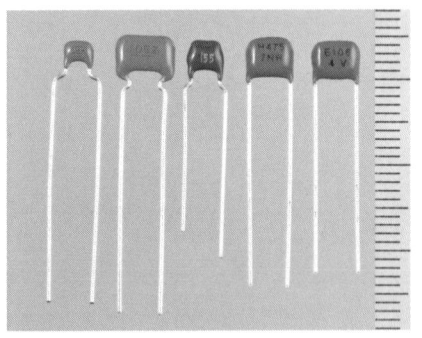

(c) 積層セラミック・コンデンサ（リード・タイプ）

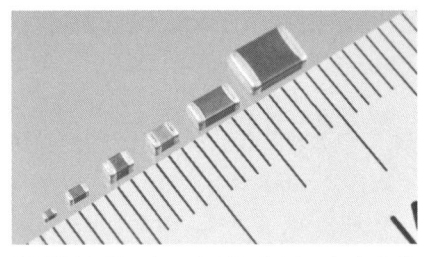

(d) 積層セラミック・コンデンサ（チップ・タイプ）

(e) ポリエステル・フィルム・コンデンサ

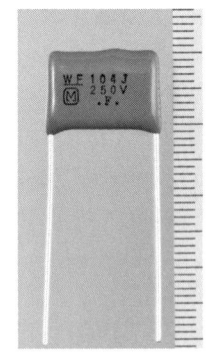

(f) メタライズド・ポリプロピレン・フィルム・コンデンサ

(g) ポリフェニレン・スルファイド・フィルム・コンデンサ（チップ・タイプ）

[写真3-3[(1)]] OPアンプ回路に使用するコンデンサの種類と外観

3-2 バイアス部

■ 電源電圧を分割し基準電位を作るR_3とR_5

● バイアスの必要性

なぜ，入力信号にバイアス電圧を加える必要があるのでしょう．

どんなOPアンプも，負の電源電圧より低い電圧を入力したり出力したりすることはできません．**図3-3**(a)に示すように，単電源で動作しているOPアンプは，グラウンド(0V)よりも低い電圧の入力信号を増幅することができません．**図3-1**のOPアンプも，+5Vの単電源で動作しているため，0〜5Vの入力信号しか扱うことができません．

0Vよりも低い負の電圧まで振幅する入力信号を増幅するには，
- 対策1：OPアンプに正と負の電源を供給する
- 対策2：OPアンプを単電源で動作させる場合は，入力信号に直流電圧(バイアス電圧)を加える[**図3-3**(b)]

のどちらかを施す必要があります．

図3-1では，対策2が施されています．R_3とR_5で，電源電圧+5Vの半分の電圧2.5Vを生成し，この2.5Vを入力信号と結合させています．この対策によって，入

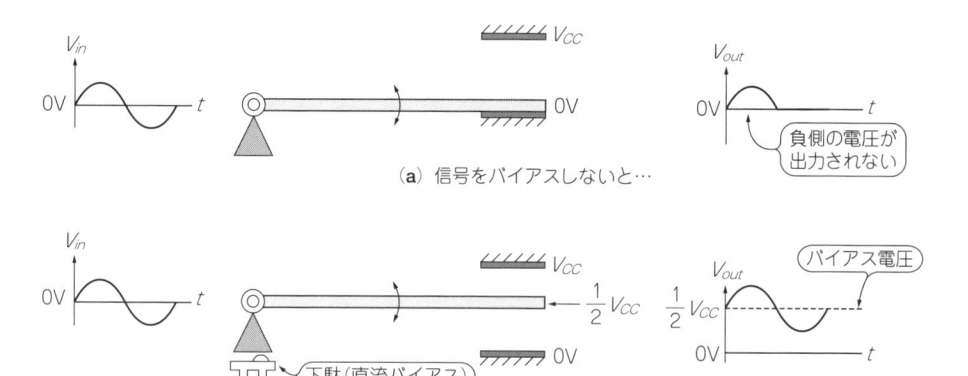

(a) 信号をバイアスしないと…

(b) 入力信号の変化の中心をバイアスすれば解決できる

[図3-3] 0V中心に変化する信号を単電源動作で増幅するには入力信号の基準を上げる必要がある
0V中心に変化する入力信号が$V_{CC}/2$中心に変化するように，入力信号にバイアスを加え，さらにOPアンプの動作基準を$V_{CC}/2$にする

力信号が5Vの半分(2.5V)を中心に振れるようになります．バイアスを加えることを「下駄を履かせる」などと呼ぶこともあります．

● バイアスの加え方

図3-4にバイアスを加える方法を示します．(a)は，電源電圧を分圧してバイアスを加えるオーソドックスな回路です．この回路の欠点は，電源雑音の影響を受けやすいことです．電源に含まれる雑音が小さければ，この方法が一番シンプルです．

図3-4(b)に示すのは，分圧回路にコンデンサを接続して雑音の影響を軽減したものです．

R_5とC_2は，高域信号を除去するフィルタリング機能(LPF)をもち，電源ラインに乗っている雑音を除去します．R_5とC_2が構成するLPFのカットオフ周波数f_C [Hz]と，R_5，C_2との関係は次のとおりです．

$$f_C = \frac{1}{2\pi R_5 C_2}$$

C_2を大きくするほど，電源に含まれる雑音の影響を軽減できます．また，入力インピーダンスR_{in}をR_7によって任意に設定できます．ただし，

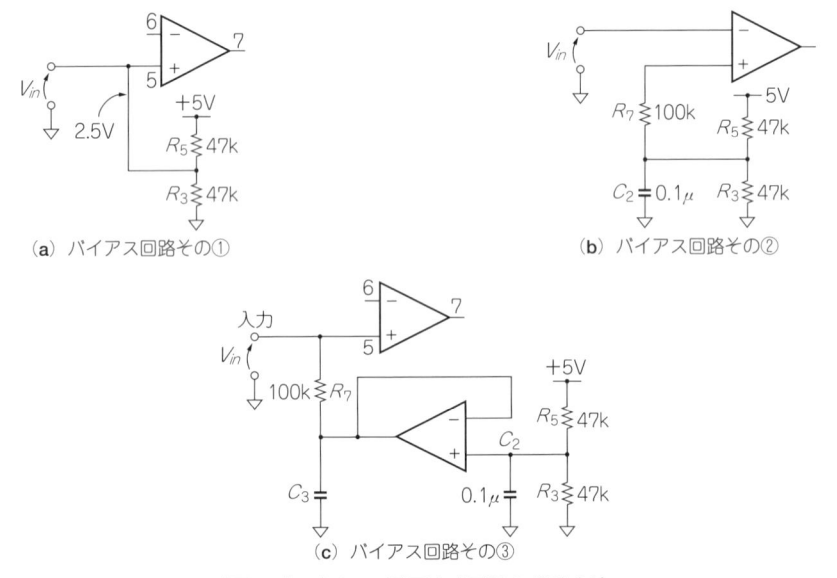

(a) バイアス回路その①

(b) バイアス回路その②

(c) バイアス回路その③

[図3-4] バイアス電圧生成回路と供給方法

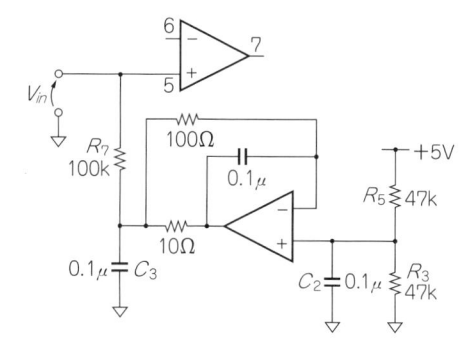

[図3-5] 発振対策を施したバイアス回路

$$f_C = \frac{1}{2\pi(R_3 /\!/ R_5)C_2} \quad\cdots\cdots\cdots\cdots\cdots\cdots\cdots\cdots\cdots\cdots\cdots\cdots\cdots\cdots\cdots\cdots\cdots\cdots \quad (3\text{-}1)$$

で計算される周波数以下で，バイアス回路の入力インピーダンスR_{in}が上昇し，$R_7 + (R_3 /\!/ R_5)$に漸近します．//は並列接続を意味します．

図3-4(c)に示すのは，図3-4(a)に，ボルテージ・フォロワを追加した回路です．電源からの雑音の影響も小さく，入力インピーダンスもR_7で任意に決めることができます．図3-4(b)との違いは，低い周波数においても入力インピーダンスがR_7の値(100kΩ)に維持されることです．これは，ボルテージ・フォロワの出力インピーダンスが低域まで低く保たれるからです．

このバイアス回路は，高域でのインピーダンスを低くしようとして，安易にOPアンプの出力にコンデンサを追加すると発振する可能性があります．発振については，第7章で詳しく解説します．

OPアンプが，扱う高域信号に対して十分なゲインをもっていれば，出力インピーダンスは低い状態が保たれますから，C_3のようなコンデンサは不要です．目安として，入力信号の周波数が，分圧回路に使用しているOPアンプのGB積の1/100程度以下であれば，コンデンサは不要です．

それでも扱う信号の周波数が高く，OPアンプの出力にコンデンサを追加する必要がある場合は，図3-5に示すように発振対策を施します．

● R_3とR_5の定数

図3-6に示すように，OPアンプの入力バイアス電流は，バイアス電圧に少なからず影響を及ぼします．しかし，R_3とR_5で構成される分圧回路に流す電流を，OPアンプの入力バイアス電流$I_{bias(OP)}$の20〜50倍以上に設定すれば，その影響はほ

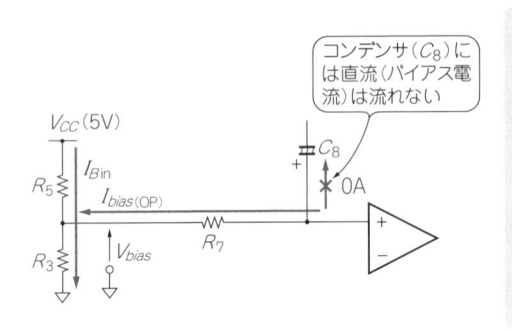

$$V_{bias} = (I_{Bin} + I_{bias(OP)})R_3$$
$$= R_3 I_{Bin}\left(1 + \frac{I_{bias(OP)}}{I_{Bin}}\right)$$

ここで $I_{Bin} \gg I_{bias(OP)}$ となるように決めれば，

$$V_{bias} = R_3 I_{Bin}$$

となる．

$$I_{Bin} = \frac{V_{CC} - V_{bias}}{R_5}$$

から，

$$V_{bias} = \frac{R_3}{R_5 + R_3} V_{CC}$$

となり，V_{bias} は R_3，R_5，そして V_{CC} で決まる

[図3-6] R_5 と R_3 にはOPアンプの入力バイアス電流の20～50倍の電流を流す

ぼ無視できます．この対応で，OPアンプの入力バイアス電流のことを考えずに，V_{CC} と2本のバイアス抵抗（R_3，R_5）だけで，バイアス電圧を調整できます．

LM2904の入力バイアス電流は，最大で $0.25\,\mu A$ です．その20～50倍の 5μ～$12.5\,\mu A$ 以上の電流を流せば，OPアンプの入力バイアス電流の影響を無視できます．

図3-1の分圧回路では，I_{Bin} を $0.25\,\mu A$ の200倍の $50\,\mu A$ としました．V_{CC} は5Vですから，$R_3 + R_5 = 100\mathrm{k}\Omega$ となるようにします．ここで，バイアス電圧を2.5Vとすると，

$$R_3 = R_5 = 50\mathrm{k}\Omega$$

となります．現実的な抵抗値は，47kΩか51kΩのいずれかです．ここでは手持ちの部品の中から47kΩを選びます．

*

バイアス回路の抵抗値を決めるポイントは，最初に分圧回路（バイアス回路）に流す電流値を決めることです．この電流値を決めるときにOPアンプの入力バイアス電流の影響まで考えていたら面倒ですから，OPアンプの入力バイアス電流を無視できるほど大きい電流を抵抗に流します．ただし，抵抗に大電流を流すと消費電流が大きくなります．目安は，OPアンプの入力バイアス電流の20～50倍です．抵抗器の発熱が大きくならないようであれば，今回のように入力バイアス電流の数百倍の電流を流しても問題ありません．

▶抵抗の種類

必要な分圧比の精度によって決めます．今回のような簡単な交流アンプのバイアス用であれば±5%精度で十分ですから，炭素皮膜抵抗で問題ありません．ただし，前述のような低周波雑音が気になる場合は，金属皮膜抵抗や薄膜チップ抵抗を使用します．

■バイアス回路とOPアンプをつなぐ R_7

R_7 は，図3-1の入力インピーダンス仕様（50kΩ）から決めます．

この回路の入力インピーダンスは，R_7 と R_8 の並列接続値に等しくなります．R_8 を100kΩに，R_7 を100kΩに設定すれば，

100kΩ // 100kΩ = 50kΩ

となり，仕様を満足できます．

R_8 を51kΩに，R_7 を10MΩとすることはできません．図3-7を見てください．R_7 にはOPアンプの+入力端子から流れ出る入力バイアス電流によって電圧が発生し，バイアス電圧 $V_{bias(OP)}$ を変化させます．R_7 を大きくしすぎると，$V_{bias(OP)}$ が大きくなりすぎて，OPアンプが動作しなくなります．

ここで，OPアンプの入力バイアス電流 $I_{bias(OP)}$（0.25μA）が流れて生じる R_7 両端電圧の，R_5 と R_3 による分圧値 V_{bias}（2.5V）に対する割合（ε）が10%以下になるように R_7 を決めます．

$$R_7 < \frac{2.5}{0.25 \times 10^{-6}} \times \frac{10}{100} = 1\text{M}\Omega$$

と求まり，R_7 の値は1MΩ以下であればOKです．

$V_{bias(OP)}$ の誤差を小さくするために，R_7 を51kΩに，R_8 を1MΩにするのも良い

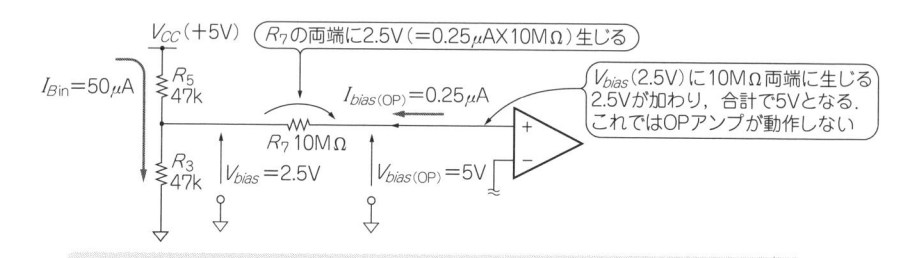

V_{CC}（+5V）　R_7 の両端に2.5V（=0.25μA×10MΩ）生じる

I_{Bin}=50μA　R_5 47k

$I_{bias(OP)}$=0.25μA

R_7 10MΩ

V_{bias}（2.5V）に10MΩ両端に生じる2.5Vが加わり，合計で5Vとなる．これではOPアンプが動作しない

R_3 47k　V_{bias}=2.5V　$V_{bias(OP)}$=5V

R_7 によって生じるOPアンプのバイアス電圧の誤差を ε [%] 以内に抑えるには，次式が満たされる必要がある．

$$\frac{R_7 I_{bias(OP)}}{V_{bias}} < \frac{\varepsilon}{100}$$

つまり，

$$R_7 < \frac{V_{bias}}{I_{bias(OP)}} \times \frac{\varepsilon}{100}$$

ただし，V_{bias}：バイアス電圧[V]，$I_{bias(OP)}$：OPアンプの入力バイアス電流[A]，ε：R_7 によるバイアス電圧誤差[%]

[図3-7] R_7 にはOPアンプの入力バイアス電流が流れて電圧が発生する
$V_{bias(OP)}$ が大きくなりすぎるとOPアンプが動作しなくなる

判断だということです．今回は，部品の種類を減らすために$R_7 = R_8 = 100\text{k}\Omega$としました．

■バイアス電圧を変動しにくくするC_2

● 容量をできるだけ大きくする

C_2の値は式(3-1)から計算します．式を変形すると，

$$C_2 = \frac{1}{2\pi(R_3//R_5)f_C}$$

となります．

周波数がf_Cよりも高い信号に対する図3-1の入力インピーダンスは，R_7とR_8とで決まります．C_2がR_3とR_5よりもインピーダンスが低いため，入力側から見た場合，R_3とR_5は見えなくなっています．周波数がf_Cよりも低い信号からはR_3とR_5が見えています．

ここで，低域しゃ断周波数の仕様から$f_C = 300\text{Hz}$とすると，

Column

しゃ断周波数とは

● ゲインが−3dBとなる周波数

特段の断りもなく「しゃ断周波数」と記載されていたら，一般に振幅が−3dBに減衰する周波数のことです．簡単なRC1次LPF回路を考えてください（図3-A）．このLPF回路の伝達関数は次のとおりです．

$$A_V(\omega) = \frac{1}{\sqrt{1+(\omega CR)^2}} \quad \cdots\cdots\cdots (3\text{-A})$$

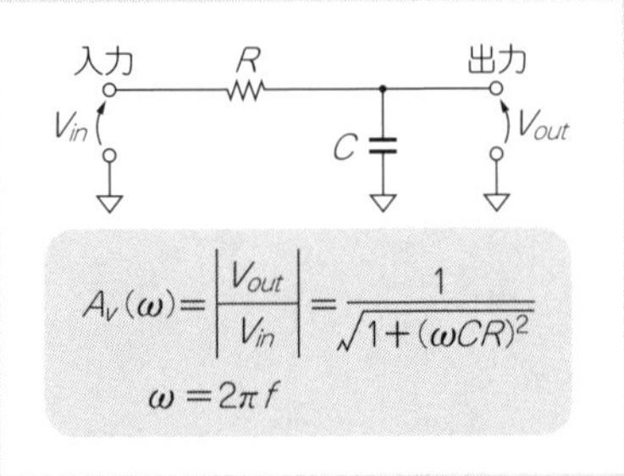

$$A_V(\omega) = \left|\frac{V_{out}}{V_{in}}\right| = \frac{1}{\sqrt{1+(\omega CR)^2}}$$
$$\omega = 2\pi f$$

[図3-A] RC1次LPFの伝達関数

$$C_2 = \frac{1}{2\pi \times 23.5 \times 10^3 \times 300} \fallingdotseq 0.024\,\mu\text{F}$$

と求まります．余裕をみて $0.1\,\mu\text{F}$ に決定します．

　入力インピーダンスは，f_C を境に低域にいくほど上がるため，C_2 が大きいほど，周波数に対する入力インピーダンスの変化が小さくなります．基板実装スペースに余裕があるなら，C_2 と並列に $10\,\mu\text{F}$ 程度の電解コンデンサを接続します．

● 積層セラミックを使用

　C_2 には，電源ラインからの雑音の混入を防止する働きもあるため，高周波までインピーダンスの低いコンデンサが適しています．ここでは積層セラミック・コンデンサを選択しました．

　高誘電率型の積層セラミック・コンデンサは，電圧が加わると容量が変化するため，このコンデンサを通過する信号はひずみます．C_2 には，R_7 を経由してから電圧が加わりますが，R_7 と比較して C_2 のインピーダンスが十分に低ければ，C_2 に加わる電圧が小さくなり，ひずみの発生も少なくなります．しかし，カットオフ周波

　一般にしゃ断周波数は，$1/(\omega C) = R$，つまりコンデンサのインピーダンスの絶対値と抵抗値が等しくなる周波数と定義されています．しゃ断周波数のとき，$\omega CR = 1$ が成り立ち，このときの振幅 $A_V(\omega)$ は，

$$A_V(\omega) = \frac{1}{\sqrt{1+1^2}} = \frac{1}{\sqrt{2}}$$

となります．デシベル値で表すと -3dB です．ここで，

$$f_C = \frac{1}{2\pi CR}$$

と定義すると，$\omega CR = 2\pi f CR$ なので，式(3-A)は次のようになります．

$$A_V(f) = \frac{1}{\sqrt{1+\left(\dfrac{f}{f_C}\right)^2}} \quad \cdots\cdots\cdots\cdots\cdots\cdots\cdots\cdots\cdots\cdots\cdots\cdots\cdots\cdots\cdots\cdots\text{(3-B)}$$

● -3dB 以外の減衰量となる周波数

　$n\text{dB}$ 減衰する周波数で設計する場合は次式で計算します．

$$f_{Cn} = \frac{\sqrt{10^{\frac{n}{10}}-1}}{2\pi CR}$$

　ただし，n：減衰量 [dB]，f_{Cn}：減衰量が $n\text{dB}$ となるときの周波数
この式は，式(3-B)の1次 CR 回路の伝達関数から求めたものです．

数 f_C(300Hz)に入力信号の周波数が近づくと，高調波ひずみが発生する可能性が高くなるため，C_2 と並列に大容量の電解コンデンサを接続するのが理想的です．

電解コンデンサを使いたくない場合は，比較的高域までインピーダンスの低い $0.1\mu F$ のメタライズド・ポリプロピレン・フィルム・コンデンサやチップ・タイプのPPSフィルム・コンデンサを使用します．ただし，部品の形状が大きくなるだけでなく，コストが高くなります．

3-3　入力部

■外部機器を接続したときの回路の暴れを抑える R_8

● R_8 がないとOPアンプが暴れる

図3-8に示すのは，R_8 がない場合に，外部機器(装置A)を接続したときに流れる電流のようすです．装置Aの出力段には，保護ダイオードを内蔵したOPアンプがあり，その出力は0Vに制御されていると仮定します．

入力に他の回路を接続すると，C_8 に充電電流 I_{chg} が流れます．I_{chg} によって，OPアンプの＋端子につながる点Ⓐの電位が一時的に低下し，OPアンプの出力が暴れます．

この現象は，装置Aに電源が入っていても入っていなくても発生します．電源が入っていれば，$C_8 \to R_A \to Q_2 \to V_{EE}$ のルートで充電電流が流れます．電源が入っていない場合は，$C_8 \to R_A \to D_3 \to V_{CC}$ のルートで充電電流が流れます．D_3 と D_4 がなければ，D_1 を通ります．

● R_8 がないと装置Aが壊れる可能性がある

図3-1の回路では R_7 の値が100kΩと大きいため，I_{chg} は大きくありませんが，図3-9のようなバイアス回路で R_7 が数～数十Ωと小さい場合，充電電流 I_{chg} が装置AのOPアンプに内蔵された保護ダイオードを壊す可能性があります．接続を繰り返しているうちに，装置AのOPアンプが壊れることは十分に考えられます．もちろん，装置AのOPアンプの出力段に保護用の抵抗(R_A)とダイオード(D_3 と D_4)が設けてあれば壊れることはありません．

● ±5％精度の炭素皮膜抵抗を使用

図3-1のように，オーディオ信号の増幅を目的にした回路では，入力信号源のイ

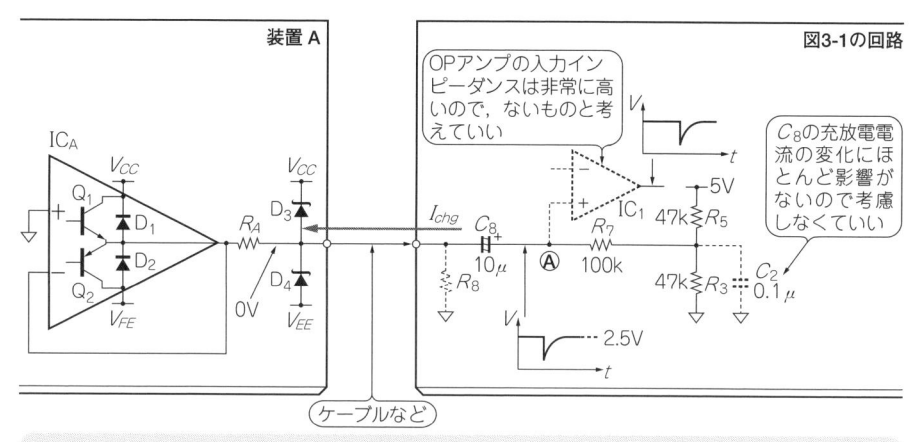

[図3-8] R_8 がないと機器が接続された直後にOPアンプから雑音が出る可能性がある

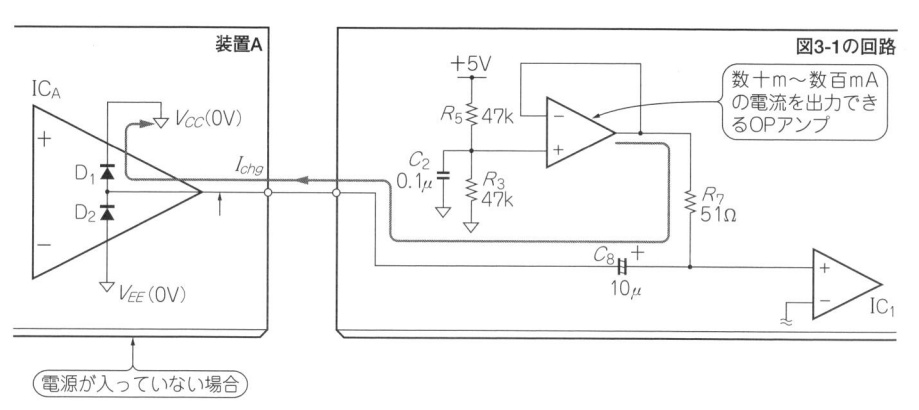

装置Aと図3-1の回路を接続した直後に+5V→R_5//R_3→R_7→C_8→IC_Aに向かって電流 I_{chg} が流れ出す. I_{chg} は C_8 の充電が進むにつれて0Aに近づき, C_8 の-電極側は0Vに, +電極側は2.5Vに収斂する

[図3-9] R_8 がないと接続された機器(装置A)が壊れる可能性がある

ンピーダンスと比較して R_7//R_8 の値が十分に大きければ, R_7 と R_8 のばらつき誤差は特性にほとんど影響を与えません. R_7 と R_8 は±5%程度の精度があれば問題なく, ±5%精度の炭素皮膜抵抗が使用できます.

　入力インピーダンスを規格化された値(50Ω, 75Ω, 600Ωなど)に設定する必要がある場合は, ±1%以下の金属皮膜抵抗や薄膜チップ抵抗などの高精度タイプを使用します.

■異なる基準電位で動作する回路間のかけ橋 C_8

● C_8 がないと正しく増幅できない

C_8 は，カップリング・コンデンサと呼びます．

図3-10(a)に示すのは，C_8 がないアンプに±5V両電源のバッファ（装置**A**）を接続した場合の動作です．出力信号の基準電位は0Vですから，装置**A**と IC_1 で構成したゲイン10倍のアンプを接続すると，IC_1 のバイアス電圧（+2.5V）が0Vになり，IC_1 は正しい動作ができなくなります．

バイアス電圧は，IC_A の出力インピーダンスとバイアス回路のインピーダンスの関係で決まります．図3-10(a)の場合，IC_A の出力インピーダンスのほうが，バイアス回路（R_3, R_5, R_7）のインピーダンスよりも低いため，IC_A の出力電位がバイアス電圧を支配します．

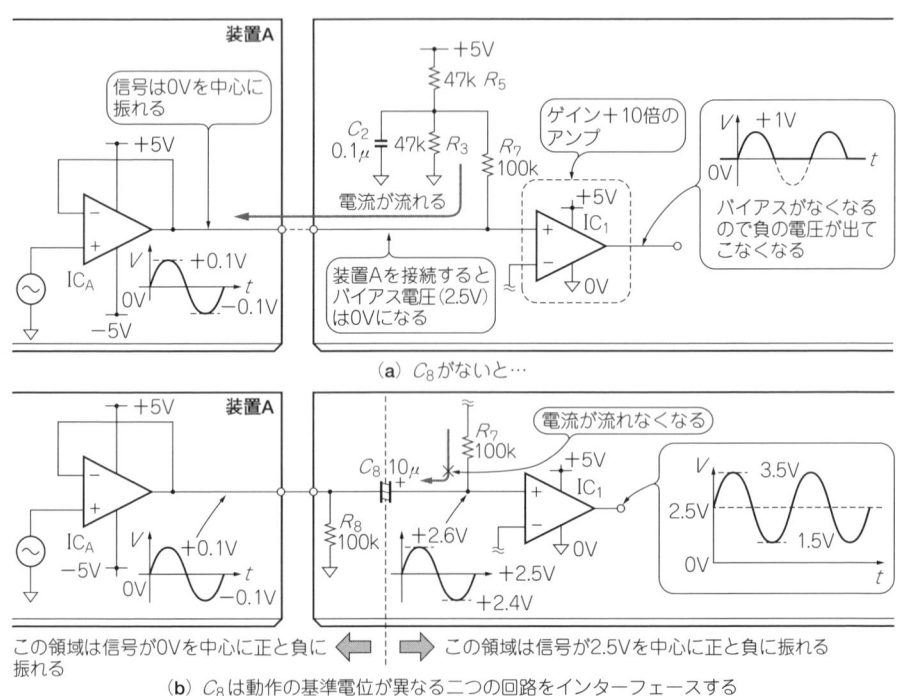

[図3-10] カップリング・コンデンサの働き

カップリング・コンデンサのない単電源アンプに両電源動作の機器を接続すると，単電源アンプの基準電位が0Vに引っ張られて，正弦波の負の部分が出力されなくなる

図3-10(b)に示すようにC_8を追加すると，IC_1のバイアス電圧は，IC_Aの影響を受けなくなり，R_3とR_5が決めるバイアス電圧は2.5Vに安定します．

● 低域カットオフ周波数から定数が決まる

R_7とC_8の値によって，IC_1に伝わる信号の周波数の低域側，つまり低域カットオフ周波数f_{CL2}[Hz]が決まります．R_7またはC_8が小さすぎると，低域の音声信号がIC_1に伝わりません．

f_{CL2}は，先ほど求めたf_{CL1}(79Hz)よりも十分に低くなるように設定します．

図3-1の低域カットオフ周波数は，前述のOPアンプIC_1によるf_{CL1}と，R_7，C_8によるf_{CL2}の二つあります．

(1) f_{CL1}を300Hzに設定．余裕をみてf_{CL2}を30Hzに設定
(2) f_{CL2}を300Hzに設定．余裕をみてf_{CL1}を30Hzに設定

という二つの選択肢がありますが，帯域をできるだけ狭めることで雑音を小さくできるので，(1)を選択するのが一般的です．

f_{CL2}は次式で求まります．

$$f_{CL2} \fallingdotseq \frac{1}{2\pi R_7 C_8}$$

$f_{CL2} < 30$Hzとすると，

$C_8 > 0.0531\,\mu$F

となります．ここでは，手持ちの電解コンデンサ(10μF)を使いましたが，0.47μFや1μFでも動作上問題ありません．オーディオ回路は計測回路のような高い精度を要求されないので，アルミ電解コンデンサで十分です．

なお，C_8を十分に大きな値にすると，入力インピーダンスの設計が容易になります．

3-4　入力部の詳細設計

入力インピーダンスとは，入力端子(IN)の外側からOPアンプ回路側を見たときのインピーダンス(抵抗分＋リアクタンス分)です．入力インピーダンスは，信号の周波数によって異なりますから「入力インピーダンスはいくつですか？」と聞かれたときの正しい回答は「何Hzのときの入力インピーダンスを知りたいのですか？」となります．入力インピーダンスは，入力信号の周波数と合わせて規定されます．

■回路は影響の小さいものを省いて読む

図3-1のIN端子からOPアンプ側を見ると，R_8，C_8，R_7，R_3，R_5，C_2，IC_1などたくさんの部品があり，これらすべてが入力インピーダンスに影響します．しかしこれでは，部品が多すぎて解析できません．コツは，影響の小さいものを除いて回路をシンプルにしていくことです．

● OPアンプは入力インピーダンスが高いので無視する

IC_1は入力インピーダンスに影響しません．

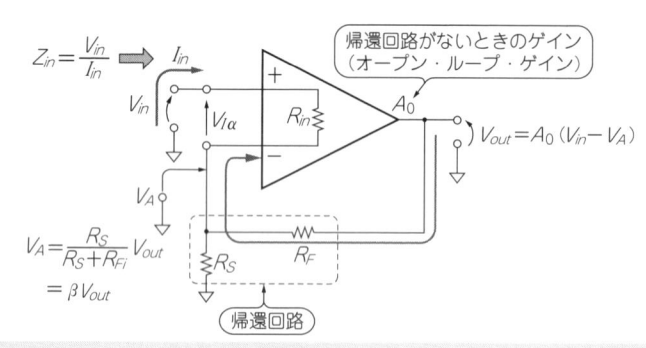

出力信号(V_{out})の$R_S/(R_S+R_F)$が一入力に戻されている．この戻り量$R_S/(R_S+R_F)$を帰還率(β)と呼ぶ．このβを使ってV_Aを求めると次式が成り立つ．

$$V_{out} = A_0(V_{in} - \beta V_{out})$$

$$I_{in} = \frac{V_{in} - \beta V_{out}}{R_{in}}$$

両式からV_{out}を消去すると，Z_{in}が求まる．つまり，

$$Z_{in} = \frac{V_{in}}{I_{in}} = (1 + A_0\beta)R_{in}$$

(a) 証明

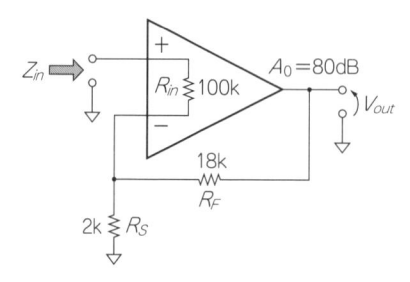

$R_{in} = 100k\Omega$，$R_F = 18k\Omega$，$R_S = 2k\Omega$，$A_0 = 80dB$（10000倍）とすると，

$$\beta = \frac{R_S}{R_S + R_F} = \frac{2}{2+18} = \frac{1}{10}$$

$$Z_{in} = (1 + 10000 \times \frac{1}{10}) \times 100 \times 10^3 \fallingdotseq 100M\Omega$$

となる．$A_0\beta$が十分に大きければ，OPアンプの入力インピーダンスはR_3，R_5，R_7よりもはるかに大きい．よって，OPアンプはないと考えてもかまわない

(b) 具体例

[図3-11] OPアンプ回路の入力インピーダンスはOPアンプ自体の入力インピーダンスの$1 + A_0\beta$倍
　　　　　負帰還をかけたOPアンプの入力インピーダンスは無視できるくらい大きい

(a)[3] オープン・ループ・ゲインの周波数特性　　(b) 入力等価回路

Q₁~Q₄のバイポーラ接合トランジスタ（BJT）の電流増幅率（β）は等しい．BJTの入力インピーダンスr_πは，$I_E ≒ I_C = I_B\beta$と近似をすると，

$$r_\pi = \frac{k_T}{q}\frac{\beta}{I_E} ≒ \frac{26mV}{I_B} \text{ @300K}$$

ただし，q：電子の電荷(1.60×10^{-19})[C]，k：ボルツマン定数(1.38×10^{-23})[J/K]，T：絶対温度（常温で300）[K]

LM2904の入力インピーダンスR_{in}は次のとおり．

$R_{in} = 2\{r_{\pi-Q1} + (1+\beta)r_{\pi-Q2}\}$

ここで$\beta ≒ (1+\beta)$と近似すると次のようになる．

$$R_{in} = 2 \times \left(\frac{26mV}{I_B} + \frac{26mV}{I_{B2}}\right) = 4 \times \frac{26mV}{I_B}$$

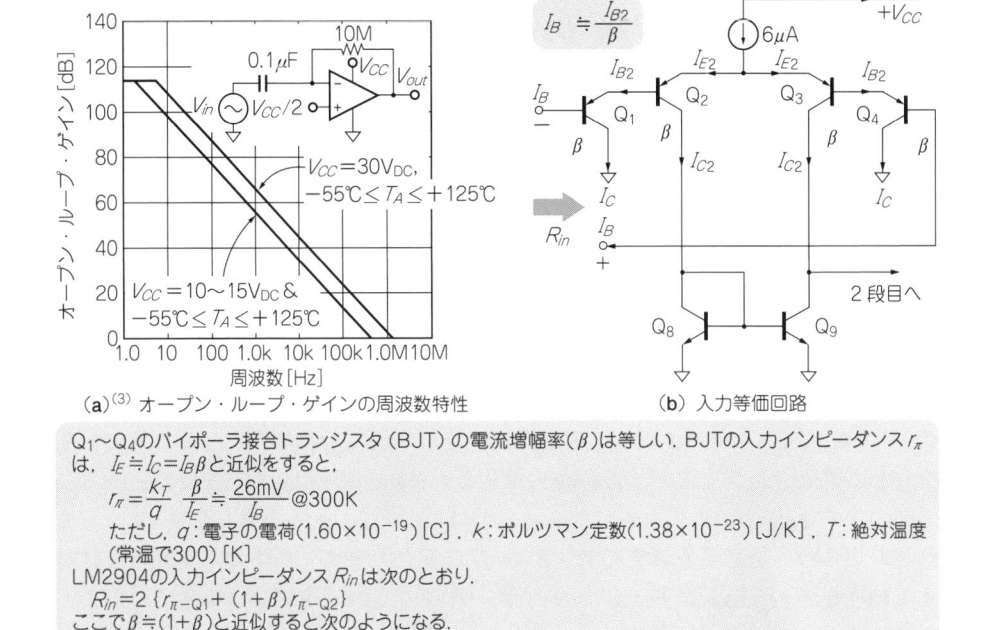

[図3-12] 負帰還をかけていないLM2904のインピーダンスを求める

　図3-11に示すように，OPアンプ増幅回路の入力インピーダンスは負帰還の作用によって，負帰還をかけていないときの入力インピーダンスの$1 + A_0\beta$倍になります．A_0は，LM2904のデータシート[**図3-12**(a)]から，10kHzでおよそ37dBと判断できます．$A_0 = 37$dB (70.8倍)で$\beta = 1/10$ですから，$1 + A_0\beta$は約8倍です．

　負帰還をかけていないLM2904の入力インピーダンスは，**図3-12**(b)から考えることができます．LM2904の入力バイアス電流は，+5V電源時に最大で0.25μAですから次のとおりです．

$$R_{in} = 4 \times \frac{26 \times 10^{-3}}{250 \times 10^{-9}} = 416\text{k}\Omega$$

　代表値(45nA)で計算すれば約2.3MΩです．バイアス電流は入力コモン・モード電圧や製造ばらつきによって変化するため，この計算はあくまでも近似です．

　OPアンプの入力には数pFの容量も存在します．データシートには入力容量の記載がありませんが，仮に5pFだとすると，そのインピーダンスは10kHzにおいて，

$$X_{Cin} = \frac{1}{2\pi \times 10 \times 10^3 \times 5 \times 10^{-12}} \fallingdotseq 3.2\mathrm{M}\Omega$$

です．したがって，LM2904を使ったアンプの入力インピーダンスは，

$416\mathrm{k}\Omega // 3.2\mathrm{M}\Omega \times 8 \fallingdotseq 2.9\mathrm{M}\Omega$

と求まります．このインピーダンスは，R_7やR_8と比較して十分に大きいため無視できます．

● **電源5Vは交流信号に対してグラウンドとして機能する**

図3-1の交流信号に対する動作を考える場合，直流電源はグラウンドに置き換えることができます．

図3-1のIC_1に供給されている＋5Vの先には，図3-13のような電源回路が繋がります．電源ラインとグラウンド間には，たくさんのコンデンサ（バイパス・コンデンサ）が接続されています．この電源ラインに交流信号を加えても，コンデンサを介して電流がグラウンドに流れ込み，電源ラインの電圧は変動しません．

図3-1のIN端子から入力された交流信号は，$C_8 \rightarrow R_7 \rightarrow R_5$を介して＋5Vにも流れ込みますが，電源電圧は変動せず5V一定に保たれます．つまり，交流信号に対する動作を考える場合は，R_5がつながる＋5Vをグラウンドに描き換えてもかまいません．

*

このように考えると，図3-1の入力回路は図3-14のように描き直せます．

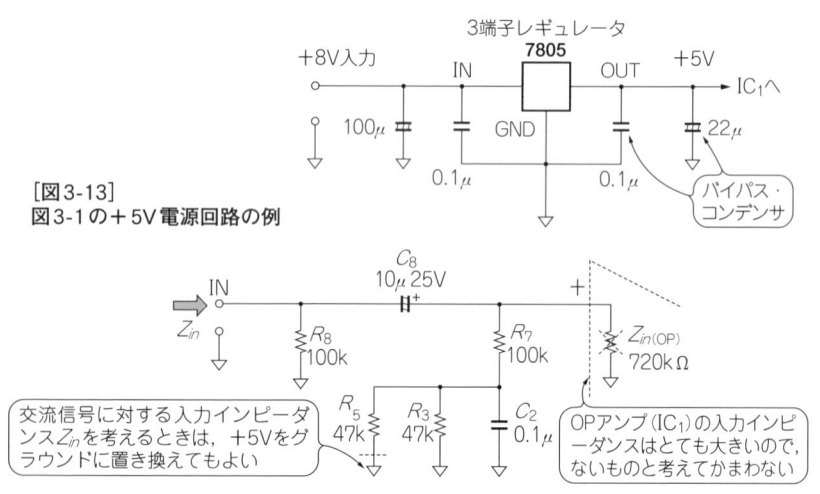

[図3-13]
図3-1の＋5V電源回路の例

[図3-14] 図3-1の入力回路はこのように描ける
OPアンプを無視して，＋5V電源をグラウンドと考えた

■入力インピーダンスの周波数特性

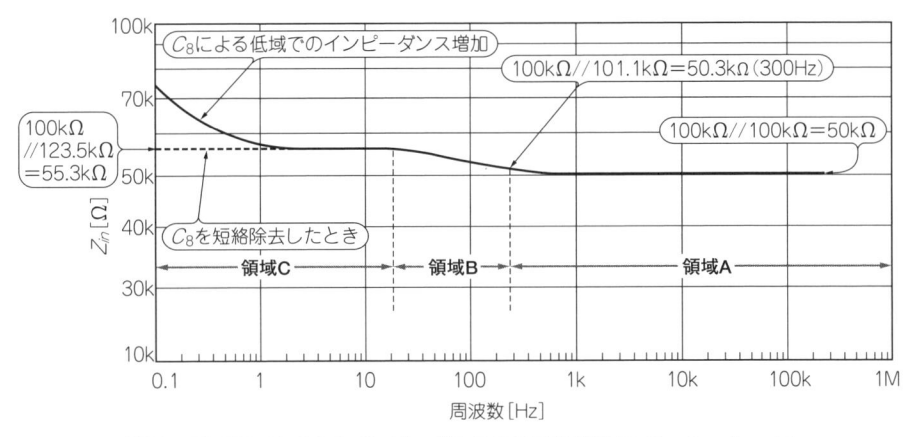

図3-15は，図3-14の入力インピーダンスの周波数特性(シミュレーション結果)です．図からわかるように，入力インピーダンスは周波数によって変化し，A〜Cの三つの領域に分けて考えることができます．

● 領域Cの信号から見た入力回路

仕様の通過帯域(300Hz〜10kHz)では，C_8は短絡されていると考えることができます．C_8のインピーダンスZ_{C8}は，

$$Z_{C8} = \frac{1}{2\pi f C_8}$$

で計算でき，周波数300Hzの入力信号において約53Ωとなります．この値は，R_7の100kΩより十分に小さな値ですから，0Ω(短絡)と近似できます．

図3-15のC_8がある場合とない(短絡)場合の解析結果を比べると，1Hz以上の周波数では入力インピーダンスは同じです．

C_8の定数は，f_{CL2}がf_{CL1}よりもずっと低い周波数となるように設計したため，回路の動作の見通しが立てやすくなっています．

図3-14は，さらに図3-16のように描き換えることができます．

● 領域Aの信号から見た入力回路

C_8を無視できるなら，入力インピーダンスは，R_7, R_3, R_5, C_2が構成する回路

[図3-15] 図3-14の入力インピーダンスの周波数特性(シミュレーション)

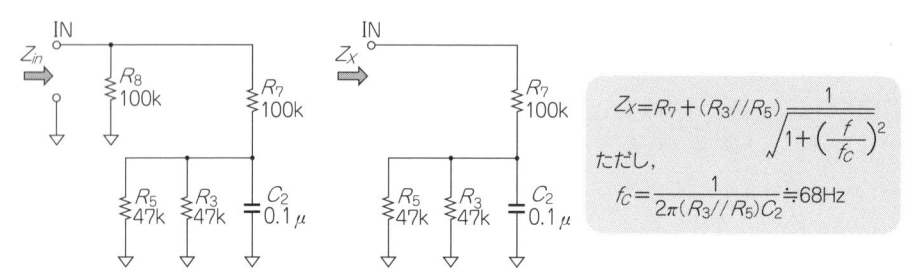

[図3-16] 仕様の通過帯域（300Hz〜10kHz）の信号に対してC_8は短絡されていると考えていい

[図3-17] R_7, R_3, R_5, C_2が構成する回路網のインピーダンスZ_X

$$Z_X = R_7 + (R_3 // R_5) \frac{1}{\sqrt{1+\left(\frac{f}{f_C}\right)^2}}$$

ただし，

$$f_C = \frac{1}{2\pi(R_3//R_5)C_2} \fallingdotseq 68\text{Hz}$$

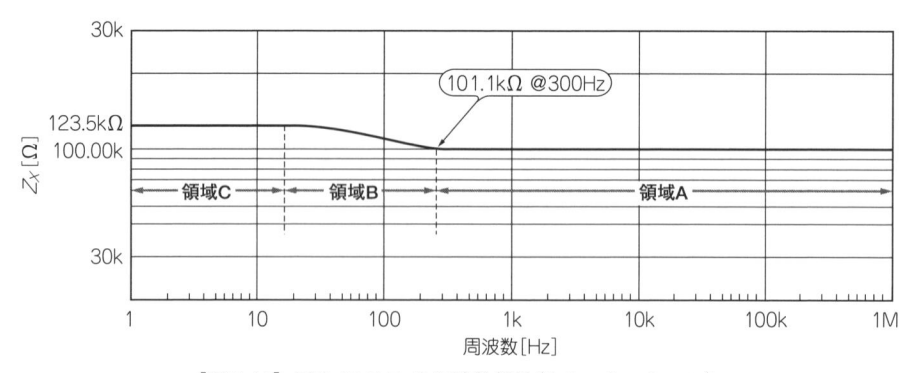

[図3-18] 図3-17のZ_Xの周波数特性（シミュレーション）

網とR_8の並列で求められます．まず，図3-17に示すR_7, R_3, R_5, C_2が構成する回路網のインピーダンスZ_Xを求めます．

Z_Xは次式で表されます．

$$Z_X = R_7 + R_3 // R_5 \times \frac{1}{\sqrt{1+\left(\frac{f}{f_C}\right)^2}}$$

ただし，$f_C = \dfrac{1}{2\pi(R_3//R_5)C_2} \fallingdotseq 68\text{Hz}$

この式からわかるように，周波数fが68Hzよりも十分に高ければ，第2項は小さくなり$Z_X \fallingdotseq R_7$となります．この近似が使えるのが，図3-15の領域Aです．

Z_Xをシミュレーションで求めた結果を図3-18に示します．入力インピーダンスZ_{in}は，

$$Z_{in} = R_8 // Z_X$$

で求まり，その結果が先ほど示した**図3-15**です．

● 領域Aの入力インピーダンスを算出

C_2がショートしていると見なすことができるほど，十分に高い周波数の入力信号に対しては，**図3-16**は**図3-19**のように簡単化されます．

このZ_{in}は，

$$Z_{in} = R_7 // R_8 = \frac{1}{\frac{1}{R_7} + \frac{1}{R_8}} = \frac{100\text{k}\Omega}{2} = 50\text{k}\Omega$$

と求まります．C_2のインピーダンスが$R_3//R_5$の値よりも十分に小さければ，入力インピーダンスはR_8とR_7の並列値で近似できます．

● 領域Bの入力インピーダンスを算出

図3-16の入力インピーダンスは，

$$Z_{in} = R_8 // Z_X$$

です．Z_Xは，**図3-17**から，

$$Z_X = R_7 + (R_3 // R_5) \times \frac{1}{\sqrt{1 + \left(\frac{f}{f_C}\right)^2}}$$

ただし，$f_C = \dfrac{1}{2\pi(R_3//R_5)C_2} \fallingdotseq 68\text{Hz}$

です．この式に沿って周波数fの値を変化させれば，領域Bでの入力インピーダンスが求まります．低域しゃ断周波数の仕様300HzのときのZ_Xは，

$$Z_X = 100\text{k}\Omega + 1.1\text{k}\Omega = 101.1\text{k}\Omega$$

です．よってZ_{in}は，

$$Z_{in} = R_8 // Z_X = 100\text{k}\Omega // 101.1\text{k}\Omega = 50.3\text{k}\Omega$$

となります．

$f = 100\text{Hz}$での入力インピーダンスZ_Xは，

$$Z_X \fallingdotseq 113.2\text{k}\Omega$$

$$Z_{in} = R_8 // Z_X = 100\text{k}\Omega // 113.2\text{k}\Omega \fallingdotseq 53\text{k}\Omega$$

となります．

このように，領域BではC_2のインピーダンス変化によって入力インピーダンスの値が変化します．

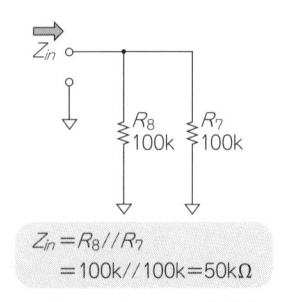

$$Z_{in} = R_8 // R_7$$
$$= 100\mathrm{k} // 100\mathrm{k} = 50\mathrm{k}\Omega$$

[図3-19] C_2がショートと見なせる高い周波数の入力信号に対する入力回路と入力インピーダンス

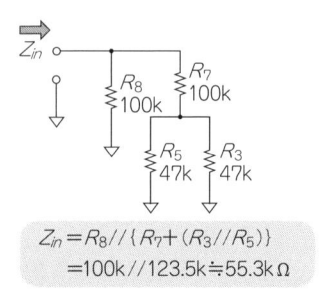

$$Z_{in} = R_8 // \{R_7 + (R_3 // R_5)\}$$
$$= 100\mathrm{k} // 123.5\mathrm{k} \fallingdotseq 55.3\mathrm{k}\Omega$$

[図3-20] 領域C（図3-15）ではC_2は開放されていると考える

● 領域Cの入力インピーダンスを算出

領域Cは，C_2のインピーダンスの値が$(R_3 // R_5)$の値よりも十分に大きいため，C_2はないと考えることができ，図3-16は図3-20のように簡単化できます．入力インピーダンスZ_{in}は次のように求まります．

$$Z_{in} = 100\mathrm{k}\Omega // 123.5\mathrm{k}\Omega \fallingdotseq 55.3\mathrm{k}\Omega$$

3-5　出力部

■次段との安定した接続を実現するR_{12}

● R_{12}の二つの働き

▶交流信号がコンデンサを通過するようにする

R_{12}は，C_{10}の電荷を充放電するための抵抗です．R_8と同様に，電源供給時の出力の直流電位を0Vに決めています．

図3-21に示す回路において，信号源V_{in}の信号がOUT端子に出力されるためには，コンデンサに充放電電流が流れる経路が確保されていなければなりません．R

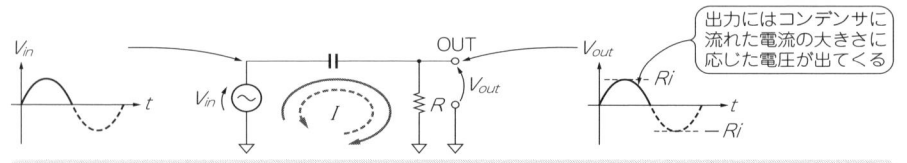

コンデンサの電荷を入れたり抜いたりしてやらないと交流信号が伝わらない．そこで抵抗を入れて電荷の通り道を作ってやる

[図3-21] カップリング・コンデンサの充放電電流の経路が確保されていないと信号は伝わらない

の抵抗値が無限大，または抵抗自体がない場合，コンデンサは分極したままになり電流が通過しないため，出力電圧は発生しません．

交流信号を通過させるには，コンデンサを充放電させるための抵抗が必要なのです．

▶次段のOPアンプを動作させるため

図3-22は，IC_1の後段にバイポーラOPアンプ（IC_2）が接続される二つのケースを示しています．図(a)はC_{10}の後ろ（IC_2の入力）とグラウンド間に抵抗がない場合，図(b)は抵抗R_{12}がある場合を示しています．

バイポーラOPアンプの入力段には，二つのトランジスタQ_1とQ_2があります．Q_1とQ_2に直流のバイアス電流（ベース電流）が流れるようにしてやらないと，OPアンプ自体が正常に機能しません．図3-22(a)を見ると，出力コンデンサC_{10}がIC_2の動作に必要な直流バイアス電流の流れを妨げています．

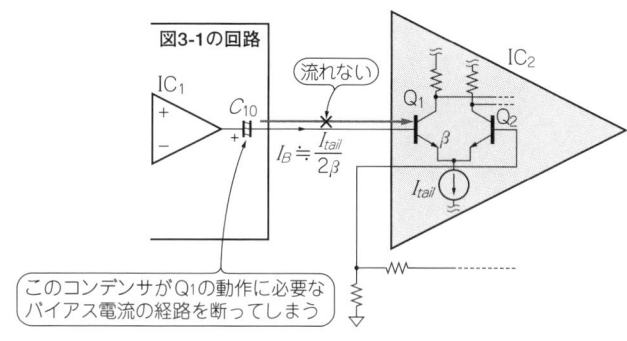

(a) IC_1は動作しない

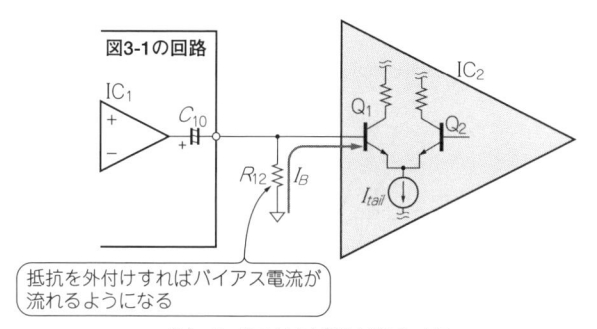

(b) R_{12}をつければIC_2は動作する

[図3-22] バイポーラOPアンプが正常に動作するためには，内部トランジスタのベース電流が流れる経路が必要

CMOS入力OPアンプやJFET入力OPアンプなら，バイアス電流を流す必要はありませんが，コンデンサが充放電されなければ信号が通過しないので，いずれにしても抵抗は必要です．

● 数十kΩが適正値

R_{12}はOPアンプの負荷になるので，抵抗値が小さすぎるのはよくありません．一般に数十kΩにします．

OPアンプの出力電流は無制限に取り出せません．OPアンプの能力を超える大きな電流を取り出そうとすると，最大出力電圧が制限されます．また，OPアンプ自体の発熱も大きくなるため，通常は数m～十数mA程度の範囲で使います．

■異なる基準電位で動作する次段アンプとのかけ橋 C_{10}

C_{10}の値は，IC_1で構成された+10倍アンプの出力に接続される抵抗値が決まらなければ定まりません．10kΩの負荷R_Lが接続されると仮定すると，C_{10}は次式で求めることができます．

$$C_{10} > \frac{1}{2\pi f_{CL} R_{La}}$$

$R_{La} = R_{12} // R_L$

上記二つの式から，

$R_{La} = 47\text{k}\Omega // 10\text{k}\Omega ≒ 8.2\text{k}\Omega$

と求まります．

低域カットオフ周波数f_{CL}をC_8を考えたときと同様に30Hzとすると，

$$C_{10} > \frac{1}{2\pi \times 30 \times 8.2 \times 10^3} ≒ 0.65\,\mu\text{F}$$

となります．C_{10}は余裕をみて10μFとします．

C_{10}は，負荷抵抗の値によって設計値が変化するため，実装面積に余裕があれば大きめの値にしておくとよいでしょう．使用するコンデンサの種類は，入力のカップリング・コンデンサと同じ理由でアルミ電解コンデンサで十分でしょう．

3-6　実験で設計を確かめる

これで設計終了！といいたいところですが，現実と机上が一致しないのがアナログ回路の面白いところです．図3-1の回路を試作して，実験で動作を確かめる必要

があります．

● 正側がクリップしてしまう！
　ゲインが10倍のアンプなので，振幅が150mV$_{0-P}$（0Vから最大値まで150mV）の正弦波を入力すると，2.5Vを中心に振れる1.5V$_{0-P}$（3.0V$_{P-P}$）の正弦波が出力されるはずです．

　図3-1の回路を試作して実際に動かしてみたところ，**写真3-4**のような出力波形になりました．正弦波の凹側は，予想どおり約−1.5V$_{0-P}$まで振れていますが，凸側は＋1.2V$_{0-P}$で頭打ち（クリップ）しました．電源5Vで動作させているにもかかわらず，振幅は2.65Vしか得られませんでした．また，滑らかに変化するはずの正弦波の途中に，くびれのようなもの（クロスオーバーひずみ）も観測されました．

▶理由
　表3-3に示すのは，LM2904Pのデータシートです．
　V_{OH}は出力できる最大電圧で，"V_{CC}−1.5"と書かれています．これは，このOPアンプはどんなにがんばっても（正の）電源電圧から1.5V低い電圧しか出力できないことを意味しています．実験回路は，（＋2.5V）＋（＋1.2V）＝3.7Vで波形の凸側が飽和していたのです．負電圧側（0V側）は，20mV$_{max}$まで出力できることが示されています．

● バイアス電圧を調整したら今度は負側がクリップ
　バイアス電圧の大きさを見直して対策します．

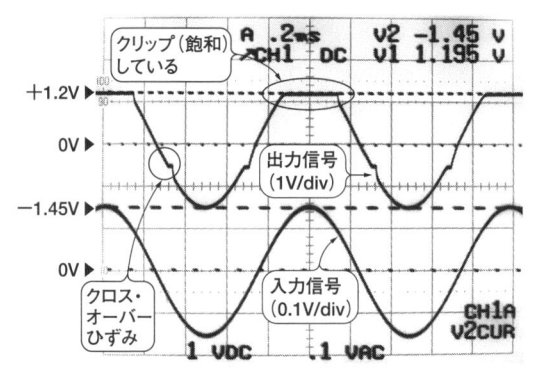

［写真3-4］図3-1の回路を試作して動作させた結果（0.2ms/div）
正弦波の凹側は予想どおり約−1.5V$_{0-P}$まで振れているが，凸側は＋1.2V$_{0-P}$で頭打ち

3-6　実験で設計を確かめる　083

[表3-3[(4)]] LM2904Pの出力電圧に関する規定

electrical characteristics at specified free-air temperature, V_{CC} = 5 V (unless otherwise noted)

PARAMETER		TEST CONDITIONS[†]		T_A[‡]	LM2904			UNIT
					MIN	TYP[§]	MAX	
V_{OH}	High-level output voltage	$R_L \geq 10\ k\Omega$		25°C	$V_{CC}-1.5$			V
		V_{CC} = MAX, Non-V device	$R_L = 2\ k\Omega$	Full range	22			
			$R_L \geq 10\ k\Omega$	Full range	23	24		
		V_{CC} = MAX, V-suffix device	$R_L = 2\ k\Omega$	Full range	26			
			$R_L \geq 10\ k\Omega$	Full range	27	28		
V_{OL}	Low-level output voltage	$R_L \leq 10\ k\Omega$		Full range		5	20	mV

このOPアンプは正の電源電圧から1.5V低い電圧しか出力できない

+5Vの単電源でLM2904を使う限り，出力振幅 V_{OPP} [V] の上限は3.5Vです．この範囲で最大の振幅が得られるように，バイアス電圧 V_{bias} を3.5Vの半分に設定します．

$$V_{bias} = \frac{V_{OPP}}{2} = \frac{3.5}{2} = 1.75\text{V}$$

に変更します．V_{bias} は R_3 の抵抗値を変えて変更します．

$$R_3 = \frac{V_{bias}\, R_5}{V_{CC} - V_{OPP}} = \frac{1.75 \times R_5}{5 - 1.75} \fallingdotseq 25.3\text{k}\Omega$$

以上から，R_3 = 24kΩ に変更します．

写真3-5に示すのは，バイアス電圧を調整したあとの出力波形です．予想に反して，今度は波形の凹側が飽和しました．これは，LM2904の出力段の回路構成によるものです．

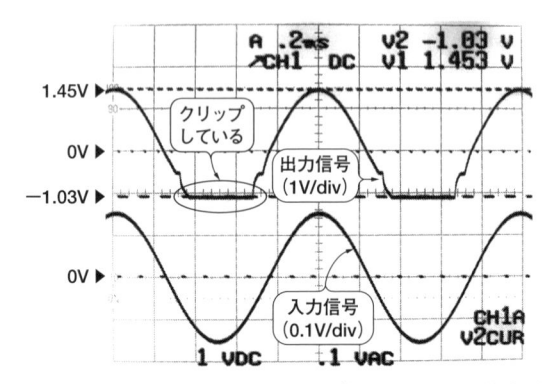

[写真3-5] R_3 = 24kΩ としてバイアス電圧を調整したときの出力波形（0.2ms/div）
予想に反して波形の凹側が飽和してしまった

● 出力に抵抗を追加するとひずみが減り出力電圧範囲が広がる

図3-23に示すのは，LM2904内部の出力段の構成です．Q_3周辺は，出力電流制限用の回路なので無視します．

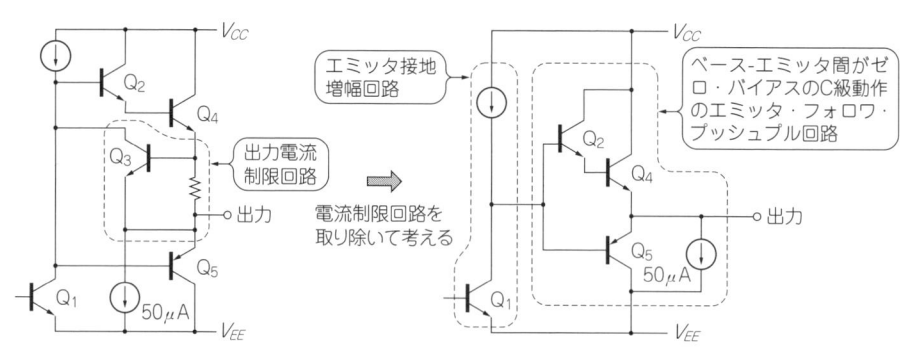

(a) LM2904の出力段の等価回路

(b) 出力電流制限回路を除いて簡略化した等価回路

[図3-23] LM2904の出力段の構成

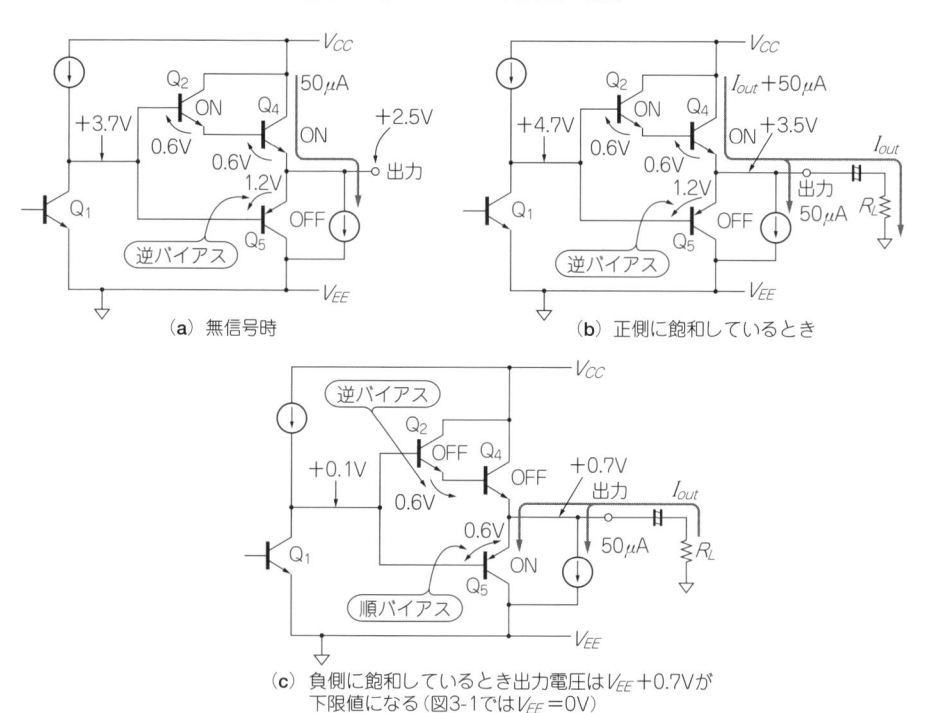

(a) 無信号時

(b) 正側に飽和しているとき

(c) 負側に飽和しているとき出力電圧は$V_{EE}+0.7V$が下限値になる（図3-1では$V_{EE}=0V$）

[図3-24] 出力信号のレベルと出力段の動作

3-6 実験で設計を確かめる

図3-24に示すように，無信号時，出力電圧は直流の+2.5V，Q_2のベース電圧は約+3.7V（=2.5V+0.6V×2）です．Q_5のベースも同電位で，Q_5はOFFしています．

図3-24(c)に示すように，出力電流を吸い込む動作になり，Q_1のコレクタ電圧が低下して+0.1V程度になると，Q_2とQ_4のベース電圧の合成値（約1.2V）よりも低くなり，Q_2とQ_4がOFFしてQ_5がONします．クロスオーバーひずみは，

- Q_2とQ_4がOFF→Q_5がON
- Q_2とQ_4がON→Q_5がOFF

の二つの状態が入れ替わるときに発生します．

図3-25に示すように，出力に1kΩ程度の抵抗R_Pをつけると，正弦波の全期間

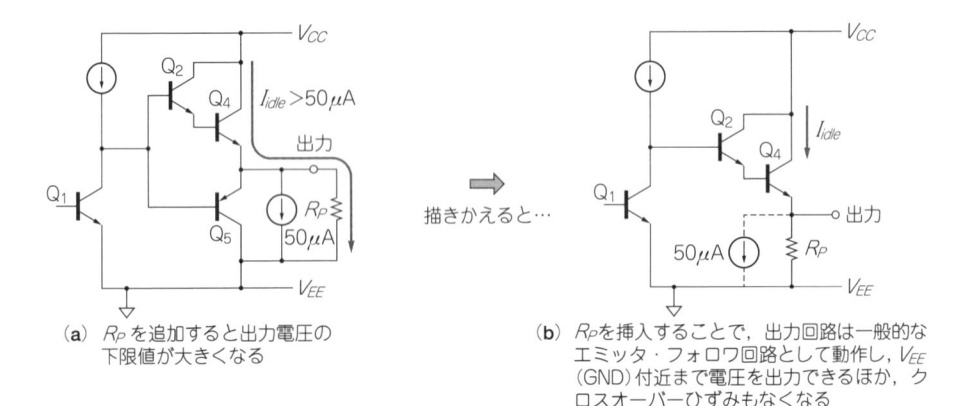

(a) R_Pを追加すると出力電圧の下限値が大きくなる

(b) R_Pを挿入することで，出力回路は一般的なエミッタ・フォロワ回路として動作し，V_{EE}（GND）付近まで電圧を出力できるほか，クロスオーバーひずみもなくなる

[図3-25] 抵抗を外付けすることで出力段はA級動作するようになる

この抵抗を追加するとOPアンプの出力段トランジスタに電流が流れるようになる

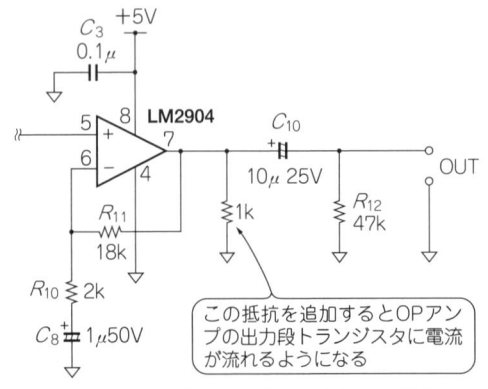

[図3-26] 実験で定数を最適化した回路

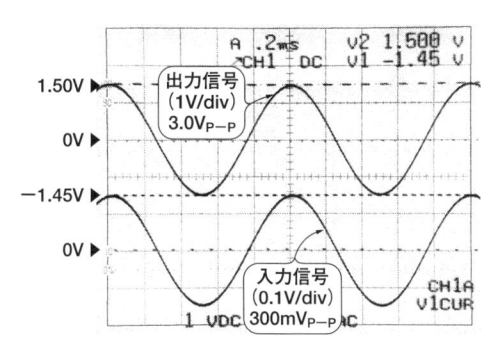

[写真3-6] LM2904の出力に1kΩを接続したときの出力波形(0.2ms/div)
約3.0V_{P-P}の振幅が得られ,クロスオーバーひずみも改善された

においてQ$_2$とQ$_4$は動作(A級動作),Q$_5$は動作しない,という状態になります.

　写真3-6に示すのは,対策後(図3-26)の出力電圧波形です.当初の期待どおり,約3.0V$_{P-P}$の振幅が得られました.片ピーク値であれば1.5V$_{0-P}$です.

　この対策のおかげで,クロスオーバーひずみも改善されました.LM2904を使って単電源の交流アンプを作る場合は,標準的に負荷に直流電流を流すための抵抗をつけて使うとよいでしょう.

Column

OPアンプ活用のヒント

● ダイオード保護回路を追加したときの確認事項

図3-Bのように,ダイオード回路を追加すると,OPアンプに過大な電圧を入力しても壊れなくなります.追加の際に気をつけなければならない点が二つあります.

▶追加するダイオードの接合容量が発振やひずみの原因になる

図3-B(a)のように,反転アンプにダイオードを挿入すると,動作が不安定になって発振する可能性があります.

図3-B(b)のように,非反転入力端子に挿入すると,高調波ひずみ率が悪化する可能性があります.これは,ダイオードの接合容量が逆方向電圧の大きさによって変化するからです[図3-C(a)].

反転アンプの場合は,反転入力と非反転入力の端子間にバーチャル・ショートが成立しているので,ダイオード両端に生じる電圧変化はわずかで,高調波ひずみ率

(a) 反転アンプの場合 　　　　(b) 非反転アンプの場合

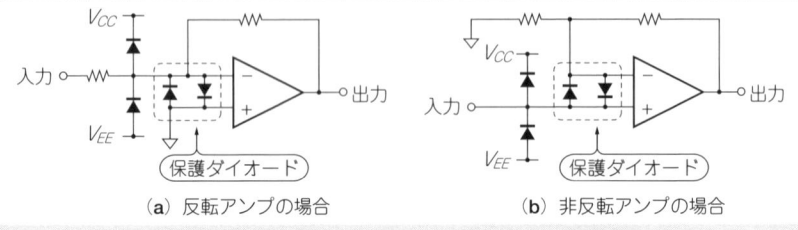

[図3-B] ダイオードを使ったOPアンプの入力保護

(a) 端子間に容量が存在する（逆方向電圧の大きさによって容量値が変わる）　(b) 逆向きに微小な電流が流れる（リーク電流）

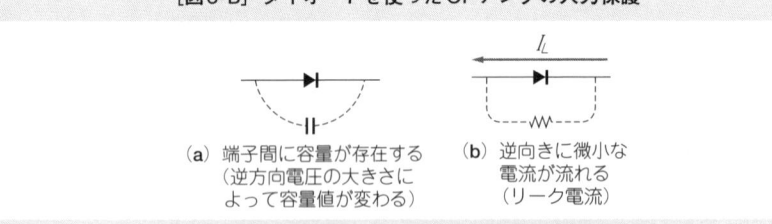

[図3-C] ダイオードは逆向きにも電流が流れる

$V_{out} = -I_S R_F \pm I_L R_F$ (誤差)
ただし,OPアンプのバイアス電流は無視できるものとする

I-V変換回路

ダイオードのリーク電流は出力に誤差電圧を発生させる

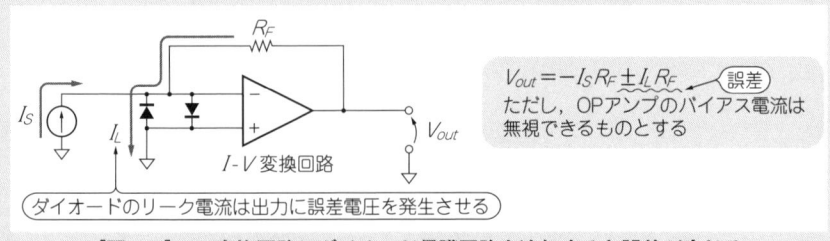

[図3-D] I-V変換回路にダイオード保護回路を追加すると誤差が生じる

への影響は無視できます．
▶リーク電流がオフセット要因になる

　図3-Dに示す*I-V*変換回路や非反転アンプでは，ダイオードのリーク電流［**図3-C**(**b**)］が問題になります．リーク電流は，非反転アンプの入力抵抗に流れ込み，オフセット電圧を発生させます．*I-V*変換回路では，帰還抵抗にリーク電流が流れ込み，これも変換誤差(オフセット電圧)になります．

　高精度回路ではダイオードではなく，JFETをダイオード接続して挿入します(**図3-E**)．JFETのリーク電流は，一般的なダイオードのリーク電流と比較し非常に小さいため，一般的なスイッチング・ダイオードやショットキー・バリア・ダイオードと比較してリーク電流の影響が小さいのです．

● 余ったOPアンプの処理

　図3-Fに示すのは，未使用のOPアンプの処理の仕方です．

　ダミー・パッドやジャンパ抵抗(0Ω抵抗)を使って処理しておくと，何か設計上の問題があったときに利用できます．冗長な設計ですが，基板上にスペースがある場合は，このようにしておくとよいでしょう．

(a) Nチャネル　　(b) Pチャネル

JFETをダイオード接続すると低リークなダイオードになる

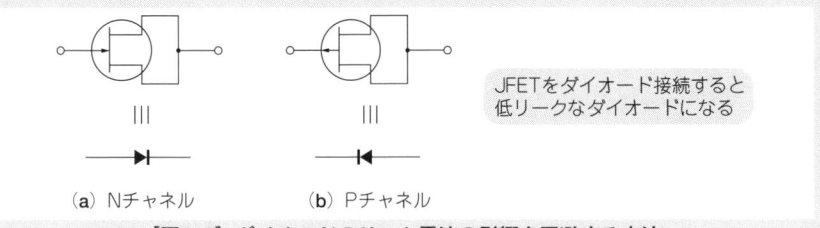

[図3-E] ダイオードのリーク電流の影響を回避する方法

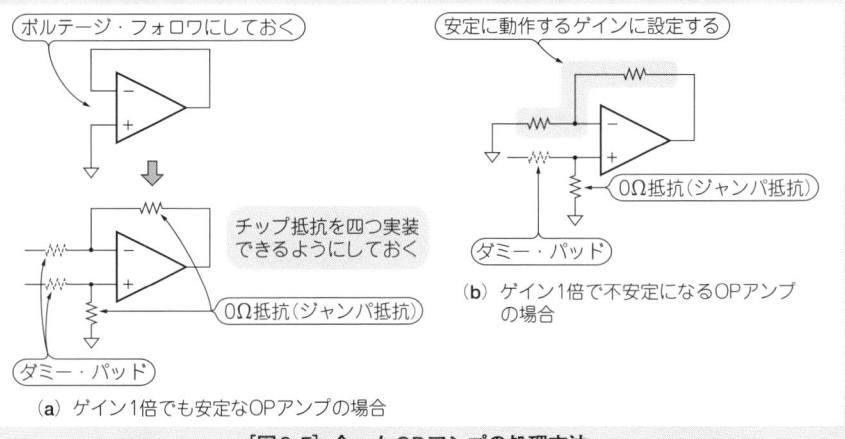

(a) ゲイン1倍でも安定なOPアンプの場合
 - ボルテージ・フォロワにしておく
 - チップ抵抗を四つ実装できるようにしておく
 - 0Ω抵抗(ジャンパ抵抗)
 - ダミー・パッド

(b) ゲイン1倍で不安定になるOPアンプの場合
 - 安定に動作するゲインに設定する
 - 0Ω抵抗(ジャンパ抵抗)
 - ダミー・パッド

[図3-F] 余ったOPアンプの処理方法

Column

両電源型OPアンプの異常動作

● 単電源で使えるものと使えないものがある

OPアンプには,
(1) 単電源でも両電源でも使えるタイプ
(2) 単電源で使うと問題を起こすタイプ(両電源での使用が前提)

があります.

(1)は正電源だけ,例えば5Vだけでも正常に動作します.(2)の両電源タイプは,基本的に正と負の電源が必要で,同相信号の入力電圧に気をつけないと,入力電圧がある値に達した瞬間に,出力信号の極性が反転する位相反転現象を起こすことがあります.同相入力電圧とは,OPアンプの反転端子と非反転端子の両方に共通して加わる電圧のことです.

OPアンプ回路を初めて設計する場合は,タイプ(1)のOPアンプを使うのが安心です.

▶ 実際の現象

図3-Gに示すのは,単電源OPアンプLM2904で作ったボルテージ・フォロワ回路です.電源は+5Vの単電源です.この回路に1.0V$_{0-P}$(2.0V$_{P-P}$)を入力すると,**写真3-A**のような出力が得られ,問題なく動作します.

ところがOPアンプをNJM4558に変更(**図3-H**)すると,**写真3-B**に示すような動作になります.

OPアンプに加えている直流バイアス電圧は約1.7Vですが,NJM4558の同相入力電圧範囲は,標準値で負電源電圧+1V～正電源電圧－1Vです.つまり+5V単電源では+1～4Vです.入力信号が2V$_{P-P}$のときの最小入力電圧は,+1.7－1V＝+0.7Vですから,+1V＞+0.7Vとなり同相入力電圧以下になっています.

NJM4558は,同相入力電圧範囲外の電圧が入力されると位相反転現象を引き起

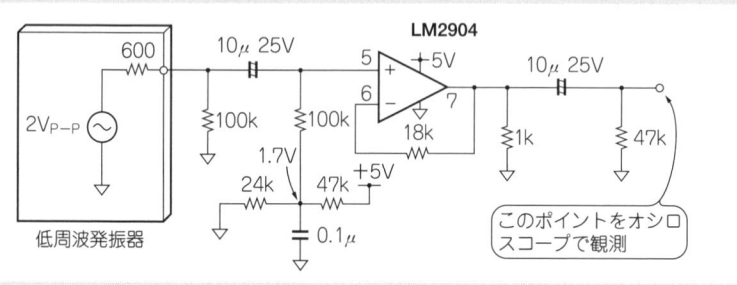

[図3-G] 単電源OPアンプを＋5V単電源で動作させる

[写真3-A] 図3-Gの出力波形（1Vdiv，0.2ms/div）
正常に動作する

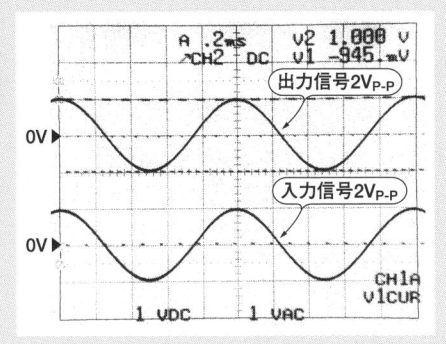

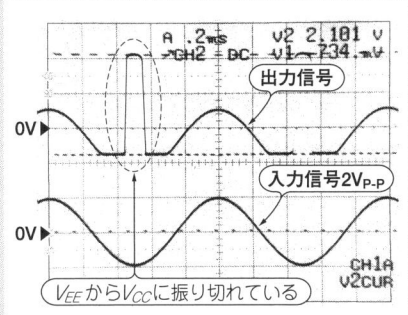

[写真3-B] 図3-Hの出力波形（1Vdiv，0.2ms/div）
位相反転が起こる

こして，**写真3-B**のように波形の異常な信号を出力します．入力電圧範囲を越える信号を入力したときに，出力が飽和するか，それとも位相反転を引き起こすかはOPアンプの内部回路しだいです．

● **単電源回路には単電源用またはレール・ツー・レール型が安心**

両電源OPアンプを単電源で動作させると，同相入力電圧が負電源電圧（単電源であれば0V）に近づいたとき，上記のような位相反転を起こすことがあります．両電源OPアンプを単電源で使う場合は，同相入力電圧が負電源電圧に近づかないように設計します．

単電源でOPアンプを設計する場合は単電源OPアンプ，または単電源動作可能なレール・ツー・レール型OPアンプを使うのが無難です．

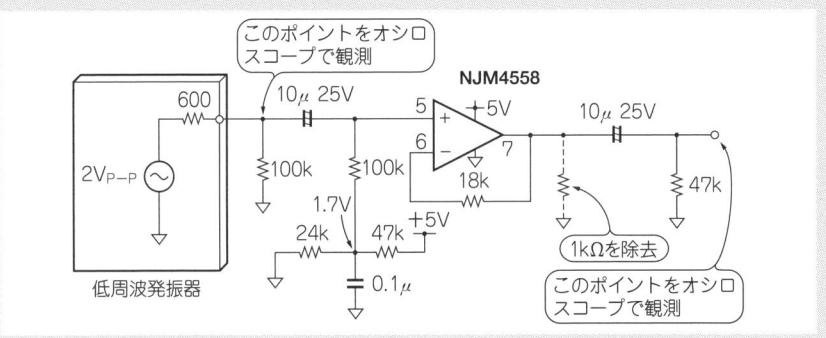

[図3-H] 両電源でしか使えないOPアンプを＋5V単電源で動作させる

3-6 実験で設計を確かめる

Column

ボリュームの接点に直流電流は禁物

図3-Iに示すのは，ボリューム付きのアンプ回路です．

直流電圧が含まれた信号をボリュームに加えると，スライダ接点(摺動接点)に直流電流が流れて，接点部分で電気化学反応が発生し，時間の経過とともに接触不良がひどくなってきます．経年変化による接触不良を防止するためには，カップリング・コンデンサやオフセット電圧調整回路，DCサーボ回路の追加で対応します．

カップリング・コンデンサを入れる必要がある

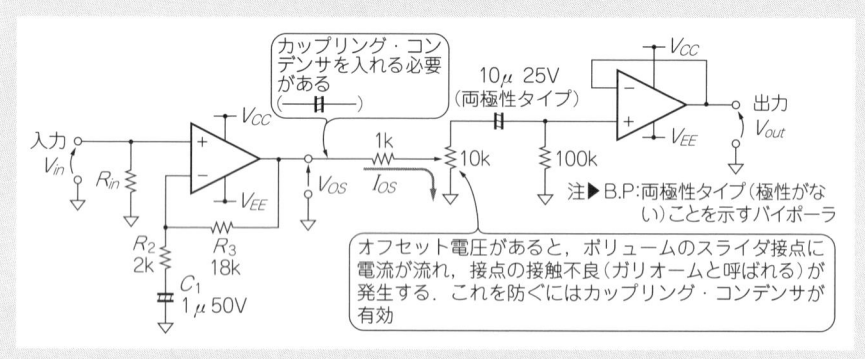

10μ 25V（両極性タイプ）

注▶B.P:両極性タイプ（極性がない）ことを示すバイポーラ

オフセット電圧があると，ボリュームのスライダ接点に電流が流れ，接点の接触不良（ガリオームと呼ばれる）が発生する．これを防ぐにはカップリング・コンデンサが有効

[図3-I] ボリュームには少しの直流電圧も加えてはならない

第4章

【成功のかぎ4】
直流増幅技術をマスタする
OPアンプに付いて回る誤差要因「オフセット」への対応

本章では，直流信号を増幅するアンプの作り方を説明します．
　直流アンプは，工場などで使用される温度調節器や流量計などのセンサを使った計装機器や計測器に利用されています．センサが出力する微弱な電圧には，温度や電流の大きさなどの貴重な物理情報が含まれています．この微弱な信号に余計な情報を加えないようにしながら振幅を大きくするには，直流信号を正確に増幅できるアンプが必要です．

4-1　直流アンプの必要性

● 直流アンプの設計に失敗した例
▶室温が制御されない？
　Aさんは，温度センサやOPアンプを使った直流アンプやA-Dコンバータ，マイコンを使って，室内温度を自動制御するシステムを完成させました（図4-1）．学生時代に学んだPID制御も駆使して，得意のマイコンのプログラミング技術で完璧に作ったつもりです．ところが，なぜか期待どおりに室温が自動制御されません．室温は変化していないのに，勝手にコンプレッサが動きだしてしまいます．原因を調べてみると，温度センサの出力信号を増幅するアンプから直流電圧が出ていて，温度を変えるとふらつきます．
　直流アンプ（直流信号も増幅できるアンプ）の設計が悪いと，こんなトラブルが現実に起こります．多くのセンサは，温度や光の大きさや強さなど物理情報を含んだ微弱な直流信号を出力します．この微弱な信号に余計な情報を加えぬようにしながら正確に振幅を大きくするには，変動の少ない安定した直流信号を出力するアンプが必要です．
▶通話できない？
　携帯電話など多くの高周波機器には，直流電圧で周波数を変えることができる電

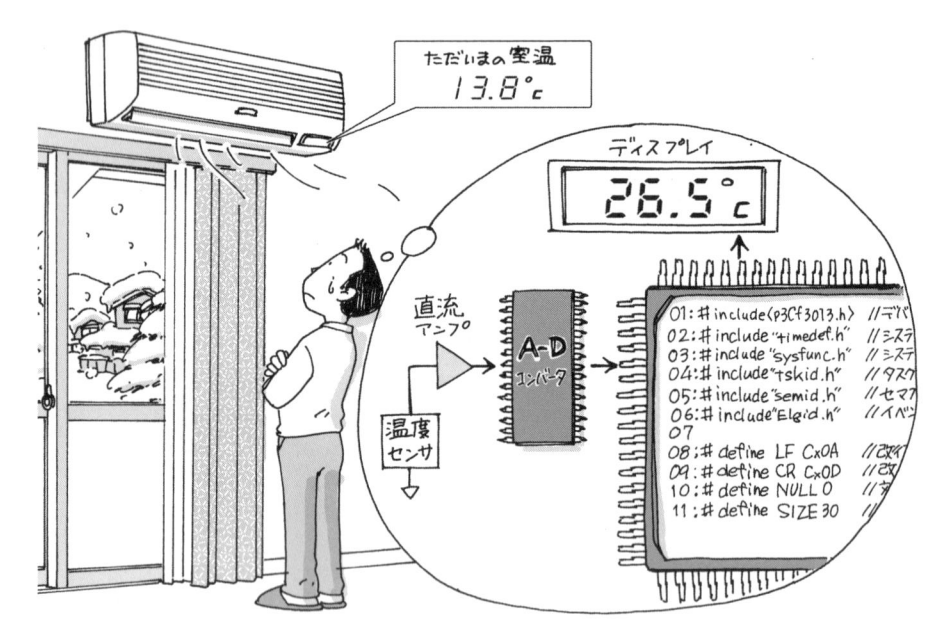

[図4-1] マイコンのプログラミングはパーフェクトなのに温度制御が効かない

圧制御発振器(VCO)が内蔵されています．このVCOを制御する直流アンプの設計が悪く，温度などで出力電圧が変動すると，発振器の周波数がゆらゆら動いて通話ができなくなります．

期待どおりの安定した周波数の信号をVCOに出力させるには，正確で安定した直流電圧を出力できるアンプ(直流アンプ)が必要です．

● 周期の長い信号を取り出すときにも直流アンプ

「直流オフセット電圧は，カップリング・コンデンサを追加すれば取り除ける」という人もいるでしょうが，そうは問屋が卸しません．

光，温度，圧力，音，湿度，においなど，私たちはたくさんの物理量とともに生活しています．なかでも，音楽や音声は，振幅の変化が比較的速い信号です．ドラムのドンドンという音やベースのボーンという低音でも，1秒間に数十～数百回の振幅変化が起こっています．このような変動の速い信号しか扱わないオーディオ・アンプは，信号経路のところどころにカップリング・コンデンサを追加して，直流分をそぎ落としながら必要な信号を伝えていくことができます．

しかし，多くのセンサの出力信号は1時間に数十回しか変化しません．このよう

な信号はカップリング・コンデンサを通過しにくく，肝心の温度情報を台無しにする可能性があります．交流アンプは，出力信号の周波数が0.001Hzの超低周波や0Hz（直流）のセンサ信号の増幅には使えないのです．

● 直流オフセット電圧と温度ドリフトがゼロのアンプが理想的

どんなOPアンプも，
- 直流オフセット電圧
- 温度ドリフト（温度に変化よる直流電圧出力の変動）

という二つの不要な直流電圧を常に出力しています．これらは，計測誤差の大きな要因になります．これらは，カップリング・コンデンサを追加するのではなく，回路を工夫して除去しなければなりません．

図4-2に示すように，直流オフセット電圧やその温度ドリフトは，観測したい真の信号に上乗せされて誤差になります．正確に計測するには，不要な直流電圧が小さく，その変動の小さい直流アンプが必要です．

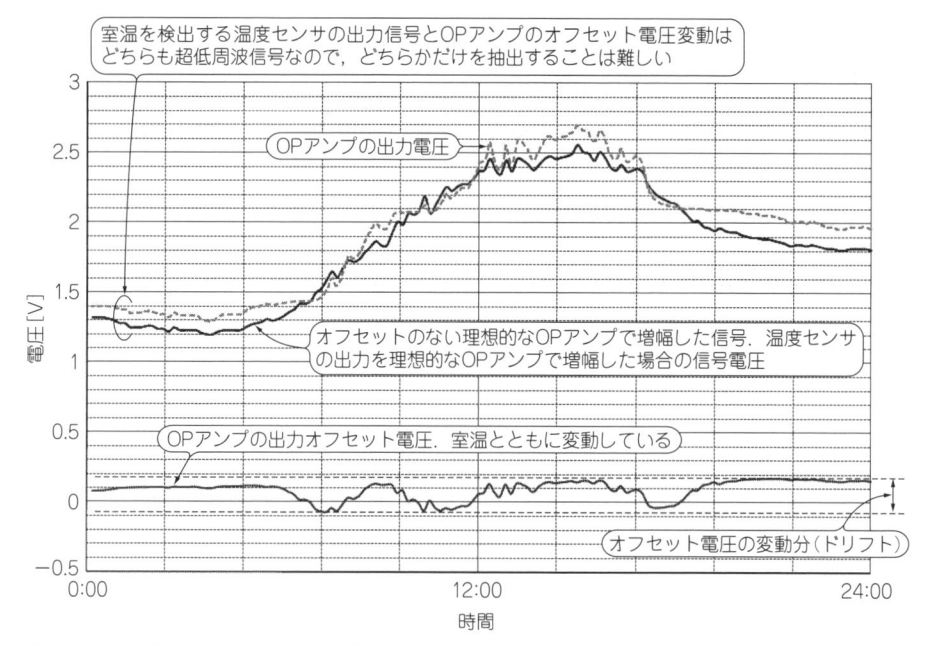

[図4-2] 室温を捉えるセンサの出力信号とOPアンプの直流オフセット電圧はどちらもゆっくりと変化する

温度の検出精度を上げるには，直流アンプのオフセット・ドリフトを小さくするほかない

4-1 直流アンプの必要性

4-2　アンプの性能は両電源のほうが出しやすい

■単電源動作の交流アンプの欠点

　第3章で設計したアンプは，コンデンサが直流信号を通過させないため，直流電圧は増幅できない交流増幅専用です．入力信号の振幅は，低域しゃ断域から直流域（周波数0Hz）にかけて−6dB/octの傾斜で減衰します．このアンプにはほかにもこんなデメリットがあります．

● カップリング・コンデンサは信号を劣化させる

　電池が電源の携帯機器などでは，単一の電源で動作するアンプが必要です（図3-1）．両電源より電源回路がシンプルで低コストですが，単電源のアンプには欠点もあります．

　図4-3と図4-4に示すのは，ボルテージ・フォロワを使った単電源動作のアンプです．第3章で設計したアンプと同様，入出力に直流成分を除去するカップリング・コンデンサとバイアス回路があります．これらの追加によって，入力信号の基準電位をシフトし，単電源で動作するOPアンプに，正または負の値だけをもつ信号を

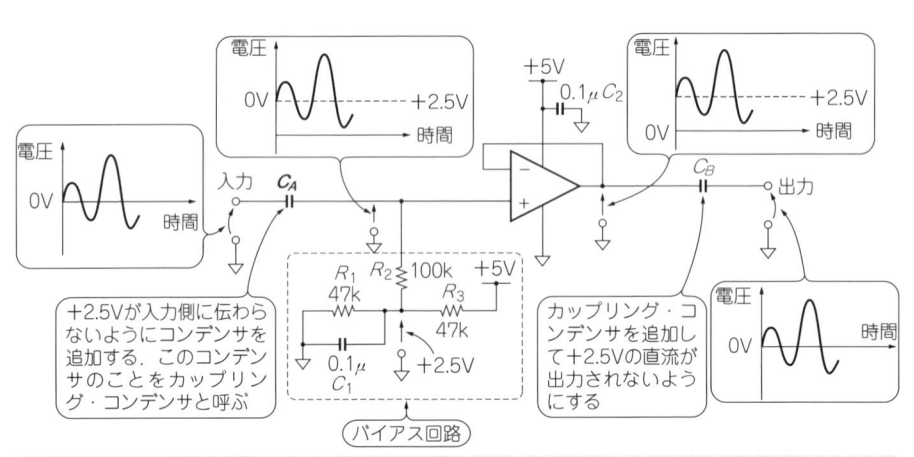

[図4-3] 正の単電源で動作するボルテージ・フォロワ

利点：負電源が不要．電源回路がシンプルで安価
欠点：入出力にコンデンサ（C_AとC_B）が必要．信号がこのコンデンサを通過するとひずみが増える．ポップ音（直流電圧の変動が原因の雑音）の要因になることもある

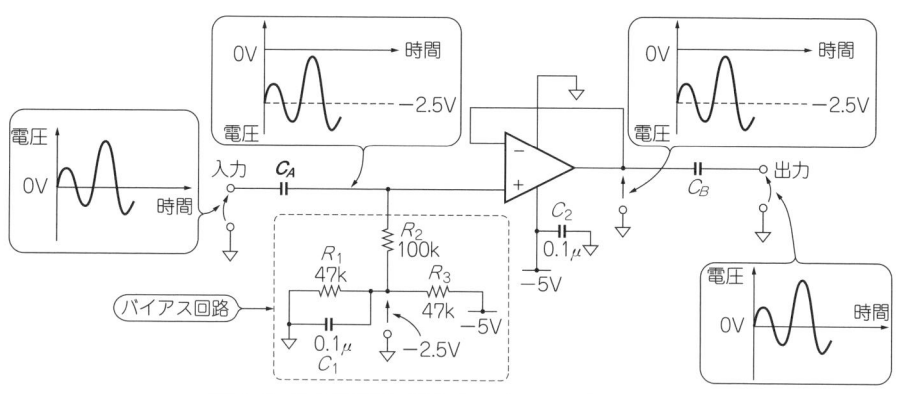

[図4-4] 負の単電源で動作するボルテージ・フォロワ

入力することが可能になります．しかし，カップリング・コンデンサの追加は問題の原因にもなります．

信号が通過しているコンデンサに機械的な振動が加わると，コンデンサ自体から極低周波の雑音が生じて信号に加わります．またコンデンサによっては，両端に加わる電圧によって容量が変化します．入力信号の電圧が変化すると容量値が変化するので，信号のひずみ成分が増えます．

● 信号が他のチャネルに漏れる

クロストークは，ある信号源の出力信号が，通過すべきでない信号ラインに流れ込んで干渉する好ましくない現象です．例えば，オーディオ・アンプの左チャネルと右チャネルでクロストークが発生すると，ステレオ感がなくなり音の広がりが減ります．

図4-5にクロストーク発生のしくみを示します．

単電源回路では，図4-5の太線で描かれたバイアス回路の出力ラインがグラウンド（仮想グラウンドと呼ぶ）の役割を果たします．このラインのインピーダンスが十分に低くない場合，LチャネルとRチャネルの信号が干渉し合います．

対策には，図4-6のようにバイアス回路の出力に，広帯域にわたり出力インピーダンスが低いボルテージ・フォロワを追加する方法があります．

負荷抵抗が小さい場合は，バッファ・アンプに大きな電流が流れるため，OPアンプに高い出力電流能力が要求されます．形状が大きく高価な大電流出力型OPアンプを使用できず，チャネル・セパレーションが重要な場合は，両電源で動作させるのが無難です．

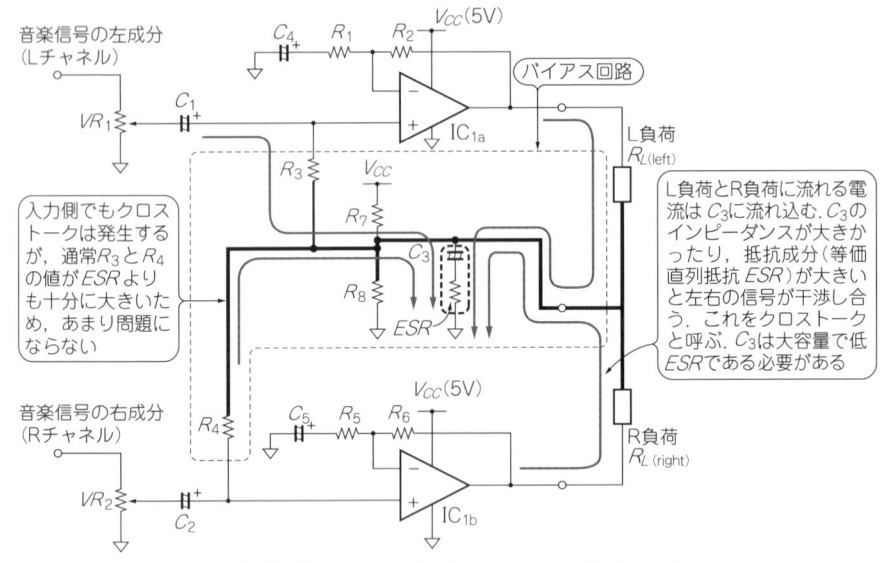

[図4-5] 単電源交流アンプでクロストークが発生するしくみ
バイアス回路のコンデンサがもつ抵抗分(ESR)に，別チャネルの信号電流が流れ込み，当該チャネルに影響を及ぼす．太線部は仮想グラウンド

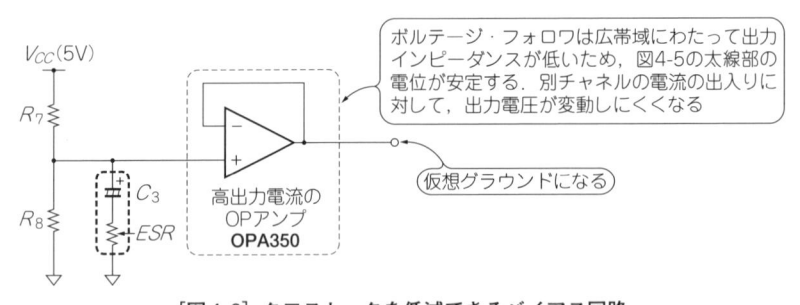

図中の注釈：
- 音楽信号の左成分（Lチャネル）
- バイアス回路
- L負荷 $R_{L(\text{left})}$
- 入力側でもクロストークは発生するが，通常R_3とR_4の値がESRよりも十分に大きいため，あまり問題にならない
- L負荷とR負荷に流れる電流はC_3に流れ込む．C_3のインピーダンスが大きかったり，抵抗成分（等価直列抵抗ESR）が大きいと左右の信号が干渉し合う．これをクロストークと呼ぶ．C_3は大容量で低ESRである必要がある
- 音楽信号の右成分（Rチャネル）
- R負荷 $R_{L(\text{right})}$

[図4-6] クロストークを低減できるバイアス回路
バイアス回路の出力インピーダンスをバッファ・アンプで下げて，別チャネルの信号電流の変化を吸収する

図中の注釈：
- ボルテージ・フォロワは広帯域にわたって出力インピーダンスが低いため，図4-5の太線部の電位が安定する．別チャネルの電流の出入りに対して，出力電圧が変動しにくくなる
- 仮想グラウンドになる
- 高出力電流のOPアンプ OPA350

● 電源投入後，動作が安定するまでに時間がかかる

　単電源で動作するアンプは，仮想グラウンドの電位が安定していないと正しく動作しません．

　仮想グラウンドは，電源投入直後，電位が安定していません．電位が安定する前に信号を入力すると出力波形がクリップします．クリップとは信号波形の上側や下側が平らに削り取られたような形にひずむことです．

　図4-7に示すのは，電源が投入されてから仮想グラウンドの電位が安定するまで

098　第4章　直流増幅技術をマスタする

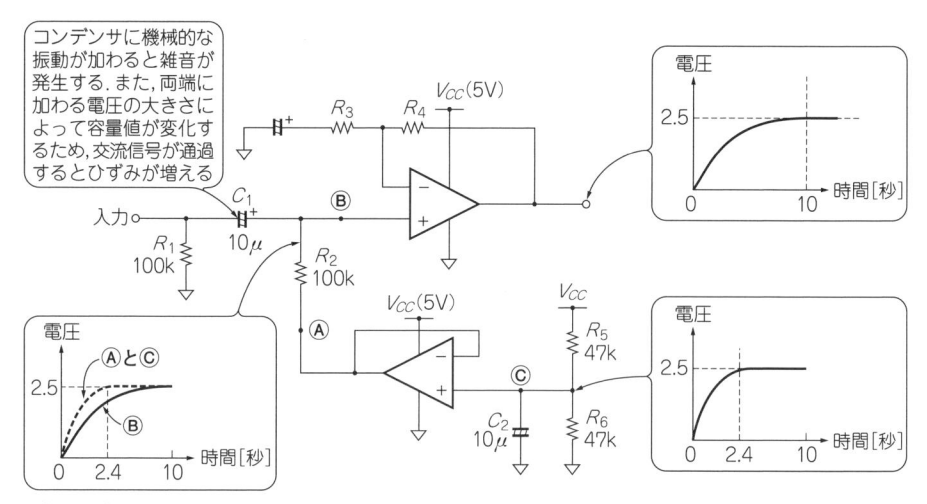

[図 4-7] 単電源交流アンプは電源投入後，各部の電位(動作点)が安定するまでに時間がかかる
図の回路定数のとき動作点が安定するのに 5〜10 秒かかる

のようすです．図4-7の回路定数の場合，点Ⓑの電位が安定するまでに10秒もの時間を必要とします．

■両電源型のメリットとデメリット

● コンデンサがなければ直流を増幅できる

繰り返しますが，単電源で動作するアンプにつきまとう問題の元凶は，バイアス回路とそれに付随するカップリング・コンデンサです．

図4-8に示すのは，両電源で動作するゲイン10倍の非反転アンプです．このようにOPアンプ自体を正と負の両電源で動かすと，入出力のカップリング・コンデンサを使わずにすみます．入出力や帰還回路内にコンデンサが存在しないため，この回路は直流信号も増幅できます．

● 雑音やひずみ，過渡現象の呪縛から開放される

図4-8の回路は，入出力や帰還回路内にコンデンサがないため，コンデンサに起因する極低周波の雑音や高調波ひずみの問題から開放されます．

仮想グラウンドもなくなるため，電源投入後，動作の基準電位が安定するまでの時間(セトリング時間)も考える必要はありません．パルス信号を入力したときのサグ発生の可能性もありません．高速OPアンプを使えばパルス回路に応用すること

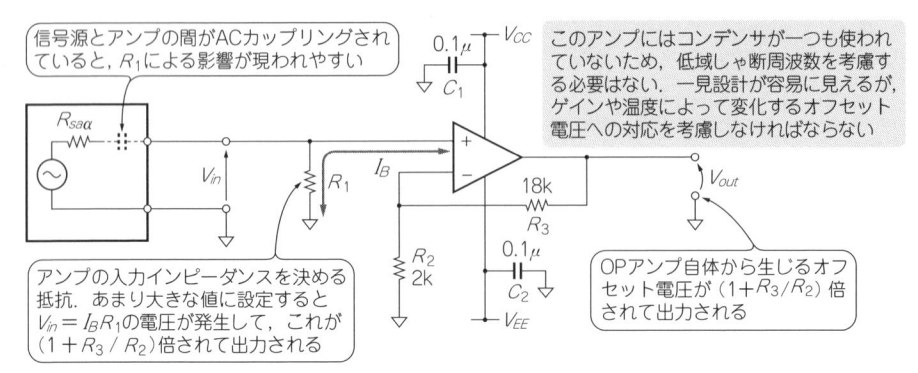

信号源とアンプの間がACカップリングされていると，R_1による影響が現われやすい

アンプの入力インピーダンスを決める抵抗．あまり大きな値に設定すると$V_{in} = I_B R_1$の電圧が発生して，これが$(1+R_3/R_2)$倍されて出力される

このアンプにはコンデンサが一つも使われていないため，低域しゃ断周波数を考慮する必要はない．一見設計が容易に見えるが，ゲインや温度によって変化するオフセット電圧への対応を考慮しなければならない

OPアンプ自体から生じるオフセット電圧が$(1+R_3/R_2)$倍されて出力される

[図4-8] 単電源アンプの泣き所「カップリング・コンデンサとバイアス回路」を使わずに構成した両電源アンプ
コンデンサに起因する雑音や高調波ひずみの問題から開放される

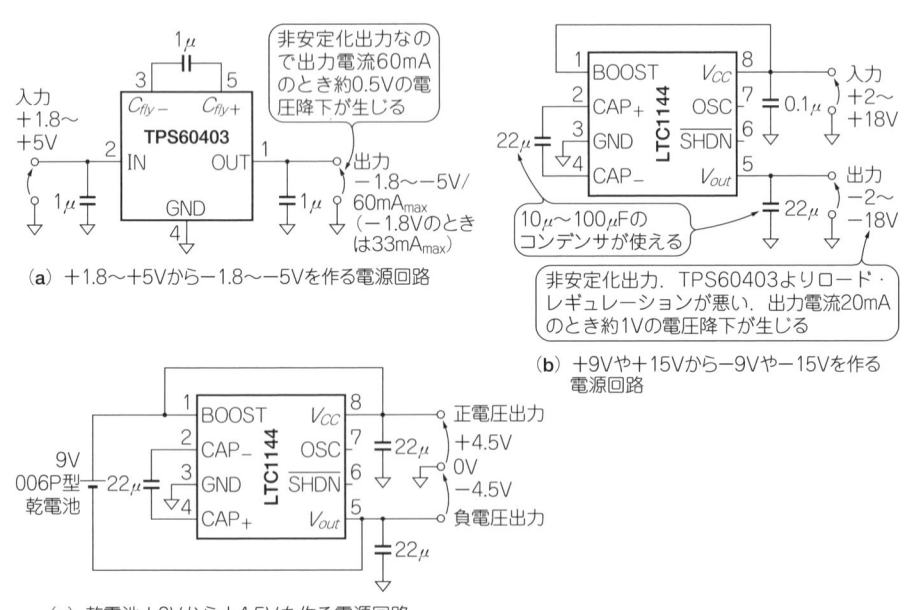

非安定化出力なので出力電流60mAのとき約0.5Vの電圧降下が生じる

(a) +1.8～+5Vから−1.8～−5Vを作る電源回路

非安定化出力．TPS60403よりロード・レギュレーションが悪い．出力電流20mAのとき約1Vの電圧降下が生じる

10μ～$100\mu F$のコンデンサが使える

(b) +9Vや+15Vから−9Vや−15Vを作る電源回路

(c) 乾電池+9Vから±4.5Vを作る電源回路

[図4-9] 正電源から負電源または両極性電源を作る回路

もできます．

● チャネル間クロストークが小さくなる

　両電源のアンプでは，中点電圧を作っている抵抗もコンデンサもないため，共通

グラウンド・ラインのインピーダンスさえ低ければ，チャネル間クロストークも小さくなります．

● 正と負の二つの電源が必要

両電源で動作させるには正と負の電源が必要です．正電源しか必要のない回路であっても，OPアンプを両電源で動かすと決めた時点で，負電圧を出力する電源回路が必要です．正電源から負電源を作るためにスイッチト・キャパシタ電圧コンバータなどの専用ICや専用回路（図4-9）が必要です．

4-3　直流アンプの回路

● 単電源動作の直流アンプ

▶非反転型

図4-10に示すのは，ゲイン1倍の非反転アンプ，つまりボルテージ・フォロワを使った直流アンプです．このように，入力電圧が負にならなければ単電源動作の直流アンプを利用することができます．OPアンプには，0V以下まで入力できる単電源型（LM2904など）や入力レール・ツー・レール型を使います．

OPアンプの出力は，データシートに示されている「出力電圧範囲」で制限されます．ゲインを1倍以上に設定するときは，出力信号が飽和しないように入力電圧の最大値を制限します．

入力レール・ツー・レールOPアンプで作ったボルテージ・フォロワを単電源で動作させてパルス信号を入力すると，出力波形にリンギングが生じることがあります．これは，入力が0Vのとき，OPアンプ自体のオフセットの影響で出力電圧が0Vに下がりきらないと，入力部のバーチャル・ショートが維持されないからです．

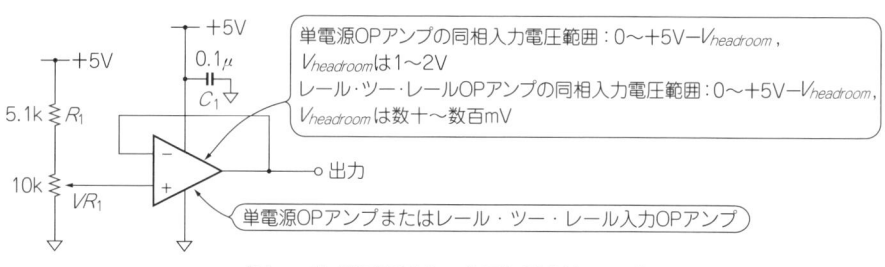

[図4-10] 単電源動作の非反転型直流アンプ
入力電圧が負にならないようにする必要がある

単電源OPアンプの同相入力電圧範囲：0～+5V－$V_{headroom}$，$V_{headroom}$は1～2V
レール・ツー・レールOPアンプの同相入力電圧範囲：0～+5V－$V_{headroom}$，$V_{headroom}$は数十～数百mV

単電源OPアンプまたはレール・ツー・レール入力OPアンプ

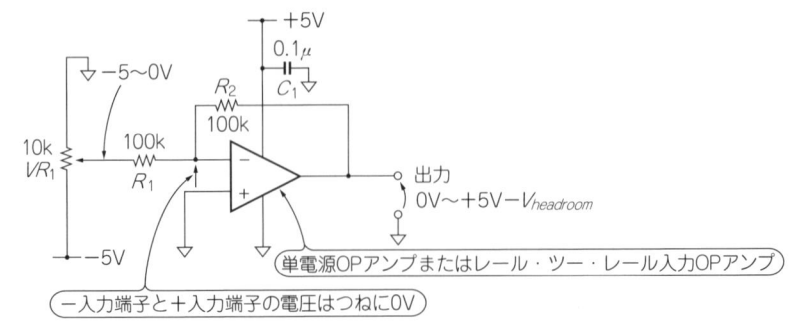

[図4-11] 単電源動作の反転型直流アンプ
入力電圧が正にならないようにする必要がある

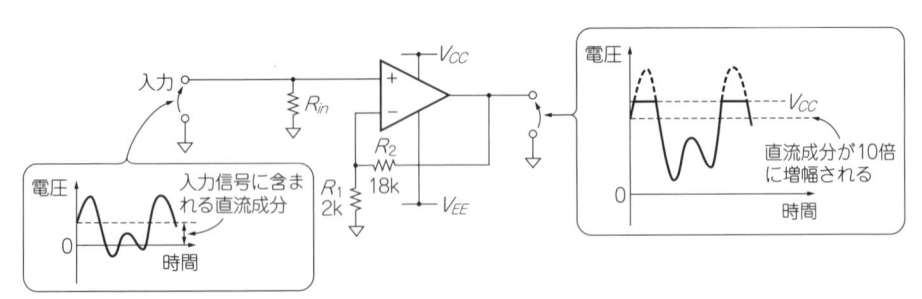

[図4-12] 両電源動作の直流アンプ
難しいのは,入力信号に混じった不必要な直流成分も増幅されること

バーチャル・ショートが崩れると,OPアンプ内部のトランジスタが飽和したまま動作してリンギングが生じます.

▶反転型

反転アンプに負の電圧を入力すると正の電圧が出力されますから,**図4-11**のように「負電源電圧～0V」を入力電圧範囲に設定します.OPアンプには0Vの同相入力電圧が入力されますから,**図4-10**と同様に,0V以下まで入力できる単電源型または入力レール・ツー・レール型を使います.

● 両電源動作の直流アンプ

図4-12に示すのは,シンプルかつ両極性の信号を扱うことができる両電源動作の直流アンプです.直流アンプは両電源のほうが作りやすいです.

4-4　直流アンプの泣き所「オフセット電圧」

■直流アンプは直流信号から増幅するだけに扱いにくい

● 入力信号に含まれる不要な直流成分を増幅してしまう

　交流信号に加えて0Hzの信号も増幅できる直流アンプ(**図4-12**)は，不必要な直流成分も増幅します．この不要な成分によって出力に大きな直流電圧が生じて，交流信号がひずむこともあります．

　入力に存在する不要な直流成分の代表は，OPアンプの入力部にある入力オフセット電圧です．OPアンプは，自分の内部から生じたこの入力オフセット電圧を入力信号といっしょに増幅します．

　入力オフセット電圧は，**図4-13**に示すようにOPアンプの非反転入力部分に存在すると考えることができます．ゲイン+1倍のボルテージ・フォロワの場合は+1倍されて出力されます．

　もちろん，入力にカップリング・コンデンサを追加して交流アンプとすれば，入力信号に含まれる直流成分を除去できます．帰還抵抗R_1と直列にC_1を挿入し，直流信号に対するゲインを1倍に抑える方法もありますが，コンデンサを追加すると両電源動作のメリットが薄れます．

● 極低周波のゆらぎも増幅してしまう

　OPアンプは，1/f雑音と呼ばれる低周波の雑音を発生します．特に低電圧/低消費電力のマイコン・システムのアナログ回路部に多く利用されているCMOSタイプのOPアンプは，JFET型やバイポーラ型より，大きな1/f雑音が発生します．

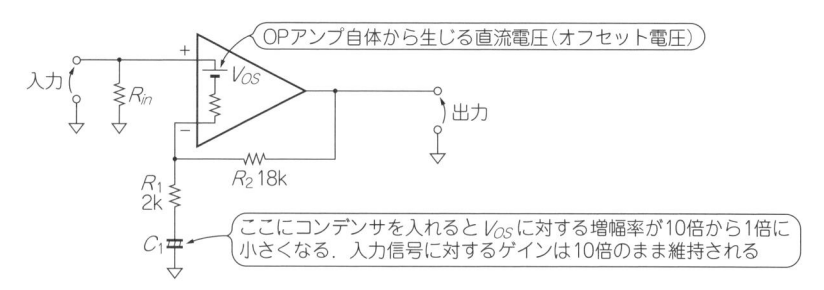

[図4-13] 入力信号の直流成分に対するゲインを下げる方法
交流信号に対するゲインが10倍，直流信号に対するゲインが1倍のアンプ

（OPアンプ自体から生じる直流電圧（オフセット電圧）V_{OS}）
ここにコンデンサを入れるとV_{OS}に対する増幅率が10倍から1倍に小さくなる．入力信号に対するゲインは10倍のまま維持される

R_{in}, R_1 2k, R_2 18k, C_1

直流アンプはこの1/f雑音も増幅するので，レベルの小さい信号は1/f雑音に埋もれます．

● 自分で出した不要な直流成分を増幅してしまう

図4-14に示すように，多くの直流アンプは入力電圧を0Vにしても数百μ〜数十mVの直流電圧を出力しています．この電圧を出力オフセット電圧と呼びます．高精度な直流アンプに仕上げるには，このオフセット電圧を小さくする必要があります．

オフセット電圧には，
- 出力オフセット電圧
- 入力オフセット電圧

の二つがあります．OPアンプIC自体のオフセット電圧は「入力オフセット電圧」，OPアンプ回路のオフセット電圧は「出力オフセット電圧」を指すことが多いようです．

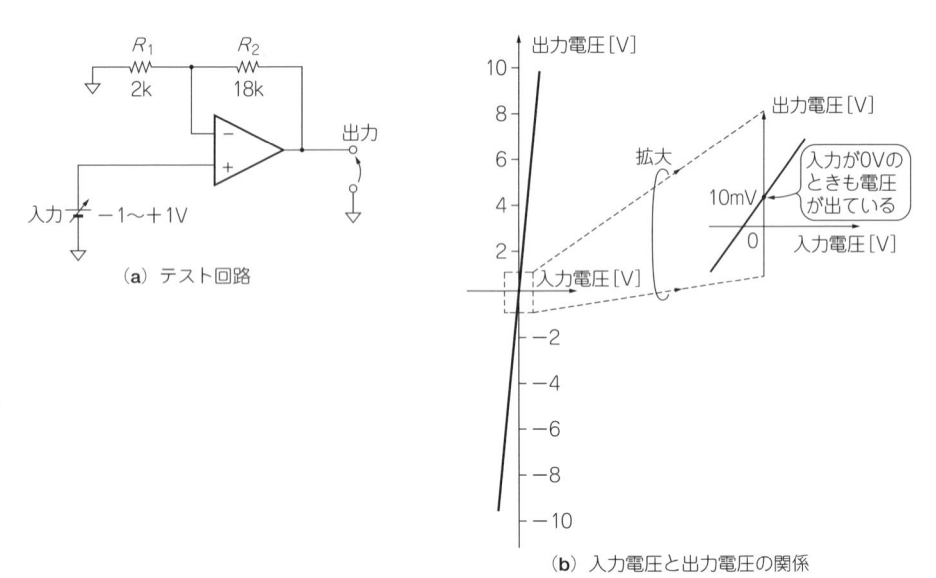

(a) テスト回路

(b) 入力電圧と出力電圧の関係

[図4-14] 直流アンプは入力を0Vにしてもわずかな直流電圧を出力する

● オフセット電圧の弊害

▶計測誤差

　オフセット0Vの理想的な直流アンプは，入力電圧を0Vにすると出力も0Vになります．ディジタル・マルチメータを直流電圧測定モードに設定して，二つのテスト・リードをショートしてみてください．調整されていれば「0V」と表示されるはずです．「＋10mV」などと表示されたら，ディジタル・マルチメータ内部の直流アンプがオフセット電圧を出力しています．

　長さを計測するとき，一方の端を定規の0mの点に合わせ，もう一方の端と目盛りの位置関係を読み取ります．もし0mの点の位置合わせが不正確で物体の端からずれていると，正しい長さを知ることはできません．オフセット電圧は，この定規の基準点(0m)と物体端の位置ずれに相当します．

▶出力信号の飽和

　OPアンプ1個だけなら，そのオフセット出力は数m〜数百mVの小さなものです．しかし，複数のOPアンプ増幅回路が直列接続された**図4-15**のような回路では，各段のOPアンプを通るごとに直流電圧が増幅されるため，終段の出力が飽和することがあります．

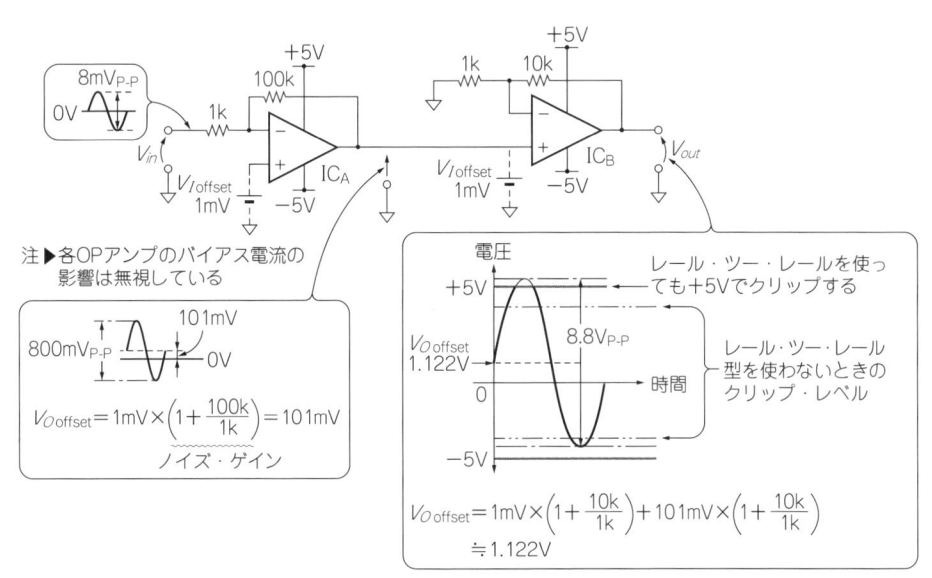

注▶各OPアンプのバイアス電流の影響は無視している

$$V_{O\,offset} = 1\text{mV} \times \left(1 + \frac{100\text{k}}{1\text{k}}\right) = 101\text{mV}$$

ノイズ・ゲイン

$$V_{O\,offset} = 1\text{mV} \times \left(1 + \frac{10\text{k}}{1\text{k}}\right) + 101\text{mV} \times \left(1 + \frac{10\text{k}}{1\text{k}}\right)$$
$$\fallingdotseq 1.122\text{V}$$

[図4-15(3)] 直流アンプをシリーズ接続すると終段OPアンプの出力が飽和することがある

4-5　オフセット電圧が生じる理由

● 出力オフセット電圧の原因

図4-16に示すように，OPアンプの入力部には，

(1) 入力バイアス電流
(2) 入力オフセット電圧

という二つの電圧源と電流源があると考えることができ，どちらもアンプの出力オフセット電圧に影響を与えます．

入力オフセット電圧の原因となる内部の直流電圧源は，内部の雑音電圧源と同じ箇所，つまり＋入力端子の内側に存在すると考えることができます．

入力バイアス電流も入力オフセット電圧もOPアンプのデータシートにその値が示されていますが，一番知りたい出力オフセット電圧はデータシートには記載できません．なぜならIC周辺の抵抗値によってその値が変わるからです．

● 入力オフセット電圧が生じる理由

図4-17に示すのは，741というOPアンプの差動入力部の等価回路です．741は，1968年にフェアチャイルド社のDave Fullagarが開発したμA741をオリジナルとする有名なOPアンプです．

入力オフセット電圧の原因は，入力部の差動回路のトランジスタ(Q_1/Q_2，Q_3/Q_4，Q_5/Q_6)や抵抗(R_1とR_2)の特性のミスマッチです．このミスマッチは，トランジスタのベース幅のばらつき，ベースやコレクタの不純物濃度のばらつきなどによって生じます．シリコン・ウェハにイオンを打ち込む際，ウェハの反りが原因で不

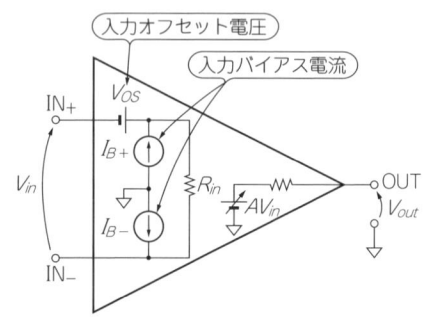

[図4-16] 出力オフセット電圧の源「入力オフセット電圧」と「入力バイアス電流」

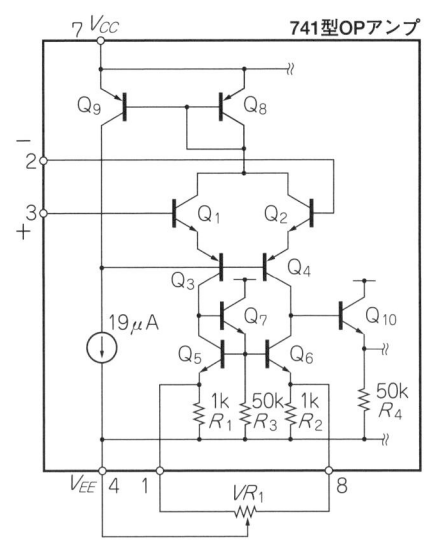

[図4-17] 入力オフセット電圧の原因は入力の差動回路を構成する Q_1/Q_2, Q_3/Q_4, Q_5/Q_6, R_1, R_2 の特性のミスマッチ

純物濃度が場所によってばらつきます．IC内部のトランジスタの特性ばらつきは，個別トランジスタより小さそうですが，ゼロではありません．

図4-18に，入力オフセット電圧がどの程度生じるかを示しました．図中の式(4-1)からわかるように，オフセット電圧はトランジスタのコレクタ負荷抵抗(R_{C1}とR_{C2})の大きさによって変化します．**図4-17**に示すように，741は外付けの半固定抵抗(VR_1)によるオフセット調整が可能な構成になっています．

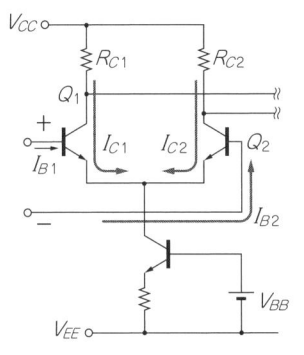

$$I_{cn} = I_S \exp\left(\frac{V_{BE}}{V_T}\right)$$

ただし，I_S：トランジスタの飽和電流[A]，V_{BE}：トランジスタのベース-エミッタ間電圧[V]，V_T：熱起電圧[V]

$$\frac{kT}{q} \fallingdotseq 26\text{mV}@300\text{K}$$

ただし，K：ボルツマン定数(1.38×10^{-23})[J/K]，T：絶対温度[K]，q：電子の電荷(1.60×10^{-19})[C]
OPアンプの入力オフセット電圧V_{OS}は，

$$V_{OS} \fallingdotseq V_T\left(-\frac{\Delta R_C}{R_C} - \frac{\Delta I_S}{I_S}\right) \quad \cdots (4\text{-}1)$$

ただし，$\Delta R_C/R_C$：コレクタ抵抗のミスマッチ率，$\Delta I_S/I_S$：トランジスタの飽和電流のミスマッチ率

[図4-18] 入力オフセット電圧はどの程度生じるか？

4-5 オフセット電圧が生じる理由

● 入力バイアス電流が生じる理由

OPアンプの入力段にバイポーラ・トランジスタが使われている場合，コレクタ電流に比例したベース電流が流れます．このベース電流のことを入力バイアス電流と呼びます．

入力段にJFETやCMOS FETが使われているOPアンプの入力バイアス電流の実体はゲート漏れ電流です．入力段がFETの場合の入力バイアス電流はきわめて小さいため，出力オフセット電圧に与える影響は無視しても問題ありません．

4-6　出力オフセット電圧の要因

アンプの設定ゲインが大きいうえに，OPアンプ自体の入力オフセット電圧が大きいと，OPアンプの出力端で，図4-19のようにひずんで(クリップして)しまいます．いったんOPアンプ出力端でクリップしてしまうと，カップリング・コンデンサを追加して直流電圧を除去しても波形はひずんだまま元には戻りません．

したがって設計時に出力オフセット電圧が何Vになるのか，あらかじめ計算して予測する必要があります．

■入力バイアス電流と出力オフセット電圧の関係

図4-20に示す入力バイアス電流と出力オフセット電圧の関係からわかるように，入力バイアス電流(I_B)が大きいと帰還抵抗の値を大きくすることができません．図4-21に示すように，非反転アンプでは信号源抵抗が大きいと，その抵抗に生じた電圧がゲイン倍されて出力されます．

図4-22のようなI-V変換回路では，入力バイアス電流はそのまま誤差となって

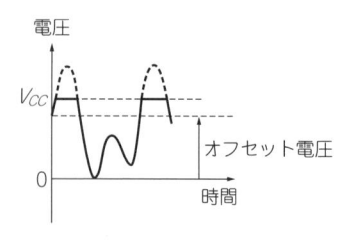

(a) 飽和しているOPアンプの出力信号

(b) カップリング・コンデンサを通過した信号

[図4-19] オフセット電圧の影響でいったんひずんでしまった信号はカップリング・コンデンサで直流分を取り除いても元に戻らない

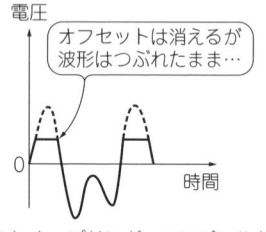

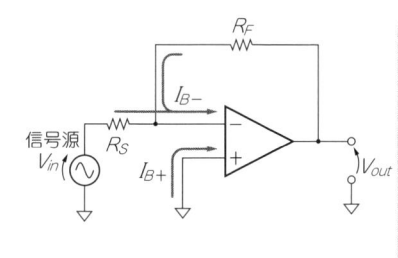

[図4-20] 入力バイアス電流 I_{B-} が R_S と R_F に流れると，出力に直流電圧 $V_{Ooffset}$（オフセット出力電圧）が出力される．

$$V_{Ooffset}=(R_S/\!/R_F)\times\underbrace{\left(1+\frac{R_F}{R_S}\right)}_{\text{ノイズ・ゲイン}}I_{B-}$$

$$=\frac{R_S R_F}{R_S+R_F}\cdot\frac{R_S+R_F}{R_S}I_{B-}=R_F I_{B-}$$

ここで，$I_{B-}=100\text{nA}$，$R_F=1\text{M}\Omega$ とすると，
$100\text{nA}\times1\text{M}\Omega=100\text{mV}$
が出力される

[図4-20] **入力バイアス電流が出力オフセット電圧に与える影響**（反転アンプの場合）
周辺の抵抗値が大きいほど入力バイアス電流に起因する出力オフセット電圧は大きくなる

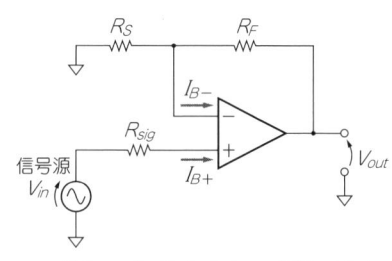

$$V_{Ooffset}=R_F I_{B-}+\left\{-R_{sig}\left(1+\frac{R_F}{R_S}\right)I_{B+}\right\}$$

$R_{sig}=R_S/\!/R_F$，$I_{B-}=I_{B+}$ なら，バイアス電流による出力電圧はゼロになる．
ここで，$R_S=1\text{k}\Omega$，$R_F=10\text{k}\Omega$，$R_{sig}=1\text{M}\Omega$，$I_{B-}=I_{B+}=100\text{nA}$ とすると，
$100\text{nA}\times10\text{k}\Omega+(-100\text{nA}\times1\text{M}\Omega\times11)\fallingdotseq-1.1\text{V}$
電源源など信号源の直流抵抗が大きい場合は，入力バイアス電流の小さなOPアンプが必要になる

[図4-21] **入力バイアス電流が出力オフセット電圧に与える影響**（非反転アンプの場合）

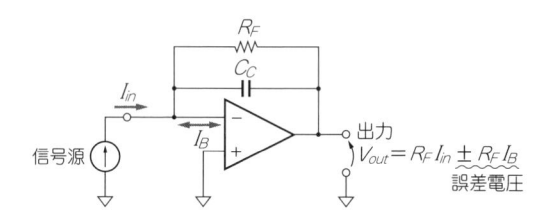

$$V_{out}=R_F I_{in}\underbrace{\pm R_F I_B}_{\text{誤差電圧}}$$

[図4-22] **I-V 変換回路では入力バイアス電流が帰還抵抗に流れて誤差になる**

出力されます．

■入力オフセット電圧と出力オフセット電圧の関係

● 入力オフセット電圧はノイズ・ゲイン倍される

入力オフセット電圧は，ノイズ・ゲイン倍されて出力されます．ノイズ・ゲインとは帰還率 β の逆数です．**図4-23** に示すボルテージ・フォロワの場合，帰還率とノイズ・ゲインはどちらも1倍です．この場合，入力オフセット電圧は1倍されて出力されます．

4-6 出力オフセット電圧の要因 | 109

● 負帰還をかけても入力オフセット電圧は小さくならない

OPアンプは負帰還を掛けると周波数特性や雑音などの性能が改善されます．ループ・ゲイン，つまりオープン・ループ・ゲインA_0と帰還量βの積($A_0\beta$：ループ・ゲイン)が大きいほど，改善の度合いが増えます．しかし，ループ・ゲインをどんなに大きくしても，入力オフセット電圧は小さくなりません．

図4-23に示したボルテージ・フォロワは，オープン・ループ・ゲインのすべてが帰還されるループ・ゲイン$A_0\beta$の最も大きな回路ですが，この回路でも入力オフセット電圧は小さくなりません．ノイズ・ゲインは1倍以下にはなりませんから，入力オフセット電圧は最小でも1倍で出力されます．

● 反転アンプと非反転アンプの出力オフセット電圧

図4-24に，入力オフセット電圧と出力オフセット電圧の関係を示します．

(a)に示すように非反転アンプの出力オフセット電圧は，OPアンプの入力オフセット電圧の$1 + R_2/R_1$倍です．(b)に示すように反転アンプの出力オフセット電

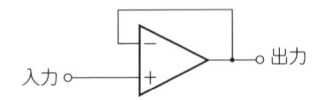

帰還率βは1倍なのでノイズ・ゲイン$1/\beta$は1倍である．
出力される直流成分は入力オフセット電圧V_{OS}に等しい

[図4-23] ボルテージ・フォロワの入力オフセット電圧は何倍される？

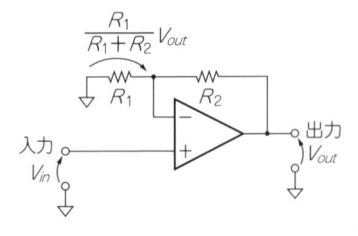

帰還率βは$\dfrac{R_1}{R_1+R_2}$倍なので，ノイズ・ゲイン$1/\beta$は，$1+R_2/R_1$倍で，これは非反転アンプのゲインと同じである．OPアンプの入力オフセット電圧V_{OS}は$1+R_2/R_1$倍されて出力される．その直流成分の大きさは$V_{OS}(1+R_2/R_1)$である

(a) 非反転アンプの場合

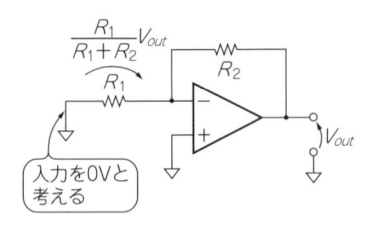

帰還率βは$\dfrac{R_1}{R_1+R_2}$倍なので，ノイズ・ゲイン$1/\beta$は，$1+R_2/R_1$倍で，これは反転アンプのゲイン$-R_2/R_1$倍と異なる．OPアンプの入力オフセット電圧V_{OS}は$1+R_2/R_1$倍されて出力される．
反転アンプのゲイン$-R_2/R_1$倍と一致しない

(入力を0Vと考える)

(b) 反転アンプの場合

[図4-24] 入力オフセット電圧はノイズ・ゲイン倍される
反転アンプのノイズ・ゲインは$(1+R_2/R_1)$であり，入出力ゲイン(R_2/R_1)と違うことに注意

圧は，入力オフセット電圧の$1+R_2/R_1$倍です．

非反転アンプは入出力ゲインとノイズ・ゲインは同じですが，反転アンプは違うことに注意しなければなりません．

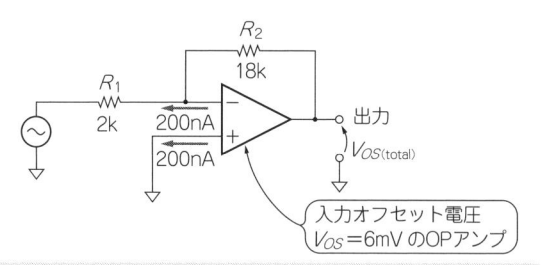

▶ステップ1
OPアンプの入力オフセット電圧によって生じる出力オフセット電圧V_{OS1}は，
$V_{OS1} = 6\text{mV} \times \left(1+\dfrac{18}{2}\right) = +60\text{mV}$

▶ステップ2
OPアンプのバイアス電流によって生じる出力オフセット電圧V_{OS2}は，
$V_{OS2} = 18 \times 10^3 \times (-200 \times 10^{-9}) = -3.6\text{mV}$

▶ステップ3
出力オフセット電圧$V_{OS(\text{total})}$は，
$V_{OS(\text{total})} = V_{OS1} + V_{OS2} = +60\text{mV} - 3.6\text{mV} = +56.4\text{mV}$

(a) 反転アンプ

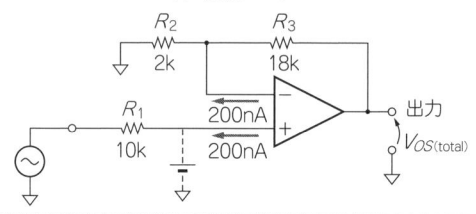

▶ステップ1
OPアンプの入力オフセット電圧によって生じる出力オフセット電圧V_{OS1}は，
$V_{OS1} = 6\text{mV} \times \left(1+\dfrac{18}{2}\right) = +60\text{mV}$

▶ステップ2
OPアンプのバイアス電流によって生じる出力オフセット電圧V_{OS2}は，
$V_{OS2} = 18 \times 10^3 \times (-200 \times 10^{-9}) + \left\{-10 \times 10^3 \left(1+\dfrac{18}{2}\right) \times (-200 \times 10^{-9})\right\}$
$= -3.6\text{mV} + 20\text{mV} = +16.4\text{mV}$

▶ステップ3
出力オフセット電圧$V_{OS(\text{total})}$は，
$V_{OS(\text{total})} = V_{OS1} + V_{OS2} = +60\text{mV} + 16.4\text{mV} = +76.4\text{mV}$

(b) 非反転アンプ

[図4-25] 反転アンプと非反転アンプの出力オフセット電圧の計算例

● **実際の回路で出力オフセット電圧を計算してみる**

具体的な回路を例に，入力バイアス電流，入力オフセット電圧，出力オフセット電圧を求めてみます．

図4-25(a)に，反転アンプの出力オフセット電圧の計算例を示します．OPアンプの入力段がPNPトランジスタの場合，バイアス電流はOPアンプの入力端子から流れ出す向きに流れます．

OPアンプのデータシートや等価回路から入力バイアス電流の向きが判断できない場合は，流れ込みと流れ出しの両方で出力オフセット電圧を計算し，結果の最悪値(最大値)を利用して設計します．特に，後述のバイアス電流キャンセル回路を内蔵するOPアンプの中には，入力バイアス電流の向きが違うものがあります．

図4-25(b)は非反転アンプの計算例です．入力バイアス電流の影響を受けやすいことがわかります．図4-26は，I-V変換回路の計算例です．

反転アンプの場合と同じように考えればよい

▶ステップ1
OPアンプの入力オフセット電圧によって生じる出力オフセット電圧V_{OS1}は，

$$V_{OS1} = 100\mu V \times \left(1 + \frac{100 \times 10^3}{10 \times 10^6}\right) = +110\mu V$$

▶ステップ2
OPアンプのバイアス電流によって生じる出力オフセット電圧V_{OS2}は，

$$V_{OS2} = R_1 \times (-100 \times 10^{-12}) = 100 \times 10^3 \times (-100 \times 10^{-12}) = -10\mu V$$

▶ステップ3
出力オフセット電圧$V_{OS(total)}$は，

$$V_{OS(total)} = V_{OS1} + V_{OS2} = +110\mu V - 10\mu V = +100\mu V$$

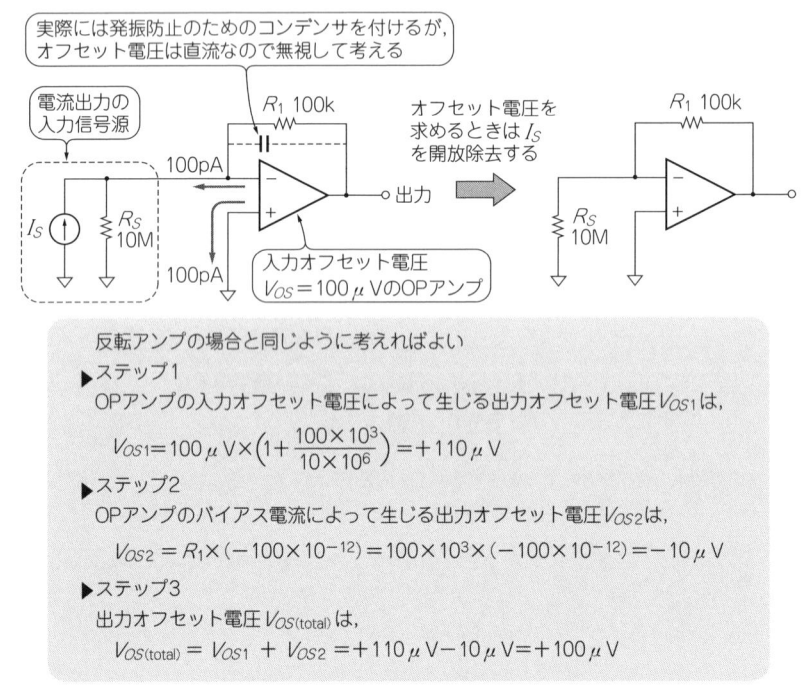

[図4-26] *I-V*変換回路で生じる出力オフセット電圧の計算例

4-7 出力オフセット電圧を減らす方法

■入力オフセット電圧を小さくする

● 内部差動ペアのコレクタ電流のバランスをとる

図4-27に示すのは，前述の741型OPアンプと同様，入力オフセット電圧を調整する端子をもつOPアンプ(OPA277)です．741型OPアンプは半固定抵抗のスライダ接点を負電源(V_{EE})に接続しますが(図4-17)，OPA277は正電源(V_{CC})に接続します．このように，半固定抵抗の接続のしかたはOPアンプICごとに異なりますが，調整されるのは内部の差動入力回路の二つのトランジスタ(図4-17のQ_1とQ_2)のコレクタ電流のバランスです．

複数のOPアンプがシリーズに接続されている回路全体のオフセットを調整する場合は，初段から最終段に向かって順次行います．

● 温度ドリフトへの対応

図4-27に示す調整方法は，入力オフセット電圧の温度変動(温度ドリフト)が増大するという欠点があります．温度が変化すると，差動ペア(図4-17のQ_1とQ_2)のコレクタ電流のマッチングにずれが生じます．これは，半固定抵抗(VR_1)に使われている抵抗体の素材と，OPアンプ内部のシリコン・チップ上に形成された抵抗の素材(拡散抵抗やポリシリコン抵抗，あるいはSiCrやNiCr薄膜抵抗など)の温度係数が異なるからです．

温度ドリフトも小さくしたい場合は，入力オフセット電圧と温度ドリフトのより小さなOPアンプを選択します．

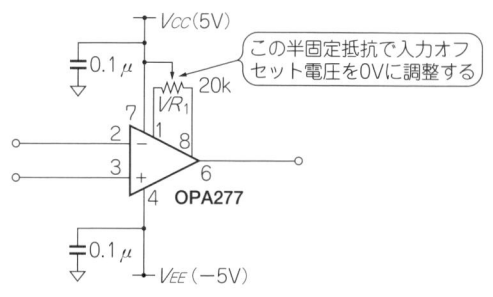

[図4-27] 外付け半固定抵抗で内部差動ペアのコレクタ電流のバランスをとるOPアンプ

■±入力端子の入力バイアス電流の影響を減らす

● 抵抗値を選べばキャンセルできる

非反転アンプの場合，信号源抵抗R_{sig}の値をR_FとR_Sの並列抵抗値と等しくしておけば，入力バイアス電流の影響をキャンセルできます．反転アンプの場合は，図4-28に示すように，＋入力端子にR_Cを追加挿入すれば入力バイアス電流の影響を小さくできます．

● 抵抗追加が逆効果になるケース

抵抗による入力バイアス電流を補償する必要がない，むしろ補償しないほうが良い場合もあります．

▶OPアンプが入力バイアス電流の小さいFET入力型の場合

入力段がFETのOPアンプの入力バイアス電流は，pA～fAオーダと極めて微小ですから，入力バイアス電流補償用の抵抗を追加する必要はありません．抵抗を追加すると，出力雑音レベルが増大するだけでメリットがありません．

▶OPアンプがバイアス電流キャンセル回路を内蔵している場合

OP07の流れを汲む高精度OPアンプは，バイアス電流キャンセル回路を内蔵しています．このようなOPアンプを使う場合は，図4-28の対策は逆効果になります．

図4-29に示すように，バイアス電流キャンセル回路はトランジスタのベースに，そのベース電流に相当する電流を定電流回路で流し込みます．補償電流I_{B1x}とI_{B2x}は，ベース電流(I_{B1}とI_{B2})とほぼ等しくなるように設計されていますが，誤差の影響で，非反転入力端子と反転入力端子のバイアス電流の向きや大きさが異なることがあります．

図4-28に示す抵抗による入力バイアス電流の補償が有効なのは，入力バイアス電流の向きや大きさが等しい場合に限ります．OPアンプのデータシートによっては，「入力バイアス電流キャンセル回路が内蔵されているため，R_Cのような抵抗は挿入しないように」という注意書きがあります．

OPA227，OPA277，OPA211やOP177，OP1177などの高精度OPアンプのほとんどがバイアス電流キャンセル回路を内蔵しています．バイアス電流が数n～数十nAで低雑音の場合，バイアス電流キャンセル回路を内蔵しているとみてほぼ間違いありません．

スーパー・ベータ・トランジスタを使ってバイアス電流を小さくしているOPアンプもありますから，バイアス電流の値だけでは判断できません．入力段の回路構

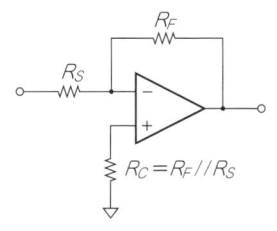

[図4-28] 反転アンプの場合＋端子に抵抗(R_C)を追加することで入力バイアス電流の影響を軽減できる
$R_C = R_F // R_S$ とする

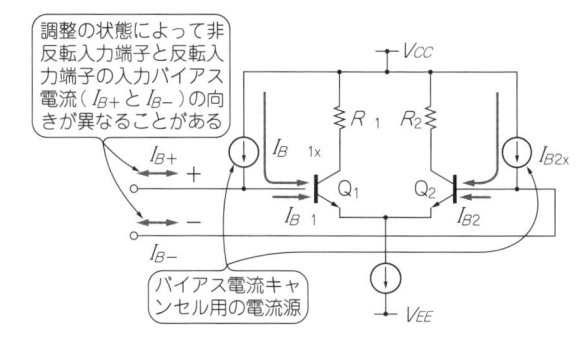

[図4-29] バイアス電流キャンセル回路を内蔵する高精度OPアンプの入力回路

成はデータシートをよく読むか，出力雑音を測定して判断します．

バイアス電流キャンセル回路を内蔵するOPアンプの補償電流源は，高域で雑音注入源となるため，高域の雑音が若干上昇する傾向があります．時間軸の雑音電圧波形にスパイク状の高周波雑音が観測されることもあります．

▶アンプの雑音を小さくしたい場合

抵抗は，温度が上がると雑音（熱雑音）が増大する性質があり，抵抗値が大きいほど熱雑音は大きくなります．低雑音アンプを設計したい場合は，信号源の抵抗も熱雑音の発生源と考えて値をできるだけ小さくするのが定石です．

図4-28に示したR_Cも熱雑音源になります．R_Cから発生する雑音はノイズ・ゲイン倍されて出力されるので，R_Cを挿入した状態で雑音を評価する必要があります．

■出力オフセット電圧を補正する方法

● オフセット調整回路を加える

図4-15に示すように，複数のOPアンプをシリーズ接続する場合，各OPアンプの入力オフセット電圧が出力信号が飽和するほどには大きくないときは，各OPアンプに調整用抵抗をつける必要はありません．システムの最終段で出力されるオフセット電圧を0Vに抑え込めば，部品点数と工数を削減できます．

▶反転アンプの場合

具体的には，図4-30に示すように，最終段のOPアンプの入力部に直流電流を加えます．R_3はゲインに影響を与えないように高抵抗にして反転入力端子に直流電流を注入します．図4-31に示すのは，$V_{CC\,(adj)}$と$V_{EE\,(adj)}$が±15Vと高いときの

対応です．R_4とR_5で±15Vを分圧して調整用の電圧を得ています．

▶非反転アンプの場合

図4-32に示すのは，非反転アンプ用のオフセット調整回路です．R_3はゲインに影響するので，R_1より十分に大きくします．大きくしすぎると，オフセット電圧の調整範囲が狭くなります．

▶ノイズ・ゲインに影響を与えない方法

図4-33に示すのは，非反転入力端子を使ってオフセット電圧を調整する方法です．

図4-30～図4-31は，オフセット調整回路が反転入力と非反転入力の間に入るためR_3をR_1より十分に大きくしないと，ノイズ・ゲインが低下します．図4-33の回路はそのようなことはありません．

▶ディジタルによる調整回路

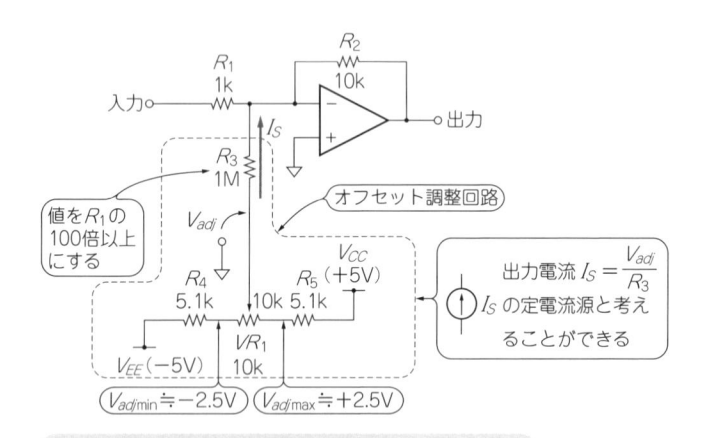

入力オフセット電圧の調整範囲 $V_{OS(adj)}$ は，

$$V_{OS(adj)} = \pm \underbrace{\frac{V_{adj}}{R_3}}_{I_S} \underbrace{\frac{R_1 R_2}{R_1 + R_2}}_{R_1 // R_2}$$

この式は定電流 I_S を R_1 と R_2 に流し込んでオフセット電圧を調整することを意味する．図の回路定数のとき，

$$V_{OS(adj)} = \pm \frac{2.5}{1 \times 10^6} \times \frac{1 \times 10^3 \times 10 \times 10^3}{1 \times 10^3 + 10 \times 10^3}$$

$$\fallingdotseq \pm 2.3 \text{mV}$$

となる

[図4-30] 反転アンプ用オフセット調整回路 その1
$V_{CC(adj)} = 5V$，$V_{EE(adj)} = -5V$

[図4-31] 反転アンプ用オフセット調整回路 その2

値を R_1 の100倍以上に決める

このポイントの電圧変化は，
$$\pm 15V \times \frac{R_5}{R_4+R_5} = \pm 15V \times \frac{18 \times 10^3}{100 \times 10^3 + 18 \times 10^3} \fallingdotseq \pm 2.3mV$$

オフセット調整回路

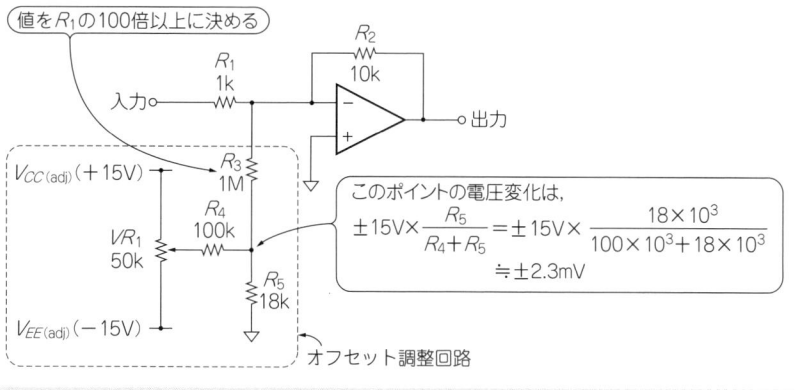

この回路の出力オフセット電圧調整範囲 $V_{OS(adj)}$ は，

$$V_{OS(adj)} = \underbrace{\frac{\pm 15V \times \frac{R_5}{R_4+R_5}}{R_3}}_{\text{定電流}} \underbrace{\frac{R_1 R_2}{R_1+R_2}}_{R_1 /\!/ R_2}$$

となる．

図の回路定数のとき，

$$V_{OS(adj)} = \pm \frac{2.3}{1 \times 10^6} \times \frac{1 \times 10^3 \times 10 \times 10^3}{1 \times 10^3 + 10 \times 10^3}$$

$$\fallingdotseq \pm 2.1mV$$

$V_{CC(adj)} = 15V$，$V_{EE(adj)} = -15V$，非反転アンプ

出力オフセット電圧調整範囲 $V_{OS(adj)}$ は次式で求まる．

$$V_{OS(adj)} = V_{adja} \frac{R_1}{R_1+R_3} \frac{R_2}{R_1 /\!/ R_3} \frac{R_1}{R_1+R_2}$$

図の回路定数のとき V_{adja} の最大値と最小値は，

$$V_{adja} = \pm 15V \times \frac{18 \times 10^3}{100 \times 10^3 + 18 \times 10^3} \fallingdotseq \pm 2.3mV$$

よって，

$$V_{OS(adj)} \fallingdotseq \pm 2.3 \times \frac{2 \times 10^3}{2 \times 10^3 + 200 \times 10^3} \times \frac{18 \times 10^3}{\underset{R_1 /\!/ R_3}{1.98 \times 10^3}}$$

$$\times \frac{2 \times 10^3}{20 \times 10^3} \fallingdotseq \pm 21mV$$

$$V_{adja} = \pm 15V \times \frac{R_5}{R_4+R_5}$$

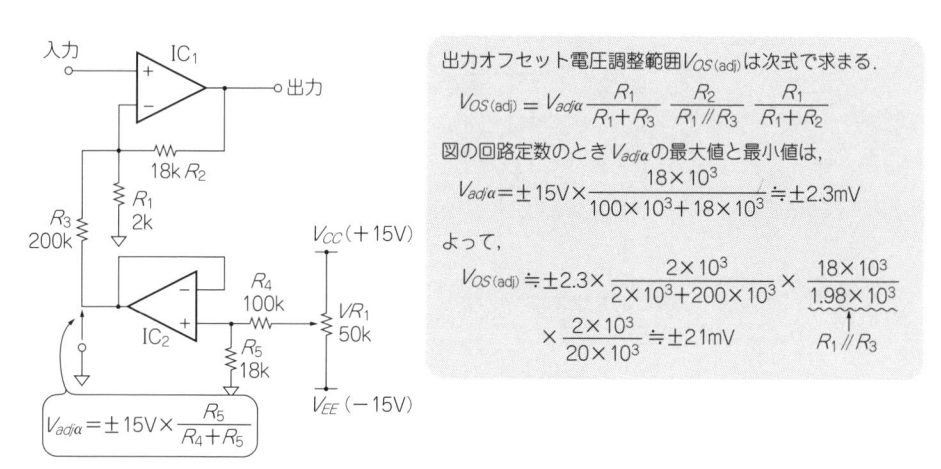

[図4-32] 調整範囲の広い非反転アンプ用オフセット調整回路

　図4-34に示すのは，D-Aコンバータでバイアス調整用の直流電圧を生成する自動調整回路です．D-Aコンバータにデータを送るマイコンとそのプログラミングが必要ですが，人手によらない（半固定抵抗を使わない）調整を目指すのが基本です．

4-7　出力オフセット電圧を減らす方法

出力オフセット電圧調整範囲 $V_{OS(adj)}$ は次式で求まる.

$$V_{OS(adj)} = \frac{R_3}{R_3+R_4} \cdot \frac{R_1+R_2}{R_1} V_{adj\alpha}$$

図の回路定数のとき $V_{adj\alpha}$ の最大値と最小値は,

$$V_{adj\alpha} = \frac{18 \times 10^3}{100 \times 10^3 + 18 \times 10^3} \times \pm 15V \fallingdotseq \pm 2.3mV$$

よって,

$$V_{OS(adj)} = \pm 2.3 \times \frac{1 \times 10^3}{1 \times 10^3 + 100 \times 10^3} \times \frac{1 \times 10^3 + 10 \times 10^3}{1 \times 10^3}$$

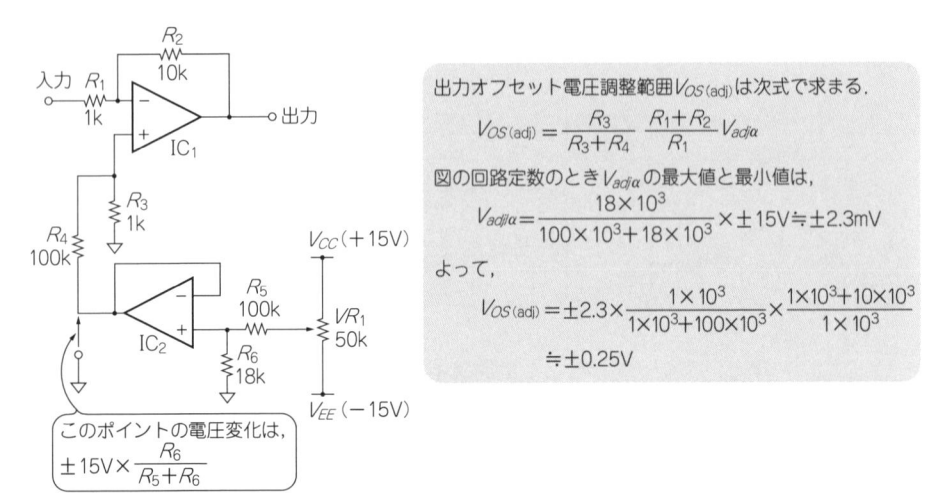

$$\fallingdotseq \pm 0.25V$$

このポイントの電圧変化は,
$\pm 15V \times \dfrac{R_6}{R_5+R_6}$

[図4-33] ノイズ・ゲインに影響を与えない反転アンプ用オフセット調整回路

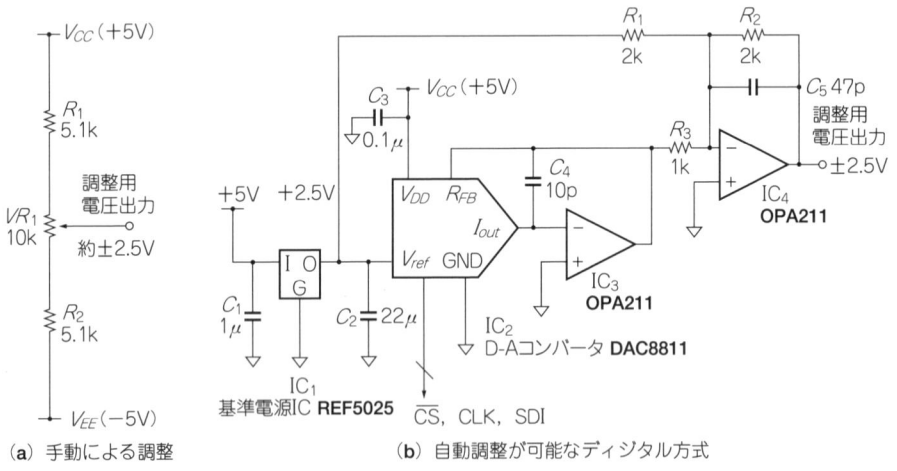

(a) 手動による調整　　(b) 自動調整が可能なディジタル方式

[図4-34] バイアス低減用の直流電圧を D-A コンバータで生成する自動調整回路

● オフセットは温度や入力電圧によって変動する

　入力オフセット電圧や入力バイアス電流の値は，周囲温度や入力電圧(同相入力電圧)によって変化します．OPアンプ内部のトランジスタのベース-エミッタ間電圧が，約 $-2mV/℃$ の温度係数で変動することからも，入力オフセット電圧が温度によって変化することは容易に想像できます．データシートには「オフセット電圧

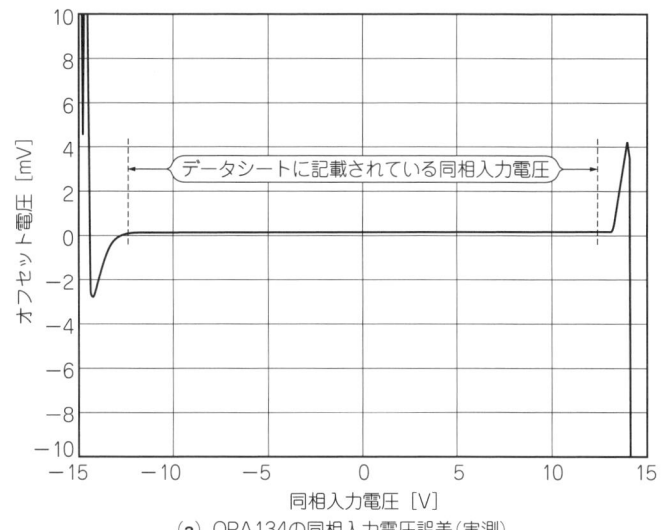

(a) OPA134の同相入力電圧誤差（実測）

(b) 同相入力電圧誤差の測定方法

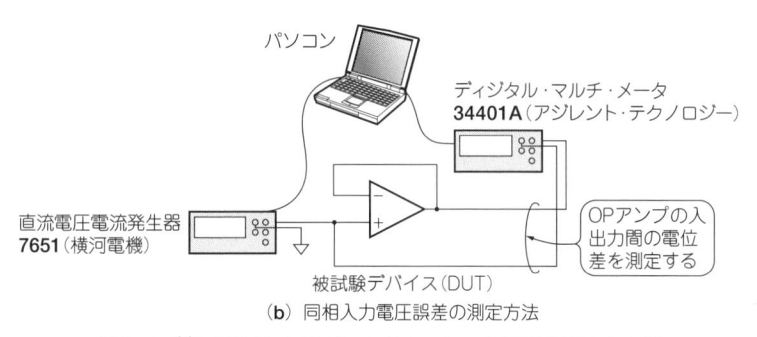

[図4-35[5]] 同相入力電圧によるオフセット電圧の変化を実測

ドリフト」という項目で，入力オフセット電圧が温度によってどのくらい変化するかが規定されています．

　同相入力電圧によるオフセット電圧の変動も$CMRR$によって規定されています．ICによってはグラフでその変化が示されています．**図4-35**に示すのは，実際のOPアンプ（OPA134）の同相入力電圧誤差の測定結果です．データシートに書かれている仕様は妥当であることがわかります．

4-7　出力オフセット電圧を減らす方法

4-8 直流増幅が必要ない場合は素直に交流アンプを作る

音声信号の増幅など，直流信号を増幅する必要のないアプリケーションも多く存在します．直流アンプは交流信号を増幅するのに最適ではありません．

● 典型的な交流アンプ

正と負の電源が用意されており，交流信号しか増幅しない場合は一般に，図4-36に示すような交流アンプが利用されています．

OPアンプで発生するオフセット電圧は，出力コンデンサC_{out}によって完全に除去します．注意すべき点は，図4-37に示すように，回路全体の低域しゃ断周波数が，C_{in}，C_F，C_{out}など複数箇所にある抵抗やコンデンサで形成されるフィルタのしゃ断特性の影響を受けることです．

● カップリング・コンデンサ不要の交流アンプ

カップリング・コンデンサによる信号品質の劣化が気になる場合は，図4-38に示すDCサーボ(積分回路)を追加した交流アンプを採用します．

OPアンプから見た信号源側のインピーダンス$R_S[\Omega]$は，
$$R_S = R_{S\alpha} // R_1 = \frac{1}{\frac{1}{R_{S\alpha}} + \frac{1}{R_1}}$$

−3dB低域しゃ断周波数$f_{\alpha(in)}$[Hz]は，
$$f_{\alpha(in)} = \frac{1}{2\pi C_{in}(R_S + R_{in})}$$

負荷側のインピーダンス$R_L[\Omega]$は，
$$R_L = R_4 // R_{L\alpha} = \frac{1}{\frac{1}{R_4} + \frac{1}{R_{L\alpha}}}$$

この抵抗がないとOPアンプの入力端子(+入力と−入力)につながるトランジスタのベース電流の行き場がなくなり，OPアンプが動かない

−3dB低域しゃ断周波数$f_{\alpha(out)}$は，
$$f_{\alpha(out)} = \frac{1}{2\pi C_{out} R_L}$$

オフセット電圧に対するゲインを+1倍にするコンデンサ

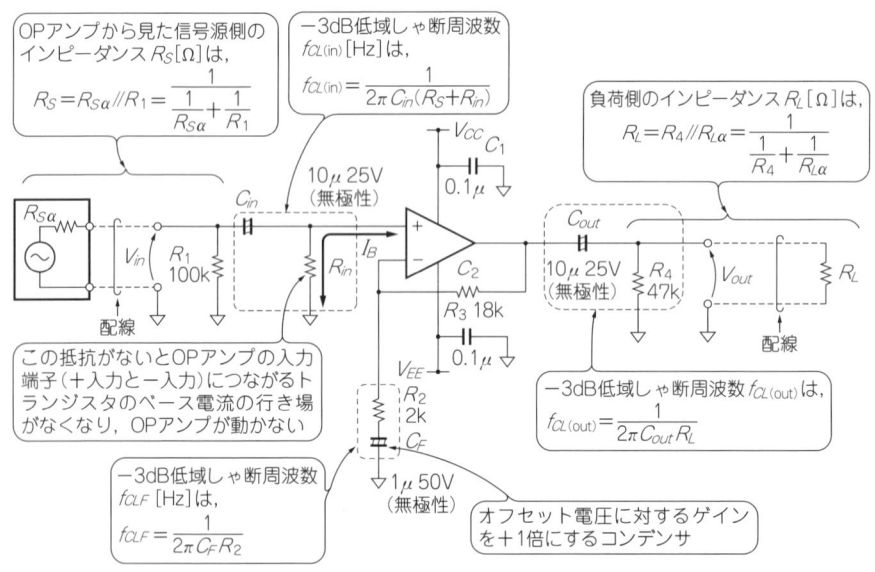

−3dB低域しゃ断周波数$f_{\alpha LF}$[Hz]は，
$$f_{\alpha LF} = \frac{1}{2\pi C_F R_2}$$

[図4-36] 直流増幅が不要なときはオーソドックスな交流アンプで対応する

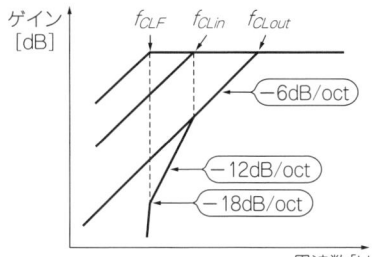

[図4-37] 回路全体の低域しゃ断特性は各フィルタのしゃ断特性の合成になる

　正弦波信号のように周期性のある信号を長時間積分すると0Vになるという交流信号の性質を利用しています．OPアンプの出力信号を積分することで，信号に含まれる直流成分だけを取り出して入力に帰還します．こうすることで，アンプから出力される直流電圧（出力オフセット電圧を含む）が除去されます．
　直流電圧を増幅することはできませんが，カップリング・コンデンサを使わないので，実装面積を小さくできるほか，経年変化による影響を小さくできます．

▶非反転アンプの場合

　図4-38(a)の非反転アンプの積分回路には，非反転積分回路（差動積分回路）を使います．
　差動積分回路は＋側と－側に接続されるCR回路の時定数がマッチしている必要があるため，高精度な抵抗とコンデンサが必要です．高精度な部品を使えないときは，図4-39(b)や図4-39(c)に示すように，（反転）積分回路と反転アンプや差動アンプを組み合わせます．

▶反転アンプの場合

　図4-38(b)の反転アンプでは反転積分回路を使います．

▶積分回路に使うCR部品とOPアンプ

　図4-38の積分回路のコンデンサC_1やC_2には，漏れ電流の小さいフィルム・タイプを使用します．
　フィルム・コンデンサの形状が大きくなりすぎないように，容量値は最大でも1μ〜2.2μFが適切ですが，この容量で低域しゃ断周波数を1Hz程度に設定するには，抵抗値を数百kΩと大きくする必要があります．抵抗値がこのように大きいと，IC_2の入力バイアス電流の影響を受けやすくなり出力オフセット電圧が発生しますから，IC_2には入力バイアス電流の小さなJFET OPアンプを使います．IC_2の入力オフセット電圧もアンプ全体の出力オフセット電圧に影響するので，低オフセット特性の高精度JFET OPアンプ（AD8610やOPA827）が適切です．低コストが要求

(a) 非反転アンプ

● 出力オフセット電圧調整範囲 $V_{OS(adj)}$

$$V_{OS(adj)} = V_{adj} \frac{R_1}{R_1 + R_3} \frac{R_2}{R_1 // R_3}$$

図の回路定数で V_{adj} の範囲を±10Vとすると，

$$V_{OS(adj)} = \pm 10 \times \frac{2 \times 10^3}{2 \times 10^3 + 20 \times 10^3} \times \frac{18 \times 10^3}{1.82 \times 10^3}$$

$$\approx \pm 9V$$

● −3dB低域しゃ断周波数 f_{CL}

$C_1 = C_2$, $R_4 = R_5$ とすると，

$$f_{CL} = \frac{1}{2\pi C_1 R_4} \frac{R_1 // R_2}{R_3 + (R_1 // R_2)} \frac{R_1 // R_3 + R_2}{R_1 // R_3}$$

ここで，$R_2 \gg R_1$, $R_3 \gg R_1$ とすると，$R_1 // R_2 \approx R_1$，$R_1 // R_3 \approx R_1$ なので，

$$f_{CL} \approx \frac{1}{2\pi C_1 R_4} \frac{R_1 + R_2}{R_3 + R_1}$$

となる．図の回路定数のとき，

$$f_{CL} \approx \frac{1}{2\pi \times 1 \times 10^{-6} \times 200 \times 10^3} \times \frac{20}{22}$$

$$\approx 0.72 Hz$$

回路内注記:
- IC$_1$ 入力／出力
- DCサーボ回路（非反転積分回路）
- $R_3 \gg R_1$ とする
- R_3 20k, R_1 2k, R_2 18k
- 出力オフセット電圧補正用
- R_4 200k, C_1 1μ, R_5 200k, C_2 1μ
- IC$_2$, V_{adj}
- このポイントの電圧は，IC$_2$ の最大出力電圧範囲で制限される

(b) 反転アンプ

● 出力オフセット電圧調整範囲 $V_{OS(adj)}$

$$V_{OS(adj)} = V_{adj} \frac{R_3}{R_3 + R_4} \frac{R_1 + R_2}{R_1}$$

図の回路定数で $V_{adj} = \pm 10V$ とすると，

$$V_{OS(adj)} = \pm 10 \times \frac{1 \times 10^3}{1 \times 10^3 + 10 \times 10^3} \times \frac{1 \times 10^3 + 10 \times 10^3}{1 \times 10^3}$$

$$= \pm 10V$$

● −3dB低域しゃ断周波数 f_{CL}

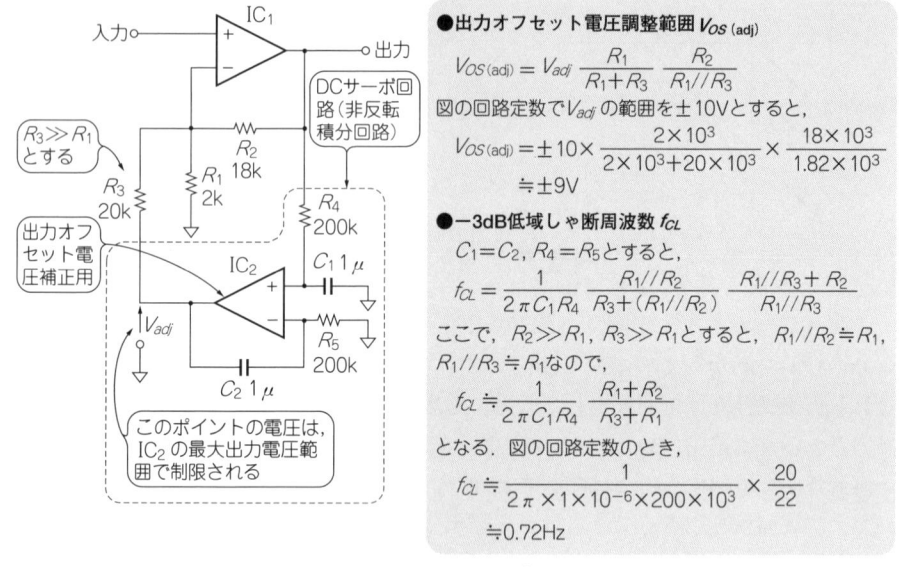

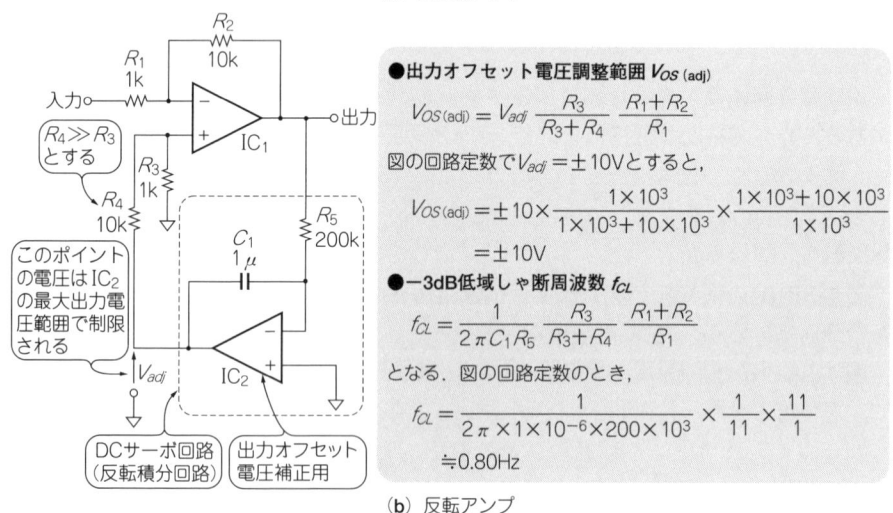

$$f_{CL} = \frac{1}{2\pi C_1 R_5} \frac{R_3}{R_3 + R_4} \frac{R_1 + R_2}{R_1}$$

となる．図の回路定数のとき，

$$f_{CL} = \frac{1}{2\pi \times 1 \times 10^{-6} \times 200 \times 10^3} \times \frac{1}{11} \times \frac{11}{1}$$

$$\approx 0.80 Hz$$

回路内注記:
- R_1 1k, R_2 10k, 入力／出力
- IC$_1$
- $R_4 \gg R_3$ とする
- R_3 1k, R_4 10k, C_1 1μ, R_5 200k
- このポイントの電圧はIC$_2$ の最大出力電圧範囲で制限される
- V_{adj}, IC$_2$
- DCサーボ回路（反転積分回路）
- 出力オフセット電圧補正用

［図4-38］カップリング・コンデンサ不要の交流アンプ

される場合は，μPC811（NECエレクトロニクス）やNJM2749A（新日本無線）などを検討します．雑音が許容できるならば，オフセット電圧が安定しているCMOSのチョッパ安定化OPアンプも使えます．

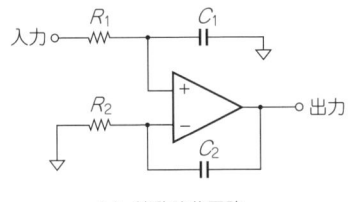

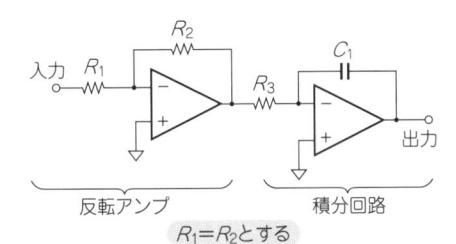

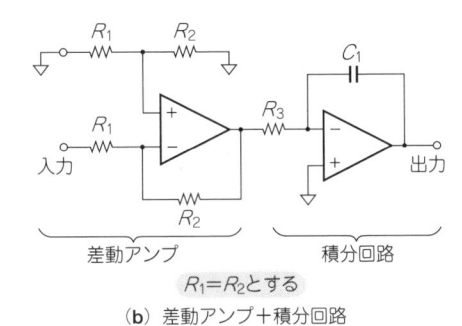

[図4-39] 非反転積分回路の構成方法

(a)では正確に$R_1C_1=R_2C_2$としなくてはならないので，高精度な抵抗とコンデンサが必要．(b)や(c)の回路なら積分時定数のマッチングをシビアに考えなくてよい

● 矩形波信号を増幅するときはサグとセトリングに注意

▶サグへの対応

　図4-40に示すように，サグとは矩形波の平らな部分が維持されず低下する現象のことです．交流アンプも図4-40のRC回路も，矩形波が通過すると必ずサグが発生します．

　サグが問題になるときは，カップリング・コンデンサの容量C_{in}を大きくします．サグの大きさからカップリング・コンデンサC_{in}を求める式を次に示します．

$$C_{in} > -\frac{DT}{(R_S+R_{in})\ln\left(1-\dfrac{R_{sag}}{100}\right)}$$

　ただし，D：デューティ比，T：矩形波信号の周期[sec]，R_S：信号源のインピーダンス[Ω]，R_{in}：入力抵抗[Ω]，R_{sag}：サグ[%]

　図4-41にこの関係式の導出過程を示します．

　図4-42に示すように，電源投入後，カップリング・コンデンサの影響で信号の直流レベルが安定(セトリング)するまでに時間t_{set}[sec]を要します．この時間は次式で求まります．

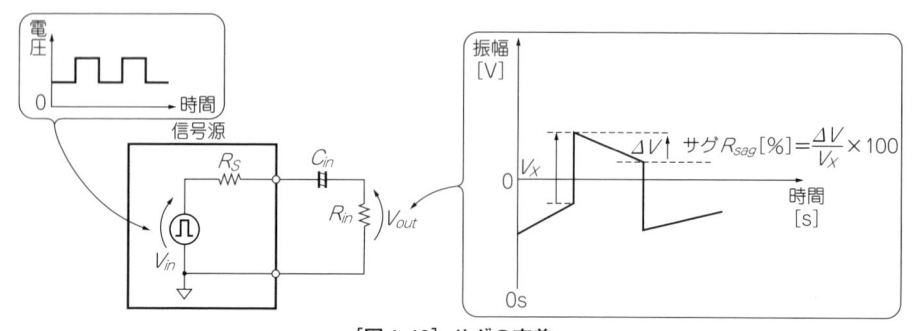

[図4-40] サグの定義
矩形波の平らな部分が維持されず低下する現象

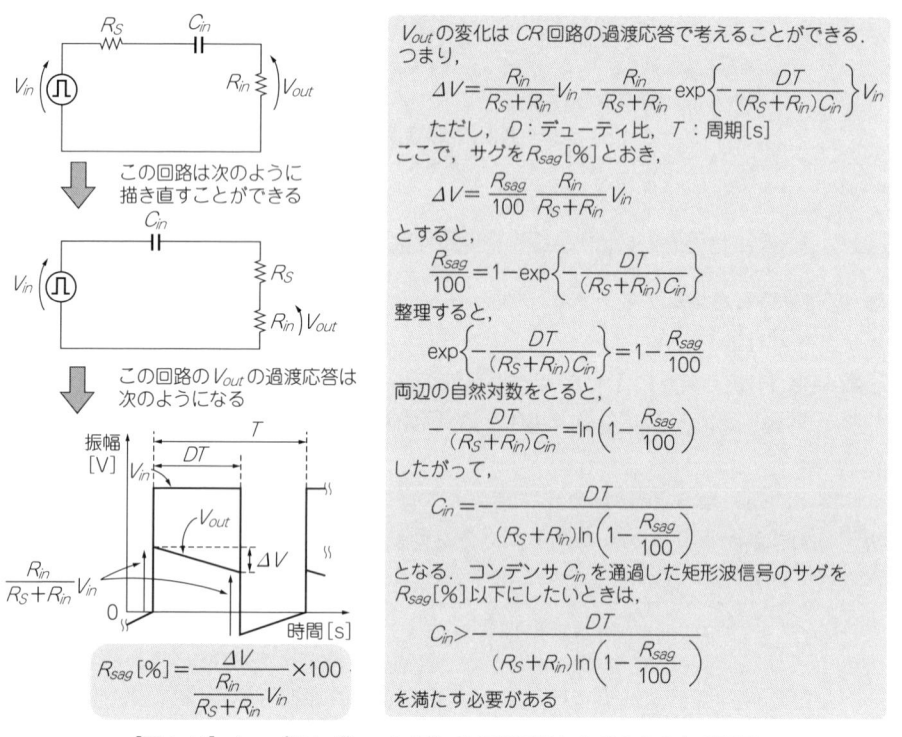

V_{out} の変化は CR 回路の過渡応答で考えることができる.
つまり,
$$\Delta V = \frac{R_{in}}{R_S+R_{in}}V_{in} - \frac{R_{in}}{R_S+R_{in}}\exp\left\{-\frac{DT}{(R_S+R_{in})C_{in}}\right\}V_{in}$$
ただし, D：デューティ比, T：周期[s]
ここで, サグを R_{sag}[%]とおき,
$$\Delta V = \frac{R_{sag}}{100}\frac{R_{in}}{R_S+R_{in}}V_{in}$$
とすると,
$$\frac{R_{sag}}{100} = 1-\exp\left\{-\frac{DT}{(R_S+R_{in})C_{in}}\right\}$$
整理すると,
$$\exp\left\{-\frac{DT}{(R_S+R_{in})C_{in}}\right\} = 1-\frac{R_{sag}}{100}$$
両辺の自然対数をとると,
$$-\frac{DT}{(R_S+R_{in})C_{in}} = \ln\left(1-\frac{R_{sag}}{100}\right)$$
したがって,
$$C_{in} = -\frac{DT}{(R_S+R_{in})\ln\left(1-\frac{R_{sag}}{100}\right)}$$
となる. コンデンサ C_{in} を通過した矩形波信号のサグを R_{sag}[%]以下にしたいときは,
$$C_{in} > -\frac{DT}{(R_S+R_{in})\ln\left(1-\frac{R_{sag}}{100}\right)}$$
を満たす必要がある

$$R_{sag}[\%] = \frac{\Delta V}{\frac{R_{in}}{R_S+R_{in}}V_{in}} \times 100$$

[図4-41] カップリング・コンデンサの容量値とサグの大きさの関係

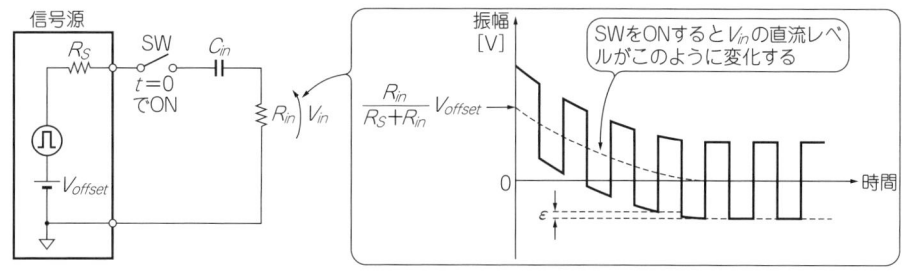

[図4-42] カップリング・コンデンサがあると電源投入後直流レベルが安定するまでに時間がかかる

$$t_{set} = -(R_S + R_{in})C\ln\left(\frac{\varepsilon}{100}\right)$$

ただし，ε：セトリング・レベル[%]，R_S：信号源のインピーダンス[Ω]，R_{in}：入力抵抗[Ω]

Column

雑音指数のお話その1…SN比の劣化具合いを示すアンプの性能「雑音指数 NF」

NF（ノイズ・フィギュア：雑音指数）の定義を次に示します．

$$NF[\text{dB}] = 20\log\frac{V_{Sin}/v_{Nin}}{V_{Sout}/v_{Nout}}$$

$$= 20\log\frac{SN_{in}}{SN_{out}}$$

ただし，V_{Sin}：入力部の信号，v_{Nin}：入力部の雑音，V_{Sout}：出力部の信号，v_{Nout}：出力部の雑音，SN_{in}：入力部のSN比，SN_{out}：出力部のSN比

雑音電圧密度は雑音レベルそのものですが，NFは信号が回路を通過したときにSN比がどの程度悪化してしまうかを表しています（図4-A）．

図4-Bに示すのは雑音電圧密度とNFが1対1対応しない例で，信号源の抵抗が50Ωで3dBのATT（50Ω系）を接続した場合と接続しなかった場合です．3dBのATTがない場合，SN比の悪化しないのでNF = 0dBです．3dB ATTが接続されるとNF = 3dBになります．ところが雑音電圧密度はどちらも910pV$_{RMS}$/$\sqrt{\text{Hz}}$ @ T = 300K（T：周囲温度）です．なぜならどちらの場合も信号源の抵抗が50Ωのままだからです．

(a) アンプⅠ

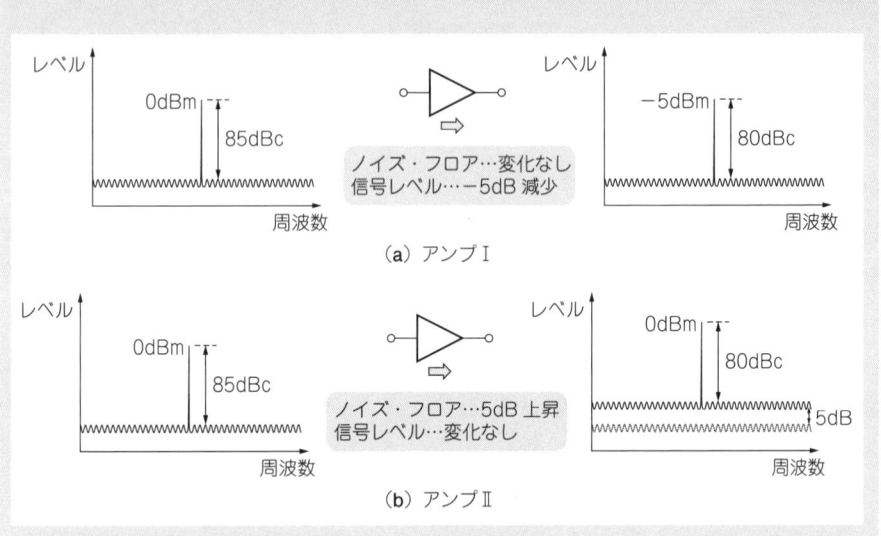

ノイズ・フロア…変化なし
信号レベル…−5dB 減少

(b) アンプⅡ

ノイズ・フロア…5dB 上昇
信号レベル…変化なし

[図4-A] アンプの雑音性能NFが意味するのは雑音と信号の比をどのくらい劣化させるかという相対的な値(NF = 5dB)

(a) 50Ω系Ⅰ

$$v_{Nout} = \sqrt{4kTR}$$
$$= \sqrt{4k \times 300 \times 50}$$
$$\fallingdotseq 910 pV_{RMS}/\sqrt{Hz}$$

(b) 50Ω系Ⅱ

$v_{Nout} \fallingdotseq 910 pV_{RMS}/\sqrt{Hz}$
$v_{Nin} \fallingdotseq 910 pV_{RMS}/\sqrt{Hz}$

$$NF[\text{dB}] = 20\log\left(\frac{v_{out}}{v_{Nin}} \times \frac{1}{\frac{S_{out}}{S_{in}}}\right)$$

$$= 20\log\left(\frac{v_{out}}{v_{Nin}}\right) - Gain[\text{dB}]$$

50Ω系のATTならv_{Nin}もv_{Nout}も同じ50Ωで生じる熱雑音となるので次のようになる.
$$NF = 0\text{dB} - (-3\text{dB}) = 3\text{dB}$$
一方,
$$v_{Nout} = 10^{\frac{NF[\text{dB}] + Gain[\text{dB}]}{20}} \times v_{Nin}$$
$$= 10^{\frac{3-3}{20}} \times 910 \times 10^{-12}$$
$$= 910 \times 10^{-12} V_{RMS}/\sqrt{Hz}$$

出力雑音は入力の$910 pV_{RMS}/\sqrt{Hz}$のまま変化しない.

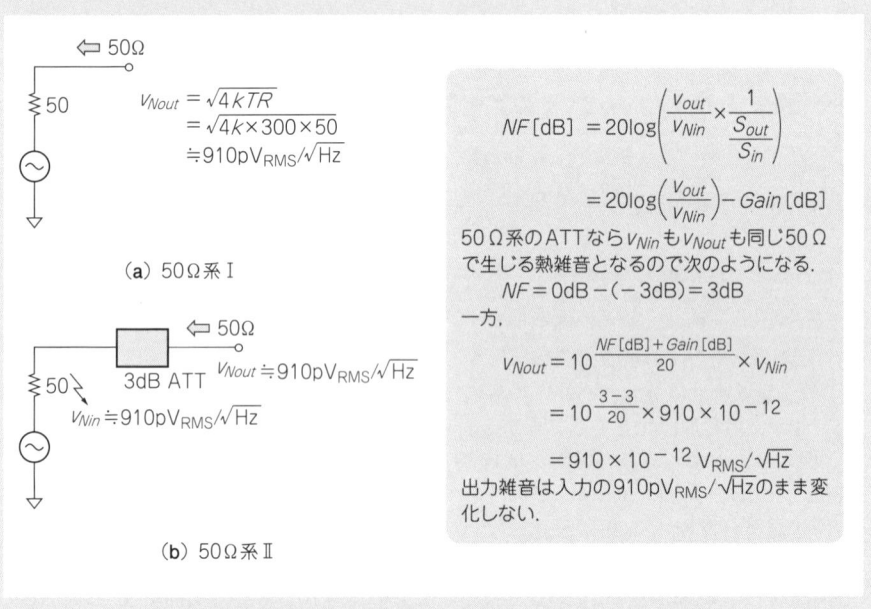

[図4-B] NFが悪化しても雑音レベルは変わらないことだってある

第5章

【成功のかぎ5】
低雑音増幅技術をマスタする
微小信号に雑音を加えずに増幅する技術

> 内部で発生する雑音の小さい低雑音OPアンプは，騒音計などの計測用マイク・アンプや高級オーディオ，そして超音波診断装置の受信回路や高周波計測機器の中間周波増幅回路など微弱信号を扱うシステムに使われています．
> 低雑音アンプの設計を成功させるには，適切なOPアンプの選択と周辺の抵抗値が重要です．

5-1　微小信号を増幅するには

● SN比を劣化させないアンプが要る

図5-1に示すようにアンプは，信号源が出力する必要成分（信号）と不必要成分（雑音）を増幅します．そしてどんなアンプも，増幅するときに入力信号に雑音を加えます．つまりアンプの出力信号の信号と雑音の比（SN比）は，入力信号のそれよりも必ず悪化します．

アンプが加える雑音が大きく，出力信号のSN比がひどく悪化する（小さくなる）ようだと，センサ（信号源）の出力する物理情報を含んだ重要な信号がその雑音に埋

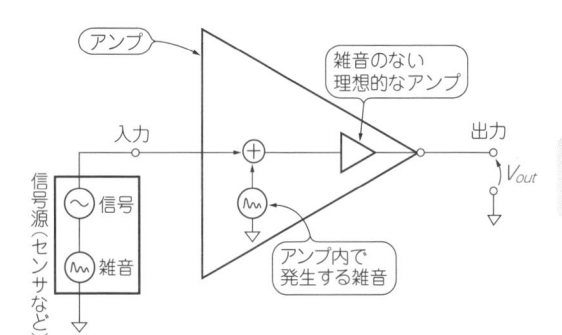

[図5-1] どんなアンプも入力信号に雑音を加える

もれてしまいます．特に，信号源の出力信号のSN比が小さいときは，極力雑音を加えないアンプが必要です．一般に信号レベルが雑音レベルに対して5～6dB以上大きくないと，信号と雑音の分離が難しくなるといわれています．

　SN比はS/Nとも表されます．SN比のSは信号（Signal）を，Nは雑音（Noise）を指します．

　SN比は，信号と雑音の実効値を測定し，次式を使って求めます．

$$SN比 = \frac{信号の実効値}{雑音の実効値}$$

　雑音の実効値は，周波数帯域の平方根に比例するので，SN比は周波数帯域に依存します．

　SN比が大きいということは，雑音に対して信号の振幅が相対的に大きいということであって，雑音の絶対値が小さいことを意味しません．低雑音アンプにできることはSN比を上げることではなく，入力信号に加える雑音を極力小さくし，SN比の劣化を抑えることです．

● ダイナミック・レンジの確保も重要

　アンプ内部から発生する雑音を小さくできたら，次に必要になるのがダイナミック・レンジ，すなわち最大入力レベルの拡大です．これによって，振幅の小さな信号から大きな信号まで，雑音やひずみなどの余計な成分を加えることなく増幅できます．

　システムを設計するときは，仕様書に示されている入力信号の最大振幅とSN比からアンプに求められる雑音レベルを決定します．アンプの雑音レベルが満足されたあとで考えるのが，ダイナミック・レンジ，すなわち最大入力レベル（最大出力レベル）です．

　優れたアンプは，目的とする周波数帯域において，低雑音と高ダイナミック・レンジが両立されています．

5-2　雑音の周波数分布は三つの帯域に分類できる

● 雑音の周波数分布

　図5-2にOPアンプ回路周りの雑音の発生箇所と種類を，図5-3にこれらの雑音の周波数分布を示します．

　図5-3からわかるように，低周波域に分布する1/f雑音，低域から高域まで広く

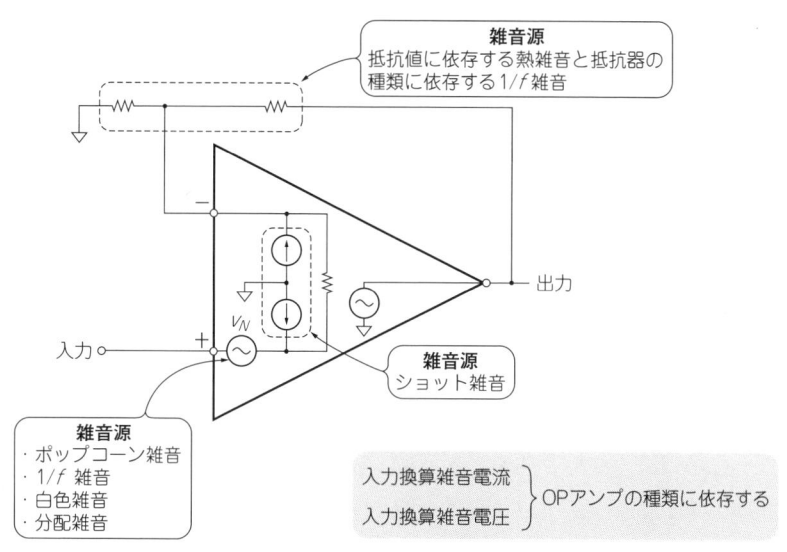

雑音源
抵抗値に依存する熱雑音と抵抗器の種類に依存する$1/f$雑音

雑音源
ショット雑音

雑音源
・ポップコーン雑音
・$1/f$雑音
・白色雑音
・分配雑音

入力換算雑音電流
入力換算雑音電圧 } OPアンプの種類に依存する

[図5-2] OPアンプから発生する雑音のいろいろ

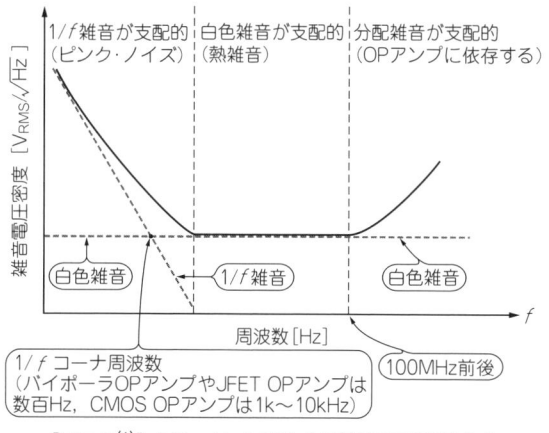

$1/f$雑音が支配的（ピンク・ノイズ）　白色雑音が支配的（熱雑音）　分配雑音が支配的（OPアンプに依存する）

雑音電圧密度 [$V_{RMS}/\sqrt{Hz}$]

白色雑音　$1/f$雑音　白色雑音

周波数 [Hz]

$1/f$コーナ周波数
（バイポーラOPアンプやJFET OPアンプは数百Hz，CMOS OPアンプは1k～10kHz）

100MHz前後

[図5-3$^{(1)}$] アンプから発生する雑音の周波数分布
$1/f$雑音が支配的なピンク雑音領域，熱雑音が支配的な白色雑音領域，そして分配雑音領域の三つの領域に分けられる

[表5-1$^{(7)}$] 雑音の周波数分布と色との対応

色	周波数特性
紫	f^2
青	f
白	1
ピンク	$1/f$
赤（茶色）	$1/f^2$

分布する白色雑音，高周波域に分布する分配雑音があります．**表5-1**に示すように，雑音の周波数特性は色と関連付けられることがあります．赤から紫までの光を含む太陽光は白色光と呼ばれていることから，低周波から高周波まで一定のエネルギーをもっている雑音（周波数特性がフラットな雑音）を白色雑音と呼んでいます．$1/f$

雑音は周波数に反比例してレベルが小さくなる雑音で，ピンク・ノイズとも呼ばれます．

● 低周波域は 1/f 雑音が支配的

　低周波域に存在する代表的な雑音に，接触雑音とポップコーン雑音（バースト雑音）があります．

　接触雑音は，二つの材料の接触状態の不完全さが原因で発生します．コネクタの接触部分や厚膜チップ抵抗（メタルグレーズ厚膜を使ったチップ抵抗）から発生します．その大きさは，接触部分を流れる電流の平均値に比例し，数十 Hz 以下で支配的になります．

　ポップコーン雑音は，1/f 雑音の帯域に存在しますが，その大きさは周波数に反比例しないので 1/f 雑音ではありません．雑音の多くは，時間の経過とともにそのレベルが滑らかに変化しますが，ポップコーン雑音は長い周期でレベルが急変します（図5-4）．バースト状に変化するため，バースト雑音とも呼ばれます．スピーカやヘッドホンを介して音として聞くと，ポップコーンがはじけるような音がします．半導体材料中への重金属イオンの混入や結晶欠陥によりキャリアの再結合が起こることが原因と言われています．OP アンプの交換以外に対策はありません．

● 設計次第で大きさが変わる白色雑音

　低域から高域まで万遍なく分布する白色雑音領域には，熱雑音，ショット雑音，アバランシェ雑音があります．

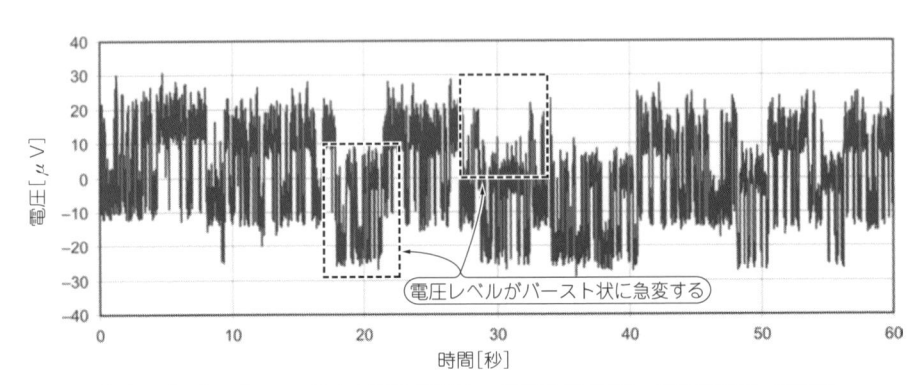

[図5-4] ポップコーン雑音の波形（低域しゃ断周波数300Hzで帯域制限して観測）
大きさが周波数に反比例しないので 1/f 雑音ではないが，図5-3の 1/f 雑音領域に分布する．長い周期でレベルが急変する

熱雑音は，IC内部や周辺の抵抗から発生し，抵抗値や帯域によってその大きさが変わります．

ショット雑音は，半導体素子内部の一定のしきい値電圧を越えて電流が流れるときに発生します(W. Schottkyが解明)．トランジスタやダイオードのPN接合に流れる平均電流をI_{DC}[A]とすると，ショット雑音の実効値電流I_{sh}[A_{RMS}]は，

$$I_{sh} = \sqrt{2qI_{DC}f_B}$$

ただし，q：電子の電荷量(1.6×10^{-19})[C]，f_B：雑音帯域幅[Hz]
となります．

アバランシェ雑音は，降伏電圧が5V以上のツェナー・ダイオードやトランジスタのPN接合に逆電圧を加えて降伏させたときに発生します．ツェナー・ダイオードを使うときは，この雑音を軽減するコンデンサを並列に挿入します．半導体の結晶構造の破壊が原因で生じるアバランシェ雑音は，1/f雑音であると記載している文献もあります．特に，トランジスタのベース-エミッタ間に大きな降伏電流を流した際，1/f雑音のような性質を示します．

● 高周波で問題になる分配雑音

分配雑音は，電流が二つに分岐する箇所で発生します．例えば，IC内部のバイポーラ接合トランジスタでエミッタ電流がベースとコレクタに分配されるときに発生します．

分配雑音の単位帯域幅(1Hz)あたりの実効値雑音電流値I_{divD}[$A_{RMS}/\sqrt{Hz}$]は，注目している周波数f_0がトランジスタのf_T(h_{fe}の絶対値が1となる周波数)よりも小さい場合，

$$I_{divD} = \frac{I_{div}}{\sqrt{f_B}} \fallingdotseq \frac{\sqrt{2qI_E}}{\sqrt{h_{fe(f_0)}}}$$

ただし，$h_{fe(f_0)}$：f_0での電流増幅率[倍]，I_E：トランジスタのエミッタ電流[A]，q：電子の電荷量(1.6×10^{-19})[C]，f_B：雑音帯域幅[Hz]
で表されます．

高速OPアンプによっては，分配雑音が原因で高域の雑音が増大します．

5-3　雑音のいろいろとその対策

外来雑音は，回路外から侵入する雑音です．内部雑音は回路から生じる雑音で，大きく二つの要素に分けられます．一つはOPアンプ自体から発生する雑音，もう

一つは帰還回路に使われている抵抗に起因する雑音です．図5-2からわかるように，雑音を小さくするには，
    (1) 部品やICの種類を変える
    (2) 抵抗値を変える
という二つの方法があります．

■部品やICを交換する以外に対策のない雑音

● ポップコーン雑音/ショット雑音/分配雑音

バイポーラOPアンプの多くは，温度ドリフトと区別のつかない数百Hz以下で$1/f$雑音が支配的です．

CMOS OPアンプは，数k～数十kHz以下の周波数で$1/f$雑音が支配的です．直流から低周波の高精度アンプにCMOS OPアンプを使うのは好ましくありません．

通常メーカは，ポップコーン雑音の大きいOPアンプを選別作業でふるい落とすことをしていないため，数ppmの確率でこの問題に遭遇する可能性があります．ポップコーン雑音もショット雑音もOPアンプを交換する以外に対策はありません．分配雑音が出ている場合も，OPアンプの交換で対策します．

JFETのようなユニポーラ・デバイスは原理的に分配雑音を発生しません．また，OPアンプに使用されているトランジスタのf_Tが十分に高い場合も信号帯域内で分配雑音の影響は現れません．

分配雑音の影響は，十分にf_Tの高いトランジスタを使ったICを選ぶことで回避できます．

● 接触雑音は薄膜チップ抵抗に交換して対応

厚膜チップ抵抗からは，接触雑音に起因する$1/f$雑音が発生します．この雑音を小さくしたい場合は薄膜チップ抵抗や金属皮膜抵抗に交換します．

■抵抗値で大きさが変わる熱雑音への対応

設計者がコントロールできる雑音は，OPアンプ周辺の抵抗値で大きさが決まる熱雑音だけです(図5-2)．低雑音アンプを設計するときは，雑音の小さいOPアンプと金属皮膜抵抗か薄膜チップ抵抗を選んだら，抵抗値の設計によって熱雑音を小さくするのが基本です．

● 抵抗値と周波数帯域を小さくして温度を下げる

熱雑音を小さくするには，
- 抵抗値を小さくする
- 周波数帯域を必要最小限にする
- 回路の動作温度を下げる

という三つの方法があります．温度を下げるのは難しいので，一般に抵抗値と周波数帯域で調整します．

● 熱雑音は抵抗値と温度と帯域の関数

熱雑音 v_{NT} は次式で計算できます．

$$v_{NT} = \sqrt{4kTRB}$$

ただし，k：ボルツマン定数(1.38×10^{-23})[J/K]，T：絶対温度[K]，R：抵抗[Ω]，B：周波数帯域[Hz]

熱雑音 v_{NT} は，周波数帯域の平方根に比例し，その振幅と発生頻度の関係は正規分布（ガウス分布）になります．熱雑音は，1927年にベル研究所のJ. B. Johnsonが発見して実験式を導き出し，1928年，H. Nyquistが実験式の理論的な解析を行いました．

● 熱雑音の大きさは1Hz当たりの雑音電圧で比較する

図5-5に示すように，熱雑音は白色性の雑音で，その大きさは周波数によらず一定（表5-1）ですから，その大小は単位周波数帯域（1Hz）で比較できます．

単位周波数当たりの雑音レベルを雑音密度と呼びます．雑音電圧密度の単位は$[V_{RMS}/\sqrt{Hz}]$です．分母はHzではなく$\sqrt{Hz}$です．

アンプの周波数帯域の平方根と雑音電圧密度を乗じることで雑音電圧レベルがわかります．図5-5に示すように，同じ雑音密度であれば，周波数帯域が広くなるほど雑音は大きくなります．

● 二つ以上の熱雑音は自乗平均で合成する

相関のない二つの熱雑音電圧が v_{NT1}，v_{NT2} だとすると，合成した熱雑音電圧 $v_{NT(total)}$ は，

$$v_{NT(total)} = \sqrt{v_{NT1}^2 + v_{NT2}^2}$$

で求まります．このような計算法を自乗平均と呼びます．

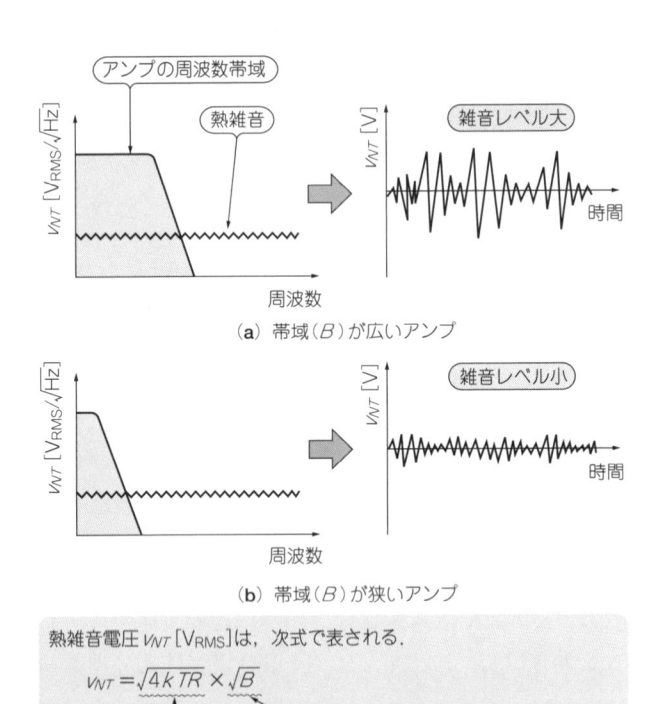

図中のラベル:
- アンプの周波数帯域
- 熱雑音
- 雑音レベル大
- v_{NT} [$V_{RMS}/\sqrt{Hz}$]
- v_{NT} [V]
- 周波数
- 時間

(a) 帯域(B)が広いアンプ

- 雑音レベル小

(b) 帯域(B)が狭いアンプ

熱雑音電圧 v_{NT} [V_{RMS}]は,次式で表される.

$$v_{NT} = \sqrt{4kTR} \times \sqrt{B}$$

熱雑音の雑音密度[$V_{RMS}/\sqrt{Hz}$]　　周波数帯域[$\sqrt{Hz}$]

ただし,k:ボルツマン定数(1.38×10^{-23})[J/K],T:絶対温度[K]常温(300K)で,計算することが多い,R:抵抗値[Ω],B:周波数帯域[Hz]

[図5-5[(1)]] アンプの帯域を狭めれば熱雑音は減る

■アバランシェ雑音への対応

● ベース-エミッタ間が1回でも降伏すると雑音が増えたまま元に戻らない

OPアンプ内のトランジスタのベース-エミッタ間は,ほんの一瞬でも降伏すると,電源を入れ直しても雑音(アバランシェ雑音)は増えたままになります.これは,ディスクリートのトランジスタでも同様です.

また前述のように,低雑音特性が重要な場合は,アバランシェ雑音を発生させるツェナー・ダイオードは使わないようにします.

▶OPアンプ内には降伏防止用のダイオードが作り込まれている

一般にバイポーラOPアンプの入力部の+端子と-端子の間にはダイオードが作り込まれているので,初段の差動回路にある二つのトランジスタのベース-エミッ

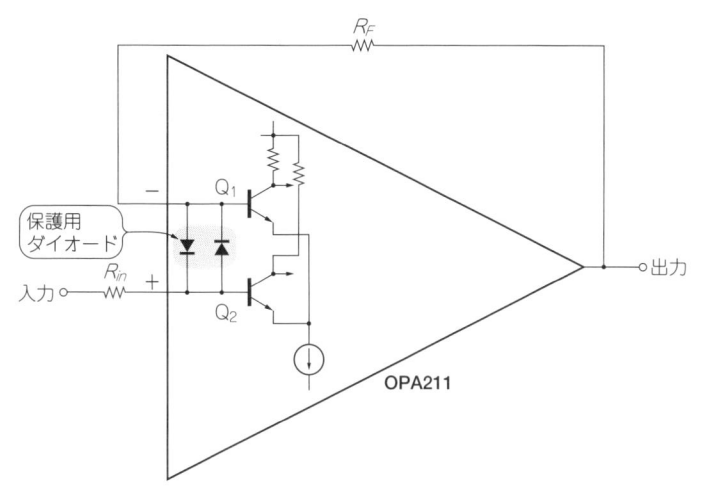

[図5-6] バイポーラOPアンプの入力部にはQ_1とQ_2のベース-エミッタ間の降伏を防ぐダイオードが作り込まれている
二つのダイオードが，初段の差動回路を構成する二つのトランジスタのベース-エミッタ間電圧を最大±0.6〜0.8 Vに制限して降伏から守る

タ間が降伏することはありません．

▶ Q_1とQ_2が降伏するメカニズム

図5-6のようなボルテージ・フォロワ回路を構成するOPアンプの出力電圧は，入力より遅れて変化します．もし，OPアンプの出力が－15Vに飽和している状態で入力に＋15Vが入力されると，その直後－入力端子に－15V，＋入力端子に＋15Vが加わりバーチャル・ショートが崩れます．＋／－入力間には合計で30Vもの差動電圧が加わります．この差動電圧によって，トランジスタのベース-エミッタ間がその耐圧（5〜10V程度）を越えて降伏します．このアバランシェ降伏が一度でも起こると，OPアンプの差動増幅段の雑音が大きくなり，使い物にならなくなります．

● R_{in}とR_Fで保護用ダイオードの破損を防ぐ

保護用ダイオードに流すことのできる電流は，最大で10mA程度です．このダイオードに10mAを越える大電流が流れると，焼損したりダメージが蓄積して特性が劣化したりします．過大電流が流れると，内部配線の形状が変化して欠損し，断線して機能しなくなるエレクトロ・マイグレーションが発生する可能性もあります．

保護用ダイオードに流れる電流は，R_{in}とR_Fで制限します．30Vの電位差に対して保護用ダイオードに流れる電流を10mA以下に抑えるには，

$$R_{in} + R_F > \frac{30}{0.01} = 3\text{k}\Omega$$

なので，R_{in}とR_Fの直列抵抗値を3kΩ以上に設定します．

ただし後述のとおり，R_{in}は雑音源になるので，できるだけ小さくします．例えば，R_{in}は100Ω程度にしてR_Fに3.3kΩを挿入します．R_{in}を0ΩにしてR_Fだけで対応してもよいでしょう．

R_Fは大きすぎると，入力容量によって発振しやすくなります．R_{in}として1kΩ以下の抵抗を挿入して，

$$R_F = 3\text{k}\Omega - R_{in}$$

から求まるR_Fを挿入するのが妥当です．

5-4　OPアンプ自体から出ている雑音

● 電圧性と電流性の雑音が出ている

OPアンプからは電圧性と電流性の2種類の雑音が発生していると考えられます．値はデータシートに記載されています．

電圧性雑音（入力換算雑音電圧）は，前述のポップコーン雑音や$1/f$雑音，白色雑音，分配雑音で構成されています．電流性雑音（入力換算雑音電流）のメインの成分はショット雑音で，その周波数特性はフラット（白色）です．

一般に，信号源インピーダンスが大きい場合は，入力雑音電流の小さなJFET入力やCMOS入力型のOPアンプが有利です．信号源インピーダンスが小さい場合は，入力雑音電圧の小さなバイポーラOPアンプが有利と言われています．

● 入力換算雑音電圧

OPアンプIC内部のいろいろな場所から雑音が発生しますが，図5-7に示すように，電圧性の雑音源はOPアンプの非反転入力端子にだけあると考えて設計します．この等価的な雑音電圧源はOPアンプで増幅され出力雑音となります．

入力換算雑音電圧は，バイポーラOPアンプのほうがJFETやCMOS OPアンプよりも小さい傾向があります．

● 入力換算雑音電流

OPアンプの入力部からは電流性の雑音も出ていると考える必要があります．この雑音は，等価的に図5-7のように表されます．

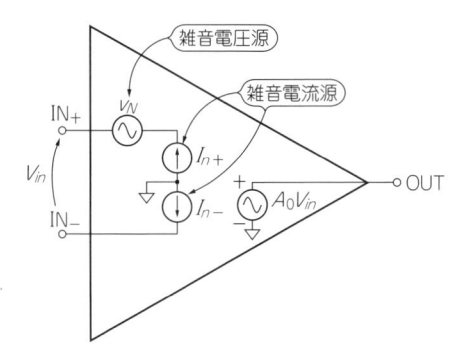

[図5-7] OPアンプIC内部に存在する雑音源

　この電流性の雑音は，OPアンプの入力端子につながる外付け抵抗によって雑音電圧に変換されますから，帰還抵抗の値が大きかったり，入力信号源のインピーダンスが高いと，雑音が大きくなります．低雑音化するためには，入力雑音電流値が小さいOPアンプを選ばなくてはいけません．

　入力換算雑音電流は，JFET OPアンプやCMOS OPアンプのほうが，バイポーラOPアンプより小さい傾向があります．

5-5　OPアンプ回路の雑音電圧の計算方法

　低雑音アンプの設計とは，性能を限界まで改善する作業ではなく，システムの仕様を満たす現実解を探すという最適化のプロセスです．妥協点を探すためには，OPアンプから発生する雑音を定量化する方法を知らなくてはいけません．

■雑音を定量化する

　OPアンプを使って低雑音のアンプを作るときのポイントは次の3点です．
　(1) 入力換算雑音電圧／入力換算雑音電流の小さいOPアンプを選ぶ
　(2) 周辺の抵抗値を最適化する
　(3) $1/f$ 雑音が小さい薄膜チップ抵抗か金属皮膜抵抗を使う

　OPアンプの入力部で発生する雑音電圧と雑音電流は，一般に相反する関係にあります．入力雑音電圧と入力雑音電流のどちらが小さいOPアンプを使うほうがメリットが高いかは，回路方式や信号源抵抗の大きさによって異なります．判断するには，計算で雑音レベルを定量的に把握する必要があります．

　計算式に基づき全体の出力雑音電圧（入力換算雑音電圧）を求めることによって，OPアンプに要求される雑音性能を判断します．

OPアンプの周辺抵抗値は，OPアンプ自体から発生する雑音への影響度や必要なゲイン，そして配線抵抗やOPアンプの出力駆動能力などを総合して最適化します．抵抗値を限りなく小さくすれば熱雑音は減りますが，小さくしすぎるとOPアンプの出力駆動能力が不足したり，配線抵抗の影響によってゲインが不正確になったりします．

■OPアンプから発生する雑音電圧の計算

　図5-8～図5-10に，反転アンプ，非反転アンプ，差動アンプの入力換算雑音電圧密度の計算方法を示しました．

　図中に示した式に，OPアンプの入力換算雑音電圧，入力換算雑音電流，そして使用する抵抗値を代入すると，設計した回路の入力換算雑音電圧密度v_{Nin}が求まります．v_{Nin}を求めたら，次式から雑音電圧の実効値v_N[V_{RMS}]が求まります．

$$v_N \fallingdotseq v_{Nin}\sqrt{1.57 f_C}$$

　ただし，f_C：アンプの$-3dB$しゃ断周波数[Hz]，1.57：等価雑音帯域幅係数

● 反転アンプの低雑音化

　反転アンプでは，図5-8に示すR_Aに入力換算雑音電流が流れて発生する雑音が$(1 + R_F/R_S)$倍されて出力されますから，雑音を小さくしたいときはR_Aを接続しないほうがベターです．R_Aは，＋/－入力端子のバイアス電流によるオフセット電圧の発生を小さくする効果がありますが，雑音を増大させます．OPアンプのデータシートを見て，入力バイアス電流が出力オフセット電圧に影響しないようなら，R_Aはないほうがよいでしょう．

　バイアス電流が大きくR_Aが効果的だけれども雑音の増大が許容できない場合は，R_Aに頼らずオフセット・キャンセル回路を追加します．バイアス電流の大きいOPアンプは，雑音電流も大きい傾向があるからです．コストの問題でオフセット・キャンセル回路が使えない場合は，R_Aと並列にコンデンサを挿入します．しかしこの方法では，1/f雑音は除去しきることができません．

　$R_S = R_A = 0Ω$としてI-V変換回路を作るような場合は，R_Fが大きくなるので，入力換算雑音電流が小さいOPアンプを選びます．

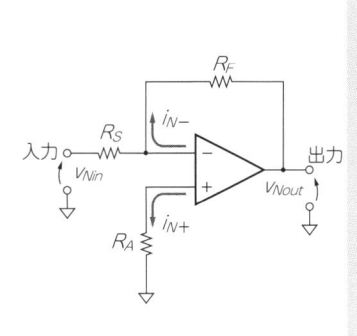

抵抗による熱雑音電圧密度 v_{RN} [$V_{RMS}/\sqrt{Hz}$]は次のとおり．

$$v_{RN} = \sqrt{(G\sqrt{4kTR_S})^2 + \{\sqrt{4kTR_A}(1-G)\}^2 + 4kTR_F}$$

ただし，$G = -R_F/R_S$

電圧性雑音電圧密度 v_{eN} [$V_{RMS}/\sqrt{Hz}$]は次のとおり．

$$v_{eN} = e_n(1-G)$$

ただし，e_n：OPアンプの入力換算雑音電圧密度 [$V_{RMS}/\sqrt{Hz}$]

電流性雑音電圧密度 v_{iN} [$V_{RMS}/\sqrt{Hz}$]は次のとおり．

$$v_{iN} = \sqrt{\{i_N{+}R_A(1-G)\}^2 + (i_N{-}R_F)^2}$$

ただし，i_N：OPアンプの入力換算雑音電流密度 [$A_{RMS}/\sqrt{Hz}$]

出力の雑音電圧密度 v_{Nout} [$V_{RMS}/\sqrt{Hz}$]は次のとおり．

$$v_{Nout} = \sqrt{v_{RN}^2 + v_{eN}^2 + v_{iN}^2}$$

よって，入力換算雑音電圧密度 v_{Nin} [$V_{RMS}/\sqrt{Hz}$]は次のとおり．

$$v_{Nin} = \frac{v_{Nout}}{|G|}$$

[図5-8[(8)]] 反転アンプの入力換算雑音電圧密度の計算

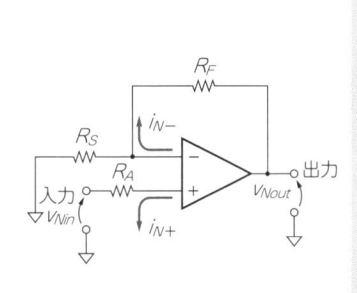

抵抗による熱雑音電圧密度 v_{RN} [$V_{RMS}/\sqrt{Hz}$]は次のとおり．

$$v_{RN} = \sqrt{\{\sqrt{4kTR_S}(G-1)\}^2 + (G\sqrt{4kTR_A})^2 + 4kTR_F}$$

ただし，$G = 1 + R_F/R_S$

電圧性雑音電圧密度 v_{eN} [$V_{RMS}/\sqrt{Hz}$]は次のとおり．

$$v_{eN} = e_n G$$

ただし，e_n：OPアンプの入力換算雑音電圧密度 [$V_{RMS}/\sqrt{Hz}$]

電流性雑音電圧密度 v_{iN} [$V_{RMS}/\sqrt{Hz}$]は次のとおり．

$$v_{iN} = \sqrt{(i_N{+}R_A G^2) + (i_N{-}R_F)^2}$$

ただし，i_N：OPアンプの入力換算雑音電流密度 [$A_{RMS}/\sqrt{Hz}$]

出力の雑音電圧密度 v_{Nout} [$V_{RMS}/\sqrt{Hz}$]は次のとおり．

$$v_{Nout} = \sqrt{v_{RN}^2 + v_{eN}^2 + v_{iN}^2}$$

よって，入力換算雑音電圧密度 v_{Nin} [$V_{RMS}/\sqrt{Hz}$]は次のとおり．

$$v_{Nin} = \frac{v_{Nout}}{|G|}$$

[図5-9[(8)]] 非反転アンプの入力換算雑音電圧密度の計算

● 非反転アンプの低雑音化

図5-9に示す非反転アンプでも，R_A から発生する雑音は無視できません．R_A がなくても信号源のインピーダンスが高ければ同じことです．

信号源インピーダンスが大きい場合は，入力換算雑音電流の小さいFET入力型のOPアンプを選びます．信号源インピーダンスが小さい場合は，入力換算雑音電

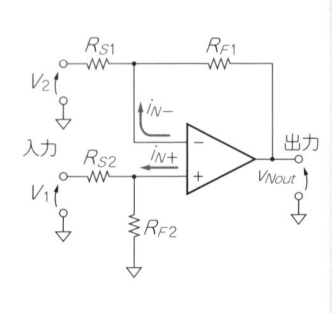

抵抗による熱雑音電圧密度 v_{RN} [$V_{RMS}/\sqrt{Hz}$] は次のとおり．

$$v_{RN} = \sqrt{(G\sqrt{4kTR_S})^2 + \{\sqrt{4kT(R_{S2}//R_{F2})}(1+G)\}^2 + 4kTR_{F1}}$$

ただし，$R_{F1} = R_{F2}$, $R_{S1} = R_{S2}$ $G = \dfrac{R_{F1}}{R_{S1}}$

電圧性雑音電圧密度 v_{eN} [$V_{RMS}/\sqrt{Hz}$] は次のとおり．

$$v_{eN} = e_n(1+G)$$

ただし，e_n：OPアンプの入力換算雑音電圧密度 [$V_{RMS}/\sqrt{Hz}$]

電流性雑音電圧密度 v_{iN} [$V_{RMS}/\sqrt{Hz}$] は次のとおり．

$$v_{iN} = \sqrt{\{(i_{N+}(R_{S2}//R_{F2})(1+G)\}^2 + (i_{N-}R_{F1})^2}$$

ただし，i_N：OPアンプの入力換算雑音電流密度 [$A_{RMS}/\sqrt{Hz}$]

出力の雑音電圧密度 v_{Nout} [$V_{RMS}/\sqrt{Hz}$] は次のとおり．

$$v_{Nout} = \sqrt{v_{RN}^2 + v_{eN}^2 + v_{iN}^2}$$

よって，入力換算雑音電圧密度 v_{Nin} [$V_{RMS}/\sqrt{Hz}$] は次のとおり．

$$v_{Nin} = \dfrac{v_{Nout}}{|G|}$$

[図5-10[(8)]] 差動アンプの入力換算雑音電圧密度の計算

圧の小さいバイポーラ入力型が有利です．

● 差動アンプの低雑音化

図5-10に示した差動アンプは，反転アンプと非反転アンプの両方の要素をもっています．OPアンプがドライブできる範囲内で可能な限り低い抵抗値を使います．

5-6　低雑音アンプの設計例[(2)]

● STEP1…設計目標を立てる

次に示す仕様のオーディオ信号の計測用アンプ(**写真5-1**)を設計する過程を追ってみます．

- 用途：計測用のオーディオ帯反転アンプ
- 低域 − 3dBカットオフ周波数：なし(直流〜)
- 高域 − 3dBカットオフ周波数：100kHz以上
- ゲイン：10倍
- 入力インピーダンス：10kΩ(代表値)
- 出力インピーダンス：100Ω以下(代表値)
- 入力換算雑音電圧密度：10nV/$\sqrt{Hz}$ (入力端子をグラウンドにショートしたとき)

[写真5-1] 試作した低雑音アンプ
低域-3dBカットオフ周波数:なし,高域-3dBカットオフ周波数:100kHz以上,ゲイン:10倍,入力インピーダンス:10kΩ(代表値),出力インピーダンス:100Ω以下(代表値),入力換算雑音電圧密度:10nV/√Hz(入力端子をグラウンドにショートしたとき)

● STEP2…低雑音OPアンプを選ぶ

入力換算雑音電圧密度が10nV/√Hz以下のOPアンプ OPA134(テキサス・インスツルメンツ)を選びました.OPアンプに必要なGB積は,次式から求めることができます.

$$GB積 > G_N f_C \quad \cdots\cdots\cdots\cdots\cdots\cdots\cdots\cdots\cdots\cdots (5\text{-}3)$$

ただし,G_N:ノイズ・ゲイン[倍],f_C:アンプの-3dBしゃ断周波数[Hz]

-3dBしゃ断周波数は,100kHz以上なので,式(5-3)のf_Cに10^5を代入します.また-10倍の反転アンプのノイズ・ゲインは11倍なので,G_Nに11を代入します.すると,

$$GB積 > 11 \times 100 \times 10^3 = 1.1\text{MHz}$$

と求まります.OPA134のGB積は8MHzですから十分です.**表5-2**に市販されている代表的な低雑音OPアンプを示します.

● STEP3…基本設計をする

図5-11の回路で,仕様の入力換算雑音電圧密度を満足できるかどうか検討してみます.まず周辺部品の定数を決めます.

入力インピーダンスの要求は10kΩなので,R_1は10kΩとします.設計する反転アンプのゲインGは10倍なので,

$$G = -R_2/R_1 = 10$$

から,$R_1 = 100\text{k}\Omega$と求まります.

この回路は計測用なので,ゲインを決定するR_2とR_3には,精度が高く温度特性の良いリード・タイプの誤差±1%の金属皮膜抵抗を使います.

[表5-2] 代表的な低雑音OPアンプ

型名	入力形式	オフセット電圧 [mV](代表値)	温度ドリフト [μV/℃](代表値)	バイアス電流 [nA](代表値)	入力換算雑音電圧密度@1kHz [nV/$\sqrt{Hz}$](代表値)
OPA227U	バイポーラ	0.005	0.1	2.5	3
OPA211A	バイポーラ	0.030	0.35	60	1.1
AD8599	バイポーラ	0.010	0.8	25	1.07
AD8099	バイポーラ	0.1	2.3	6000	3
LT6200	バイポーラ	0.6	8.2	10000	2.5
OPA627A	JFET	0.28	2.5	0.01	5.6
OPA827A	JFET	0.075	1.5	0.015	4.5
OPA134	JFET	0.5	2	0.005	8

$G = -\dfrac{V_{out}}{V_{in}}$ とすると，抵抗による熱雑音電圧密度 v_{RN} [$V_{RMS}/\sqrt{Hz}$] は次のとおり．

$$v_{RN} = \sqrt{(G\sqrt{4kTR_1})^2 + 4kTR_2} \quad \cdots\cdots (5\text{-}4)$$

ただし，k：ボルツマン定数(1.38×10^{-23})[J/K]，T：絶対温度[K]

ここで，$R_1 = 10k\Omega$，$R_2 = 100k\Omega$，$G = -10$，$T = 300K$ とすると，

$v_{RN} \fallingdotseq 135nV_{RMS}/\sqrt{Hz}$

したがって，入力換算雑音電圧密度 v_{RNin} [$V_{RMS}/\sqrt{Hz}$] は，

$v_{RNin} = \dfrac{135}{10} = 13.5nV_{RMS}/\sqrt{Hz}$

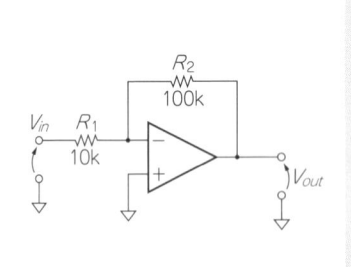

[図5-11] とりあえずこの回路で入力換算雑音電圧密度を計算してみた

13.5nV/$\sqrt{Hz}$ もあり仕様の入力換算雑音電圧密度(入力端子をグラウンドにショートしたとき10nV/$\sqrt{Hz}$)を満足しないことがわかった

　図5-11の入力換算雑音電圧密度は，図中の式(5-4)で求まります．この式に定数を代入して雑音電圧密度を求めると13.5nV/$\sqrt{Hz}$ となり，要求仕様を満足しないことがわかります．

● STEP4…低雑音化する
▶ボルテージ・フォロワを追加して入力インピーダンスと低雑音を両立
　図5-11中の式(5-4)から，R_1の抵抗値を下げれば，雑音電圧密度は小さくなることがわかります．しかし，この抵抗は入力インピーダンスを決めているので，安易に小さくすることはできません．図5-12に示すのは，入力インピーダンスを下げずに低雑音化する回路です．反転アンプの前にボルテージ・フォロワを置きます．
　入力インピーダンスはR_1で決まり，10kΩです．ゲイン10倍を稼ぐIC$_2$の周辺抵抗の値は，入力インピーダンスとは無関係に設定できます．

GB積 [MHz](代表値)	スルー・レート [V/μs](代表値)	推奨電源電圧 [V]	静止時消費電流 [mA](最大値)	メーカ名
8	2.3	± 15	3.8	テキサス・インスツルメンツ
80	27	± 15	4.5	テキサス・インスツルメンツ
10	16.8	± 15	5.7	アナログ・デバイセズ
3800	1350 (G=+10)	± 5	16.0	アナログ・デバイセズ
165	44	± 5	29.0	リニアテクノロジー
16	55	± 15	7.5	テキサス・インスツルメンツ
22	28	± 15	5.2	テキサス・インスツルメンツ
8	20	± 15	5	テキサス・インスツルメンツ

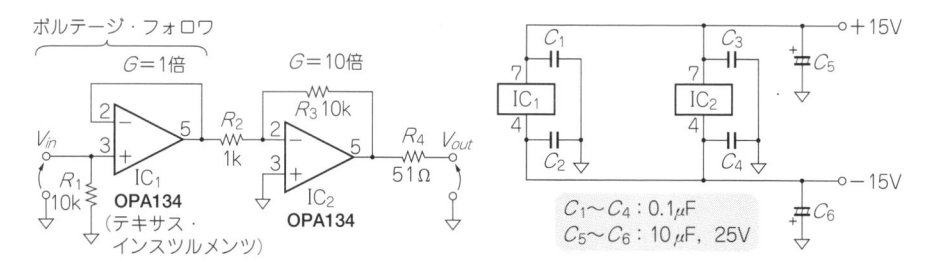

IC_1で発生する熱雑音は，入力をグラウンドに接続したとき，OPアンプの入力換算雑音そのものとなる．OPA134の入力換算雑音電圧密度は，データシートから8nV$_{RMS}$/$\sqrt{Hz}$である．したがって，

$$v_{N(IC1)} = 8nV_{RMS}/\sqrt{Hz}$$

IC_2で発生する熱雑音は，入力換算雑音電流を無視して考えると，

$$v_{N(IC2)} = \sqrt{(-10\sqrt{4k \times 300 \times 1 \times 10^3})^2 + 4k \times 300 \times 10 \times 10^3 + (11 \times 8 \times 10^{-9})^2}$$
$$\fallingdotseq \sqrt{1.66 \times 10^{-15} + 166 \times 10^{-18} + 7.74 \times 10^{-15}} \fallingdotseq 97.8nV_{RMS}/\sqrt{Hz}$$

したがって，アンプ全体の雑音は，

$$v_N = \sqrt{(-10 \times v_{N(IC1)})^2 + v_{N(IC2)}^2} \fallingdotseq 126.4nV_{RMS}/\sqrt{Hz}$$

入力換算では，

$$v_{Nin} = \frac{126.4}{10} \fallingdotseq 12.64nV_{RMS}/\sqrt{Hz}$$

[図5-12] 入力インピーダンスを下げずに低雑音化できる回路構成
反転アンプの前にボルテージ・フォロワを置いた．入力換算雑音電圧密度は12.6nV/$\sqrt{Hz}$であり小さくなる

　R_2は小さくするほど雑音が減りますが，小さくしすぎるとIC_1がR_2を駆動できなくなります．データシートを見ると，600Ω以上の抵抗値であれば駆動できます．ここでは少し余裕をみて1kΩとします．

　R_2が決まると，R_3は10kΩと決まります．

　R_4は，出力に容量性の負荷が接続されたときの安定性を確保するための抵抗です．これがないと，IC_2の動作が不安定になり発振する可能性があります（第7章参

照)．R_4は出力インピーダンスを決めるので，仕様の100Ω以下に選びます．図5-12で51Ωに設定した理由の一つは，本アンプの雑音測定に使ったスペクトラム・アナライザの入力インピーダンスが50Ω（プリアンプ入力の仕様）だったことです．こうしておくと，スペクトラム・アナライザによって測定した雑音電力密度[dBm/Hz]を雑音電圧密度[V/$\sqrt{\text{Hz}}$]に変換するときに計算しやすくなります．

要求仕様に入力インピーダンスと出力インピーダンスの精度はありませんから，R_1とR_4は安価な炭素皮膜抵抗を使います．精度の要求がある場合は，金属皮膜抵抗などの，より高精度な抵抗を使います．

▶T型帰還回路は帰還抵抗の値を小さくできるが雑音は増える

図5-13に示すのは，T型帰還回路を採用した反転アンプです．この回路方式なら，帰還抵抗R_2に熱雑音の小さい100kΩ以下の抵抗を使え，しかも仕様のゲイン10倍も維持できます．

熱雑音が小さくなりそうですが，入力換算雑音電圧密度は15nV/$\sqrt{\text{Hz}}$と大きくなります．

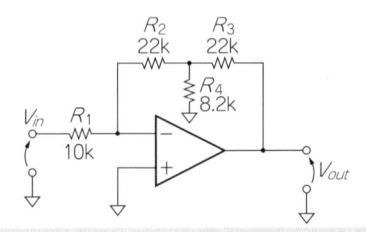

$G = \dfrac{V_{out}}{V_{in}}$ は，OPアンプのオープン・ループ・ゲインを∞とすると，

$$G = -\frac{R_2 + R_3 + \dfrac{R_2 R_3}{R_4}}{R_1}$$

となる．抵抗による熱雑音電圧密度v_{RN}[$V_{RMS}/\sqrt{\text{Hz}}$]は次のとおり．

$$v_{RN} = \sqrt{(G\sqrt{4kTR_1})^2 + \left(\frac{R_3 + R_4}{R_4}\sqrt{4kTR_2}\right)^2 + \left(\frac{R_3 R_4 - R_2(R_3 + R_4)}{R_2 R_4}\sqrt{4kTR_4}\right)^2 + 4kTR_3}$$

ここで，$R_1 = 10\text{k}\Omega$, $R_2 = 22\text{k}\Omega$, $R_3 = 22\text{k}\Omega$, $R_4 = 8.2\text{k}\Omega$, $G = -10.3$, $T = 300\text{K}$, $k = 1.38 \times 10^{-23}$ J/K とすると，

$$v_{RN} \simeq \sqrt{(-10.3 \times 12.9 \times 10^{-9})^2 + (3.68 \times 19.1 \times 10^{-9})^2 + (-2.68 \times 11.7 \times 10^{-9})^2 + 364.5 \times 10^{-18}}$$
$$\simeq 155\text{nV}_{RMS}/\sqrt{\text{Hz}}$$

したがって，入力換算雑音電圧密度v_{RNin}[$V_{RMS}/\sqrt{\text{Hz}}$]は，

$$v_{RNin} = \frac{155}{10.3} \simeq 15\text{nV}_{RMS}/\sqrt{\text{Hz}}$$

[図5-13] T型帰還回路に変更して入力換算雑音密度を計算してみた
帰還抵抗R_2に熱雑音の小さい100kΩ以下の抵抗を使えるが，入力換算雑音電圧密度は15nV/$\sqrt{\text{Hz}}$と大きくなってしまう

● **STEP5…最終回路の雑音特性を予測する**

図5-12に，雑音密度を計算した結果を示しました．

R_4の熱雑音はとても小さいため計算に含めていません．入力のR_1も無視して，0Ωとしました．これは要求仕様に「入力端子をグラウンドにショートしたとき」とあるからです．

入力換算雑音電圧密度は$12.6\mathrm{nV}/\sqrt{\mathrm{Hz}}$となりますが，この値で妥協します．さらに低雑音化したい場合は，OPアンプをさらに低雑音なOPA627やOPA827などに変更します．

図5-14に示すのは，ゲインの周波数特性のシミュレーション結果($\mathrm{B^2SPICE}$を使用)で，－3dBしゃ断周波数(100kHz)も満足できそうです．

● **STEP6…試作して実際の特性を確かめる**

実際に回路を試作(**写真5-1**)して特性を確認します．机上の設計だけでは意味がありません．

▶雑音特性

写真5-2に，100Hz～100kHzの雑音電力密度の周波数特性を示します．

右上の「MKR 9.99kHz, －135.7dBm/Hz」という表示は，9.99kHzにおける雑音電力密度[dBm/Hz]が－135.7dBm/Hzであることを意味しています．マーカを動かしながらこの値を読むと，

$P_N @ 1\mathrm{kHz} = -128.5\mathrm{dBm/Hz}$

$P_N @ 10\mathrm{kHz} = -135.7\mathrm{dBm/Hz}$

という結果が得られました．

雑音電力密度P_N[dBm/Hz]は，次式を使えば雑音電圧密度v_N[$\mathrm{V_{RMS}}/\sqrt{\mathrm{Hz}}$]に変

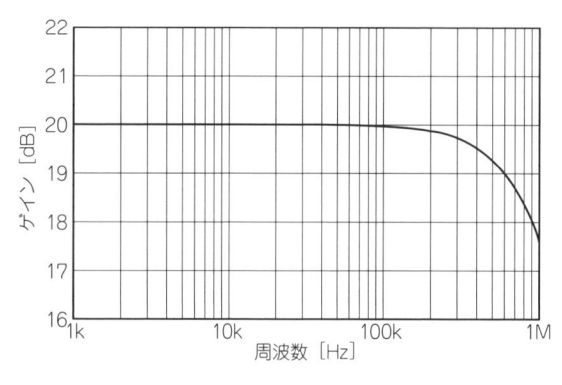

[図5-14] **図5-12の回路のゲインの周波数特性のシミュレーション予想**
－3dBしゃ断周波数100kHzも満足できそう

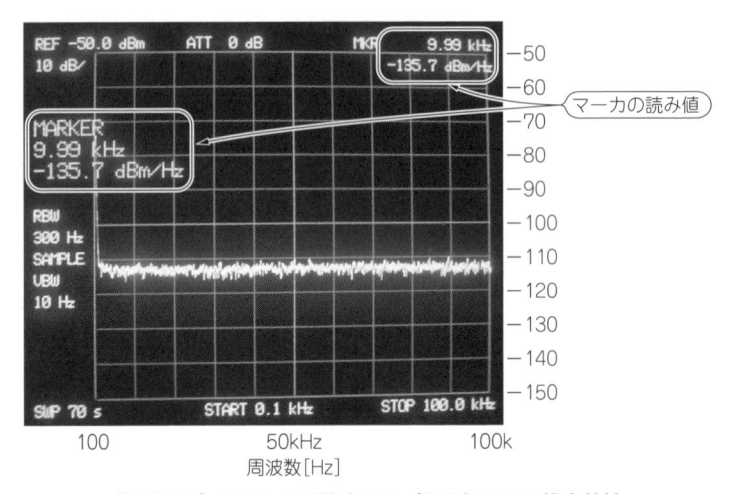

[写真5-2] 試作した低雑音アンプ（写真5-1）の雑音特性
横軸：9.99kHz/div、縦軸：10dB/div. 1kHzにおける入力換算雑音電圧密度は仕様（10nV/√Hz以下@1kHz）を満足している

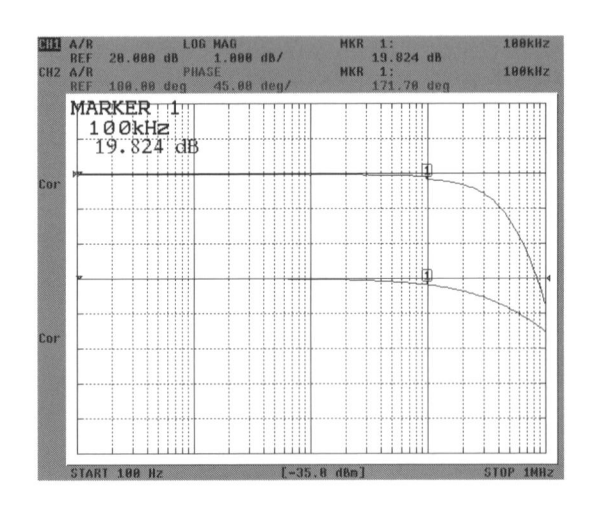

[写真5-3] 試作回路（写真5-1）のゲインの周波数特性（実測，10dB/div）

換できます．

$$v_N = 0.2236 \times 10^{(P_N/20)} \quad \cdots\cdots\cdots\cdots\cdots\cdots\cdots\cdots\cdots\cdots\cdots\cdots\cdots\cdots\cdots\cdots (5\text{-}5)$$

ただし，特性インピーダンス50Ωの測定系であること．
式(5-5)から，試作器の出力雑音電圧密度は次のように求まります．

$v_N@1\text{kHz} = 84.0\text{nV}_{RMS}/\sqrt{\text{Hz}}$

$v_N@10\text{kHz} = 36.7\text{nV}_{RMS}/\sqrt{\text{Hz}}$

入力換算雑音電圧密度v_{Nin}は，この値をゲイン（10倍）で割ると，
$$v_{Nin} @ 1\mathrm{kHz} = 8.4\mathrm{nV_{RMS}}/\sqrt{\mathrm{Hz}}$$
$$v_{Nin} @ 10\mathrm{kHz} = 3.67\mathrm{nV_{RMS}}/\sqrt{\mathrm{Hz}}$$
と求まります．この値は仕様（$10\mathrm{nV}/\sqrt{\mathrm{Hz}}$以下@1kHz）を満足しています．

写真5-2のスペクトラムの大きさは，スペクトラム・アナライザのRBW（Resolution Band Width）の設定値によって変化します．**写真5-2**ではRBW=300Hzです．マーカ（MKR）が表示しているのは，等価雑音帯域幅1Hzのときの値で，輝線の直読値とは違っています．雑音レベルを調べるときは，マーカを使用すべきです．

▶ゲイン周波数特性

写真5-3にゲインの周波数特性を示します．100kHzでのゲイン減少は約0.2dBで，目標仕様に対して十分な性能です．

Column

1/f雑音を含めた全実効雑音電圧の求め方

　OPアンプの出力をA-DコンバータでFFTするときは，測定したい周波数成分に対して測定帯域を狭めて分析します．FFT後に除去できる1/f雑音のような低周波雑音はあまり気になりません．もちろん，1/fゆらぎを測定するような回路であれば，アンプの1/f雑音も問題になります．時間軸での波形やその振幅レベルが重要な意味をもつ回路では，1/f雑音のような低周波雑音は変動成分として現れます．具体例として，フォト・ダイオード用のI-V変換回路があります．オーディオ回路も人間の耳で可聴周波数帯域のレベルを周波数分析するわけですから，1/f雑音が可聴周波数帯域であれば，当然雑音として認識されます．

　このように，直流アンプや低域しゃ断周波数が低い(100Hz以下)回路のSN比を考える場合は，周波数特性のフラットな白色雑音の計算結果に，1/f雑音の影響を加えて全体の雑音電圧の実効値を求める必要があります．

　図5-Aに示す非反転アンプを例に，1/f雑音を含めた全実効雑音電圧v_N[V_{RMS}]の求め方を説明します．

　白色雑音の実効値に1/f雑音の実効値を加えるには次のように計算します．

$$v_N = \sqrt{v_{N(1/f)}^2 + v_{N(white)}^2} \quad \cdots\cdots\cdots\cdots\cdots\cdots (5\text{-A})$$

　ただし，$v_{N(1/f)}$：1/f雑音の実効値電圧[V_{RMS}]，$v_{N(white)}$：白色雑音の実効値電圧[V_{RMS}]

1Hzのときの1/f雑音$v_{N(1/f)}$は次式で表されます．

$$v_{N(1/f)} = v_{NI}\sqrt{f_{meas}}\, G_N B_{W(1/f)} \quad \cdots\cdots\cdots\cdots\cdots\cdots (5\text{-B})$$

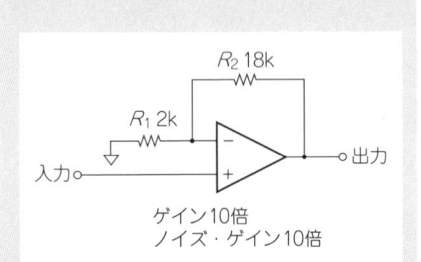

　ただし，v_{NI}：周波数f_{meas}におけるOPアンプの入力雑音電圧密度[$V/\sqrt{Hz}$]，

[図5-A] 例題回路…白色雑音と1/f雑音を合わせた全実効雑音電圧v_N[V_{RMS}]を求める

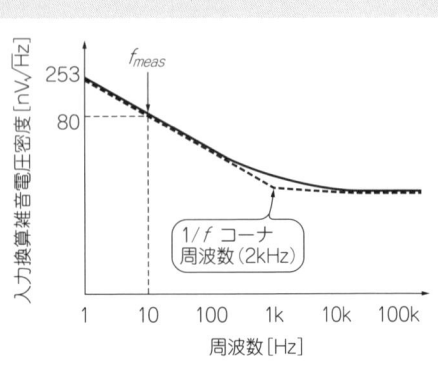

[図5-B] 1/f雑音の周波数特性の例
　1Hzにおける1/f雑音の大きさを求める

f_{meas}：データシートから読み取れる$1/f$雑音領域の周波数（ここでは10Hzとする）[Hz]，G_N：回路のノイズ・ゲイン[倍]

$1/f$雑音の帯域幅$B_W(1/f)$は次式で表されます．

$$B_{W(1/f)} = \sqrt{\int_{f_L}^{f_M} \frac{1}{f} df} = \sqrt{\ln \frac{f_H}{f_L}}$$

ただし，f_L：$1/f$雑音の下限周波数（任意），f_H：$1/f$雑音の上限周波数（コーナ周波数），$B_{W(1/f)}$：$1/f$雑音の帯域幅

したがって，式(5-B)は次のように書き換えられます．

$$v_{N(1/f)} = v_{NI}\sqrt{f_{\text{meas}}} \times G_N \sqrt{\ln \frac{f_H}{f_L}}$$

OPアンプ（**図5-A**）の$1/f$雑音の周波数分布が**図5-B**のようだと仮定し，f_Lを0.01Hzとして，$v_{N(1/f)}$を計算すると，

$$v_{N(1/f)} = 80 \times 10^{-9} \times \sqrt{10} \times 10 \sqrt{\ln\left(2 \times \frac{10^3}{0.01}\right)} \fallingdotseq 9\mu V_{\text{RMS}}$$

となります．

式(5-A)を使って，白色雑音電圧の実効値（雑音密度ではない）との自乗平均をとれば，**図5-A**に示す非反転アンプの全実効雑音電圧v_Nが求まります．

ノイズ・ゲインは，**図5-C**に示すようにOPアンプの＋入力端子の内側にある雑音源に対するゲインと考えると理解しやすいでしょう．

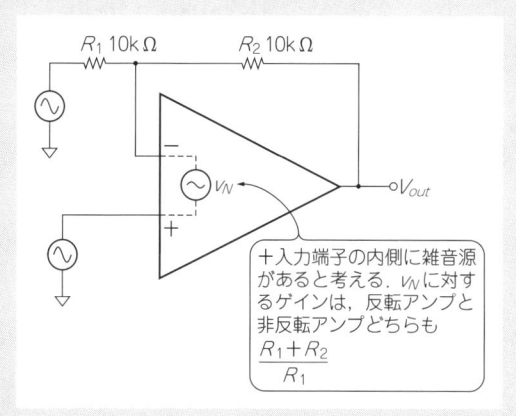

［図5-C］ノイズ・ゲインは＋入力端子の内側にある雑音源に対するゲイン

第5章 Appendix A
微小信号から大信号までの 幅広い入力レベルへの対応
ダイナミック・レンジを広げるテクニック

■雑音と最大出力の差分「ダイナミック・レンジ」

　OPアンプが扱える信号の最小レベルと最大レベルの幅をダイナミック・レンジといいます．OPアンプのダイナミック・レンジは次のようにして測定します．
　アンプに単一周波数の信号を入力して，出力信号の周波数成分を測定器（スペクトラム・アナライザ）を使って解析すると，ノイズ・フロア（雑音のレベル）の中から，1本のスペクトラム（信号）が現れます（図5A-1）．このスペクトラムは，OPアンプに入力する信号のレベルを上げると上方に伸びていき，OPアンプが出力できる上限に達すると伸びが止まります．このスペクトラムの長さがOPアンプが出力できる最大レベルです．
　一方，スペクトラム・アナライザの解析画面の下には，レベルの小さなスペクトラムの集団（ノイズ・フロア）が低域から高域まで満遍なく分布しています．
　ダイナミック・レンジは，図5A-1の基本波のスペクトラムとノイズ・フロアとの差です．
　図5A-2に示すように，ダイナミック・レンジは雑音レベルを下げて，ひずみな

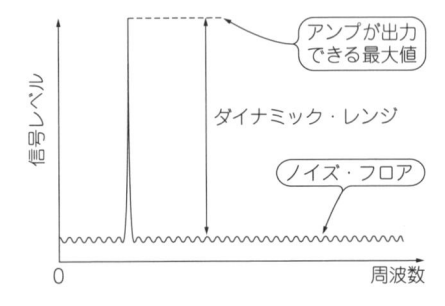

[図5A-1] ダイナミック・レンジとは
アンプに単一周波数の信号を入力してレベルを上げていき，同じ周波数の出力信号のレベルを観測すると，ある値で頭打ちになり，それ以上大きくならない．ダイナミック・レンジとはこの最大値とノイズ・フロアとの差のことである

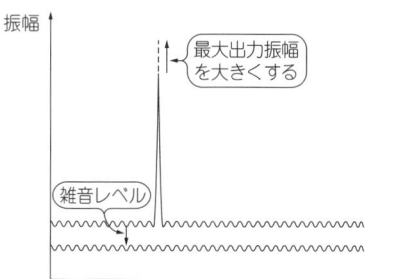

[図5A-2] ダイナミック・レンジを大きくするには？
雑音レベルを下げて，ひずみのない信号の最大出力を大きくすればいい

く出力できる最大電圧を大きくすれば広げることができます．

■ダイナミック・レンジを大きくする方法

OPアンプが出力できる信号レベルの上限は，OPアンプに加える電源電圧や出力段の回路構成で決まります．下限は，無入力でも出力される雑音レベルによって決まります．

● 耐圧の高いOPアンプを使って電源電圧を上げる

ダイナミック・レンジは，電源電圧を上げるだけで大きくなります．±2.5Vや±5Vで動いている回路の電源電圧を±15Vにするだけで，ダイナミック・レンジは3.5〜9.5dB大きくなります．

ただし，電源電圧を上げると消費電力が大きくなります．OPアンプが消費できる電力には限界があり，データシートの「絶対最大定格」で規定されています．この制約から，電源電圧を上げるほど取り出せる出力電流は小さくなります．十分な電流を出力できないと，抵抗値の小さい負荷を駆動することができません．

● レール・ツー・レール型OPアンプに交換する

OPアンプの耐圧が低く電源電圧を高くできないときや，ダイナミック・レンジを大きくしたいけれど，ほんの少し(1V程度)でかまわないときは，OPアンプをレール・ツー・レール型に交換します．レール(rail)とは電源のことです．

第3章で設計した反転アンプの電源電圧は+5Vです．LM2904が，電源電圧いっぱいまで信号を出力できるなら，出力信号の最大振幅は$5V_{P-P}$になるはずですが，実際には約$3V_{P-P}$でした．

OPアンプに加える電源電圧に対する出力信号の最大値の割合を電源利用効率と

Appendix A 微小信号から大信号までの 幅広い入力レベルへの対応

呼びます．LM2904の場合は，60％（100×3/5）しかありません．電源回路を変更して電源電圧を8.3Vまで上げれば，5V$_{P-P}$を出力できますが，より電源利用効率の高いOPアンプに交換すれば電源回路の変更は不要です．電源電圧ぎりぎりまで出力信号がスイングするタイプを出力レール・ツー・レール型と呼びます．出力信号は正電源近くまで，下限は負電源近くまで振幅します．

レール・ツー・レールOPアンプには，次の二つのタイプがあります．
- 入力レール・ツー・レール型（RRI型）：電源電圧いっぱいまでスイングする信号を入力できる
- 出力レール・ツー・レール型（RRO型）：電源電圧いっぱいまでスイングする信号を出力できる

表5A-1に示すのは，出力レール・ツー・レールOPアンプのTLV272（テキサス・インスツルメンツ）のデータシートに記載されている仕様です．負荷の大きさによって出力できる最大電圧が変わりますが，＋5Vの単一電源で動かしたときに，0.5～4.5Vの出力が得られることがわかります．

[表5A-1$^{(1)}$] 出力レール・ツー・レールOPアンプTLV272が出力できる電圧範囲
＋5V単電源で動作させると0.5～4.5V（約4V$_{P-P}$）まで出力される．第3章の反転アンプに使用したLM2904の最大出力電圧は約3V$_{P-P}$だった

PARAMETER		TEST CONDITIONS		T_A†	MIN	TYP	MAX	UNIT
V_{OH}	High-level output voltage	$V_{IC} = V_{DD}/2$, $I_{OH} = -1$ mA	$V_{DD} = 2.7$ V	25°C	2.55	2.58		V
				Full range	2.48			
			$V_{DD} = 5$ V	25°C	4.9	4.93		
				Full range	4.85			
			$V_{DD} = \pm5$ V	25°C	4.92	4.96		
				Full range	4.9			
		$V_{IC} = V_{DD}/2$, $I_{OH} = -5$ mA	$V_{DD} = 2.7$ V	25°C	1.9	2.1		
				Full range	1.5			
			$V_{DD} = 5$ V	25°C	4.6	4.68		
				Full range	4.5			
			$V_{DD} = \pm5$ V	25°C	4.7	4.84		
				Full range	4.65			
V_{OL}	Low-level output voltage	$V_{IC} = V_{DD}/2$, $I_{OL} = 1$ mA	$V_{DD} = 2.7$ V	25°C		0.1	0.15	V
				Full range			0.22	
			$V_{DD} = 5$ V	25°C		0.05	0.1	
				Full range			0.15	
			$V_{DD} = \pm5$ V	25°C		-4.95	-4.92	
				Full range			-4.9	
		$V_{IC} = V_{DD}/2$, $I_{OL} = 5$ mA	$V_{DD} = 2.7$ V	25°C		0.5	0.7	
				Full range			1.1	
			$V_{DD} = 5$ V	25°C		0.28	0.4	
				Full range			0.5	
			$V_{DD} = \pm5$ V	25°C		-4.84	-4.7	
				Full range			-4.65	

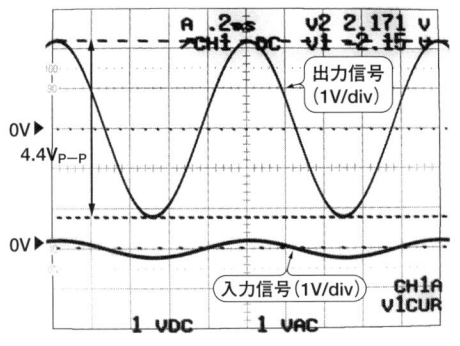

[写真5A-1[(2)]] 図3-1の非反転アンプのLM2904をTLV272に交換して観測した入出力信号（0.2ms/div）
約4.4V$_{P-P}$の出力が得られた．LM2904のときは約3V$_{P-P}$だったので，ダイナミック・レンジは1.4V改善された

▶実証

第3章の非反転アンプに使ったLM2904をTLV272に変更して実験してみます．バイアス電圧を作る抵抗（R_3とR_5）の値を最初の47kΩに戻して，回路に入力する信号の振幅は440mV$_{P-P}$とします．

写真5A-1に，TLV272を使った反転アンプの入出力信号の実測波形を示します．LM2904より大きな出力電圧（約4.4V$_{P-P}$）が得られています．

● シングルエンドから差動に変更する

図5A-3に示すのは，シングルエンド型と呼ばれるアンプの回路と出力信号です．シングルエンド・アンプは入力端子も出力端子も一つで，グラウンドを基準に出力信号がスイングします．これは特別な回路でもなんでもなく，今まで紹介したアンプはすべてシングルエンド型です．

図5A-4に示すのは，差動出力型と呼ばれるアンプの回路と出力信号です．出力端子P（ポジティブ）と端子N（ネガティブ）からは，レベルが同じで位相が180°異なる信号が出力されます．

図5A-3と図5A-4を比べるとわかるように，両アンプの出力をシングルエンド信号としてみると同じ振幅（約5V$_{p-p}$）を出力しています．供給電圧はどちらのアンプも＋5Vの単電源ですが，図5A-3の出力振幅は約5V$_{p-p}$，図5A-5の出力振幅は差動信号として捉えると約10V$_{p-p}$です．このことから，電源電圧を上げなくてもアンプの出力方式をシングルエンド型から差動型に変えるだけで，ダイナミック・レンジが6dB大きくなることがわかります．

3.3V単電源の低電圧型A-Dコンバータは差動入力を採用しています．電源電圧が低くてもダイナミック・レンジを確保できるだけでなく，コモン・モード・ノイ

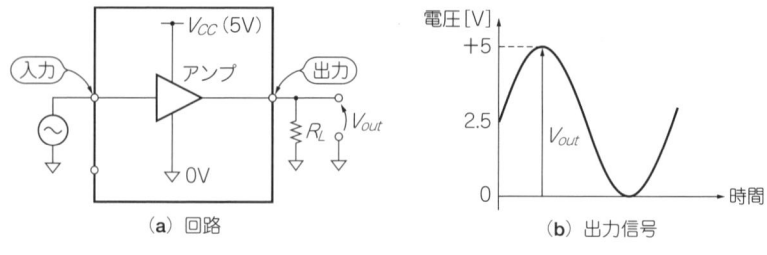

[図5A-3] シングルエンド・アンプと出力信号
本書に登場するアンプの多くはこのシングルエンド型

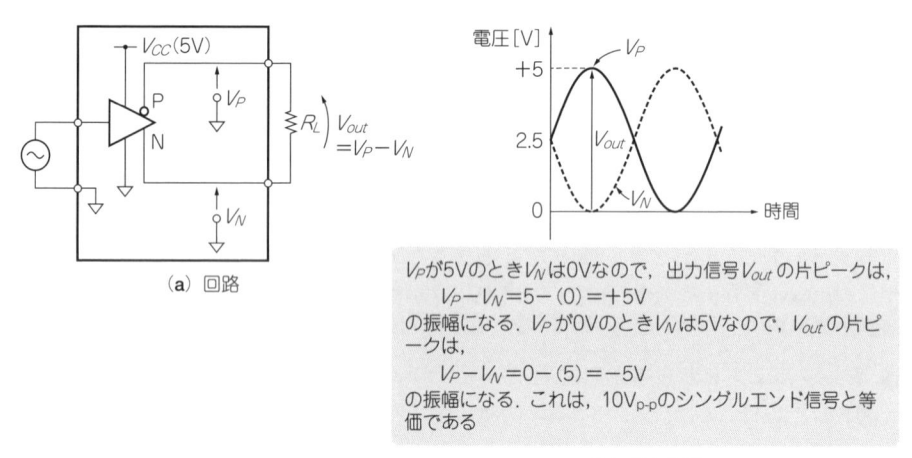

[図5A-4] 差動アンプと出力信号
シングルエンド型から差動型に変えるとダイナミック・レンジは6dB大きくなる

V_Pが5VのときV_Nは0Vなので，出力信号V_{out}の片ピークは，
$V_P - V_N = 5 - (0) = +5$V
の振幅になる．V_Pが0VのときV_Nは5Vなので，V_{out}の片ピークは，
$V_P - V_N = 0 - (5) = -5$V
の振幅になる．これは，10V_{p-p}のシングルエンド信号と等価である

ズや偶数次高調波ひずみの低減効果も期待できるからです．入力がビデオ信号の場合は，シングルエンド入出力が好まれています．これは差動入力のA-Dコンバータを使うと，ポジティブ側とネガティブ側の両方にフィルタが必要となり，両フィルタの周波数特性のマッチングをとるのが簡単ではないからです．

■出力レール・ツー・レールは電源の利用効率が高い

図5A-5に示すのは，出力レール・ツー・レールOPアンプ(TLC227x)の出力段です．

このように，レール・ツー・レール出力型の出力段にあるプッシュプル回路を構成する上下二つのMOSFETのドレインどうしが接続され，出力端子につながって

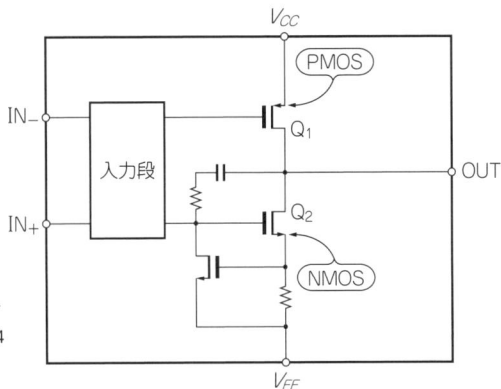

[図5A-5(3)] 出力レール・ツー・レール OPアンプ（TLC227x）の出力段
出力段を構成する二つのMOSFET Q_1 と Q_2 のドレインどうしが接続されているのが特徴．第3章 図3-24に示すLM2904の出力段はエミッタ（MOSFETのソースに相当する）どうしが接続されている

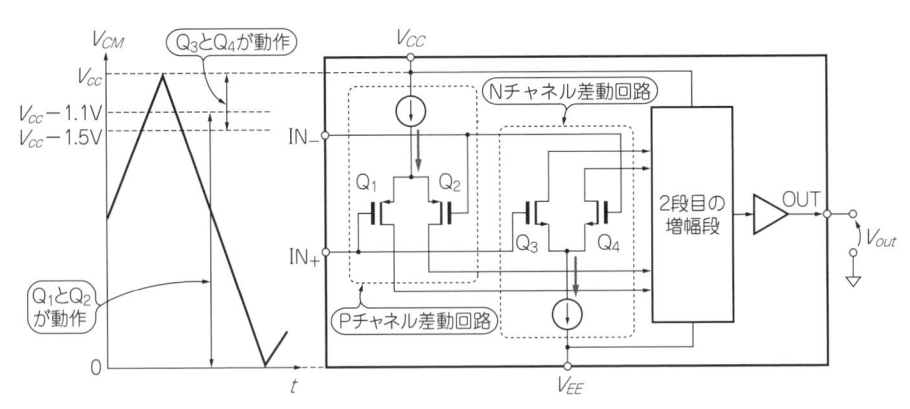

[図5A-6] 入力レール・ツー・レールOPアンプの入力段の等価回路
差動回路が二つあるのが特徴

います．

　この回路構成は，出力トランジスタのドレインとソースに生じる電圧降下が小さいため，高い電源利用効率が得られます．ただし，出力インピーダンスが高く，出力電流が制限されるという欠点もあります．発振しやすい傾向もありますが，多くの場合は回路技術で解決されています．

■入力レール・ツー・レールはひずみに注意する

● 非直線性ひずみが発生する

　図5A-6に示すのは，入力レール・ツー・レールOPアンプの入力段の等価回路です．入力段には，PチャネルMOSFETとNチャネルMOSFETを組み合わせた

二つの差動ペアがあります．V_{CM}がV_{CC}より1～2V程度低いときはPMOS（Q_1とQ_2）が動作し，NMOS（Q_3とQ_4）は停止しています．V_{CM}がV_{CC}付近まで大きくなると，PMOSが停止してNMOSが動き始めます．

図5A-7に示すように，入力レール・ツー・レールOPアンプ OPA350を使った

(a) 入力信号とオフセット電圧の変化

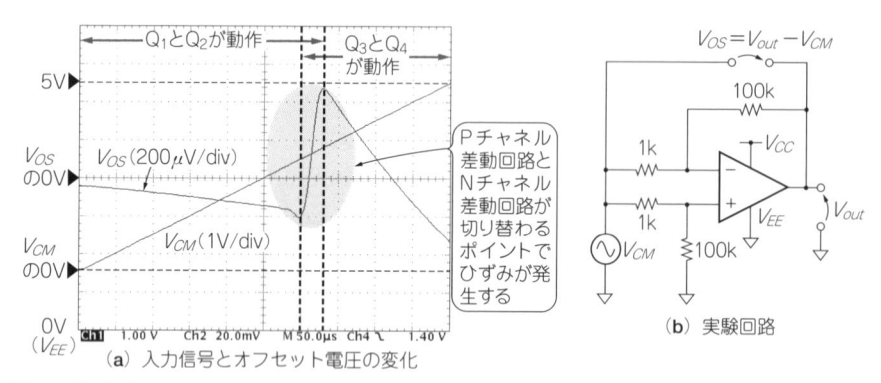

(b) 実験回路

[**図5A-7**] 入力レール・ツー・レールOPアンプは入力段のQ_3/Q_4ペアからQ_1/Q_2ペアに切り替わるポイントでひずむ

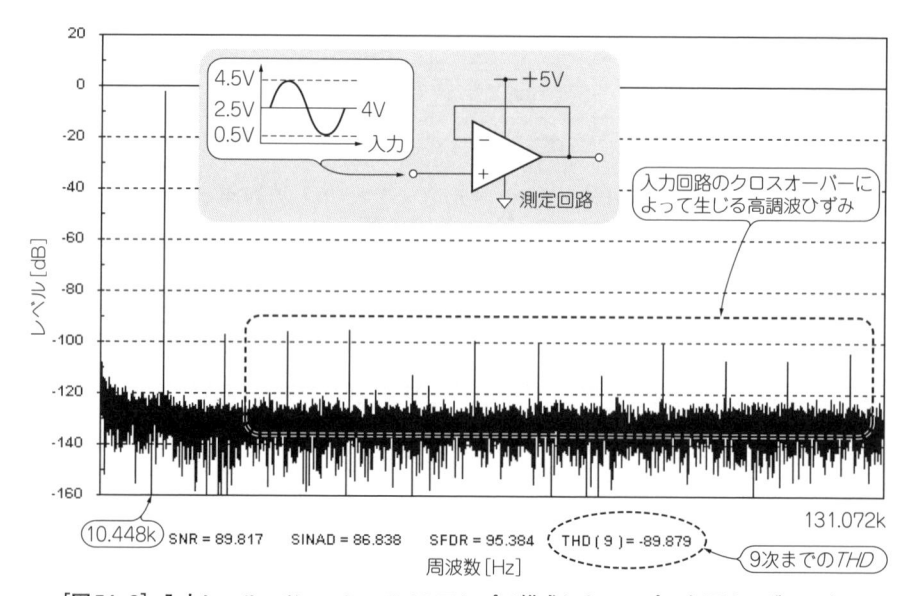

[**図5A-8**] 入力レール・ツー・レールOPアンプで構成したアンプは高調波ひずみが多い
＋5V単電源動作．OPA350で構成したボルテージ・フォロワで測定．f_S＝262.1440kHz，f_{in}＝10.448kHz，FFTポイント数16384

実験回路を作り，＋入力端子と－入力端子に同相の信号（三角波）を入力してオフセット電圧の変化を観測しました．

入力信号 V_{CM} のレベルを上げていくと，動作する差動ペア（Q_1/Q_2 と Q_3/Q_4）が入れ替わる 3～4V を少し超えたあたりで，出力オフセット電圧が大きく変化します．動作し始める回路と停止する回路が切り替わる際に生じるこの非直線性ひずみのことを，特にクロスオーバーひずみと呼びます．

図 5A-8 に示すのは，同じく OPA350 を使ったボルテージ・フォロワを＋5V 単電源動作させて測定した周波数スペクトラムです．非常に多くの高調波ひずみが発生しています．

● 非直線性ひずみの出ないタイプ

入力段の回路を改良して，非直線性ひずみを回避した OP アンプがあります．

図 5A-9 に示すのは，対策が施されている OPA364 や OPA365 の入力段です．差動回路が一組しかなく，低雑音のチャージ・ポンプ昇圧回路で電源電圧（V_{CC}）より

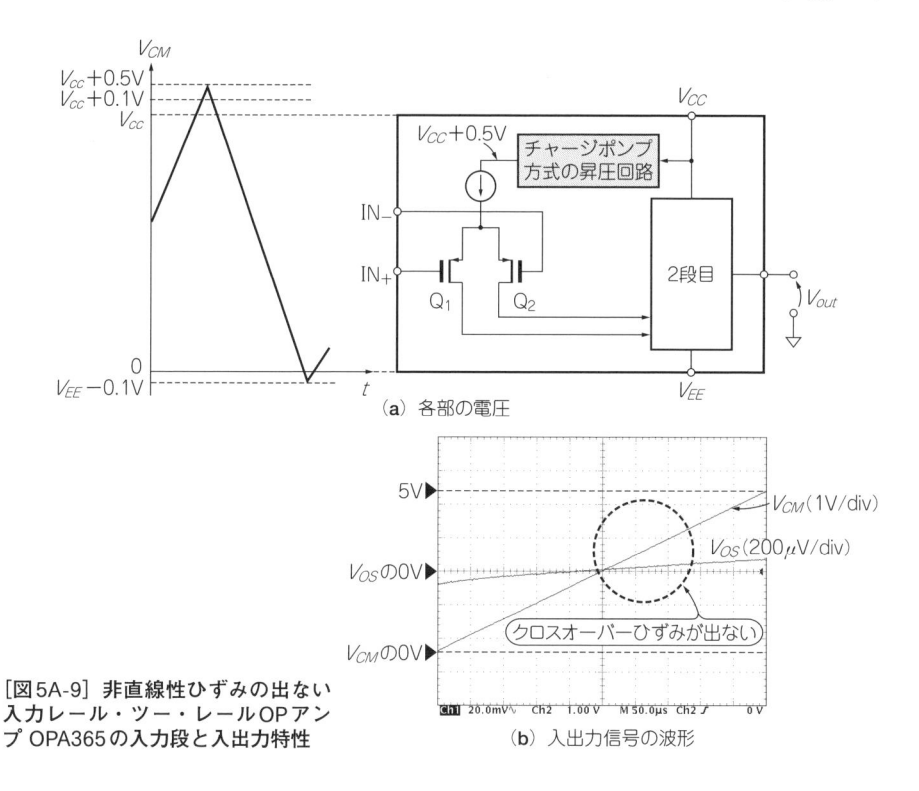

[図 5A-9] 非直線性ひずみの出ない入力レール・ツー・レール OP アンプ OPA365 の入力段と入出力特性

(a) 各部の電圧

(b) 入出力信号の波形

Appendix A 微小信号から大信号までの 幅広い入力レベルへの対応

も高い電圧を供給して入力可能な電圧範囲を広げています．

OPA365を動作させて図5A-7と同じ条件でスペクトラムを観測しました．図5A-10に結果を示します．図5A-8と比較すると，高調波ひずみが大幅に減少していることがわかります．

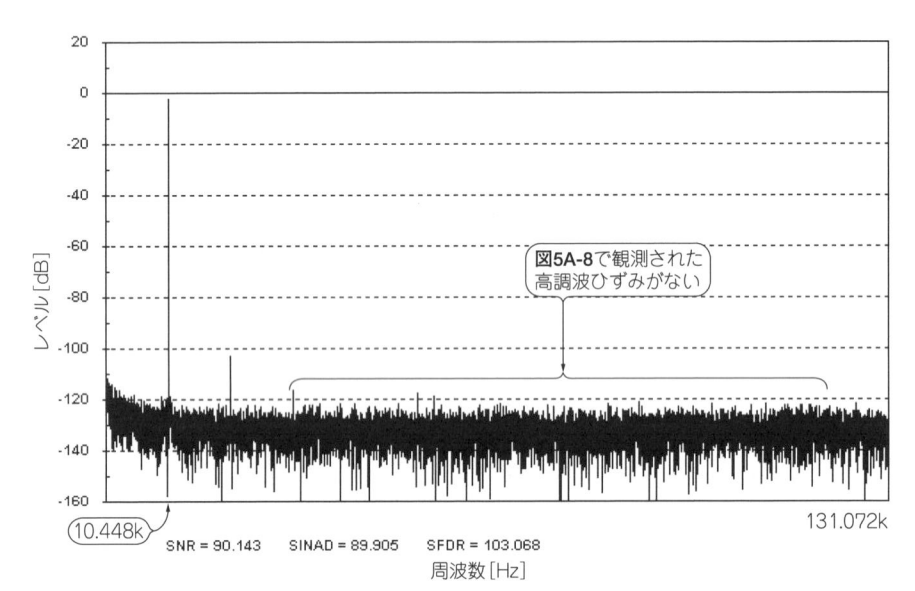

[図5A-10] 入力レール・ツー・レールOPアンプ OPA365の高調波ひずみはとても小さい

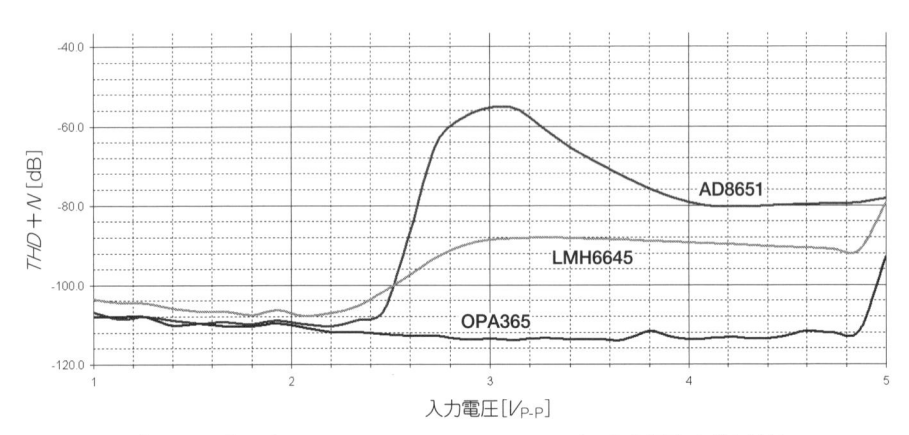

[図5A-11] 入力レール・ツー・レールOPアンプの全高調波ひずみ特性
OPA365は入力電圧1～4.9V_{P-P}まで低ひずみ．ボルテージ・フォロワ接続，電源電圧±2.5V，測定帯域22Hz～22kHz

図5A-11に示すのは，各社の入力レール・ツー・レールOPアンプの同相入力電圧-全高調波ひずみ率特性です．接続はボルテージ・フォロワ，電源電圧は±2.5V，測定周波数帯域は22Hz～22kHzです．OPA365は入力電圧1～4.9Vまで非常に低ひずみです．

● OPA365を使わずにひずみを低減する方法
▶電源電圧を変える
　入力レール・ツー・レール型OPアンプ特有の非直線性ひずみの問題は，

[図5A-12] 電源電圧を−1.5V/3.5Vに変更すれば非直線ひずみは低減できる

（a）測定帯域22Hz～22kHz

（b）測定帯域22Hz～80kHz

[図5A-13[(4)]] 各OPアンプの全高調波ひずみ特性

Appendix A　微小信号から大信号までの 幅広い入力レベルへの対応 | 159

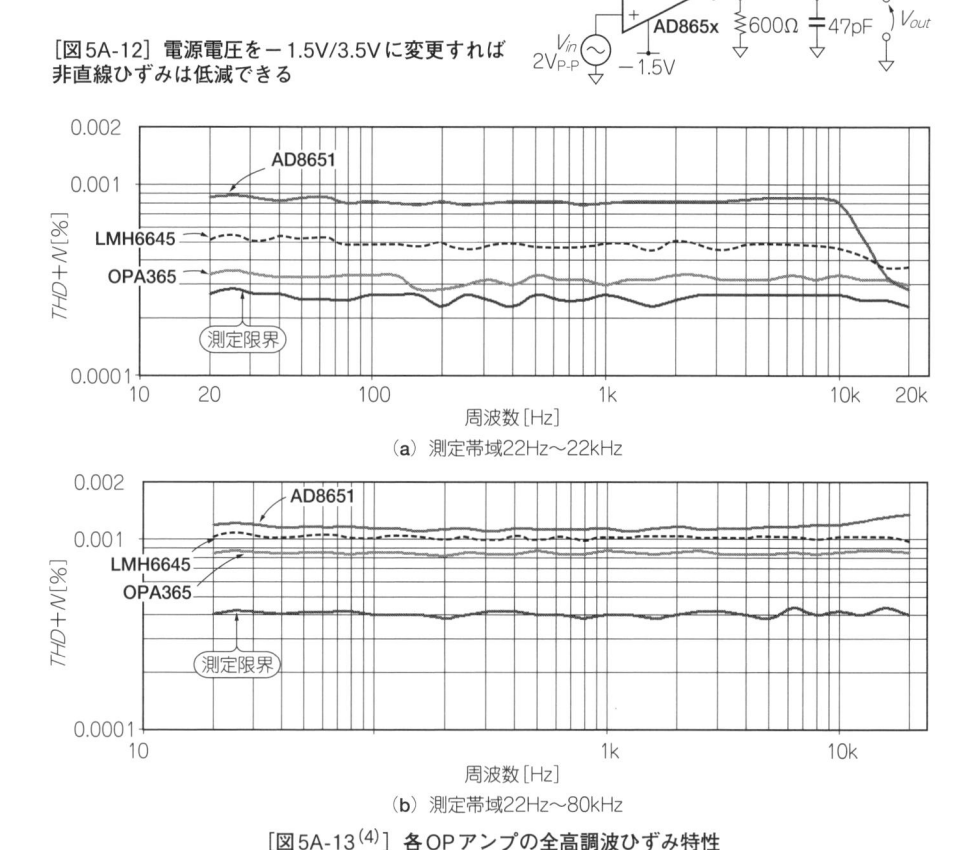

OPA365のような特別なOPアンプを使わなくても，**図5A-12**のように電源電圧をシフトすれば解決できます．

図5A-6で説明したように，ひずみが生じる$V_{CC}-1V$付近をさけて動作させればOKです．

▶反転アンプにする

反転アンプでは，入力信号の電圧によらず同相入力電圧(V_{CM})が常に0Vなので，一般的な入力レール・ツー・レールOPアンプでもクロスオーバーひずみは発生しません．

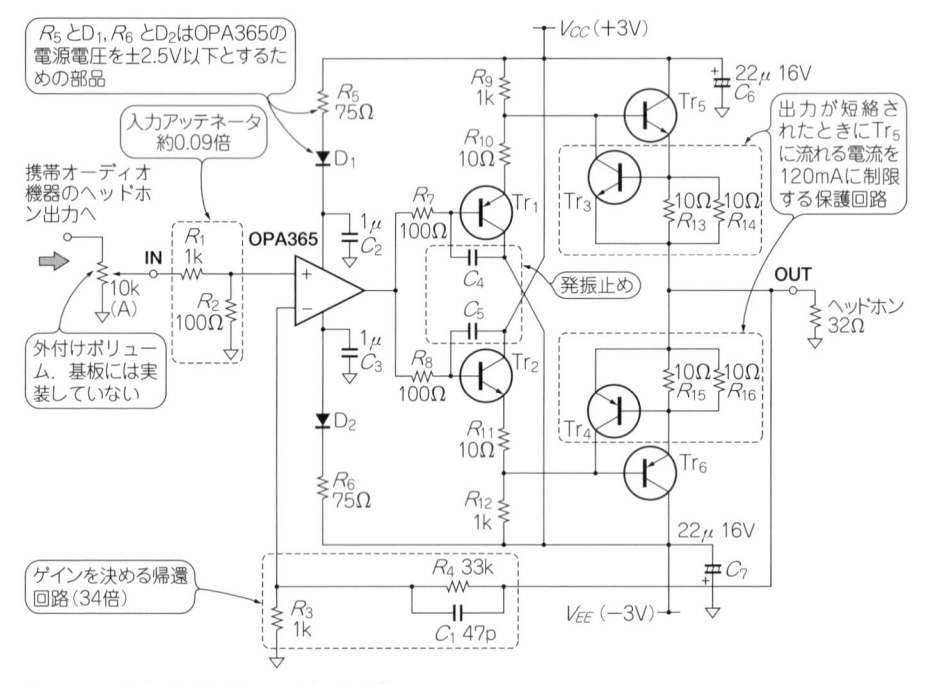

[図5A-14] **入力レール・ツー・レールOPアンプ OPA365の応用**
3V単電源動作のヘッドホン・アンプ，ゲイン3倍（入力アッテネータ0.09×アンプ・ゲイン34倍）

D_1, D_2：1S2076A（ルネサス テクノロジ）
Tr_1, Tr_4：**2SA1015Y**（東芝）
Tr_2, Tr_3：**2SC1815Y**（東芝）
Tr_5：**2SC3421**（東芝），Tr_6：**2SA1358**（東芝）
C_4, C_5：4700pF（フィルム）

● 市販の入力レール・ツー・レールOPアンプのひずみ性能

　図5A-12に示すように電源電圧を－1.5V/3.5Vに変更して，市販の入力レール・ツー・レールOPアンプの$THD+N$特性を測定しました．図5A-13に結果を示します．

　22Hz～22kHz［図5A-13(a)］，22Hz～80kHz［図5A-13(b)］というふうに，高域の周波数帯域を変えて測定しました．

　$THD+N$には，全高調波ひずみ(THD)と雑音(N)が含まれています．一般に$THD+N$は周波数帯域を狭くするほど小さくなります．しかし，AD8651だけは周波数帯域を狭くしてもあまり改善が見られません．OPアンプによって，雑音と高調波ひずみ成分の周波数分布はさまざまで，AD8651のように帯域を挟めても$THD+N$があまり低下しないものもあります．AD8651のデータシートからは，大きな高調波ひずみが発生すると読み取れないので，AD8651の22Hz～22kHzの雑音が他の二つに比べて大きいのでしょう．22Hz～22kHzで比較すると，OPA356は最も低雑音／低ひずみで，次に低雑音／低ひずみなのがLMH6645です．

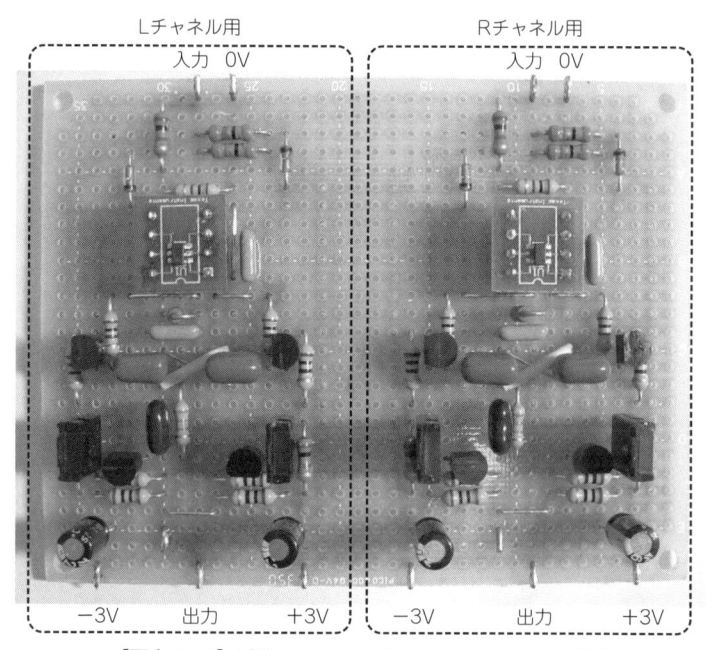

＊

［写真5A-2］試作したヘッドフォン・アンプの部品面

Appendix A　微小信号から大信号までの 幅広い入力レベルへの対応

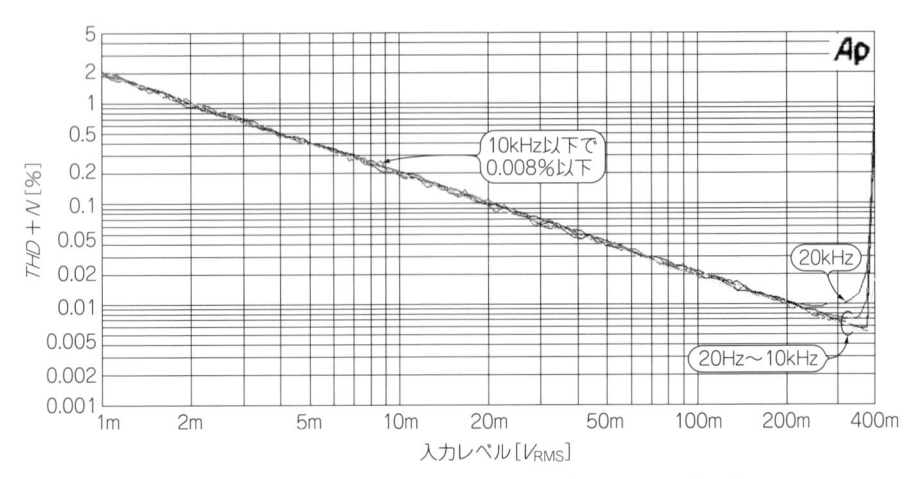

[図5A-15] 図5A-14のヘッドホン・アンプのTHD＋N（実測）

　図5A-14に示すのは，単3乾電池4本（±3V電源）で動作する低ひずみヘッドホン・アンプ（写真5A-2）です．図5A-15にTHD＋N特性を示します．可聴帯の10kHz以下で0.008％以下の低ひずみが実現されています．

第5章 Appendix B

雑音レベルの算出術
正規分布する雑音の分布のようすや合成の方法

5B-1　雑音の算出式

■抵抗から生じる雑音

● 熱雑音を求める式

周波数特性が平たんな白色雑音である熱雑音の実効値v_N[V_{RMS}]は，次式で求まります．

$$v_N = \sqrt{4kTRB_N} \quad \cdots\cdots\cdots (5\text{B-1})$$

ただし，k＝ボルツマン定数[J/K]（1.38×10^{-23}），T：絶対温度[K]（摂氏温度＋273.15℃），R：抵抗値[Ω]，B_N：等価雑音帯域幅[Hz]

● 等価雑音帯域幅の求め方

－6dB/octで減衰するRC1次LPFのカットオフ周波数をf_C[Hz]とすると，等価雑音帯域幅B_N[Hz]は次のようになります．

$$B_N = mf_C = 1.57 \times f_C \quad \cdots\cdots\cdots (5\text{B-2})$$

1.57はゲインの周波数特性の減衰傾度や伝達関数で決まり，バターワース特性のLPFの場合，**表5B-1**のようになります．**図5B-1**に示すように1次のRCフィル

[表5B-1[(2)]] バターワース特性の等価雑音帯域幅係数

次数	減衰傾度	等価雑音帯域幅係数 m
1	－6 dB/oct	1.57
2	－12 dB/oct	1.11
3	－18 dB/oct	1.05
4	－24 dB/oct	1.03

[表5B-2[(2)]] 1次のRCフィルタ回路を縦属接続したときの等価雑音帯域幅係数

次数	減衰傾度	等価雑音帯域幅係数 m
1	－6 dB/oct	1.57
2	－12 dB/oct	1.22
3	－18 dB/oct	1.16
4	－24 dB/oct	1.13

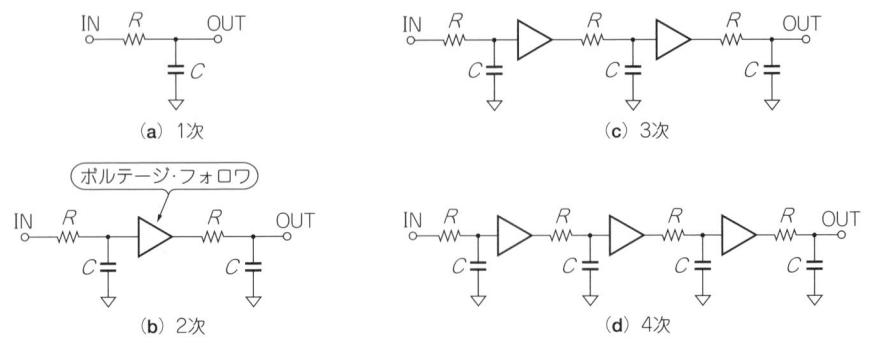

[図5B-1(2)] 1次のRCフィルタ回路を縦属接続したときの等価雑音帯域幅係数は？

(a) 1次
(b) 2次 ボルテージ・フォロワ
(c) 3次
(d) 4次

タを縦属接続した場合は，表5B-2のようになります．

▶ RC1次フィルタの等価雑音帯域の導出

図5B-1(a)に示すRC1次フィルタの伝達関数を$A_V(f)$とすると，等価雑音帯域幅B_Nは次のようになります．

$$B_N = \int_0^\infty |A_V(f)|^2 df \quad \cdots\cdots(5B\text{-}3)$$

$|A_V(f)|$は次式で表されます．

$$|A_V(f)| = \sqrt{\frac{1}{1+\left(\dfrac{f}{f_C}\right)^2}} \quad \cdots\cdots(5B\text{-}4)$$

$$f_C = \frac{1}{2\pi CR}$$

ここで，$f = f_C \tan\theta$，$df = f_C \sec^2\theta\, d\theta$とおいて置換積分すると，

$$B_N = \int_0^{\frac{\pi}{2}} \frac{f_C \sec^2\theta}{1+\tan^2\theta} d\theta \quad \cdots\cdots(5B\text{-}5)$$

となります．ここで，公式$\sec^2\theta = 1 + \tan^2\theta$を使って整理すると，

$$B_N = f_C \int_0^{\frac{\pi}{2}} d\theta = \frac{\pi}{2} f_C \fallingdotseq 1.57 \times f_C \quad \cdots\cdots(5B\text{-}6)$$

と求まります．

● RC4次フィルタの等価雑音帯域幅の導出

図5B-1(d)に示すRC4次フィルタの伝達関数を$A_V(f)$とすると，等価雑音帯域

幅B_Nは次のようになります．

$$B_N = \int_0^\infty |A_V(f)|^2 df \quad \text{(5B-7)}$$

伝達関数$|A_V(f)|$は次のように表されます．

$$|A_V(f)| = \left\{\frac{1}{1+\left(\frac{f}{f_C}\right)^2}\right\}^2 \quad \text{(5B-8)}$$

$$f_C = \frac{1}{2\pi CR}$$

f_Cは，RC4次フィルタのカットオフ周波数ではない点に注意してください．ここで，$f = f_C \tan\theta$，$df = f_C \sec^2\theta d\theta$とおいて置換積分すると，

$$B_N = f_C \int_0^{\frac{\pi}{2}} \frac{1}{(1+\tan^2\theta)^3} df = f_C \int_0^{\frac{\pi}{2}} \cos^6\theta df \quad \text{(5B-9)}$$

となります．ここで，公式$\cos^2\theta = 1/2 + 1/2\cos2\theta$を使って整理すると次のようになります．

$$B_N = f_C \int_0^{\frac{\pi}{2}} \left(\frac{5}{16} + \frac{15}{32}\cos2\theta + \frac{1}{16}\cos4\theta + \frac{1}{32}\cos6\theta\right) df = \frac{5\pi}{32} f_C \quad \text{(5B-10)}$$

RC4次フィルタの−3dBカットオフ周波数をf_{C4}とすると，

$$\left\{\frac{1}{1+\left(\frac{f_{C4}}{f_C}\right)^2}\right\}^2 = \frac{1}{\sqrt{2}}$$

ですから，

$$f_{C4} = f_C \sqrt{\sqrt[4]{2} - 1} \quad \text{(5B-11)}$$

となり，次のようになります．

$$B_N = \frac{5\pi}{32\sqrt{\sqrt[4]{2}-1}} f_{C4} \approx 1.13 \times f_{C4} \quad \text{(5B-12)}$$

■コンデンサから生じる雑音

コンデンサからも熱雑音は生じ，その値は次式で求まります．

$$v_N = \sqrt{\frac{kT}{C}} \quad \text{(5B-13)}$$

ただし，k：ボルツマン定数[J/K]（1.38×10^{-23}），T：絶対温度[K]，C：コンデンサの静電容量[F]

この式は，**図5B-1**(a)に示すRC1次フィルタの抵抗値を無限大にすると求まります．フィルタの抵抗を極限まで大きくすると，帯域が制限されて雑音はゼロになりそうですが，実際にはそうはならないことを意味しています．コンデンサの熱雑音は，スイッチト・キャパシタ回路などで問題になります．

■ A-Dコンバータから生じる雑音

図5B-2(a)に示すように，アナログ信号を分解能無限大で直線性が完璧な理想A-Dコンバータで量子化すると，変換前(アナログ信号)と変換後(ディジタル・コード)の関係は直線になります．しかし，現実のA-Dコンバータの分解能は有限ですから，A-D変換後は誤差(雑音)を含む階段状の波形になります．

ここで，A-D変換後のSN比R_{SN}を計算してみます．**図5B-2**の誤差の出現確率密度分布$P(\varepsilon)$は次のように表すことができます．

- $-\dfrac{q}{2} \leq \varepsilon \leq +\dfrac{q}{2}$のとき，

    $$P(\varepsilon) = \frac{1}{q} \quad \cdots\cdots (5\text{B-}14)$$

- $-\dfrac{q}{2} > \varepsilon，+\dfrac{q}{2} < \varepsilon$のとき，

    $P(\varepsilon) = 0$

    ただし，ε：誤差の大きさ，q：量子化値(1LSB)

量子化雑音の実効値をNとすると，量子化雑音電力N^2は次のようになります．

$$N^2 = \frac{1}{q}\int_{-\frac{q}{2}}^{+\frac{q}{2}} \varepsilon^2 d\varepsilon = \frac{q^2}{12} \quad \cdots\cdots (5\text{B-}15)$$

N^2は量子化雑音の分散，Nは標準偏差とも考えられます．ここでA-Dコンバータに入力される信号の振幅を$\pm A$とすると，最小量子化ビット(1LSB)の大きさqは次のようになります．

$$q = \frac{2A}{2^n} \quad \cdots\cdots (5\text{B-}16)$$

ただし，n：A-Dコンバータの分解能

入力信号の実効値をS，信号の波高率(クレスト・ファクタ)をP_Fとすると次のようになります．

$$S = \frac{A}{P_F} \quad \cdots\cdots (5\text{B-}17)$$

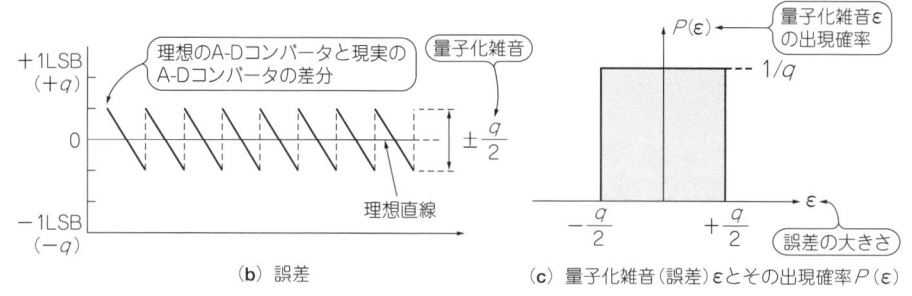

[図5B-2(2)] 分解能3ビットのA-Dコンバータを例に量子化雑音が生じるようすを考える

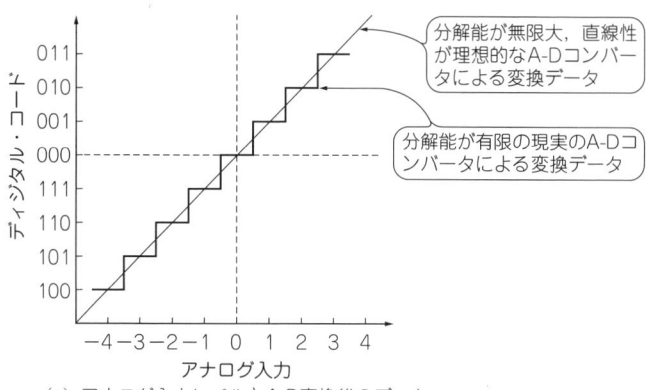

(a) アナログ入力レベルとA-D変換後のデータ
(b) 誤差
(c) 量子化雑音（誤差）εとその出現確率 $P(\varepsilon)$

波高率とは実効値を片ピーク値に変換するときの係数で，正弦波の波高率 P_F は $\sqrt{2}$ です．式(5B-17)は波高率の定義式の変形です．

SN比 R_{SN} [dB]は次のようになります．

$$R_{SN} = 10 \log\left(\frac{S^2}{N^2}\right) \quad \cdots\cdots (5\text{B-}18)$$

ここで，

$$S^2 = \frac{A^2}{P_F{}^2} \quad \cdots\cdots (5\text{B-}20)$$

$$N^2 = \frac{q^2}{12} = \frac{1}{12} \times \frac{4A^2}{2^{2n}} = \frac{1}{3} A^2 \times 2^{-2n} \quad \cdots\cdots (5\text{B-}21)$$

ですから，式(5B-18)は次のようになります．

$$R_{SN} = 10 \log\left(\frac{A^2/P_F{}^2}{A^2 \times 2^{-2n}/3}\right) = 10 \times 2n \log 2 + 10 \log \frac{3}{P_F{}^2}$$

$$= 6.02n + 10\log\frac{3}{P_F^2} \qquad (5B\text{-}22)$$

式(5B-22)からA-D変換後のSN比は，入力信号の波高率によって異なることがわかります．信号が正弦波の場合のSN比は次のようになります．

$$R_{SN} = 6.02n + 1.76 \qquad (5B\text{-}23)$$

振幅分布が正規分布する信号の波高率を4.4とすると(表5B-3)次のようになります．

$$R_{SN} = 6.02n - 8.1 \qquad (5B\text{-}24)$$

5B-2　雑音の合成の方法など

● 雑音の実効値の合成

統計学では，正規分布する二つの無相関な集合体(例えば雑音の振幅)の標準偏差をσ_1, σ_2とすると，各々を合わせたときの標準偏差σ_{total}は次式で計算できます．

$$\sigma_{total} = \sqrt{\sigma_1^2 + \sigma_2^2} \qquad (5B\text{-}25)$$

図5B-3に示すように，熱雑音の振幅の出現頻度も正規分布(ガウス分布)するので，式(5B-25)を使って，複数の抵抗から生じる熱雑音を合成することができます．

二つの熱雑音源の電圧をv_{N1}, v_{N2}とすると，合成電圧$v_{N(total)}$は次のようになります．

$$v_{N(total)} = \sqrt{v_{N1}^2 + v_{N2}^2} \qquad (5B\text{-}26)$$

このような計算法を自乗平均と呼び，正規分布する測定誤差やばらつきの計算に

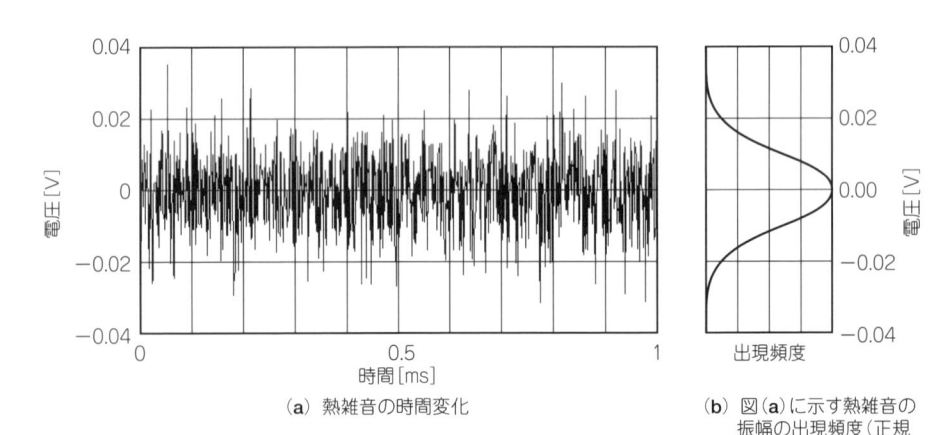

(a) 熱雑音の時間変化

(b) 図(a)に示す熱雑音の振幅の出現頻度(正規分布する)

[図5B-3] 熱雑音の振幅の出現頻度は正規分布する

も応用されています.

● **1/f雑音はほぼ正規分布**

図5B-4に示すのは1/f雑音の振幅分布で,ほぼ正規分布すると考えることができます.

1/f雑音は正規分布しないと記載している文献もあります.図5B-5に示すのは,文献(1)に記載のある次式から求めた1/f雑音の分布です.

$$f(x) = \frac{\pi}{\sqrt{6}} \exp\left[-\left(\frac{\pi}{\sqrt{6}}x + 0.577\right) - \exp\left\{-\left(\frac{\pi}{\sqrt{6}}x + 0.577\right)\right\}\right] \quad \cdots\cdots (5\text{B-}27)$$

(a) 1/f雑音の時間変化

(b) 図(a)に示す1/f雑音の振幅の出現頻度

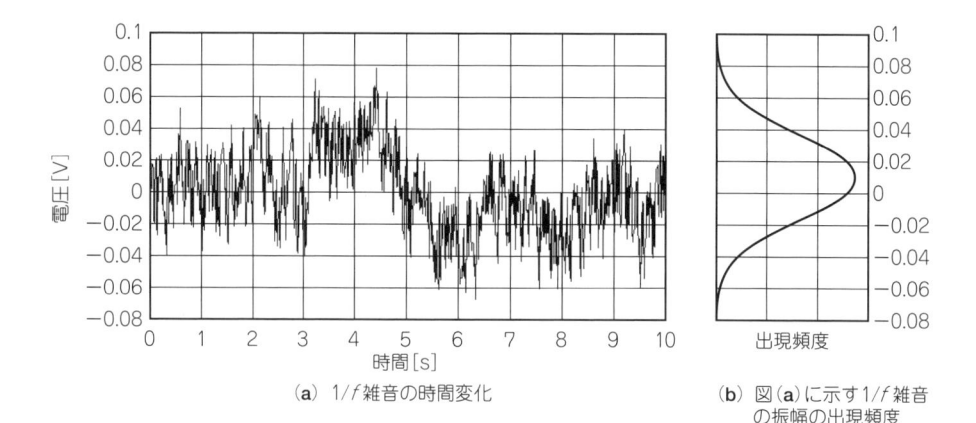

[図5B-4] 1/f雑音の振幅の出現頻度もほぼ正規分布する

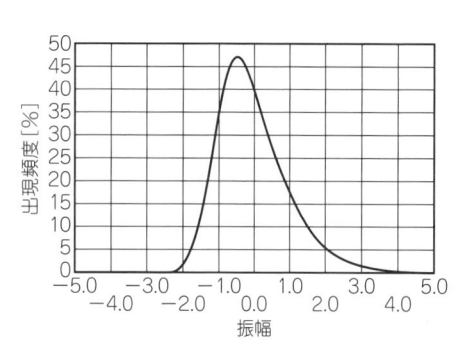

[図5B-5] 文献(1)に示されている1/f雑音の分布

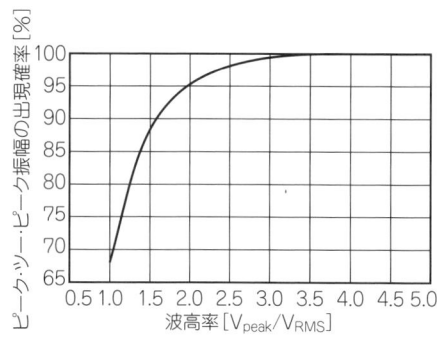

[図5B-6] ピーク・ツー・ピーク振幅の出現確率と波高率の関係

[表5B-3] 正規分布する雑音の振幅確率と波高率

出現確率 [％]	波高率 V_{peak}/V_{RMS}
68.3	1.0
99.0	2.6
99.9	3.3
99.99	3.9
99.999	4.4
99.9999	4.9
99.99999	5.3

注▶一般に，ピーク・ツー・ピーク値は実効値を6.6倍(波高率3.3×2)して求める

● アンプの飽和を考えるときはピーク・ツー・ピークで

　雑音電圧の計算をするときは一般に実効値を使いますが，アンプやA-Dコンバータが飽和しない雑音レベルを検討する場合は，ピーク・ツー・ピークで考えます．

　振幅が正規分布する雑音であれば，ある振幅の雑音が全体の何％に相当するかは式を使って求めることができます．例えば，振幅が実効値以下の雑音の割合は全体の約68％です(ただし直流オフセット電圧を0とする)．残りの32％の雑音は，実効値よりも大きな振幅をもっています．

　ピーク・ツー・ピークは，波高率を使って実効値から求めます．**図5B-6**に示すのは，波高率とピーク・ツー・ピークが存在する割合(確率)の関係です．ピーク・ツー・ピークは，2×波高率×実効値で計算できます．**図5B-6**からわかるように，波高率を4以上と考えて設計すれば，ほとんどの振幅がその範囲内に収まります．

　表5B-3に示すのは，波高率と振幅の出現確率の関係です．比較的よく使うのは，確率99.9％のときの3.3です．雑音の実効値電圧を$100mV_{RMS}$と仮定すると，ピーク・ツー・ピークは$660mV_{P-P}$($=2×3.3×100mV$)です．これは，雑音信号の振幅の99.9％が$660mV_{P-P}$以内に収まることを意味しています．残りの0.1％は$660mV_{P-P}$より振幅の大きい雑音ですが，0.1％存在する振幅値が測定上問題になることは少ないと考えることができます．例えば，$100mV_{RMS}$の雑音電圧を測定する回路では，約$660mV_{P-P}$の電圧を扱える必要があります．

第6章

【成功のかぎ6】
周波数特性のコントロール
雑音や安定性に配慮して最適化する

アンプの上限周波数は，高域まで大きなゲインをもつOPアンプを使い，帰還量を増やすことで伸ばすことができます．しかし，必要以上に周波数特性を伸ばすと発振したり雑音が増えたりします．

本章では，安定性や雑音に配慮しながら，狙いどおりの周波数特性を実現するための手法を説明します．

6-1　帯域を広げる方法

■ゲインの周波数上限を決めるゲイン帯域幅と帰還量 β

OPアンプには「電圧帰還型」と「電流帰還型」がありますが，多くは電圧帰還型です．電圧帰還型OPアンプを使ったアンプのゲインの周波数上限は，次の二つの要素で決まります．

- ゲイン帯域幅 GBW
- 帰還量 β

ゲイン帯域幅 GBW はOPアンプ固有の性能で，データシートに仕様が記載されています．周辺回路でどうにかなるものではなく，大きくしたければ GBW の大きいOPアンプを使う以外に方法はありません．

帰還量 β は，OPアンプの帰還回路で決まるパラメータで，周辺部品の定数でコントロールできます．

なお，第12章で説明する電流帰還OPアンプは，OPアンプ内部の回路構成の違いから，同様に考えることはできません．

■ GBWの大きいOPアンプを選ぶ

● GBWが大きいほど周波数帯域が広くなる

　GBWが大きいOPアンプを使うと広帯域のアンプを作ることができます．GBWはオープン・ループ・ゲインと周波数の積で，GB積とも呼びます．

　図6-1に示すのは，帰還をかけていない二つのOPアンプ（AとB）[図6-2(a)]のゲインの周波数特性です．このゲインをオープン・ループ・ゲインと呼び，周波数が高くなるにしたがって減衰します．減衰領域の傾きは，一般に図6-1に示すように－6dB/octで一定として考えます．/octは「周波数が2倍になるごとに」という意味です．/decという単位も利用されています．これは「周波数が10倍になる

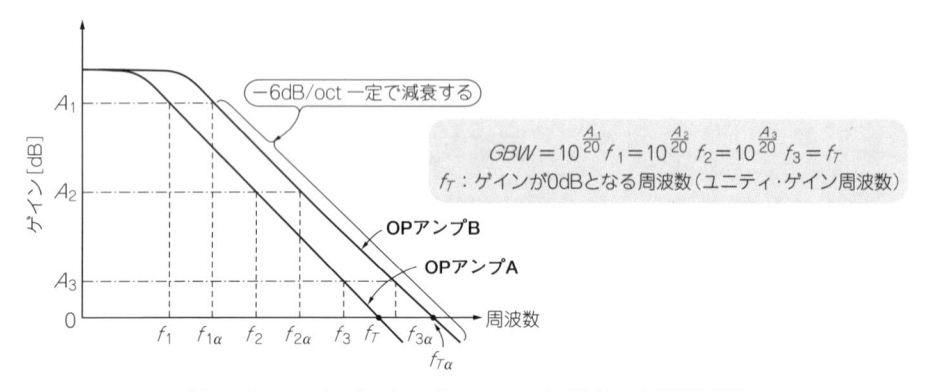

$$GBW = 10^{\frac{A_1}{20}} f_1 = 10^{\frac{A_2}{20}} f_2 = 10^{\frac{A_3}{20}} f_3 = f_T$$

f_T：ゲインが0dBとなる周波数（ユニティ・ゲイン周波数）

[図6-1] OPアンプのオープン・ループ・ゲインの周波数特性
同じゲインのアンプを設計するとOPアンプAよりGBWの大きいOPアンプBのほうが周波数帯域が広くなる

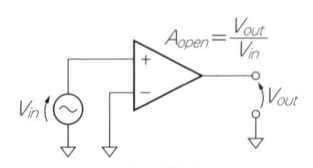

$$A_{open} = \frac{V_{out}}{V_{in}}$$

実際にこのように接続すると入力オフセット電圧によって出力は飽和してしまう．ここでは，入力オフセット電圧がゼロの理想的なOPアンプを想定している

(a) 帰還をかけていない状態

$$A_{close} = \frac{V_{out}}{V_{in}} = \frac{R_S + R_F}{R_S} = \frac{1}{\beta}$$

帰還回路

帰還量 $\beta = \dfrac{R_S}{R_S + R_F}$

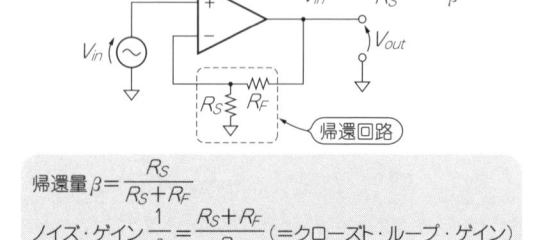

ノイズ・ゲイン $\dfrac{1}{\beta} = \dfrac{R_S + R_F}{R_S}$ （＝クローズド・ループ・ゲイン）

(b) 帰還をかけた状態

[図6-2] 帰還をかけていないアンプと帰還をかけたアンプ
オープン・ループ・ゲインA_{open}は帰還をかけていないアンプの入力電圧と出力電圧の比

ごとに」という意味で，−6dB/octは−20dB/decに相当します．

図6-1に示すOPアンプAもOPアンプBも，ゲインが−6dB/oct一定で減衰している領域では，どこでもGBWは同じです．

OPアンプAを使ってゲインA_1倍のアンプを設計したのち，よりGBWの大きいOPアンプBに交換すると，周波数帯域が$0 \sim f_1$から$0 \sim f_{1a}$に広がります．

● *GBW*の異なる二つのOPアンプで実証

図6-3(a)に示す実験回路を使って，GBWの異なる二つのOPアンプ TLV272（GBW = 3MHz）とOPA2350（GBW = 38MHz）を使ってゲインの周波数特性を比較します．OPA2350のGBWはTLV272の約13倍です．

図6-4に，ゲイン10倍のとき[図6-3(a)]の実験結果を示します．OPA2350を使

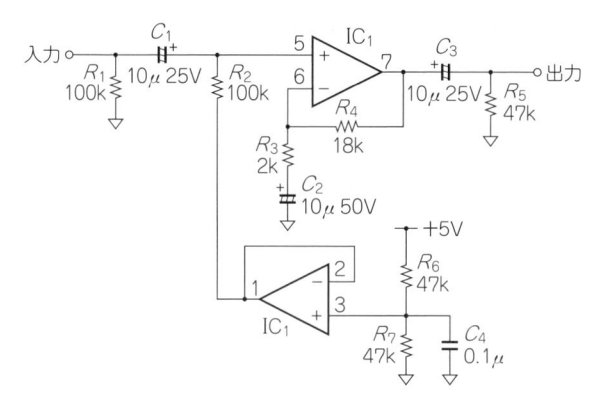

(a) ゲイン10倍，ノイズ・ゲイン10倍のアンプ

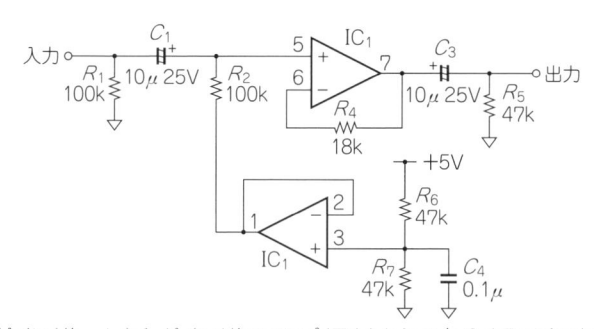

(b) ゲイン1倍，ノイズ・ゲイン1倍のアンプ（図(a)からR_3とC_2を取り除いた回路）

[図6-3[(1)]] *GBW*の大きいOPアンプを使ったアンプのほうが周波数特性が伸びることを確認する実験回路（IC_1にGBW 3MHzのTLV272とGBW 38MHzのOPA2350を使用）

6-1 帯域を広げる方法 | **173**

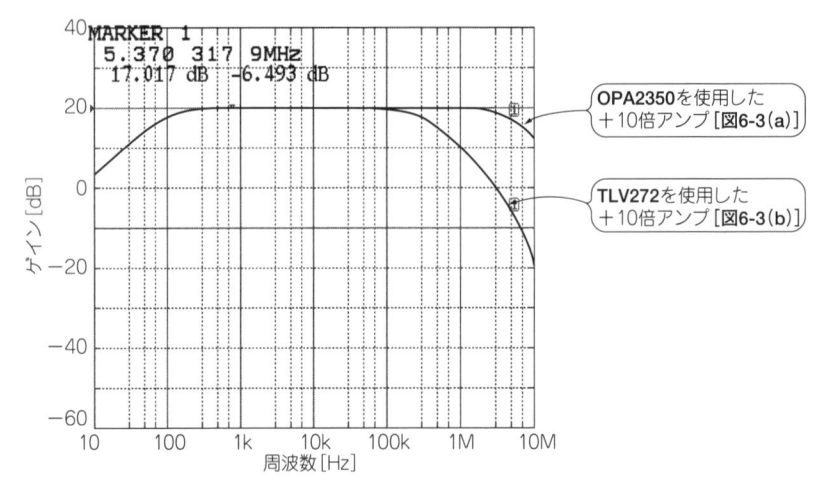

[図6-4[(1)]] GBW が大きいOPアンプほど周波数特性が伸びる

図6-3(a)の回路を試作して測定した周波数特性．-3dBしゃ断周波数は
TLV272を使った場合約350kHz，OPA2350を使った場合約5.4MHz

ったアンプの-3dBしゃ断周波数は約5.4MHz，TLV272を使った場合は約350kHzです．TLV272からOPA2350に変更するだけで，カットオフ周波数は約15倍になります．

TLV272は，出力レール・ツー・レールの低消費電流型汎用OPアンプです．OPA2350はCMOS高速OPアンプで，高出力電流と高GBWを実現した入出力レール・ツー・レール型です．容量性負荷に対しても比較的安定なので，A-Dコンバータのリファレンス電圧用のバッファ・アンプやオーディオ周波数帯のアクティブ・フィルタ回路に利用されています．

■ 帰還量を増やす

● 帰還量を増やすと周波数帯域が広がる理由

図6-1を見てください．OPアンプに負帰還をかけると[図6-2(b)]，ノイズ・ゲインは帰還量 $R_S/(R_S+R_F)$ に応じて変化します．

ノイズ・ゲインが A_1 のとき帰還量 β は小さく，ゲイン一定の帯域が狭くなります．ノイズ・ゲインが A_3 のときは帰還量が大きく，周波数帯域が広くなります．このようにアンプの帯域は，ノイズ・ゲイン（帰還量の逆数）が1に近づくほど広がります．

帰還量とは，出力信号と反転入力端子に戻す信号の量の比です．出力信号と反転

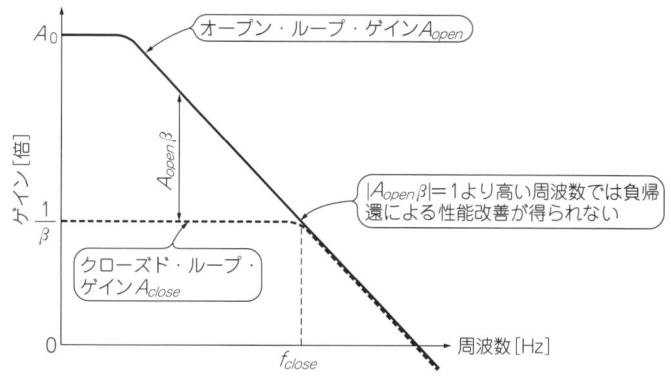

[図6-5(1)] OPアンプに負帰還をかけたとき[図6-2(a)]と負帰還をかけないとき[図6-2(b)]のゲインの周波数特性

　入力端子の信号の大きさが等しいボルテージ・フォロワの帰還量 β は1で，もっとも多量の負帰還がかかります．

　図6-5に示すのは，OPアンプに負帰還をかけたとき[図6-2(a)]と，かけないときのゲイン[図6-2(b)]の周波数特性です．負帰還をかけたときのノイズ・ゲインをクローズド・ループ・ゲインとも呼びます．

　上限周波数 f_{close} [Hz]，帰還量 β と GBW [Hz] の間には次の関係があります．

$$f_{close} = GBW\beta \quad \cdots \cdots (6\text{-}1)$$

　式(6-1)から，f_{close} は帰還量 β を増やせば大きくなります．

● ゲイン+10倍と+1倍のアンプで実証

　TLV272を使って図6-3に示す回路を試作し，帰還量がゲインの上限周波数に与える影響を実験で確認しました．

　図6-6に結果を示します．帰還量 β が大きいゲイン1倍のときのほうが+10倍のときよりも周波数特性が伸びています．しかし，ゲイン1倍の周波数特性に大きなピークが生じました．これはアンプが不安定な状態にあることを示しており，第7章で解説する発振対策が必要です．

■ 実際のOPアンプの GBW は周波数によらず一定ではない

　図6-1で，オープン・ループ・ゲインの−6dB/oct減衰域での GBW は一定であると説明しました．しかし，現実のOPアンプの GBW は一定でないことがあります．

[図6-6⁽¹⁾] 帰還量を増やすとゲインが一定のフラットな帯域が広がる

帰還量βが大きいゲイン1倍のときのほうがゲイン+10倍のときよりも周波数特性が伸びる

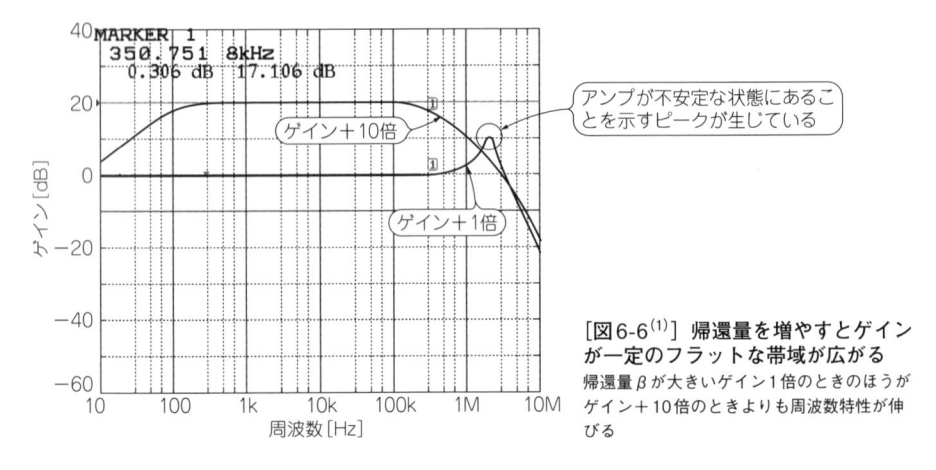

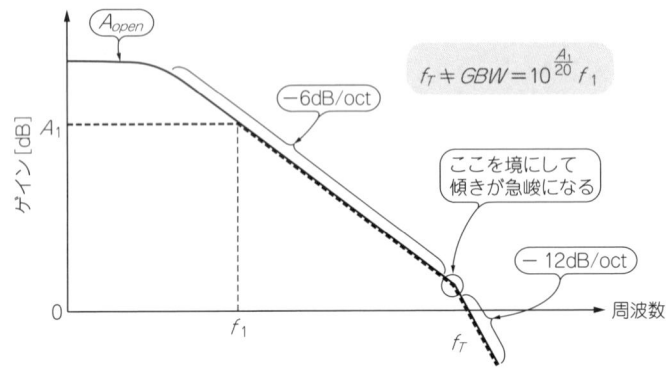

$$f_T \fallingdotseq GBW = 10^{\frac{A_1}{20}} f_1$$

[図6-7⁽¹⁾] 実際のOPアンプのGBWは高域で-6dB/octよりも急峻に減衰する

図6-1に示したOPアンプは減衰傾度が-6dB/oct一定で，周波数によらずGBWが一定だった．しかし実際のOPアンプは高域で減衰傾度が-6dB/octより急峻になる

　図6-7に示すように，一部のOPアンプは高域で減衰傾度が-6dB/octより急峻になります．

　GBWと混同されやすいユニティ・ゲイン周波数(f_T)は，オープン・ループ・ゲインが0dBになる周波数です．図6-1のようにゲインが0dBになるまで-6dB/octの減衰傾度が維持されるOPアンプなら，そのユニティ・ゲイン周波数とGBWは一致しますが，一部のOPアンプは高域で減衰傾度が-6dB/octより急峻になるため，ユニティ・ゲイン周波数とGBWが一致しなくなります．

6-2　ノイズ・ゲインで上限周波数とゲインを個別にコントロール

● ノイズ・ゲインで雑音や周波数特性をコントロール

ここまで，周波数特性を伸ばす方法を説明してきましたが，重要なのは周波数特性を狙いどおりに設計することです．

キーワードはノイズ・ゲインです．ノイズ・ゲインをコントロールできると，周波数特性の変わらないゲイン切り替え回路や，これから説明するポジティブ側とネガティブ側の特性のバランスのとれたシングルエンド-差動変換回路を設計できます．

図6-8(a)に示すのは，ポジティブ側とネガティブ側の周波数特性が異なるシングルエンド-差動変換回路です．ポジティブ側は反転アンプ，ネガティブ側は非反転アンプです．図6-8(b)にポジティブ側とネガティブ側のゲインの周波数特性の解析結果を示します．

この回路に，高調波成分を含むパルス信号を入力すると，ポジティブ側とネガティブ側から出力されるパルス信号の波形が異なります．これはポジティブ側とネガティブ側の特性がアンバランスだからです[図6-8(c)]．入力信号が正弦波の場合は，ポジティブ側とネガティブ側の高調波ひずみ率が違うバランスの悪い信号が出力されます．

図6-9(a)に示すように，非反転アンプのほうに帰還抵抗を接続し，ノイズ・ゲインを反転アンプ側と等しくすると，図6-9(b)のように周波数特性がそろって，パルス応答波形の立ち上がりやオーバーシュートのようすが同じようになります[図6-9(c)]．また，第5章で説明したように，必要以上に周波数帯域を伸ばすと出力雑音レベルが増大するので，ノイズ・ゲインを適切にコントロールすることは重要です．

● ゲインを下げつつ上限周波数の上昇を抑えるには

ノイズ・ゲイン G_N は帰還量 β の逆数 $1/\beta$ なので，式(6-1)は次のように書き直すことができます．

$$f_{close} = \frac{GBW}{G_N} \quad \cdots\cdots\cdots\cdots\cdots\cdots\cdots\cdots\cdots\cdots\cdots\cdots\cdots\cdots\cdots\cdots\cdots\cdots\cdots\cdots\cdots\cdots \quad (6\text{-}2)$$

GBW はOPアンプ固有のもので定数と考えることができるので，G_N を変えなければ上限周波数(f_{close})は変わりません．

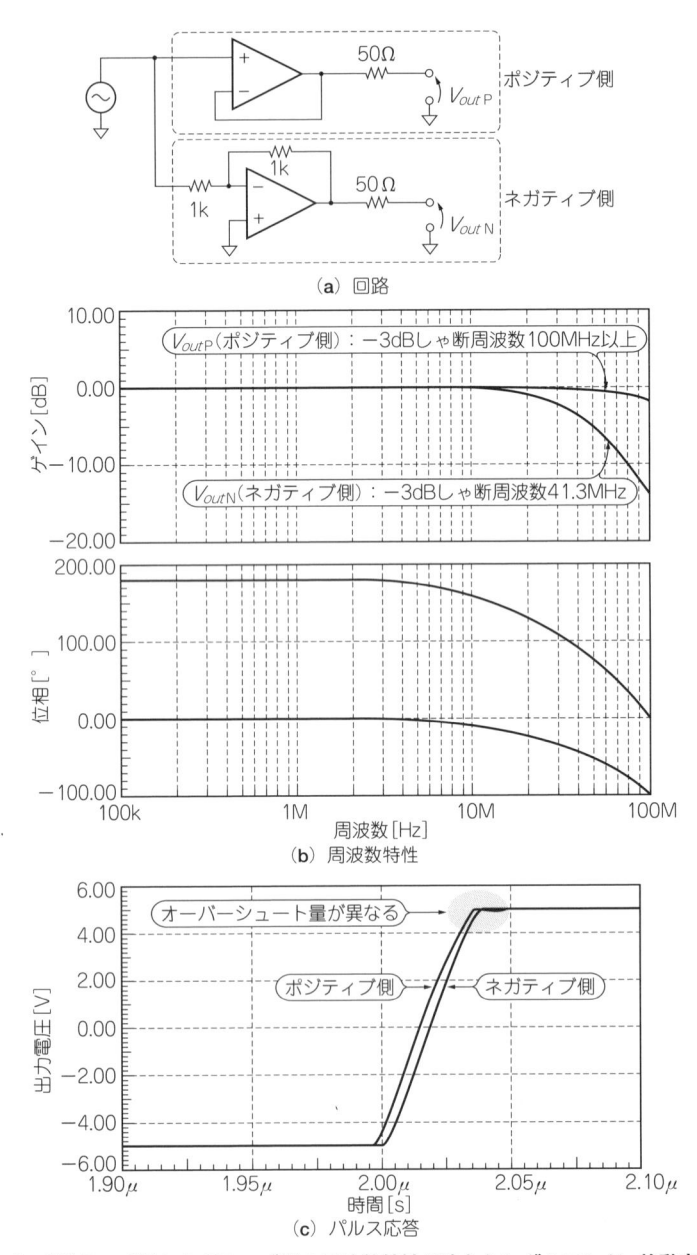

[図6-8] ポジティブ側とネガティブ側の周波数特性が違うシングルエンド-差動変換回路
パルス信号を入力するとアンバランスな波形の信号が出力される．正弦波を入力するとポジティブ側とネガティブ側の高調波ひずみ率が違う信号が出力される

第6章 周波数特性のコントロール

(a) 回路

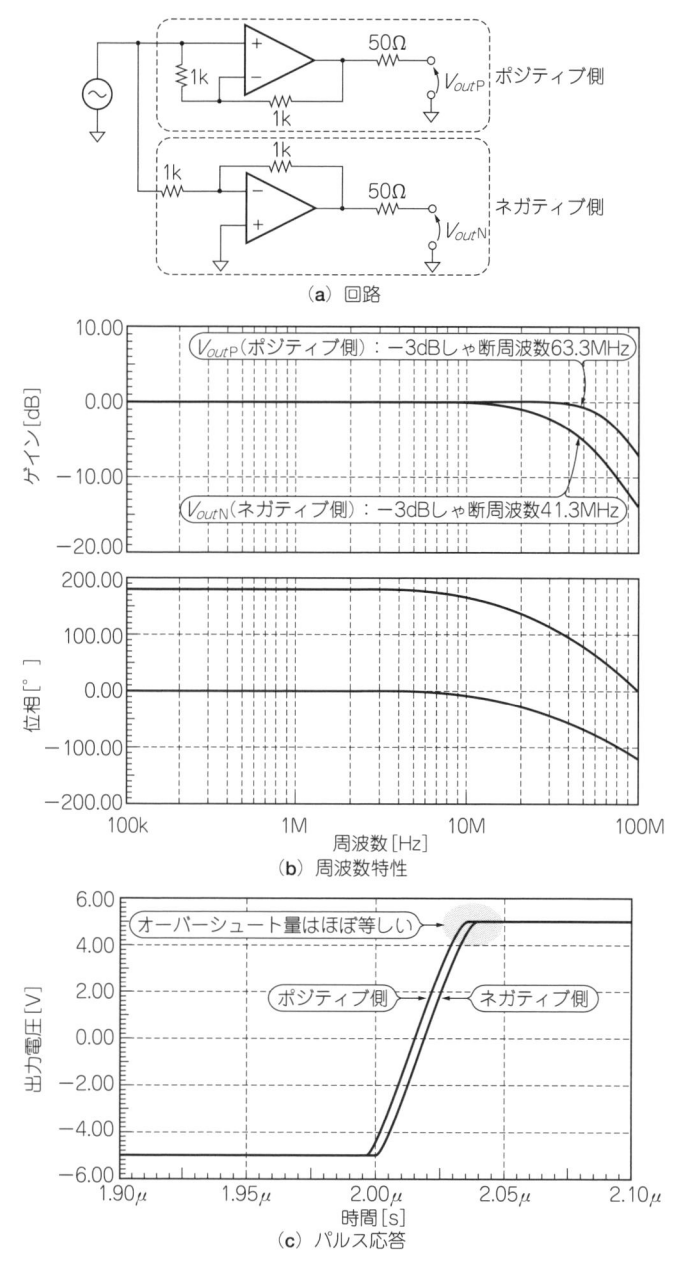

(b) 周波数特性

(c) パルス応答

[図6-9] ポジティブ側とネガティブ側のノイズ・ゲインをそろえたシングルエンド - 差動変換回路
図6-8と比べると，ポジティブ側とネガティブ側の特性がよくそろっている

(a) ゲイン1倍の非反転アンプ
（ボルテージ・フォロワ）

入出力ゲイン（V_{out}/V_{in}）：1倍
ノイズ・ゲイン：1倍
周波数帯域：$2f_{close}$

(b) ゲイン－1倍の反転アンプ

入出力ゲイン（V_{out}/V_{in}）：－1倍
ノイズ・ゲイン：2倍
周波数帯域：f_{close}

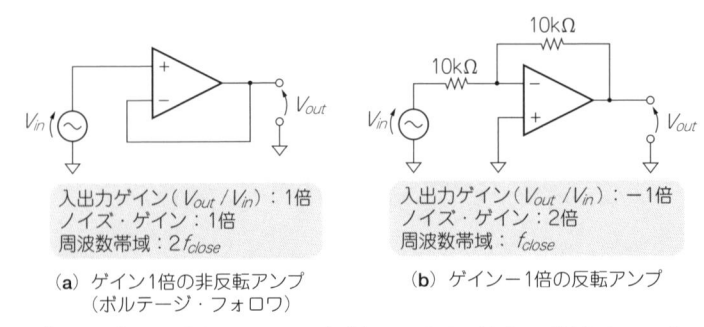

［図6-10］入出力ゲインが同じ(1倍)でノイズ・ゲインが異なるアンプ
(b)の周波数帯域は(a)の半分になる

　図6-10に示すのは，ゲインが等しくノイズ・ゲインの異なる二つのアンプです．図(a)のボルテージ・フォロワは，出力電圧のすべてが反転入力に帰還されているので，帰還量 β もノイズ・ゲインも1です．一方，図(b)の反転アンプはゲインが－1倍，ノイズ・ゲインが2倍です．

　式(6-2)に図(a)と図(b)のノイズ・ゲインを入れると，(b)の周波数帯域は(a)の半分になります．

　図6-6の実験結果は，図6-3(a)のアンプから R_3 を取り除いてゲインを＋10倍から＋1倍に下げると，上限周波数が上がることを示しています．

　上限周波数が上がることを抑止するには，図6-11のようにOPアンプの＋入力端子と－入力端子に抵抗 R_8 を追加します．すると，ノイズ・ゲインは10倍のまま，ゲインが1倍に低下します．

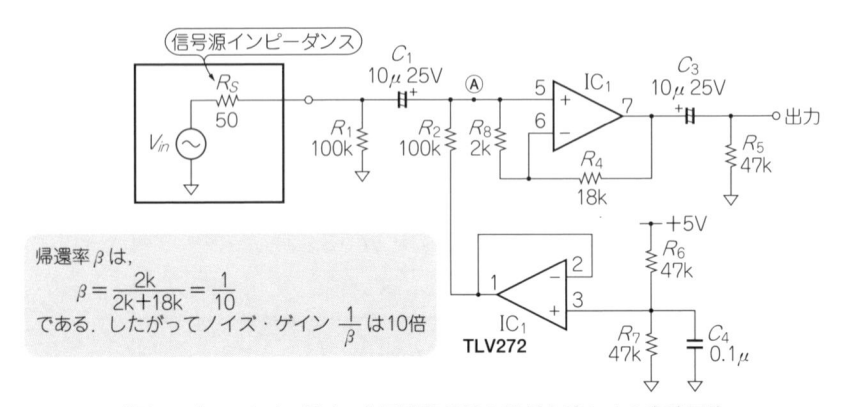

帰還率 β は，
$$\beta = \frac{2k}{2k+18k} = \frac{1}{10}$$
である．したがってノイズ・ゲイン $\frac{1}{\beta}$ は10倍

［図6-11］ノイズ・ゲインと周波数特性の関係を確かめる実験回路
ゲイン1倍，ノイズ・ゲイン10倍のアンプ．OPアンプの＋入力端子と－入力端子に抵抗（R_8）を追加

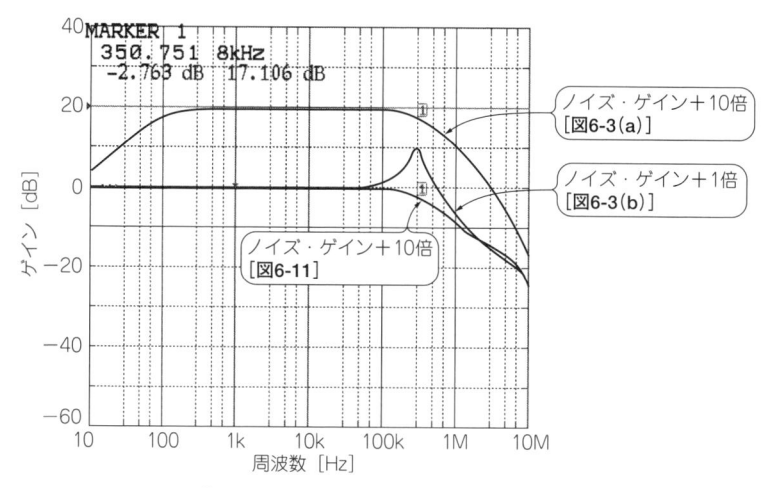

[図6-12] 図6-3と図6-11の周波数特性

図6-3(a)のR_3を取り除いて図6-3(b)のように変更すると，ゲインが伸びて発振の兆候であるピークが現れた．R_8を追加してノイズ・ゲインを調整すると上限周波数の増大が抑えられピークも出なくなる

図6-12に，図6-11に示すボルテージ・フォロワの周波数特性を示します．－3dBカットオフ周波数はゲイン＋10倍のときとほぼ同じになり，図6-6で見られたピークが消えました．ノイズ・ゲインをコントロールすることで，発振の可能性（ゲインのピーク）を小さくできることがわかります．

この実験において，信号源インピーダンス（測定器の出力インピーダンス 50Ω）がR_3（2kΩ）と比べて十分に小さくないと帰還率は1/10になりませんが，50Ωは2kΩに対して十分に小さいとみなし無視しました．

6-3 上限周波数の上昇を抑制する方法

● 帰還回路で周波数特性をコントロールする

周波数帯域の上限は，出力にフィルタ回路を設けたり，帰還回路にコンデンサを入れたりして調整します．

例えば図6-3(a)に示したアンプの上限周波数特性を抑制するには，帰還抵抗の両端にコンデンサC_4を追加します（図6-13）．しゃ断周波数の精度は抵抗とコンデンサの誤差で決まります．

この方法は反転アンプでも利用できます．上限周波数も非反転アンプの場合と同じように，帰還抵抗とコンデンサの値から計算できます．

(a) 回路

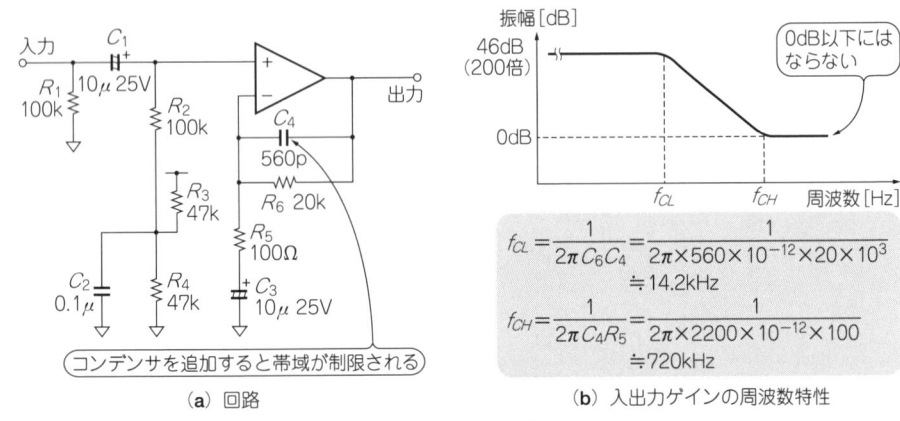

$$f_{CL} = \frac{1}{2\pi C_6 C_4} = \frac{1}{2\pi \times 560 \times 10^{-12} \times 20 \times 10^3}$$
$$\fallingdotseq 14.2 \text{kHz}$$

$$f_{CH} = \frac{1}{2\pi C_4 R_5} = \frac{1}{2\pi \times 2200 \times 10^{-12} \times 100}$$
$$\fallingdotseq 720 \text{kHz}$$

(b) 入出力ゲインの周波数特性

[図6-13] アンプの上限周波数を下げる方法
図6-3(a)に示す回路を例に

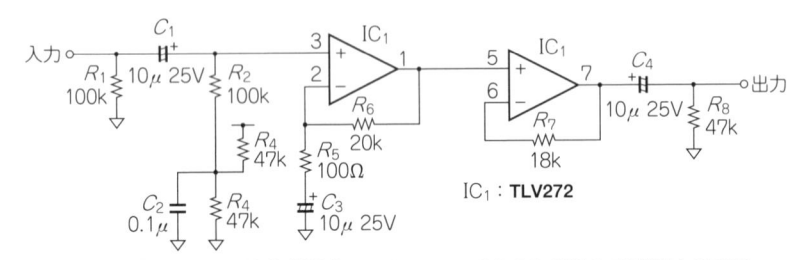

IC_1: TLV272

[図6-14] GBWで周波数特性をコントロールできるかどうかを確認する実験
GBW3MHzのOPアンプでゲイン200倍のアンプを構成．データシートから高域しゃ断周波数を予測すると15kHz

● GBWは周波数特性の設計に使えない

GBWは±20％とばらつきが大きく，ユーザがコントロールできないパラメータなので，GBWの小さいOPアンプを使って上限周波数の上昇を抑制するのはよくありません．GBWの最大/最小値が保証されているOPアンプはほとんどありません．あったとしてもシミュレーションやベンチ・テストにおける検証が行われているだけです．GBWは，必要な周波数特性を実現するのに十分なゲイン帯域幅をもっているかどうかを確認するための参考用のパラメータです．

実際にアンプを試作して(**図6-14**)，GWBとゲインのスペックから計算で求まる上限周波数が実測値とどのくらい違うのかを見てみます．実験前に，ゲイン200倍のアンプの高域しゃ断周波数を計算します．

$$f_{close} = GBW \beta$$

に，$GBW = 3\text{MHz}$，$\beta = 1/200$を代入して，

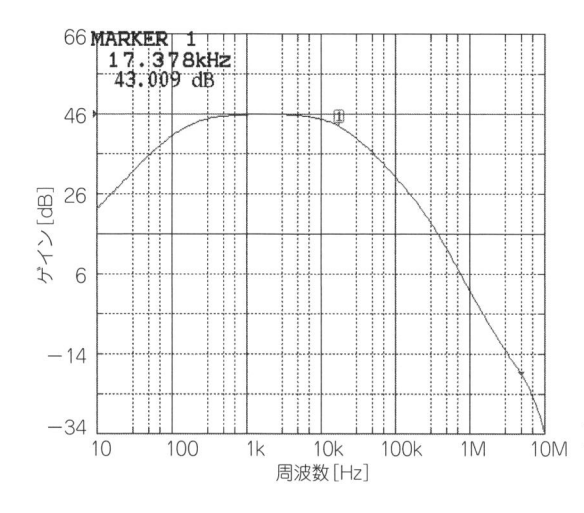

[図6-15(1)] 図6-14のアンプの周波数特性(実測)
高域しゃ断周波数は約17kHzとなり，計算値(15kHz)より13%も大きい

$$f_{close} = 3 \times 10^6 \times 1/200 = 15 \text{kHz}$$

と求まります．

図6-15に実験結果を示します．実際のアンプの高域しゃ断周波数は約17kHzで，データシートから計算した周波数15kHzより，13%も高いという結果が得られました．

6-4 大振幅ではスルー・レートが上限周波数を支配することがある

● 出力振幅の最大傾斜はスルー・レートで制限される

アンプが扱う信号の振幅が数m～数百mVの低周波信号ならば，上限周波数帯域はGBWとノイズ・ゲインで決まります．しかし，振幅が数Vの信号や数十MHz以上の高周波信号を扱う場合は，スルー・レートも考慮する必要があります．

スルー・レート[V/μs]とは，入力信号に対する出力電圧の追従特性です．

写真6-1に示すのは，OPアンプ(NJM4558)に急峻に立ち上がる信号(CH-2)を入力したときの応答波形です．入力(CH-2)に対して出力(CH-1)はゆっくりと電圧が上昇しています．

パルス信号だけでなく，正弦波信号であっても周波数が高く振幅が大きくなるとスルー・レートの制限を受けます．NJM4558をボルテージ・フォロワで動作させ，$2V_{P-P}$，周波数500kHzの正弦波を入力したときのシミュレーション結果を図6-16に示します．OPアンプのスルー・レートを超える，大きい振幅と高い周波数の正

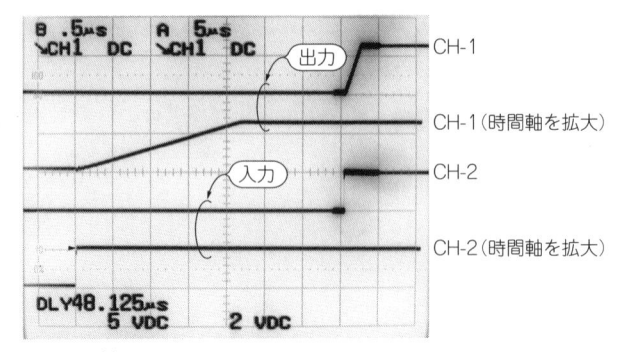

[写真6-1(2)] OPアンプは急峻に変化する入力信号に追従できない

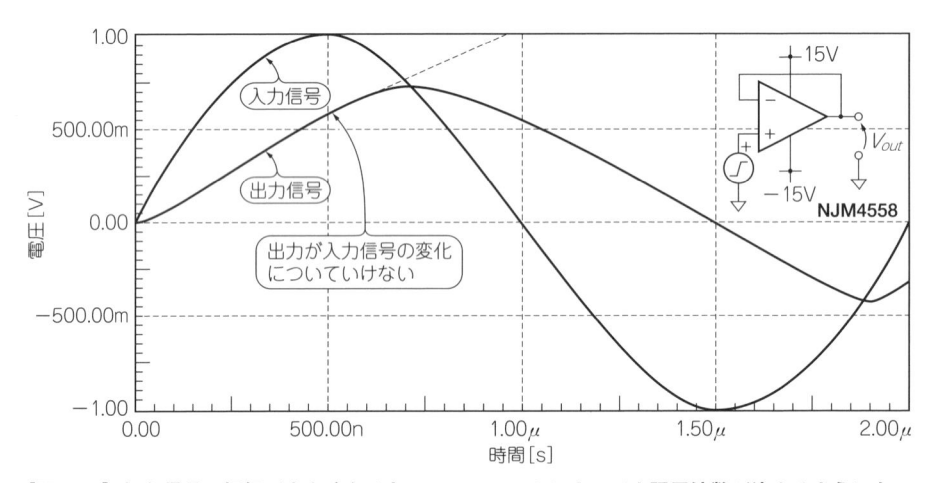

[図6-16] 扱う信号の振幅が大きくなるとスルー・レートによって上限周波数が決まるようになる(シミュレーション)
NJM4558を使ったボルテージ・フォロワ．入力信号は2V$_{P-P}$，周波数500kHzの正弦波

弦波が入力されると出力信号がひずみます．

● *GBW*は大きいのにスルー・レートが小さいOPアンプ

*GBW*が大きなOPアンプであっても，スルー・レートが大きいとは限りません．

NJM2711（新日本無線）の*GBW*は1GHzですが，スルー・レートは260V/μsです．NJM2722の*GBW*（正確にはユニティ・ゲイン周波数）は170MHzですが，スルー・レートは1000V/μsです．

一般的なアーキテクチャのOPアンプのスルー・レートは，差動入力回路のテー

ル電流とミラー補償容量の値で決まります．ミラー補償容量を小さくするとスルー・レートが大きくなりますが，不安定になり発振しやすくなります．また，テール電流を大きくすることでもスルー・レートが上がりますが，消費電流やバイアス電流が増えるだけでなくショット雑音が大きくなる可能性があります．

● 高スルー・レートが必要なら電流帰還型を使う

電圧帰還型というアーキテクチャでは上記のような制限があります．一般に，大きなスルー・レートを要する回路では，第12章で説明する電流帰還型OPアンプを使います．

経験上，スルー・レートの大きなOPアンプは，第3次相互変調ひずみ特性が優れている傾向にあるので，高周波回路の中間周波数増幅段に使用するOPアンプには電流帰還型が向いています．

● スルー・レートと上限周波数の関係

正弦波の波形がスルー・レートによってひずまない(帯域制限を受けない)最大周波数は次式で計算できます．

$$f = \frac{S_R}{2\pi V_P} \quad \cdots \quad (6\text{-}3)$$

ただし，S_R：スルー・レート[V/s]，V_P：正弦波信号の片ピーク値[$V_{0\text{-}P}$]

式(6-3)は次のようにして求めます．まず，スルー・レートによる制限の中で出力できる正弦波の関数を，

$$V_{sin} = V_P \sin \omega t \quad \cdots \quad (6\text{-}4)$$

と表します．スルー・レートはこの関数の傾きの最大値なので，微分値を求めてその値が最大になる条件を求めます．式(6-4)を時間微分すると，

$$\frac{dV_{sin}}{dt} = V_P \omega \cos \omega t$$

となります．この値が最大になるのは $t = 0$ のときですから，

$$S_R = \frac{dV_{sin}}{dt} = V_P \omega \cos 0 = V_P 2\pi f$$

が得られ，式(6-3)が求まります．

図6-3(a)に示した+10倍アンプの上限周波数がスルー・レートの影響を受けないかどうか検討してみましょう．TLV272のスルー・レートは最小で1.2V/μsなので，仮に，最大出力振幅を1.75$V_{0\text{-}P}$とすると上限周波数 f_{max} は，

$$f_{max} = \frac{1.2 \times 10^6}{2\pi \times 1.75} \fallingdotseq 109\text{kHz}$$

と求まります．OPA2350のスルー・レートは22V/μsなので，同様に計算すると次のようになります．

$$f_{max} \fallingdotseq 2\text{MHz}$$

図6-4の実験結果は小信号時の周波数特性で，TLV272が約350kHz，OPA2350が約5.4MHzでした．以上から，TLV272とOPA2350は小振幅のときはノイズ・ゲインとGBWが，大振幅のときはスルー・レートが上限周波数を決めることがわかります．

第6章 Appendix
OPアンプの出力電流を強化する方法
数十m〜数百mAを出力できるアンプの作り方

■出力電流を強化したくなる応用

● 50Ωインピーダンス系の回路

50Ωの負荷抵抗とマッチングしているアンプの出力インピーダンスは50Ωですから，OPアンプは100Ωを駆動することになります．必要な出力振幅を±5Vと仮定すると，±50mAを出力できるOPアンプが必要ですが，一般的な小信号用OPアンプが出力できるのは，最大でも10m〜20mA程度です．

● 帰還抵抗の小さい低雑音アンプ

第5章で説明したとおり，帰還抵抗の値を小さくすればアンプの雑音は小さくなりますが，OPアンプの負荷が重くなります．

図6A-1に示すように，OPアンプの真の負荷抵抗は，帰還抵抗と回路設計者が想定した負荷抵抗を並列接続したものです．

雑音を小さく抑えたまま出力電流を増すには，OPアンプの出力にバッファを追加します．

(a) 非反転アンプの場合

OPアンプの負荷抵抗は，
$R_L // (R_1 + R_2) = 10\text{k}\Omega // 20\text{k}\Omega \fallingdotseq 6.7\text{k}\Omega$

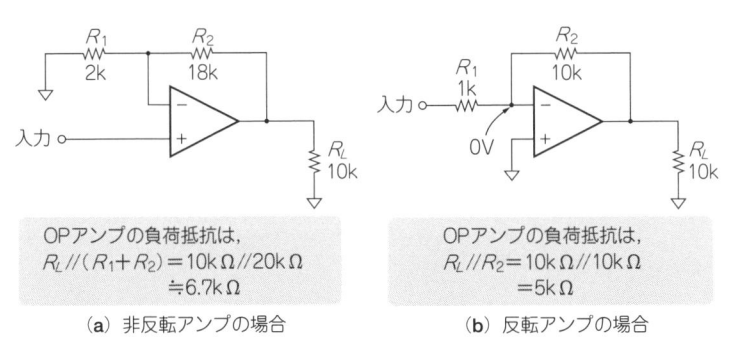

(b) 反転アンプの場合

OPアンプの負荷抵抗は，
$R_L // R_2 = 10\text{k}\Omega // 10\text{k}\Omega = 5\text{k}\Omega$

[図6A-1] 帰還抵抗の値を小さくすると雑音は小さくなるが負荷が重くなる

■OPアンプ交換による対処法

● 出力電流に着目したOPアンプの探し方

図6A-2(a)に示すように，OPアンプの負荷抵抗値（出力電流）を変えながら，出力可能な最大電圧を測定すると，図6A-2(b)のような結果が得られます．このように，どんなOPアンプも出力できる電流に限界があり，負荷抵抗が小さいほど最大出力電圧は小さくなります．

OPアンプのデータシートには，出力可能な最大電流の特性図が記載されています．これを頼りに，必要な電流が取り出せるOPアンプを探します．最近のOPアンプの多くは，低消費電力型でない限り，20mA以上を出力できます(**表6A-1**)．

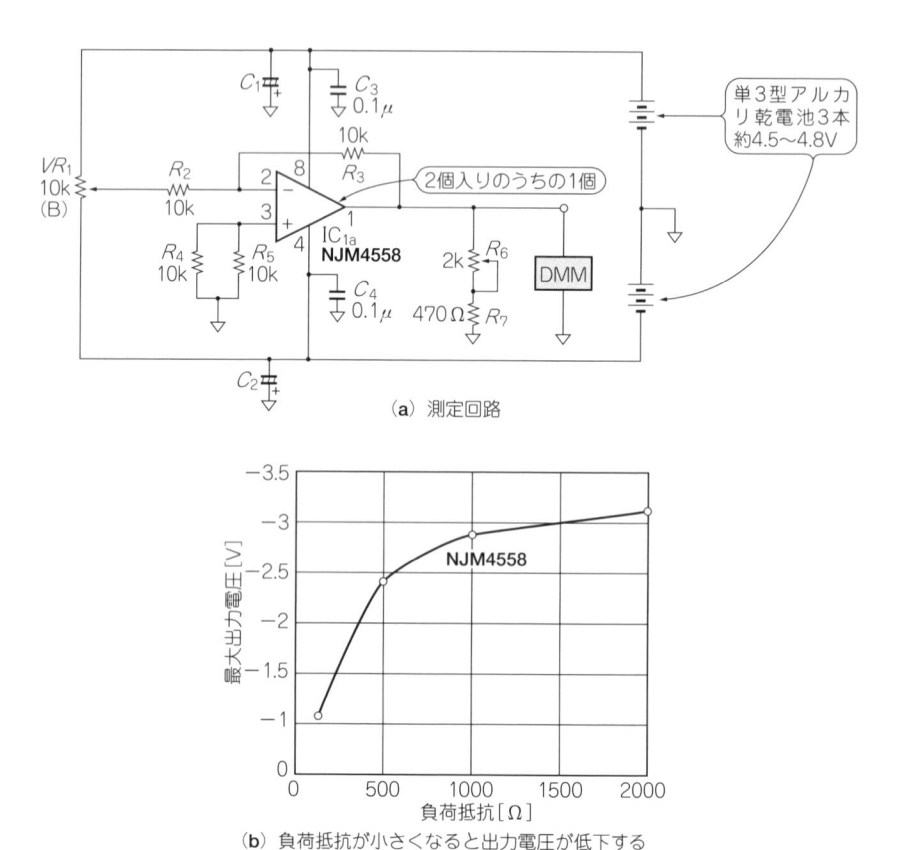

(a) 測定回路

(b) 負荷抵抗が小さくなると出力電圧が低下する

[図6A-2] 出力電流と最大出力電圧の関係を調べる実験

[表6A-1] 大電流を出力できる小信号用OPアンプ

型　名	出力電流 [mA]	特　徴	メーカ名
OPA350	40	CMOS，入出力レール・ツー・レール	テキサス・インスツルメンツ
OPA211	30	低雑音，出力レール・ツー・レール	
OPA827	30	JFET入力，低雑音	
NJM3414A	70	+3 ～ +15V 単電源動作可能	新日本無線
NJM4556A	73	汎用高出力型	
NJM4580	50	オーディオ用（汎用）	

[写真6A-1[(1)]] 単体で数百mAを出力できるパワーOPアンプ
左はLM12CLK（ナショナル セミコンダクター），右はOPA541（テキサス・インスツルメンツ）

● 数百mAの低周波回路にはパワーOPアンプ

　OPアンプ単体で数百mAの出力が可能なのは，パワーOPアンプ（**写真6A-1**）だけです．パワーOPアンプの高周波特性はあまり伸びていないため，数十M～数百MHzといった信号を扱うことはできません．低周波かつ高調波ひずみが気にならない用途ならば使うことができます．

● 50Ω/75Ω系の回路には高速OPアンプ

　高速OPアンプだからといって，低周波で使えないわけではありません．1/f雑音などをチェックして，オーディオ周波数帯で問題にならなければオーディオ回路にも使えます．
　高速OPアンプは，50Ωや75Ωの特性インピーダンスをもつ回路で使うことを想定して設計されていますから，100Ωや150Ωといった負荷抵抗を十分に駆動できます．

■回路を追加する対処法

● ディスクリート・アンプを追加する

　実装面積に余裕があれば，**図6A-3**に示すように，ディスクリート・トランジスタで構成するバッファ回路を追加します．

図6A-3(a)に示す回路は，出力電圧±12Vで最大約±12mA出力でき，1.2kΩの負荷に±10Vを供給できます．業務用オーディオ機器の600Ωインピーダンス系の回路も駆動できます．

この回路は，電力の半分をエミッタ抵抗R_5が消費します．R_5の消費電力は定常状態で1Wにもなり，発熱が非常に大きくなります．トランジスタのコレクタ損失も1W程度と大きいため放熱器が必要です．

設計のポイントは，必要な負荷電流の5～6倍のコレクタ電流を流すことです．

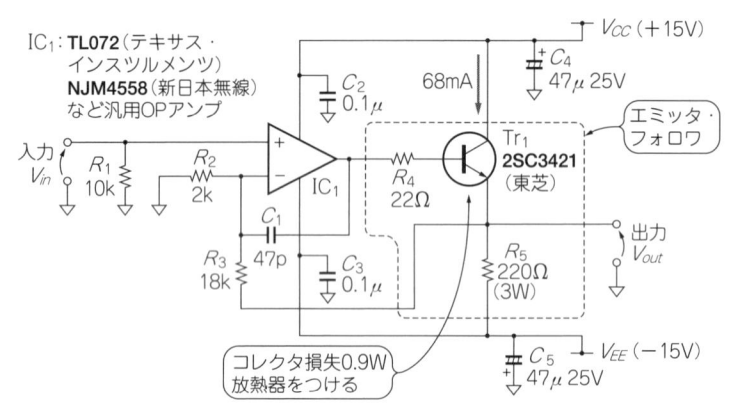

(a) 方法1…エミッタ・フォロワを追加

(b) 方法2…SEPP回路を追加

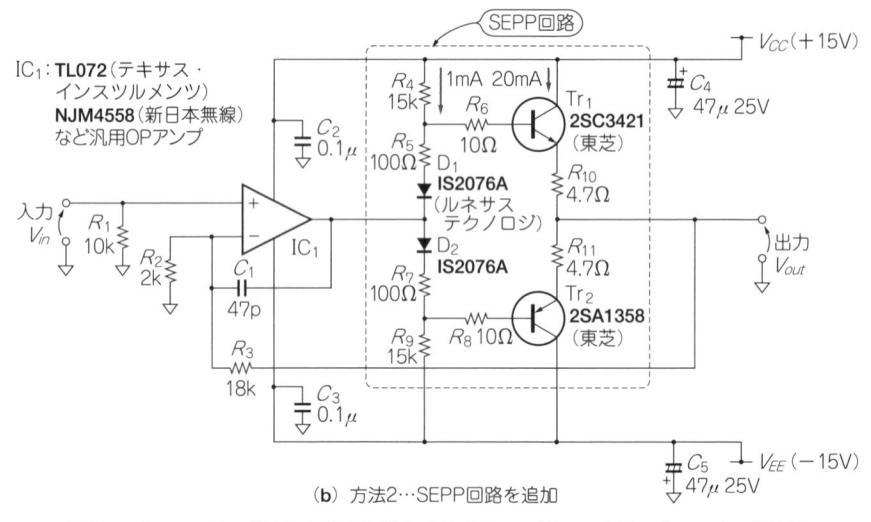

[図6A-3] OPアンプの出力電流を増す方法その1…ディスクリート・アンプを追加

こうしておけば，「OPアンプの最大出力電圧±0.6V（2SC3421のベース-エミッタ間電圧）」を出力できます．エミッタ・フォロワの出力から負帰還をかけることで，出力電圧は定常状態でOPアンプの非反転入力端子と同電位に保たれます．

図**6A-3**(b)に示すのは，SEPP（Single-Ended Push-Pull）回路のバッファを追加することでディスクリート・トランジスタの発熱を抑えた回路です．この回路は出力電圧±12Vで，最大約±20mAを出力できます．

設計のポイントは，必要な負荷電流と同程度のコレクタ電流を流すことです．トランジスタのベース-エミッタ間電圧は，ダイオード（1S2076A）の順方向電圧降下で与え，V_{BE}の温度変化に対する補償もこのダイオードによって行います．R_4，R_5，R_7，R_9，D_1，D_2に流れる電流は，トランジスタのバイアス電流を与えます．この部分には，トランジスタのベース電流の5～10倍流します．

トランジスタの電流増幅率を100と仮定するとベース電流I_Bは，

$$I_B = \frac{20\mathrm{mA}}{100} = 200\,\mu\mathrm{A}$$

です．

出力電圧が0Vのときに，2SC3421のベース電圧は0Vよりも約0.6V高くなるため，R_4の両端の電圧は，

$$15\mathrm{V} - 0.6\mathrm{V} = 14.4\mathrm{V}$$

になります．R_4に1mAの電流が流れるように，

$$R_4 = \frac{14.4}{1\mathrm{mA}} = 14.4\mathrm{k}\Omega \fallingdotseq 15\mathrm{k}\Omega$$

とします．R_9の抵抗も同じように計算して15kΩとします．

R_5やR_7の抵抗値は，R_{10}やR_{11}に生じる電圧（4.7×0.02 = 0.094V）と同じくらいになるように，

$$R_5 = \frac{0.094}{1\mathrm{mA}} = 94\,\Omega \fallingdotseq 100\,\Omega$$

としました．R_6とR_8はトランジスタの寄生発振防止用で，数十Ωにします．負帰還は，図**6A-3**(a)の回路と同様にSEPP回路の出力から掛けます．

● 高速バッファ・アンプを追加する

実装面積に余裕がない場合は，図**6A-3**に示すように高速OPアンプをバッファとして追加します．

回路の性能は初段のOPアンプで決まるため，最初に初段のOPアンプの種類を

決めます．OPアンプの負帰還ループ内にある回路の雑音や高調波ひずみなどは，大きなループ・ゲインで圧縮されてほとんど出力されないため，初段のOPアンプが決まれば，あとは手ごろなバッファ・アンプを選ぶだけです．

▶メリットは精度が維持されること

高速OPアンプで構成したバッファを追加した回路[図6A-4(a)]と高速OPアンプだけの回路の違いは，温度ドリフト性能や入力バイアス電流です．

$1/f$雑音が十分に低い高速OPアンプを使える場合は，バッファを追加せずICの交換で対処します．そのほうが部品点数が減り，部品費用も抑えられます．

高速OPアンプの多くは，温度ドリフト性能が高精度OPアンプよりもよくありません．高精度OPアンプ並みの温度ドリフト性能が必要な場合は，ICの交換ではなくバッファの追加で対処します．

▶精度は初段のアンプで決まる

図6A-4の二つの回路は，初段に使っているOPアンプが違います．

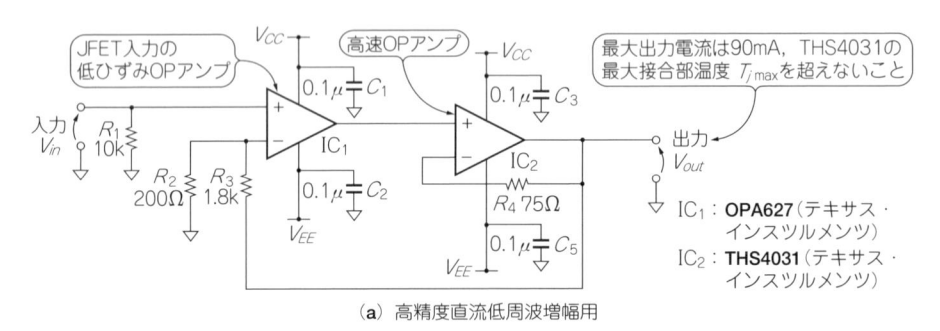

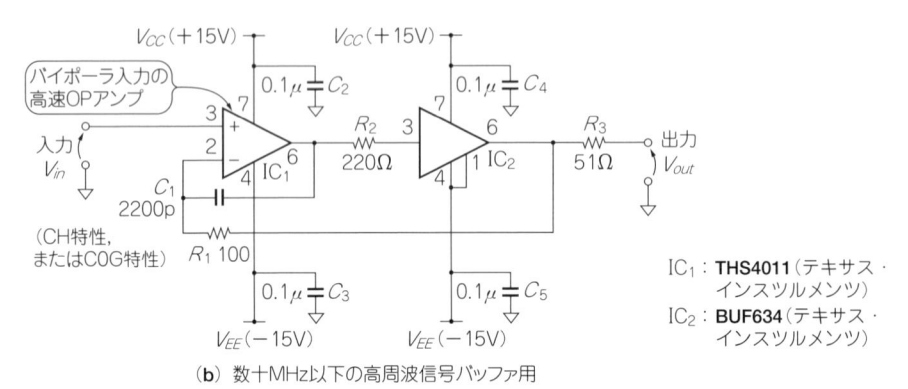

(a) 高精度直流低周波増幅用

(b) 数十MHz以下の高周波信号バッファ用

[図6A-4] OPアンプの出力電流を増す方法その2…高速OPアンプやバッファICを追加
20mA以上の出力電流を取り出せる

図6A-4(a)は，高精度直流増幅やオーディオ信号増幅に適しています．温度ドリフト性能や入力バイアス電流の値は，初段のOPA627で決まります．OPA627は，JFET入力で低ひずみの低周波回路向けです．

図6A-4(b)は，入力バイアス電流が気にならない数十MHzまでの高周波信号用途です．初段のOPアンプTHS4011はバイポーラ入力の高速OPアンプです．

帰還ループ内に高速OPアンプ(THS4031)をボルテージ・フォロワ接続して入れる回路[図6A-4(a)]と，専用のバッファIC(BUF634)を追加した回路[図6A-4(b)]の性能の違いは，-3dBしゃ断周波数付近で現れます．回路のループ・ゲインが小さくなり，負帰還による性能改善効果が減少するため，バッファ・アンプの高調波ひずみ性能が見えてきます．図6A-4(b)のBUF634よりも図6A-4(a)のTHS4031のほうが低ひずみなので，-3dBしゃ断周波数付近では高性能です．

Column

雑音指数のお話その2…NFの応用

NFを利用すると，複数の回路を接続したシステムの雑音性能を考えやすくなります．システムの規模が大きくなったときはNFで考え，個々の回路内では雑音電圧密度で考えるとよいでしょう．また入力換算雑音電圧密度でもNFでも考えることができるとよいと思います．

図6-Aに示すシステムのNFは次式で求まります．

$$NF_{total}[\text{dB}] = 10\log\left(k_{NF1} + \frac{k_{NF2}-1}{g_1} + \frac{k_{NF3}-1}{g_1 g_2} + \cdots + \frac{k_{NFn}-1}{g_1 g_2 g_3 \cdots g_{n-1}}\right)$$

$$k_{NF1}[\text{倍}] = 10^{\frac{NF_n[\text{dB}]}{10}}$$

$$g_n[\text{倍}] = 10^{\frac{G_n[\text{dB}]}{10}} \quad \cdots\cdots\cdots\cdots\cdots\cdots\cdots\cdots\cdots\cdots\cdots\cdots\cdots\cdots\cdots \text{(6-A)}$$

これをフリス(Friis)の式と呼びます．

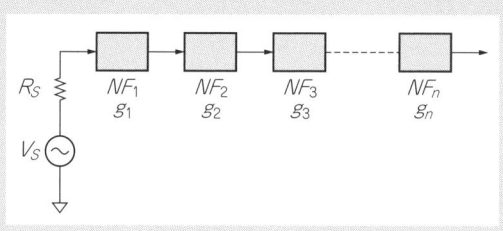

[図6-A] 複数の回路が縦続接続されたシステムの雑音指数を求める式

図6-Bの回路において，次式でNFと雑音電圧密度を換算することができます．

$$NF[\mathrm{dB}] = 20\log\left(+\frac{v_{Nout}}{v_{Nin}} \cdot \frac{1}{VS_{out}/V_{Sin}}\right)$$

$$= 20\log\left(+\frac{v_{Nout}}{g} \cdot \frac{1}{v_{Nin}}\right) \quad \cdots\cdots\cdots\cdots\cdots\cdots (6\text{-B})$$

入力換算雑音電圧密度を v_{Nout} とすると，

$$v_{DNin} = \frac{v_{Nout}}{g}$$

また，v_{Nin} は R_S による熱雑音なので次式が得られる．

$$NF[\mathrm{dB}] = 20\log\left(+\frac{v_{DNin}}{\sqrt{4kTR_S}}\right)$$

$$v_{DNin}[\mathrm{V_{RMS}}/\sqrt{\mathrm{Hz}}] = 10^{\frac{NF}{20}} \times \sqrt{4kTR_S}$$

図6-Cに示すのは，4段アンプのNFの計算例です．NFを計算するときは，式(6-A)をそのまま使うのではなく，後ろのステージから順に前段のステージに向かって計算するとよいでしょう．厳密には，NFは周囲温度300Kではなく290Kで計算します．

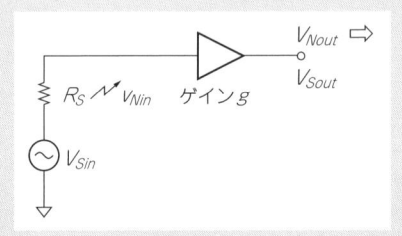

[図6-B] NFと入力換算雑音電圧密度を行き来できたほうがいい

[図6-C] 4段アンプのNFの計算例

第7章

【成功のかぎ7】
発振対策と周辺部品の選び方
負荷に強く安定な高信頼性アンプを作る

本章では，アンプが発振する理由と対策，そして余裕をもって安定に動作させる方法を説明します．

発振しない信頼性の高いアンプを作るには，負帰還のメカニズムを理解することと，回路図に示されない寄生素子のふるまいを考察することが大切です．

7-1　見つかりにくいアンプの致命傷「発振」

● 発振は致命的な欠陥

人は，気持ちに余裕がないときに負荷がかかると，精神の状態が不安定になります．アンプも人と同様です．余裕のないところに負荷がかかると不安定になって発振します．適度な余裕を与えて動作させることは，システムの信頼性を上げるためにとても重要です．

発振は，アンプが期待しない信号を勝手に出す現象です．通常の使用条件では発振していなくても，一過性の雑音で突然発振するアンプもあります．中には，何かの拍子で正常な状態に戻り，何食わぬ顔で動作し続けるアンプもあります．発振しているアンプが市場に出てトラブルを起こした例もあります．

発振は致命傷になるにもかかわらず，見つけにくいアンプの欠陥です．

再生していないのにヘッドホンから「ピー」と不快な音を出す携帯音楽プレーヤや勝手に警報を発する火災報知機など，アンプが発振しているシステムは使いものになりません．医療機器内のアンプがもし発振していたら，人命を奪う危険性さえあります．

● 発振回路とアンプは紙一重

発振を積極的に利用する発振回路(oscillator)は，無入力でも電源を入れただけで自動的に振幅や周波数の安定した信号を出し続けることが期待されます．しかし，

入力信号と相関のない信号が出てくるアンプは使いものになりません．

　発振回路とアンプは紙一重で，アンプを積極的に不安定にすると安定な発振回路になります．発振回路を設計したつもりが発振しないアンプになったり，安定なアンプを設計したつもりが発振回路になったという失敗はよくある話です．

● まめに発振の有無をチェックする

　発振の有無をチェックすることは，回路の基本動作を確認するのと同じくらい重要です．部品の交換，定数の変更など，ちょっとした設計変更を行ったときでも，発振チェックを欠かしてはいけません．

　もしシステムの電源回路の誤差アンプが発振すると，基板全体に高い電圧が広がり多くの回路が壊れます．発振を見つけたら，なんとしても原因を見つけ出し，再発しないように確実な治療を施す必要があります．

● アンプ周辺には発振の要因がたくさん

　アンプの周辺にはたくさんの帰還経路が存在しています．フィードバック抵抗によるものだけでなく，電源やプリント・パターンを介した帰還経路もあります．プリント基板や出力に接続されたケーブルなどの寄生素子の影響で，安定なアンプが不安定になることもあります．この寄生素子による発振を寄生発振と呼びます．また，パスコンのない電源の電圧変動がOPアンプの入力部に帰還されて発振することもあります．

▶原因は特定しにくい

　発振の原因を特定していく作業は，医師が病気を診断する過程に似ていて，いくつかの症状と検査結果を分析し，教科書や論文の知識と経験に基づいて原因（病因）を判断します．しかし病気も発振も，その症状と原因を一対一に対応させることは困難です．

7-2　発振の症状

● パルス応答波形が乱れたり高周波の信号が重畳されたりする

　不安定なアンプにパルス信号を入力すると，**図7-1**(a)に示すように大きなリンギングをともなった波形が出力されたり，信号を入力していないのに，**図7-1**(b)に示すような信号が勝手に出てきたりすることがあります．**図7-1**(c)に示すように高周波が重畳されることもあります．

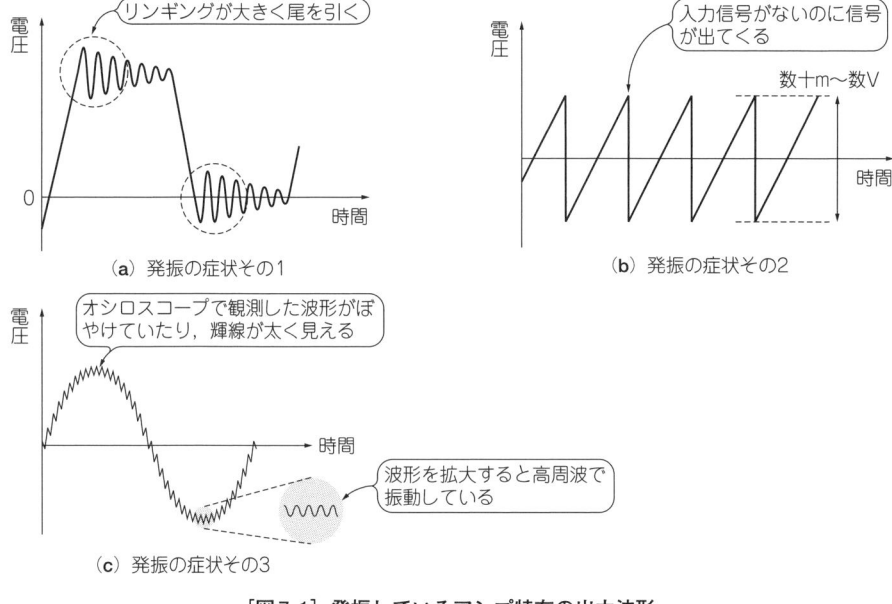

(a) 発振の症状その1 — リンギングが大きく尾を引く

(b) 発振の症状その2 — 入力信号がないのに信号が出てくる／数十m～数V

(c) 発振の症状その3 — オシロスコープで観測した波形がぼやけていたり，輝線が太く見える／波形を拡大すると高周波で振動している

[図7-1] 発振しているアンプ特有の出力波形

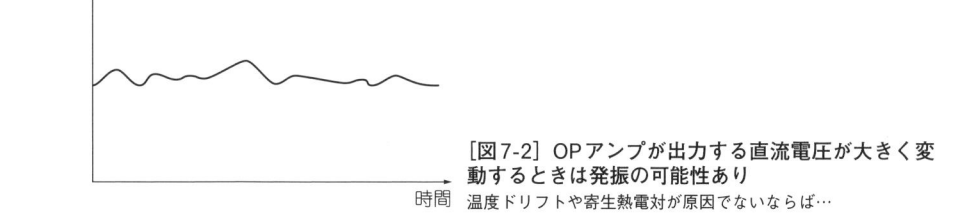

[図7-2] OPアンプが出力する直流電圧が大きく変動するときは発振の可能性あり
温度ドリフトや寄生熱電対が原因でないならば…

● 直流の出力電圧が想定以上に大きく変動する

　図7-2に示すように，出力波形に超低周波の振動が見られたら，まずアンプのゲインを確認します．アンプのゲインが数十倍以下とそれほど大きくない場合は，回路のどこかが発振している可能性があります．

　オシロスコープで観測すると，直流レベルが低周波でふらふらと変動して，手を近づけると変動の仕方が変化します．症状が，OPアンプの温度ドリフトや後述の寄生熱電対効果と似ているため，見分けるのは簡単ではありません．

　この超低周波の電圧変動は，高周波で発振している箇所がある場合に，間接的に生じます．発振による高周波信号がOPアンプICの入力段にある保護ダイオードで

検波され，直流電圧に変換されて出力電圧変動として現れます．症状が連続ではなく間欠的に起きる場合は，発振ではなく違法無線機の電波がOPアンプに混入している可能性もあります．近くに強力な電波の発生源がない状態で，直流誤差が予想以上に大きい現象が生じたら発振を疑います．

　アンプのゲインが大きければ，発振ではなく寄生熱電対による電圧変動の可能性があります．はんだとOPアンプのリード(足)に使われている銅の間で，異種金属間で生じるゼーベック効果による熱起電力が発生します．製造過程で意図せずにできる熱電対を寄生熱電対と呼びます．通常，寄生熱電対による熱起電力は微弱で動作に支障をきたしませんが，アンプで増幅されると誤差の要因になります．寄生熱電対は周辺の温度変化に敏感に反応するので，OPアンプに風が当たるだけで出力電圧が大きく変動します．OPアンプに風が当たらないように周囲を覆っても変動が止まらないなら，発振の可能性が高まります．

　寄生熱電対が温度の変化を検出することで生じる電圧変動は，ポッティング剤などを使ってIC周辺回路上の風の流れをしゃ断するなどして対策します．

● OPアンプのパッケージが手で触れられないほど熱い

　多重帰還型HPFのOPアンプの発振が原因で，パッケージが異常発熱していたことがあります．これは，フィルタを構成するコンデンサがOPアンプの容量性負荷となり不安定になるからです．

　ICのパッケージが触れられないほど熱いときには，OPアンプの消費電力と熱抵抗からジャンクション温度を割り出し，この計算値より実際の温度が明らかに高い場合は発振の可能性があります．

● アンプの直線性が想定以上に悪い

　高調波ひずみ率や同相入力電圧誤差(CMVエラー)のリニアリティが予想以上に悪いときも，発振の可能性があります．

　アンプは発振していると通常の高調波に発振成分が混じるため，高調波ひずみが悪くなります．このタイプの発振は，アンプのパルス応答特性や周波数特性を測定することで見つけ出します．

　OPアンプの＋／－両入力端子に同時に直流電圧を入力したとき，たとえば同相入力電圧誤差(CMVエラー)の測定時などに直流電圧が変動した場合，発振の可能性があります．この直流変動は，前述した発振成分をOPアンプ自体が検波することが原因です．

7-3　安定性の設計

● 入力→増幅→出力→帰還→入力を一巡する信号の変化を考察

図7-3に示すのは，OPアンプ回路の各部のゲインと入出力電圧の関係を数式化したものです．

出力電圧(V_{out})が帰還回路(ゲインβ)を通過した信号の大きさは$V_{out}\beta$(帰還電圧)で，これが入力に戻されます．アンプは，$V_{out}\beta$と入力電圧(V_{in})との差分をオープン・ループ・ゲインA_0倍に増幅して出力します．

出力電圧V_{out}は，次のように表されます．

$$V_{out} = \frac{A_0(j\omega)}{1+A_0(j\omega)\beta(j\omega)} V_{in} \quad\cdots\cdots (7\text{-}1)$$

上式は，オープン・ループ・ゲインA_0が$1+A_0\beta$で圧縮されたゲインで，入力電圧V_{in}が増幅されて出力されることを意味しています．

● 位相の移り変わりにも着目する

OPアンプは，反転入力端子に加わった電圧を反転させて非反転入力端子の電圧と加算します．図7-3はこの動作を表しています．加算記号の＋は，OPアンプの非反転入力端子，－はOPアンプの反転入力端子に相当します．

出力から帰還回路を通過して加算器に戻される信号(βV_{out})と入力信号(V_{in})の位相が同じであれば，加算記号の出力信号(V_{Ia})は，入力信号よりも振幅が小さくなります．ところが，ゲインA_0のアンプや帰還回路を通過した信号の位相が入力信号に対して180°遅れるとV_{in}とβV_{out}の位相が等しくなり，加算器の出力信号の振幅(V_{Ia})が入力信号より大きくなります．これが繰り返されると，アンプの出力電圧

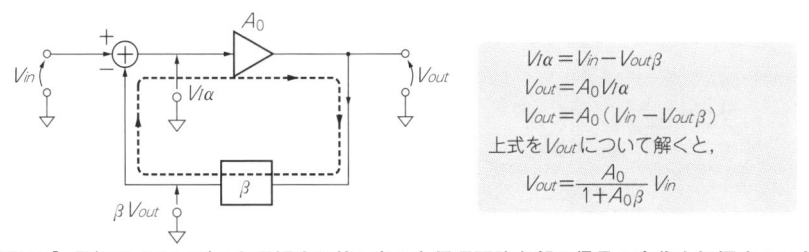

$V_{Ia} = V_{in} - V_{out}\beta$
$V_{out} = A_0 V_{Ia}$
$V_{out} = A_0(V_{in} - V_{out}\beta)$
上式をV_{out}について解くと，
$V_{out} = \dfrac{A_0}{1+A_0\beta} V_{in}$

[図7-3] 発振のメカニズムを理解する第1歩は負帰還回路各部の信号の変化を把握すること
入力信号の振幅と位相が，一巡ループ(入力→アンプ→出力→帰還回路→入力)を通過しながらどのように変化していくかを考察する

は∞まで増大します(図7-4).

　帰還回路が抵抗だけでできていれば，位相遅れは生じません．位相の遅れは，OPアンプの内部で発生します．図7-5に示すように，プリント基板上に作り込まれる現実の回路では，位相遅れの原因になる回路図に表されないさまざまな寄生素子が存在しています．

● 発振までの余裕度は$A_0(j\omega)\beta(j\omega)$でわかる

　式(7-1)において，$A_0(j\omega)\beta(j\omega) = -1$倍になると，出力電圧($V_{out}$)は∞になって発振します．発振する条件$A_0\beta = -1$倍を絶対値で表すと次のようになります．
- $|A_0(j\omega)\beta(j\omega)| = 1$倍(0dB)
- 位相 $= -180° \pm (360° \times n)$，ただし，$n = 0, \pm 1, \pm 2 \cdots$

この条件をバルクハウゼンの発振条件(Barkhausen's criteria)と呼びます．負帰還

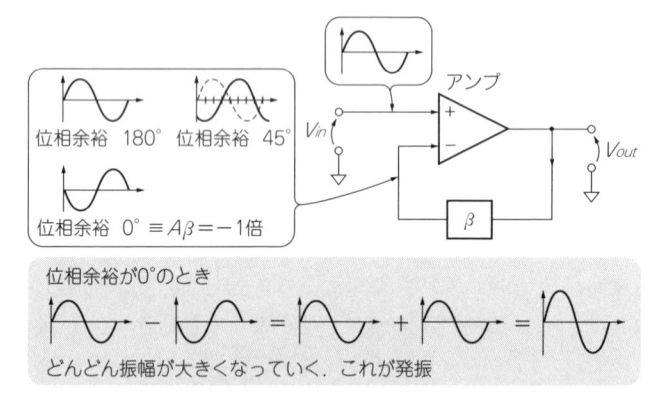

[図7-4] 発振するアンプは帰還回路の出力信号の位相が入力信号の位相と180°違う
入力信号の位相はアンプや帰還回路を通過するたびに遅れていく

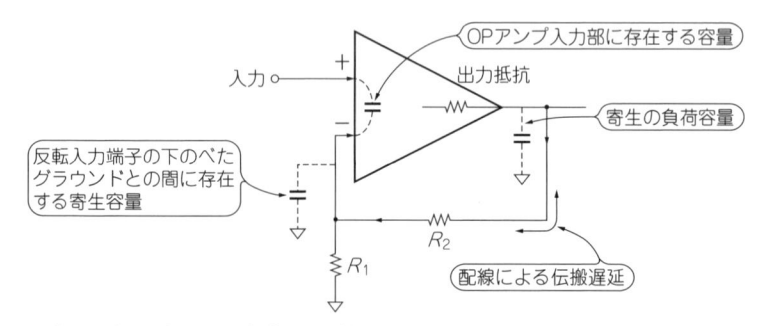

[図7-5] 回路図になくプリント基板上にはある位相遅れの要因…寄生素子

の安定性を考えるときは，$A_0(j\omega)\beta(j\omega)$の絶対値(dB値)と$A_0(j\omega)\beta(j\omega)$の位相を考えます．
▶余裕度の尺度は「位相余裕」と「ゲイン余裕」
　アンプの安定性，つまり発振に至るまでの余裕度は，ゲイン余裕と位相余裕という二つのパラメータで定量的に表すことができます．位相余裕と周波数特性上での

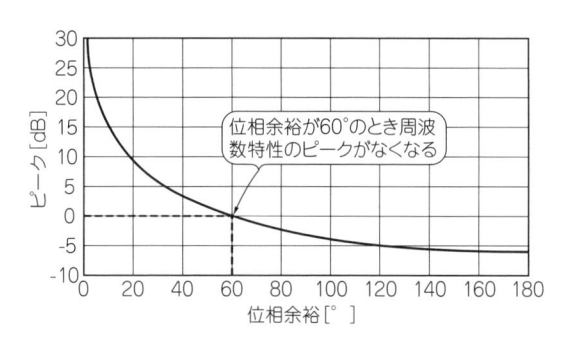

[図7-6] 位相余裕とゲイン・ピークの関係
ゲイン-周波数特性のピークの大きさから発振マージン(位相余裕)がわかる

位相余裕が60°のとき周波数特性のピークがなくなる

この点の周波数をドミナント・ポールと呼ぶ

ゲイン余裕 17dB

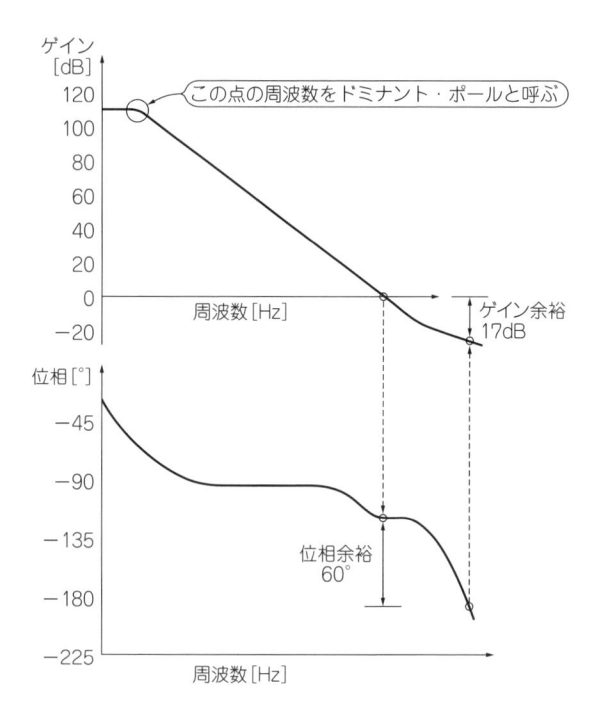

位相余裕 60°

[図7-7] 発振マージンの尺度「位相余裕」と「ゲイン余裕」の意味

7-3　安定性の設計 | 201

[表7-1[(4)]] 過渡応答波形から位相余裕とゲイン余裕がわかる

位相余裕[°]	ゲイン余裕[dB]	ステップ応答波形
20	3	ひどいリンギング
30	5	多少のリンギング
45	7	応答時間が短い
60	10	一般的に適切な値
72	12	周波数特性にピークが出ない

ゲイン・ピークの関係を図7-6に示します.

図7-7に示すように, $A_0(j\omega)\beta(j\omega)$が0dBのときの位相が, $-180° \pm (360° \times n)$に対してどの程度の差があるかを位相余裕と言います. また, 位相の回転が, $-180° \pm (360° \times n)$のときのゲインが0dBに対してどの程度負にあるかをゲイン余裕といいます.

安定性は表7-1に示す基準で判断できます. アンプを設計するときは45°以上, できれば60°以上の位相余裕を確保します. ゲイン余裕は10dB以上は確保されるようにします.

位相余裕が30°以下になると周波数特性にピークが生じ, 小さな容量が負荷されるだけで発振に陥ることがあります.

7-4　安定性を増して発振しにくいアンプに仕上げる

■出力に容量がつながれても発振しないようにする

● 出力容量が原因の発振のメカニズム

図7-8に示すように, OPアンプは出力端子にコンデンサをつけると発振して, 正弦波に高周波が重畳された波形を出力することがあります(図7-9).

コンデンサは両端の電圧が変化しない電池のように機能します. アンプは, 出力を入力信号に追従させようとします. 容量は出力電圧を変化させまいとし, 逆にOPアンプは変化させようとするため, 運動会の綱引きのような状態になり振動します.「引かれたぞ！引っ張り返せ」というふうに, アンプの応答が遅いほど綱は行ったり来たりします.

▶容量負荷に強いOPアンプ

大電流を出力できる高速OPアンプは, 容量性負荷に強い傾向があります. 相手の動きに急速に力強く応答して, 入力信号と同じ波形になるように強制することが

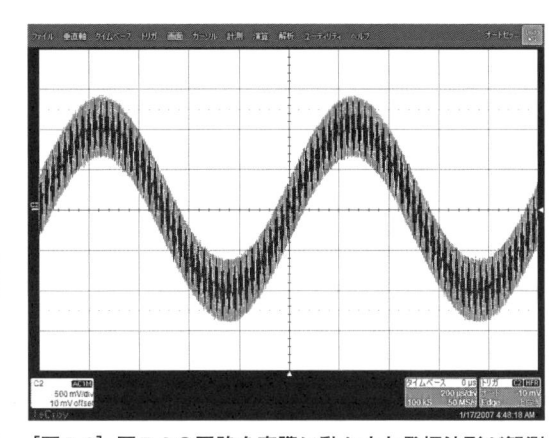

[図7-8] OPアンプは出力にコンデンサをつけると発振しやすくなる

[図7-9] 図7-8の回路を実際に動かすと発振波形が観測される

できるからです．

　トランスコンダクタンス・アンプ(電流駆動型アンプ)も容量負荷を安定に駆動できます．トランスコンダクタンス・アンプは，大電流を消費する最新の高速CPUをテストする半導体試験装置のデバイス電源(DPS)に採用されています．被試験ICの電源ピンには大容量コンデンサが接続されるため，容量性負荷に極めて強い電源が要求されます．トランスコンダクタンス・アンプは，容量性の負荷に強いのですが，逆にインダクタンス性の負荷に弱く発振しやすい弱点があります．

● 負荷容量が大きすぎると発振しないこともある
　負荷容量が数百μF以上の大容量の場合は，逆に安定になることもあります．これは，OPアンプのオープン・ループ・ゲインのドミナント・ポール(図7-7)より低い周波数(図7-7の左方向)に，出力抵抗と容量性負荷で決まるポールが生じるからです．$-180°$位相遅れが生じる周波数でのゲインが下がり，ゲイン余裕が増して発振しにくくなります．

● 対策
　OPアンプの出力に長いケーブルを接続すると，コンデンサを負荷にしたのと同じ動作条件になり発振することがあります．
　出力インピーダンスをケーブルの特性インピーダンスとマッチさせると，等価的に容量成分が見えなくなり発振しにくくなります．マッチングがとれていないと，

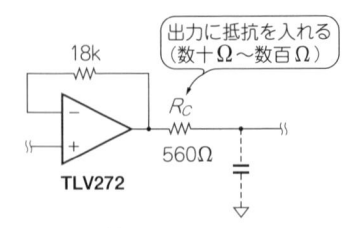

[図7-10(3)] 出力コンデンサによる発振が起こりにくくなる簡易的な対策
OPアンプの出力と直列に数十〜数百Ωの抵抗を追加する

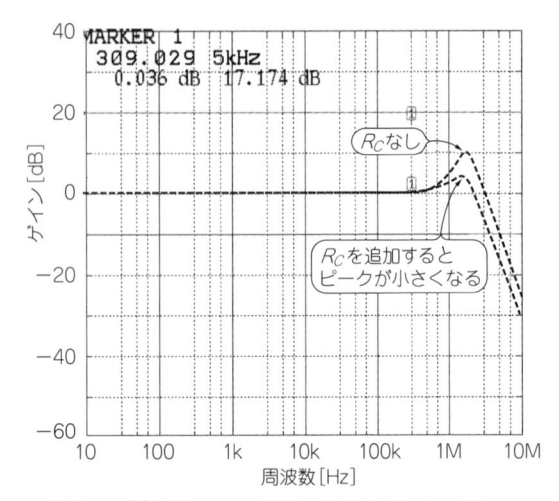

出力に抵抗を入れる（数十Ω〜数百Ω）

[図7-11(3)] 図7-10の対策の効果をボルテージ・フォロワで実証する
$R_C = 560\,\Omega$を追加すると，ゲインのピークが+10dBから+4dBに低下する

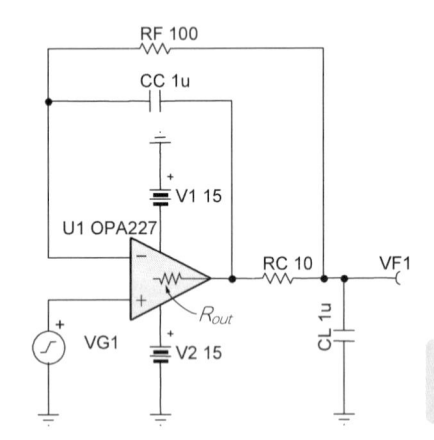

[図7-12] 出力コンデンサによる発振を確実に止める方法
出力抵抗だけでなく帰還部にコンデンサと抵抗を追加する

$R_F C_C > 10 R_C C_L$ とする．
R_CはOPアンプの出力抵抗R_{out}よりも小さいと効果がない．通常10〜100Ωにする

容量性や誘導性インピーダンスが見えてきます．
　対策の基本は，図7-10に示すようにOPアンプの出力と直列に数十〜数百Ωの抵抗R_Cを追加することです．
　図7-11に示すのは，R_Cがあるときとないときのボルテージ・フォロワのゲイン

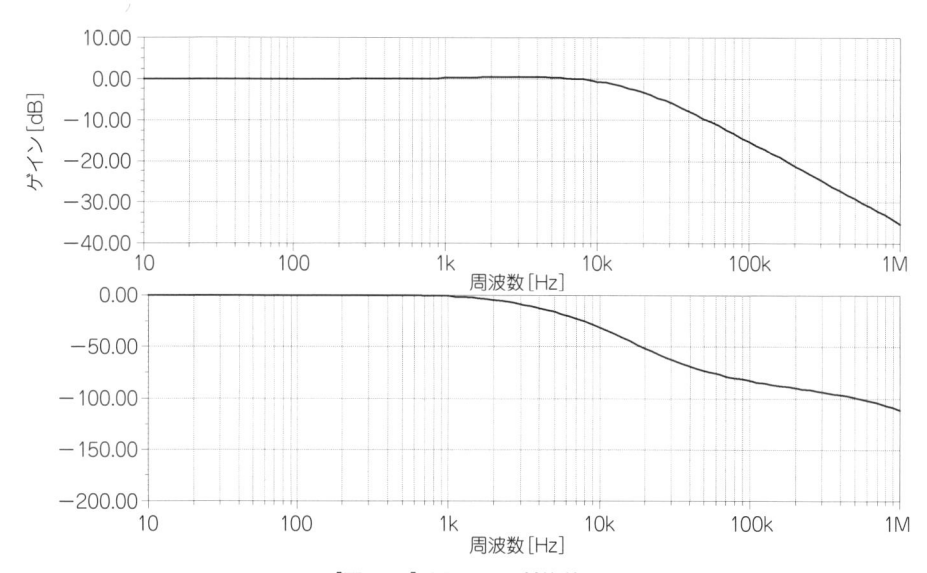

[図7-13] 図7-12の対策効果
ピークのないフラットなゲイン周波数特性になり安定する

の周波数特性です．ピーク・レベルが+10dBから+4dBに減少し，安定性が増しています．

より確実に対策するには，図7-12に示すように，出力抵抗に加えて帰還部にコンデンサと抵抗を追加します．図7-13にシミュレーション結果を示します．ピークのないフラットな周波数特性が得られています．

■入力にコンデンサが接続されても発振しないようにする

● 発振のしくみ

図7-14に示すのは，RFI(Radio Frequency Interference)対策を施した反転アンプです．OPアンプの反転入力端子にコンデンサが接続されています．

この回路は発振します．図7-15に示すのは，ミドルブルック法(第7章Appendix Aを参照)で解析したループ・ゲインと位相の周波数特性です．位相余裕は4.7°しかなく発振します．

● 対策

反転アンプの入力にLPFを前置してRFI対策すると，OPアンプの入力にコンデンサが接続されて発振しやすくなります．このようなときは，図7-16のように接

続すれば，入力のコンデンサが帰還回路と分離されるため，RFI対策と安定性を両立できます．

図7-17にゲインの周波数特性を示します．ピークのない安定した特性が得られています．抵抗一つ分コストが増しますが，発振対策を優先すべきです．

Column

極と零点(5)

位相補償とは，アンプが発振しないように部品を追加したり定数を調整して位相の進みと遅れをコントロールする技術です[1]．位相補償は，CR回路網で作った極(pole)と零点(zero)を組み合わせて行います．

図7-A(a)は，極が一つできる回路です．図7-A(b)に示すように，周波数が高くなるほどゲインが小さくなり位相が遅れます．図7-A(a)の式によって，低周波側のゲインよりも－3dB落ちる周波数(f_P)を求めることができます．この周波数を

極(pole)ができる周波数 f_P は，
$$f_P = \frac{1}{2\pi C_1(R_1 // R_2)}$$
図中の回路定数のとき，
$f_P \fallingdotseq 350\text{MHz}$
となる

(a) 極(pole)が一つできる回路

(b) ゲインと位相の周波数特性

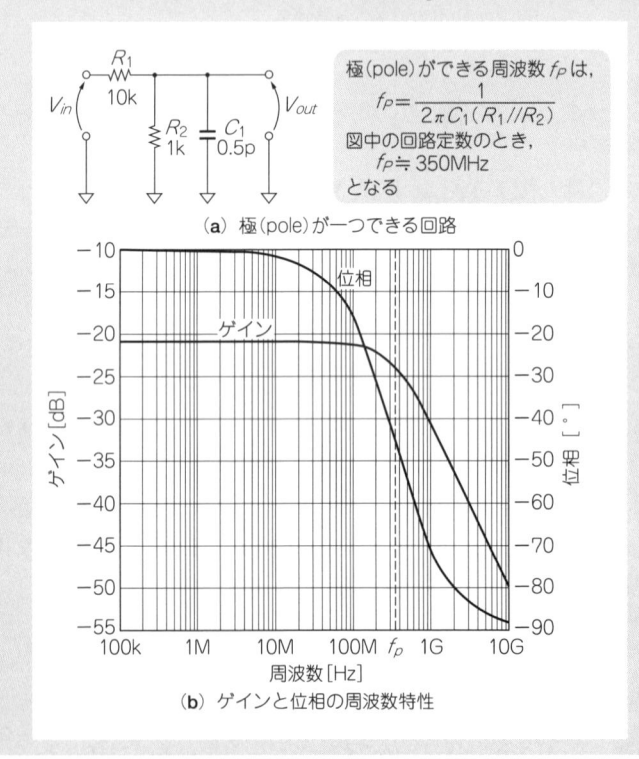

[図7-A] 周波数が高くなるほどゲインが小さくなり位相が遅れる回路
極が一つできる回路

■ 寄生のLやCによる高周波発振に強くする

● 増幅素子とL/Cがあるところはすべて発振源になりうる

図7-18に示すように，ディスクリートのトランジスタ内部にはボンディング・ワイヤによるインダクタンスや容量が存在し，これらのリアクタンス素子と増幅素

極と呼びます．

図7-B(a)は，零点が一つできる回路です．図7-B(b)に示すように，周波数が高くなるほどゲインが大きくなり，位相が進みます．図7-B(a)の式によって，低周波側のゲインよりも+3dB上昇する周波数(f_Z)を求めることができます．この周波数を零点と呼びます．

位相が遅れて発振しそうなときは，図7-B(a)の回路を追加すれば位相が進むので，位相の遅れを補償できます．

零点(zero)ができる周波数 f_Z は，
$$f_Z = \frac{1}{2\pi C_1 R_1}$$

次の周波数 f_P に極もできる．
$$f_P = \frac{1}{2\pi C_1 (R_1 // R_2)}$$

図中の回路定数のとき，
$f_Z ≒ 31.8\text{MHz}$
$f_P ≒ 350\text{MHz}$
となる

(a) 零点(zero)が一つできる回路

(b) ゲインと位相の周波数特性

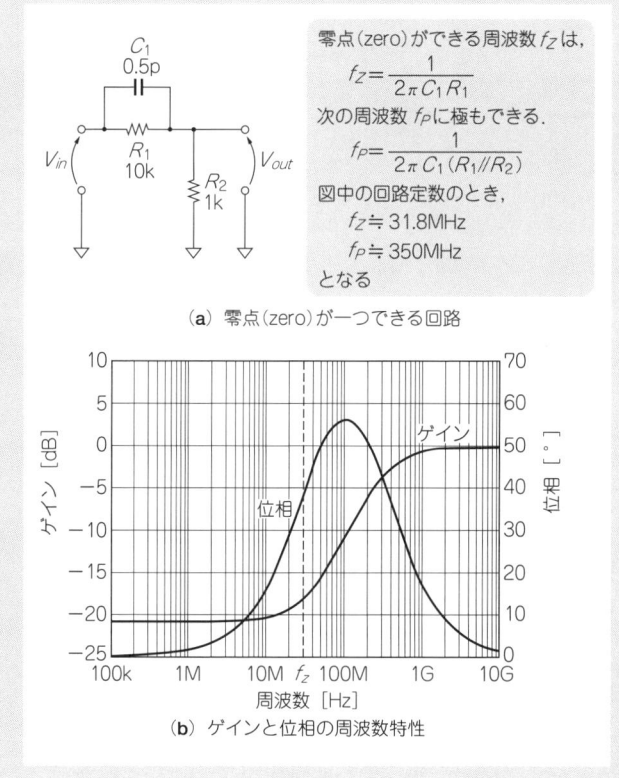

[図7-B] 周波数が高くなるほどゲインが大きくなり位相が進む回路
零点が一つできる回路

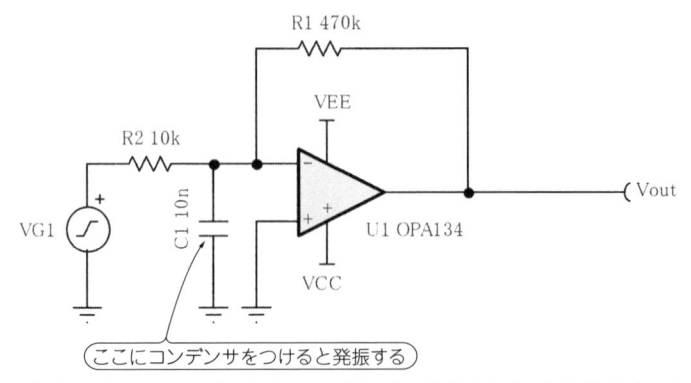

[図7-14] OPアンプは入力にコンデンサを接続すると発振しやすくなる
RFI対策用のコンデンサ(C_1)を入力に追加した反転アンプ

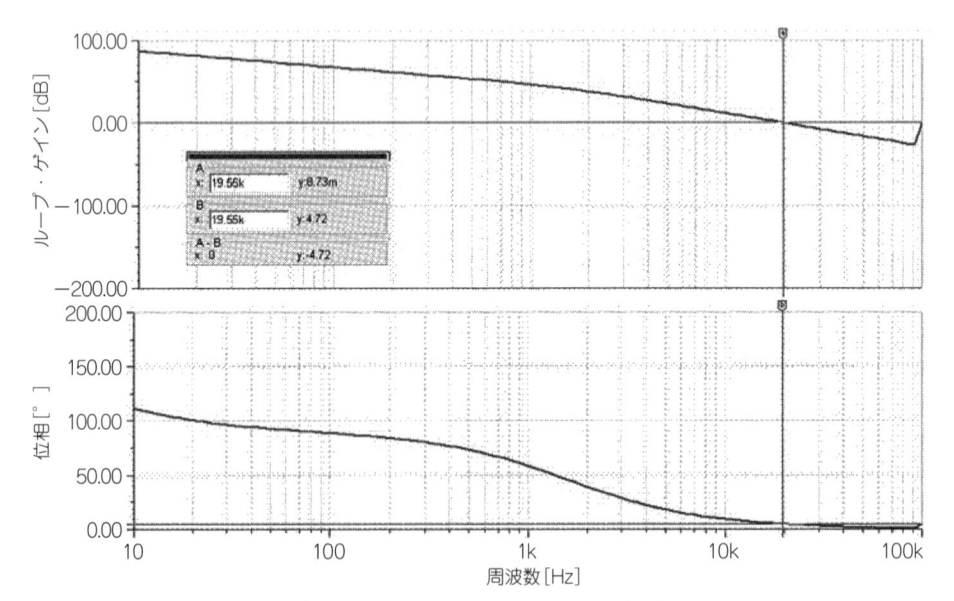

[図7-15] 図7-14の位相余裕は4.7°しかなく発振する
ミドルブルック法でシミュレーション解析を実行

子がLC発振回路を構成します．同じことが，OPアンプ内部のトランジスタにも言えます．

　プリント基板上の銅箔パッドとグラウンド間に生じる寄生容量や，出力に接続さ

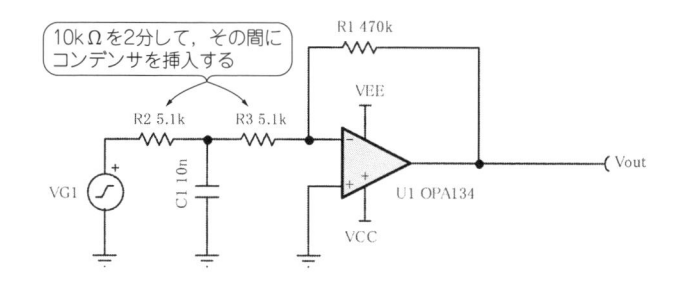

[図7-16] RFI対策と発振マージンの確保を両立する方法

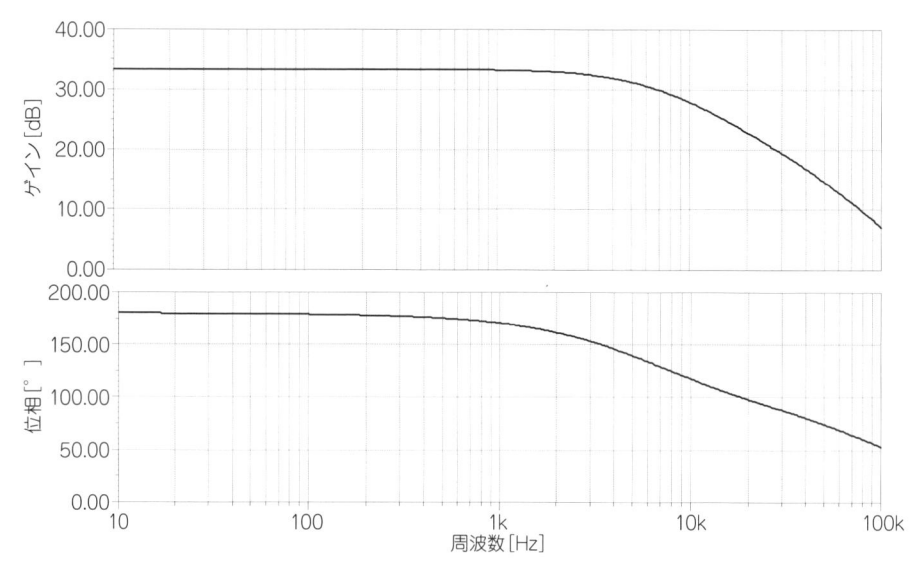

(図中注記: 10kΩを2分して，その間にコンデンサを挿入する)
R1 470k, R2 5.1k, R3 5.1k, C1 10n, U1 OPA134, VG1, VCC, VEE, Vout

[図7-17] 図7-16の対策効果
ピークのないフラットなゲイン周波数特性であり，発振の可能性は消えた

れたケーブルによる寄生容量と増幅素子によっても発振回路ができます．

図7-1(c)や**図7-19**のように，出力信号波形に高周波成分が重畳しているときは，バッファ・アンプが寄生発振している可能性があります．第6章 Appendix（図6A-4）のように，バッファ・アンプが負帰還ループの中に入っている回路でも生じます．寄生のLC素子によって起きる発振の周波数は高く，VHF帯（超短波帯，30M〜300MHz）以上です．回路にRFI対策が施されているにもかかわらず，**図7-1(a)**や**図7-19**のような波形が観測される場合は，OPアンプ回路の発振を疑い

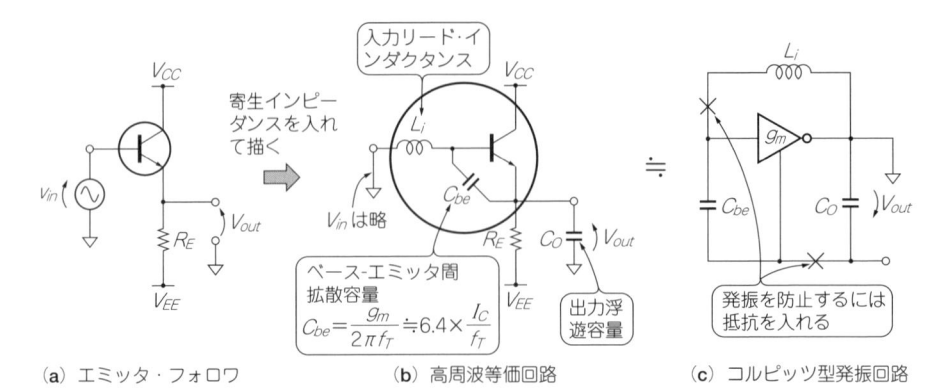

[図7-18⁽²⁾] トランジスタが発振するしくみ
OPアンプ内部の個々のトランジスタも同様のしくみで発振する可能性がある

(a) エミッタ・フォロワ
(b) 高周波等価回路
(c) コルピッツ型発振回路

入力リード・インダクタンス
寄生インピーダンスを入れて描く
V_{in}は略
ベース-エミッタ間拡散容量
$C_{be} = \dfrac{g_m}{2\pi f_T} \fallingdotseq 6.4 \times \dfrac{I_C}{f_T}$
出力浮遊容量
発振を防止するには抵抗を入れる

ところどころにスパイク状のノイズが重畳している

[図7-19] 寄生発振しているときの出力波形の例

10～100Ωの抵抗を入れる
配線を短く
短く配線
高速OPアンプの場合は入れたほうが安全

(a) エミッタ・フォロワ回路の場合
(b) ボルテージ・フォロワの場合

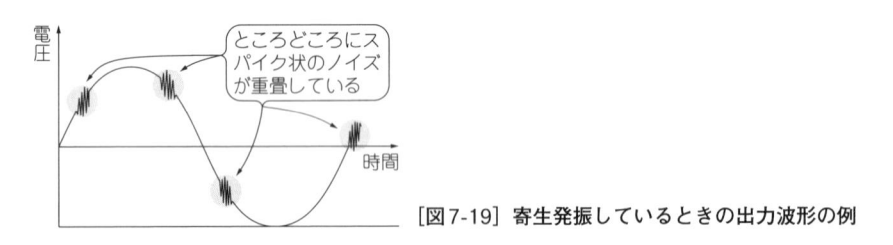

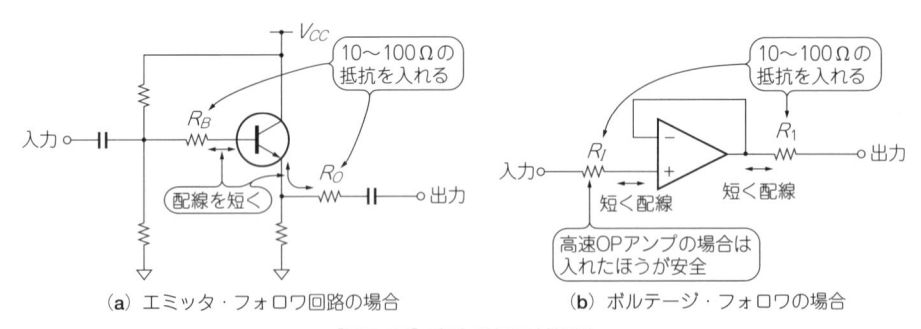

[図7-20] 寄生発振の対策例

ます．

　もちろん，**図7-1(c)** のような波形が観測されたからといって，発振と決めつけるのはよくありません．アンプの入力段に混入した高周波雑音が原因かもしれないからです．特に高周波特性の良いOPアンプは，高周波雑音を検波しないため直流電圧に変換せず，そのまま内部を通過させます．

Column

データシートの記載「ゲイン2倍安定」の意味

OPアンプのデータシートに「ゲイン+2倍で安定」と記載されていることがあります．この「ゲイン」とは，入出力ゲインではなくノイズ・ゲインのことです．「ゲイン+2倍で安定」なOPアンプは，−1倍の反転アンプでは発振しませんが，ボルテージ・フォロワでは，ノイズ・ゲインは1倍ですから発振する可能性があります．データシートに「ゲイン+2倍安定」と書かれているから−1倍の反転アンプにも使えないと思うのは勘違いです．

● 寄生発振の症状…OPアンプに手を近づけると出力電圧がふらつく

　寄生発振しているアンプに手を近づけると，出力電圧が変化します．これは，手の接近による容量変化の大きさと寄生容量の大きさが同程度だからです．出力電圧が変動する理由は，OPアンプの入力段にあるダイオードがレベルや周波数の変化する高周波信号を検波するからです．

　入力や出力に接続したコンデンサが原因で発振しているアンプは，手を近づけたぐらいでは発振周波数も出力電圧も変動しません．手が近づくことによる容量変化に比べて，コンデンサの容量がとても大きいからです．

● 対策

　基本は，抵抗で発振のエネルギーを消費することです．

　図7-20に，トランジスタを使ったエミッタ・フォロワとOPアンプを使ったボルテージ・フォロワの発振対策を示します．どちらも入力と出力に抵抗を入れています．抵抗は，トランジスタやOPアンプのすぐ近くに実装しないと効果はありません．

7-5　パスコンの配置と選び方

● パスコンがないときの発振の症状と対応

　図7-21に示すのは，パスコンがないとき図7-21(a)とパスコンがあるとき図7-21(b)のボルテージ・フォロワの出力波形です．正負電源の配線長を約1mに，グラウンドの配線長を約2mにして実験しました．図(a)の波形には細かな振動(発振)が重畳しています．この種の発振は定常的に起こらないことがあり，しばしば

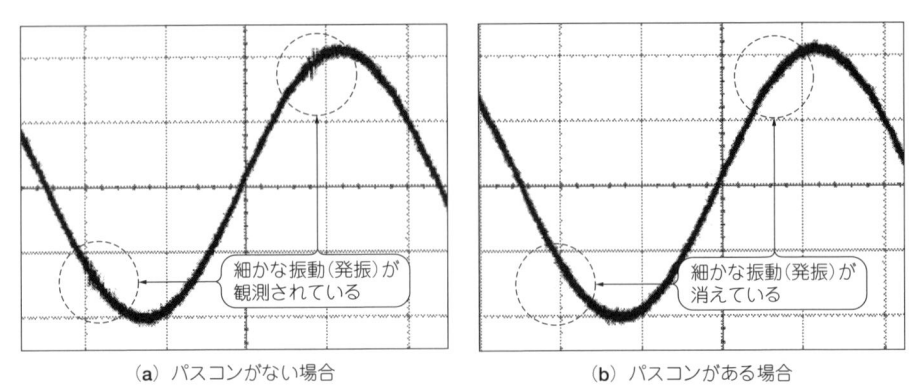

(a) パスコンがない場合　　　　　　　　　(b) パスコンがある場合

[図7-21] パスコンがないとアンプは発振することがある ($2\mu s/div$, $0.5V/div$)
OPアンプ：OPA27, 電源電圧±15V, ボルテージ・フォロワ

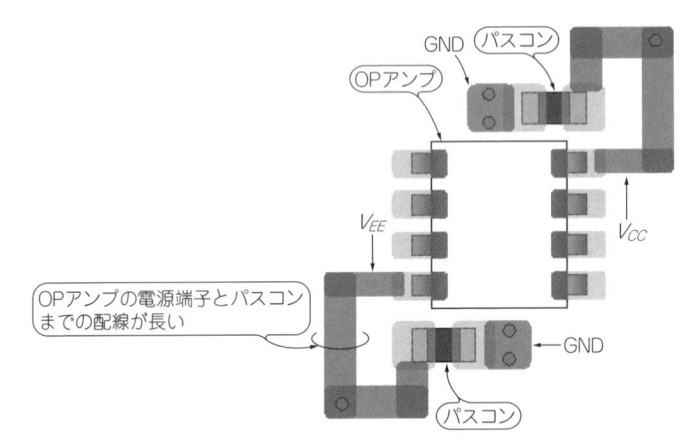

[図7-22] パスコンの効果がない悪い配線例
コンデンサはICの近くに置いてあるがプリント・パターンが長い

見逃してしまいます．

　パスコンは必須で，かつOPアンプの電源端子に最短距離で接続する必要があります．パスコンのグラウンド側は，回路動作の基準となる点につなぎます．プリント基板の場合は，ベタ・グラウンドに最短で接続します．

　CADオペレータに「OPアンプの近くにコンデンサをレイアウトしてください」と話しをしただけでは，**図7-22**のように配線されてしまうことがあります．OPアンプの近くにコンデンサがあっても配線が長くては意味がありません．パスコンは，電源端子に物理的に近くではなく，電気的に近いところに置く必要があります．

第7章　発振対策と周辺部品の選び方

(a) 1個入りOPアンプ　　　　　　　(b) 2個入りOPアンプ

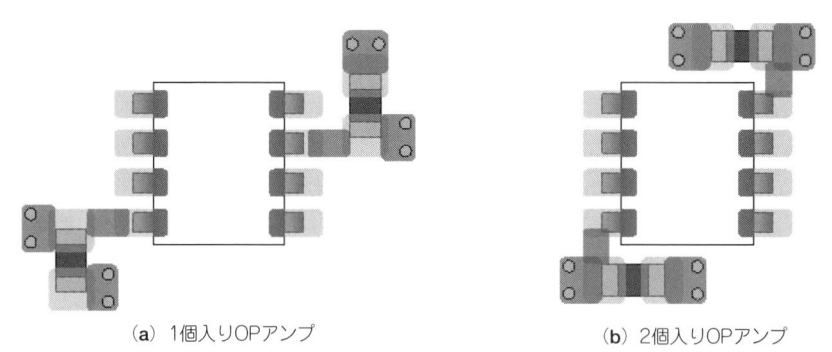

[図7-23] 電圧帰還型OPアンプのパスコンの推奨レイアウトと配線

偶数次の高調波が減る

(a) 1個入りOPアンプ　　　　　　　(b) 2個入りOPアンプ

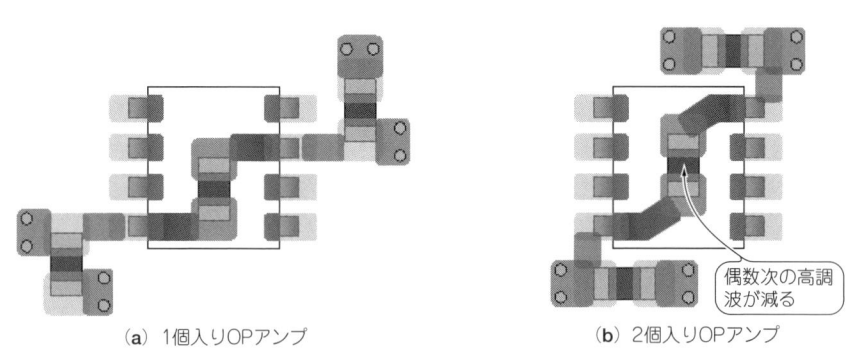

[図7-24] 電流帰還型OPアンプのパスコンの推奨レイアウトと配線

図7-23と図7-24にパスコンの適切な配線方法を示します．

● パスコンがないときの発振のしくみ

　電源のパスコンがなかったりOPアンプの電源端子からパスコンが離れていたりすると，電源電圧が変動してその変動が入力に帰還されて発振します．このようすを図7-25に示します．

　OPアンプの近くにパスコンがないと，OPアンプの出力電流が電源パターンのインピーダンスに流れ電源ラインの電圧が変動します．この電圧変動は，OPアンプの入力段に，OPアンプの*PSRR*特性(電源電圧変動除去比)だけ圧縮されて伝わります．OPアンプの*PSRR*は周波数が高くなると低下するため，周波数が高いほど電源電圧変動は入力に伝わりやすくなります．出力と入力は，電源ラインも介してつながっています．

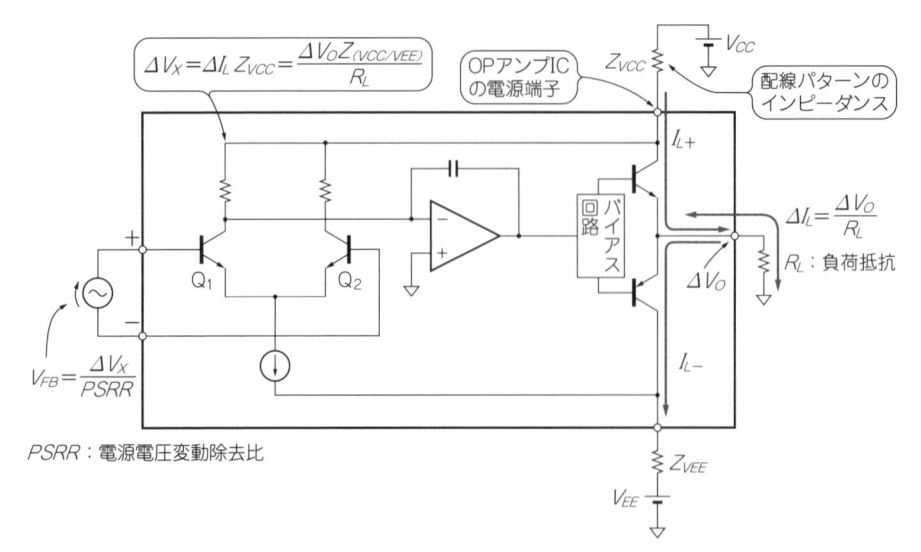

[図7-25] **パスコンがないときの発振のしくみ**
OPアンプの出力信号が電源ラインを通じて入力に戻される

$\Delta V_X = \Delta I_L Z_{VCC} = \dfrac{\Delta V_O Z_{(VCC/VEE)}}{R_L}$

$V_{FB} = \dfrac{\Delta V_X}{PSRR}$

$\Delta I_L = \dfrac{\Delta V_O}{R_L}$

PSRR：電源電圧変動除去比

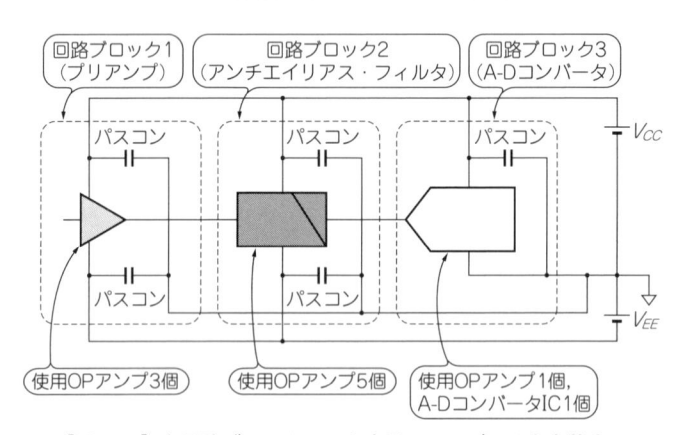

[図7-26] **各回路ブロックには大容量のコンデンサを実装する**

この発振のメカニズムは，負帰還による発振と同じです．

● パスコンの施し方

電源ラインに付けるパスコンは，大きく分けると次の2種類あります．
　(1) 回路ブロックごとに入れる大容量のパスコン（**図7-26**）

(2) デバイス直近に入れる小容量のパスコン

(1)のパスコンには，アルミ電解/タンタル電解/機能性高分子電解/有機半導体電解(OS-CON)/大容量積層セラミックなど大容量タイプを使います．等価直列抵抗(ESR)が少し大きくてもかまわないなら，アルミ電解がもっとも安価です．タンタル電解コンデンサはヒューズ入りタイプを使うほうが安全です．タンタル電解コンデンサはほどほどのESRで使いやすいですが，入手性の問題からあまり使われていません．最近は，ESRの小さい機能性高分子電解か有機半導体電解を使うことが多いようです．部品の高さを低くしたいときは積層セラミックがよいでしょう．

(1)のパスコンの数の目安はOPアンプ5個あたりに1個です．(2)のパスコンは，**図7-27**に示すように，積層セラミック・コンデンサをOPアンプの電源ピンの近くにおいて最短で配線します．

容量は回路が扱う信号の周波数から，次を目安に決めるとよいでしょう．
- DC～十数MHz：$0.1\mu F$
- 十数M～百数十MHz：$0.01\mu F$
- 百数十M～数百MHz：1000pF
- 数百M～数GHz：100pF

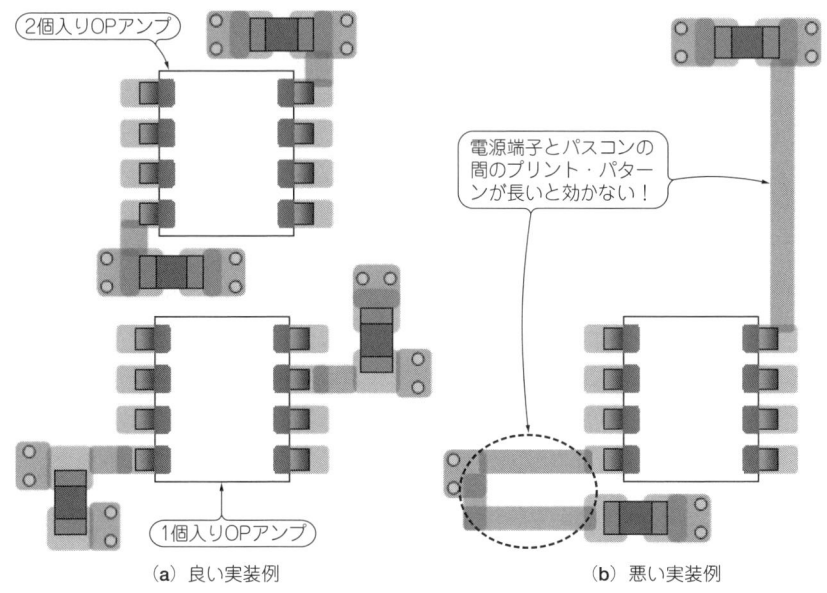

[図7-27] デバイス直近には積層セラミック・コンデンサを実装し最短で配線する

広帯域アンプでは，上記のコンデンサを複数個，並列接続して入れます．多くのセラミック・コンデンサは，両端に加わる直流電圧によって容量が大きく変化するので，直流電圧重畳時に静電容量が確保されるかどうか確認する必要があります．

● 回路ブロックに入れる大容量パスコンの容量の決め方

パスコンの容量は，回路の電流変動Δiとその変動が生じる期間ΔT，そして許容する電圧変動ΔVから，

$$C_P = \frac{\Delta i \Delta T}{\Delta V}$$

によって決めます．

回路ブロックの電流変動が20mA，期間が100μs，許容できる電圧変動を10mVとすると，

$$C_P = \frac{20 \times 10^{-3} \times 100 \times 10^{-6}}{10 \times 10^{-3}} = 200\mu F$$

と求まり，200μFのパスコンを電源ラインに入れます．こんなに大容量のコンデンサを入れることができない場合は，10μ〜100μFのコンデンサを実装面積との兼ね合いで選びます．

7-6　発振のチェック方法

● オシロスコープを使った簡易的な方法

アンプが安定かどうかは，OPアンプの入力に方形波(パルス波形)を入力して，その応答波形をオシロスコープで観測すると，ある程度わかります(図7-28)．

応答波形のオーバーシュート量を図7-29(2次帰還系用)に照らし合わせると位相余裕がわかります．オーバーシュートが42%を超えると，位相余裕が30°以下で発振の可能性があり，20%程度以下だと安心です．

ケーブルなどどんな容量の負荷が接続されるか予測できない場合は，図7-30のようにOPアンプの出力にさまざまなコンデンサを接続してパルス波形を観測します．想定される容量の2倍の容量を接続したときのオーバーシュートが20%以下であれば問題ないでしょう．

写真7-1に示すアクティブ・プローブで信号をピックアップすれば，回路への影響を小さくできます．アクティブ・プローブがない場合は，高周波用の1kΩ低容量パッシブ・プローブを使います．

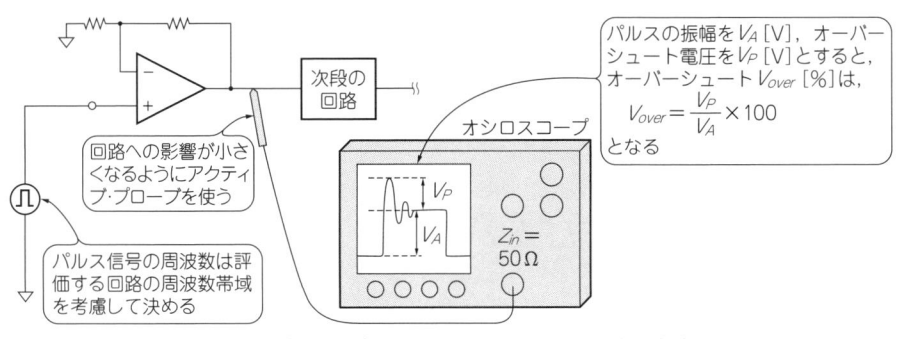

[図7-28] アンプの発振を簡易的にチェックする方法
方形波を入力して応答波形をオシロスコープで確認する

パルスの振幅をV_A[V]，オーバーシュート電圧をV_P[V]とすると，オーバーシュートV_{over}[%]は，
$$V_{over} = \frac{V_P}{V_A} \times 100$$
となる

回路への影響が小さくなるようにアクティブ・プローブを使う

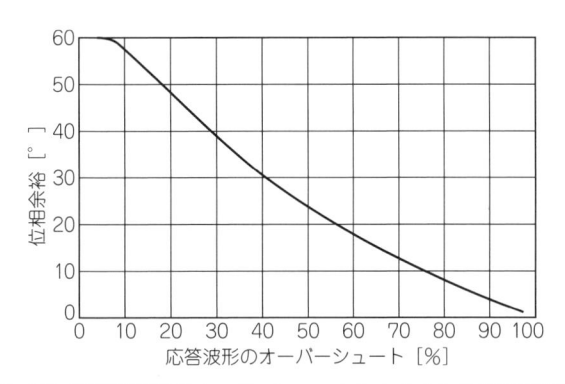

パルス信号の周波数は評価する回路の周波数帯域を考慮して決める

$Z_{in} = 50\Omega$

[図7-29] 方形波応答のオーバーシュートの大きさと位相余裕の関係

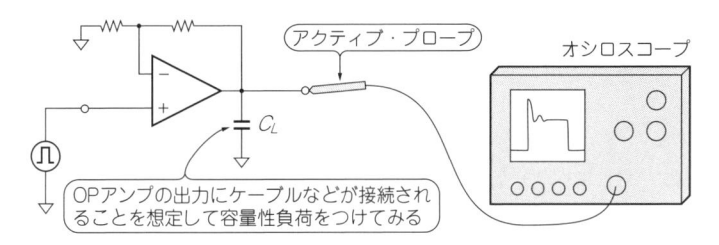

[図7-30] 容量値が特定できない負荷が接続されるときの現実的な発振チェック法
出力にいろいろなコンデンサを接続してパルス応答を観測する

アクティブ・プローブ
オシロスコープ
OPアンプの出力にケーブルなどが接続されることを想定して容量性負荷をつけてみる

● スペクトラム・アナライザを使って厳密にチェック

　スペクトラム・アナライザを使うと，オシロスコープ（帯域20M～100MHz）では観測できない周波数の高い寄生発振や，レベルの小さい発振を捕らえることができます（**図7-31**）．

7-6　発振のチェック方法　217

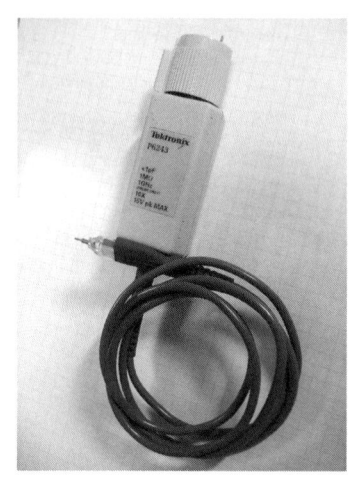

[写真7-1] 被測定回路への影響を最小限にできるアクティブ・プローブで信号をピックアップする

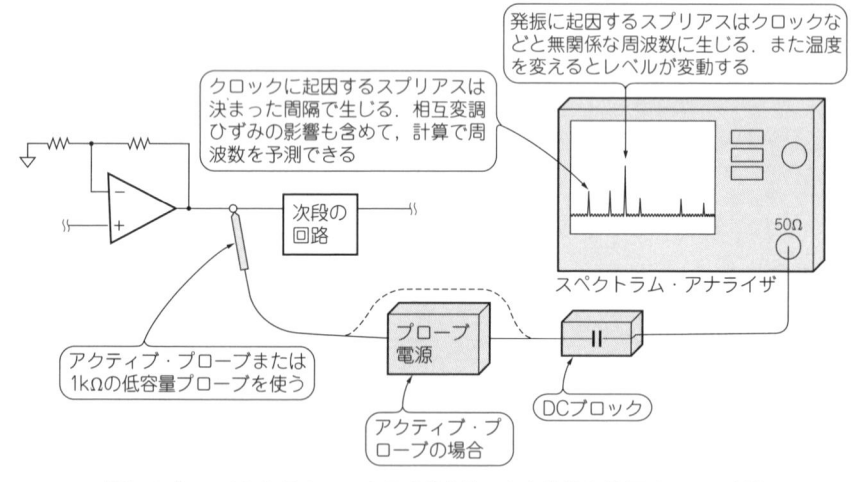

[図7-31] スペクトラム・アナライザを使った本格的な発振チェック方法
オシロスコープで捕らえられない高周波発振や微小な発振を観測できる

　スペクトラム・アナライザは，入力に大きな直流電圧が加わると，入力部にある減衰器（入力ATT）が焼損するため，ACカップリングして信号を入力します．簡易的には，被測定回路の出力とスペクトラム・アナライザの入力の間に$0.01\mu F$のセラミック・コンデンサを入れます．オプションのDCブロックをつける方法もあります．

　スペクトラムを一つずつ観測しながら，発生源（クロックとその高調波など）を特

定していきます．不明なスペクトラム成分がある場合は発振を疑います．

● ネットワーク・アナライザを使って発振マージンを定量測定

　アンプのオープン・ループ・ゲインの周波数特性は，**図7-32**に示す接続で測定します．この測定によってOPアンプ単体のゲイン余裕と位相余裕を知ることができます．

　図7-32に示す測定方法では，OPアンプを全周波数帯域でクローズド・ループにしているため，安定に測定することが可能です．OPアンプのオープン・ループ特性に疑問があるときは，実測で位相余裕とゲイン余裕を確認します．

　測定を始める前に，被試験デバイスを取り外し，R_3両端を短絡してスルー・ノーマライズを行います．その後，被試験デバイスを挿入して測定を実行します．RポートとBポートに信号を入力して，ネットワーク・アナライザに「B/R」を計算させれば，ゲインと位相のオープン・ループ周波数特性が表示されます．

　ディレクショナル・ブリッジやディレクショナル・カプラを内蔵した2ポート・ネットワーク・アナライザは，ワンステップでは特性を表示してくれません．この場合は，Rポート側とBポート側をそれぞれ個別に測定し，外部演算でB/Rを描画します．

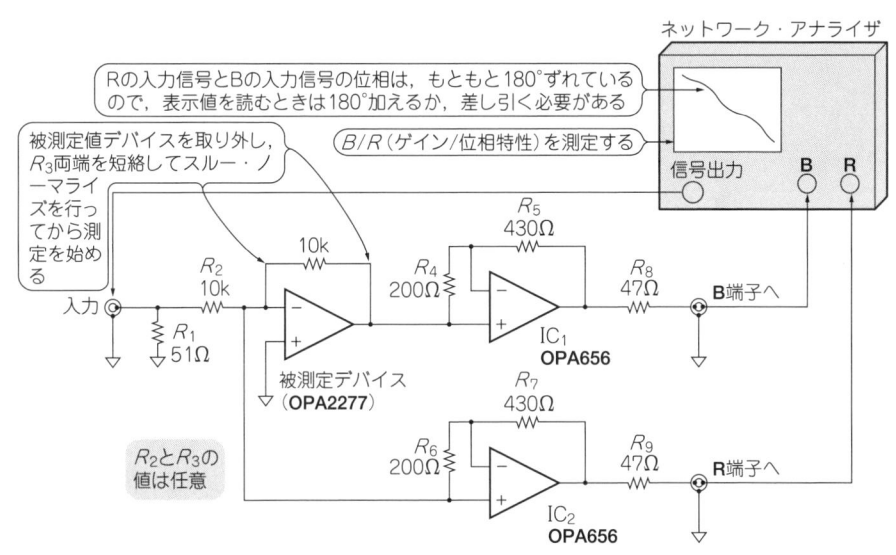

[図7-32] アンプのオープン・ループ・ゲイン - 周波数特性の測定方法

● 冷却すると発振しやすくなる

トランジスタのゲインの大きさを意味する g_m（相互コンダクタンス）は,

$$g_m = \frac{qI_C}{kT} \quad \cdots\cdots\cdots\cdots\cdots\cdots\cdots\cdots\cdots\cdots\cdots\cdots\cdots\cdots\cdots\cdots\cdots\cdots\cdots\cdots\cdots\cdots\cdots\cdots\cdots\cdots\cdots\cdots\cdots\cdots \quad (7\text{-}2)$$

ただし, q：電子の電荷[C](1.60×10^{-19}), I_C：コレクタ電流[A], k：ボルツマン定数(1.38×10^{-23})[J/K], T：絶対温度[K]

で表されますから, g_m は温度が低くなるほど大きくなります.

一方, エミッタ接地増幅回路のゲイン G は,

$$G = g_m R_C \quad \cdots\cdots\cdots\cdots\cdots\cdots\cdots\cdots\cdots\cdots\cdots\cdots\cdots\cdots\cdots\cdots\cdots\cdots\cdots\cdots\cdots\cdots\cdots\cdots\cdots\cdots\cdots\cdots\cdots\cdots \quad (7\text{-}3)$$

ただし, R_C：コレクタ抵抗[Ω]

で表され, g_m が大きくなるとゲインが大きくなります.

式(7-2)と式(7-3)から, 温度が下がると g_m が大きくなり, 回路のゲインも大きくなるため, 温度が低いほど発振の振幅が大きくなり, 発振を見つけやすくなります.

急冷スプレー(急冷剤)を吹き付けたり恒温槽に入れて冷やしたりすると, アンプのゲインが上がって発振しやすくなります. 局部的に冷やす場合は, 急冷スプレーを1～2秒間ほど吹き付けます. システム全体を冷やす場合は, 恒温槽に入れて温度を0℃以下に設定します.

第7章
Appendix A

ループ・ゲインの測定方法
発振マージンを精度良く測るテクニック

● 簡易的なシミュレーション

　負帰還の安定性は，ループ・ゲイン（$A_0\beta$）の周波数特性からわかります．

　図7A-1に示すのは，$A_0\beta$の簡易測定法です．帰還回路から信号（V_X）を入力すると，$-A_0\beta$倍されて出力（V_Y）されるため，ループ・ゲイン$A_0\beta$は，V_XとV_Yを測定した比から求まります．V_Gはフローティング信号源です．

　多くの信号発生器は片側がグラウンドに接続されていますが，FRA（Frequency Response Analyzer）と呼ばれる周波数特性分析器（エヌエフ回路設計ブロック）が内蔵する信号源はフローティング・タイプなので，**図7A-1**の測定システムを実現できます．

　図7A-2に示す，OPA277を使ったゲイン10倍の非反転アンプのループ・ゲインの周波数特性を調べてみます．$0.01\mu F$のコンデンサと$1k\Omega$の抵抗を並列接続したものを負荷にしました．

　図7A-3にAC解析を実行し，

$$LoopGain = \frac{V_Y}{V_X}$$

をグラフ化した結果を示します．

　$A_0\beta$は180°位相が反転しているため，グラフの180°を0°と読み替えてください．90°の位相遅れを維持した後，高域で徐々に位相が$-180°$に近づいています．位

$$\frac{V_Y}{V_X} = -A_0\beta$$

が成り立つ．出力レベルの小さい信号源V_Gを帰還経路に挿入して，周波数をスイープしながらV_XとV_Yを測定すれば，ループ・ゲイン$A\beta$がわかる

［図7A-1］OPアンプのループ・ゲインの簡易的な測定法

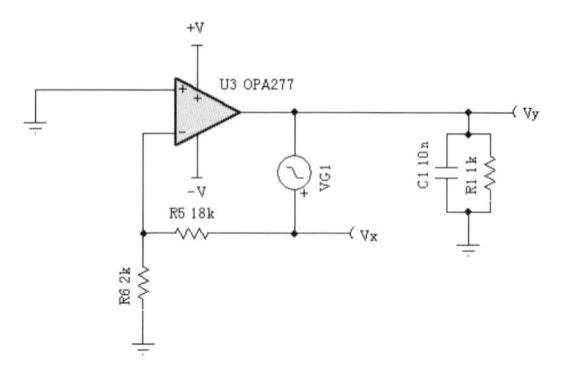

[図7A-2] 図7A-1の測定法をシミュレーションで確認する

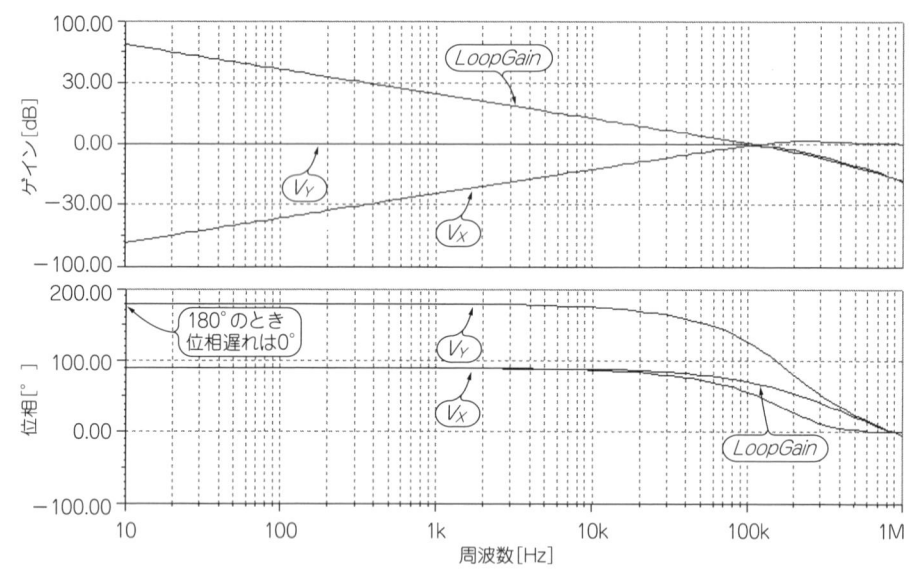

[図7A-3] 図7A-2のゲインと位相の周波数特性
位相余裕70.15°, ゲイン余裕27.93°という結果が得られた

相余裕は70.15°, ゲイン余裕は27.93dBで, この回路の負帰還は十分に安定だと判断できます.

● より高精度にシミュレーションする方法

上記の簡易測定法は, V_Y側のインピーダンスがV_X側のインピーダンスよりも

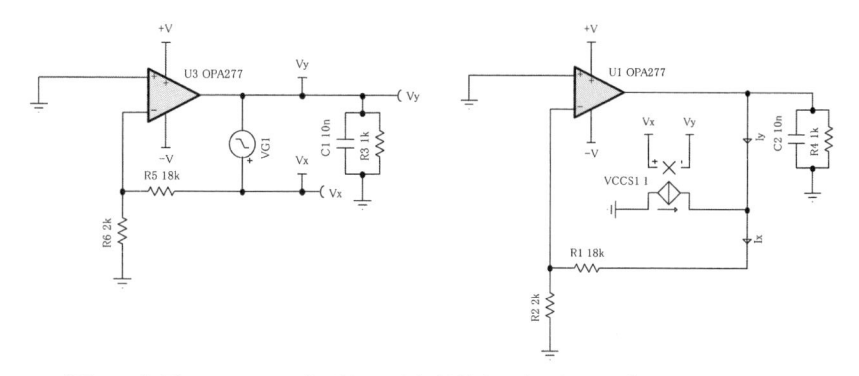

[図7A-4] 図7A-2のループ・ゲインを解析精度の高いミドルブルック法で調べる

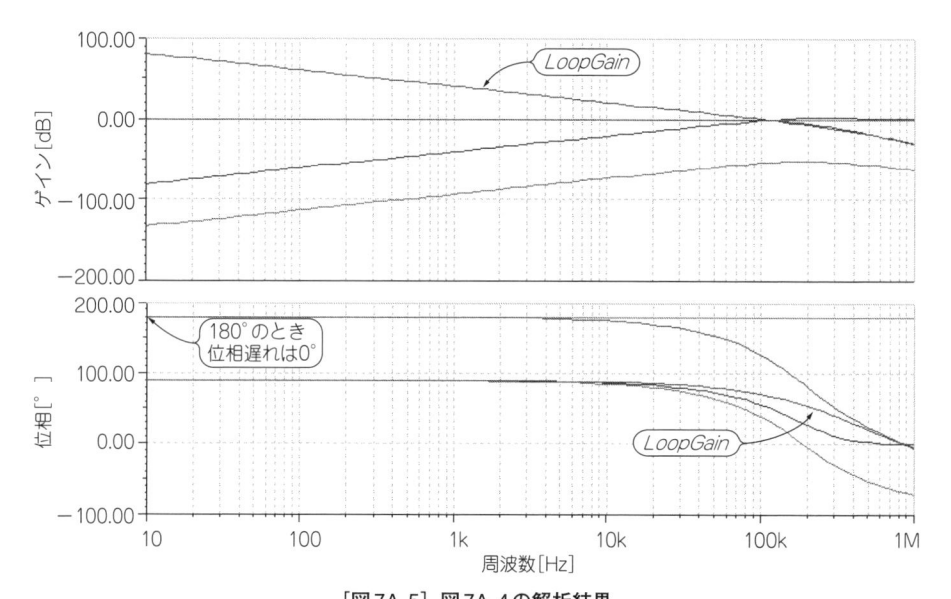

[図7A-5] 図7A-4の解析結果
位相余裕70.26°，ゲイン余裕27.29dBという結果が得られた．簡易測定法(図7A-3)よりこちらのほうが値が正確

高いと誤差が大きくなります．OPアンプの出力インピーダンスが大きい周波数領域では誤差が大きくなります．例えば，周波数が高い領域では，OPアンプの出力インピーダンスは高くなります．出力レール・ツー・レールOPアンプでは，低周波領域でのインピーダンスも大きくなります．

精度の問題を解決するのがミドルブルック法と呼ばれるシミュレーション技法です．ミドルブルック法は，同期の取れた電圧源と電流源を利用します．ループ・ゲ

イン $A_0\beta$ の算出に必要なパラメータは，簡易測定法と同じ V_X, V_Y のほか，電流量である I_X と I_Y です．これらの測定結果を元にループ・ゲイン $A_0\beta$ を算出します．

図7A-4に示す回路を例に，ミドルブルック法を利用して $A_0\beta$ を求めてみます．電圧信号源と同期の取れた(同相の)電流信号は，V_X と V_Y の電圧からVCCS(電圧制御電流源)によって生成します．VCCSのトランスコンダクタンスの値は1に設定します．

AC解析を実行し，次の計算を実行します．

$$T_v = \frac{V_Y}{V_X}$$

$$T_i = \frac{I_Y}{I_X}$$

$$LoopGain = \frac{T_v T_i - 1}{2 + T_v + T_i}$$

図7A-5に，ループ・ゲイン($LoopGain$)を示します．位相余裕とゲイン余裕はそれぞれ70.26°，27.29dBです．**図7A-3**の結果と値が違いますが，正確なのはミドルブルック法のほうです[1]．

第7章 Appendix B
OPアンプは低温でも発振しないようにできている
温度変化によって発振するときは周辺部品をチェックする

「ある温度でアンプが発振するので，OPアンプの位相余裕が温度で変化していないか調べて欲しい」という依頼を受けたことがあります．

表7B-1に示すのは，そのとき取得した実験データです．グラフ化すると，図7B-1のようになります．2種類のロットで5個ずつ調べました．測定回路は図7-32と同じです．図7B-2に，温度を変えながら測定したゲインの周波数特性を示します．

温度が変動しても，OPアンプの位相余裕やゲイン余裕が不足するということはありません．OPアンプ内のトランジスタのゲイン(g_m)に影響の大きい定電流源は，その出力電流が絶対温度に比例する(PTAT：Proportional To Absolute Temperature)ように作られています．ある温度でOPアンプ回路が発振する場合は，OPアンプではなく周辺部品の温度特性も疑ってみてください．

温　度		0℃	25℃	60℃
ロットA	サンプル1	52.0	48.0	44.8
	サンプル2	52.5	50.1	48.8
	サンプル3	53.2	50.7	46.4
	サンプル4	54.9	57.0	55.2
	サンプル5	52.0	47.7	50.7
ロットB	サンプル1	53.3	49.7	50.3
	サンプル2	51.5	50.5	47.7
	サンプル3	54.8	54.0	48.5
	サンプル4	52.2	53.0	46.5
	サンプル5	56.1	51.8	46.5

(a)位相余裕[°]

温　度		0℃	25℃	60℃
ロットA	サンプル1	14	14	14
	サンプル2	12	12	13
	サンプル3	14	13	13
	サンプル4	15	14	14
	サンプル5	11	11	13
ロットB	サンプル1	13	13	12
	サンプル2	12	12	12
	サンプル3	11	11	11
	サンプル4	11	12	13
	サンプル5	11	11	11

(b)ゲイン余裕[dB]

[表7B-1] 温度を変化させて測定したOPアンプの位相余裕とゲイン余裕
OPA2277を使用．温度が変動しても位相余裕やゲイン余裕が減少することはない

(a) 位相余裕

(b) ゲイン余裕

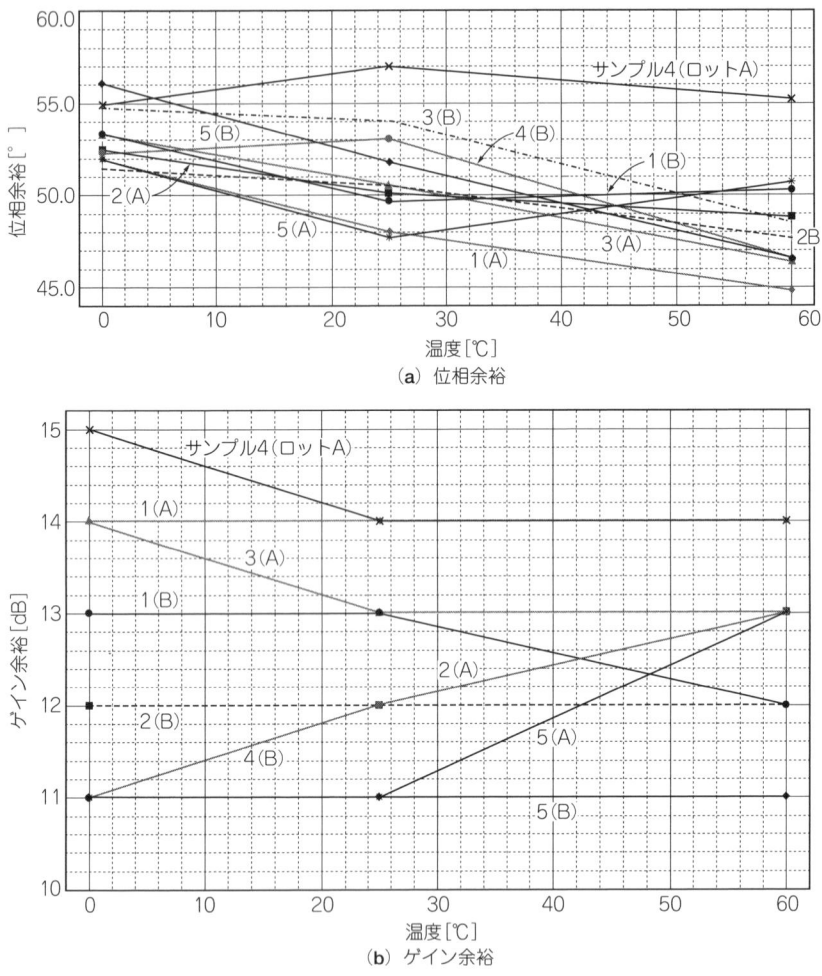

[図7B-1] OPA2277の温度による位相余裕の変化
温度が変動しても位相余裕やゲイン余裕が減少することはない

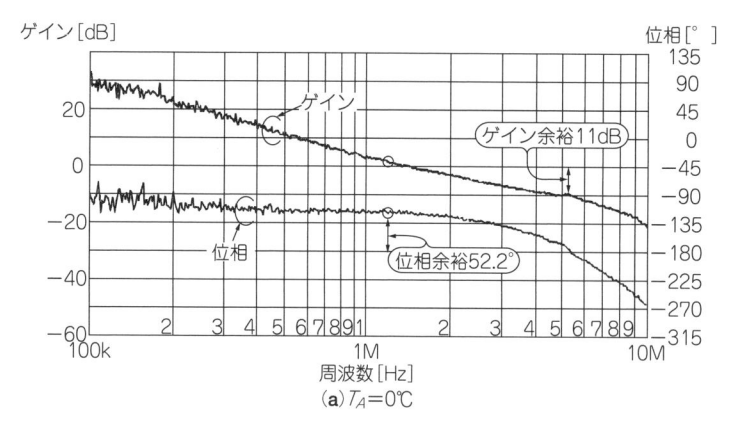

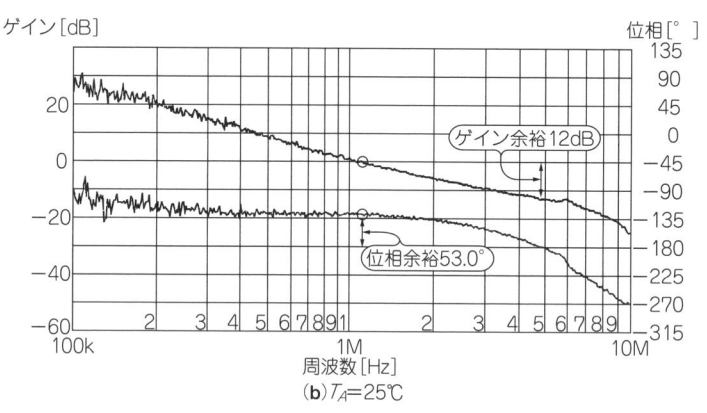

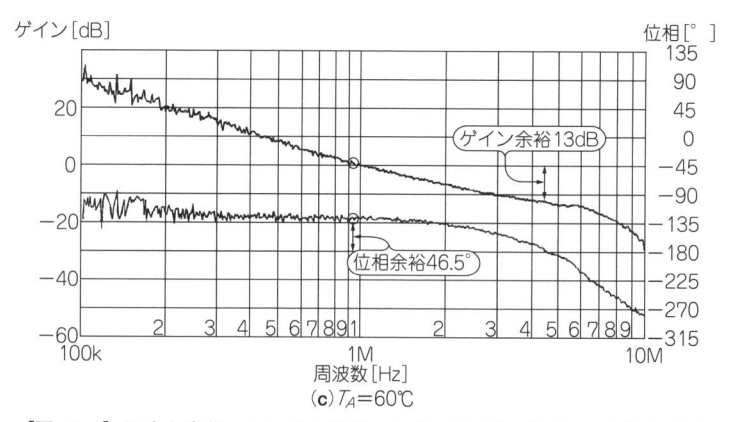

[図7B-2] 温度を変化させながら測定したOPA2277のゲインの周波数特性
温度の影響はほとんどない

(a) $T_A = 0℃$
(b) $T_A = 25℃$
(c) $T_A = 60℃$

(a): ゲイン余裕11dB、位相余裕52.2°
(b): ゲイン余裕12dB、位相余裕53.0°
(c): ゲイン余裕13dB、位相余裕46.5°

第8章

【成功のかぎ8】
低オフセットOPアンプの使い方と評価法
オフセット電圧/雑音電圧/バイアス電流を正しく評価する

直流に関する性能,特にオフセット電圧を理想OPアンプに近づけたものを低オフセットOPアンプと言います.高精度に直流信号が取り扱えることから,高精度OPアンプと呼ばれることもあります.低オフセットOPアンプを評価するには,直流特性を正確に測定できる8桁分解能の高精度ディジタル・マルチメータを利用します.

8-1 低オフセットOPアンプとは

● 直流精度が必要なところで威力を発揮

低オフセットOPアンプには次のような特徴があります.
- 入力オフセット電圧とドリフトが小さい
- 入力バイアス電流が小さい
- オープン・ループ・ゲインが大きい

低オフセットOPアンプの主な用途は,高精度直流増幅器やインスツルメンテーション・アンプ,電流測定用のI-V変換回路,交流アンプの直流オフセット・キャンセルに使う直流サーボ回路などです[6].

● 実際のデバイス

写真8-1に示すのは,市販の低オフセットOPアンプです.表8-1に写真8-1に示した低オフセットOPアンプの主な特性を,図8-1にピン配置を示します.

OP07CPは低オフセットOPアンプの元祖です.OP177FPはOP07CPの直流性能を改善したものです.

OP27EPはOP07CPの交流性能(GBWなど)を改善したもので,入力換算雑音電圧が小さいためPLL回路のループ・フィルタによく利用されていました.OP27GSは,OP27EPのランクおよびパッケージ違いです.OPA27Uは,テキサス・インス

[表8-1] 実際の低オフセットOPアンプ(写真8-1)とその仕様

型 名	メーカ名	入力オフセット電圧 [μV]		温度ドリフト [μV/℃]		入力バイアス電流 [pA]		オープン・ループ・ゲイン [dB]	
		標準	最大	標準	最大	標準	最大	標準	最大
OP07CP	AD	30	75	0.3	1.3	±1500	±5500	114	106
OP177FP	AD	10	25	0.1	0.3	1200	2000.0	142	134
OP27EP	AD	10	25	0.2	0.6	±10000	±40000	125	120
OP27GS	AD	30	100	0.4	1.8	±15000	±80000	124	117
OPA27U	TI	25	100	0.4	1.8	±15000	±80000	124	117
AD8610BR	AD	45	100	0.5	1	2	±10	105	100
AD8628AR	AD	1	5	0.002	0.02	30	100	140	110
OPA334	TI	1	5	0.02	0.05	±70	±200	130	110

注▶ AD:アナログ・デバイセズ, TI:テキサス・インスツルメンツ

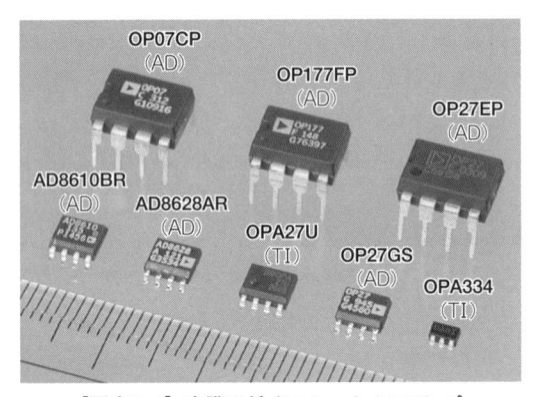

[写真8-1] 実際の低オフセットOPアンプ

ツルメンツ版のOP27型OPアンプです.

　AD8610BRはJFET入力の低オフセット型です. バイアス電流が小さいうえに, GBWが25MHz$_{typ}$と比較的大きいOPアンプです.

　AD8628ARはチョッパ周波数15kHzの低オフセット型です. チョッパ安定化タイプは低ドリフトなのが特徴ですが, 雑音が大きい傾向があります. ただし, AD8628ARは小さく抑えられています.

　OPA334は, 消費電流が285μA$_{typ}$と小さい, チョッパ周波数10kHzのCMOS型です.

ゲイン・バンド幅積 [MHz]		雑音電圧 (0.1Hz〜10Hz) [μV_{p-p}]		動作電圧 [V]	動作電流 [mA_{typ}]	特　徴
標準	最小	標準	最大			
0.6	0.4	0.35	0.6	±3 − 18	−	バイポーラ入力
0.6	0.4	0.25	0.3	±3 − 18	1.6	バイポーラ入力
5.0	8.0	0.08	0.18	±4 − 18	3.0	バイポーラ入力
5.0	8.0	0.09	0.25	±4 − 19	3.3	バイポーラ入力
5.0	8.0	0.09	0.25	±4 − 20	3.3	バイポーラ入力
25	−	1.8	−	±5 − 13	2.5	JFET入力
2	−	0.5	−	±1.35 − 2.75	0.85	チョッパ安定化型
2	−	1.4	−	±1.35 − 2.76	0.285	チョッパ安定化型

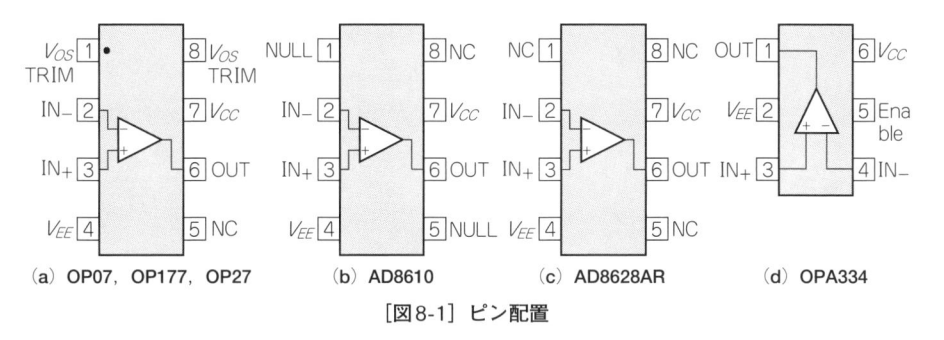

(a) OP07, OP177, OP27　(b) AD8610　(c) AD8628AR　(d) OPA334

[図8-1] ピン配置

8-2　使い方の基本

● オフセット調整用の抵抗追加は逆効果

図8-2に示すように，通常のOPアンプは抵抗(R_C)を挿入して+入力端子と−入力端子のインピーダンスを等しくすると，出力オフセットが小さくなります．しかし，低オフセット型を使う場合R_Cは不要です．これは，OP07のようにOPアンプの入力段にバイアス電流キャンセル回路が組み込まれていたり，OPアンプの入力段にバイアス電流の小さいFETが使われていることが理由です．

バイアス電流キャンセル回路(第4章)を内蔵するOPアンプの中には，反転入力と非反転入力に流れるバイアス電流の向きが異なるものがあります．このようなOPアンプを使ってR_Cを挿入すると，出力オフセット電圧がかえって悪化することがあります．

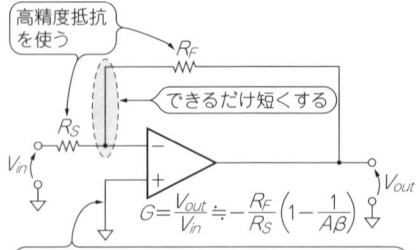

(a) 反転アンプ

高精度抵抗を使う

できるだけ短くする

$$G = \frac{V_{out}}{V_{in}} \fallingdotseq -\frac{R_F}{R_S}\left(1 - \frac{1}{A\beta}\right)$$

汎用OPアンプの場合はバイアス電流の影響を減らしたいときに$R_C = R_S /\!/ R_F$を挿入する．バイアス・キャンセル回路内蔵型OPアンプの場合はR_Cは挿入しないほうがよい

反転アンプの出力インピーダンスR_{out}は，
$$R_{out} = \frac{R_{OA}}{1 + A\beta}, \quad \beta = \frac{R_S}{R_S + R_F}$$
ただし，R_{OA}：OPアンプの出力インピーダンス，A：OPアンプのオープン・ループ・ゲイン
反転アンプの入力インピーダンスR_{in}は，
$$R_{in} = R_S + \frac{R_F}{1 + A}$$
ただし，A：OPアンプのオープン・ループ・ゲイン

(b) 非反転アンプ

高精度抵抗を使う

できるだけ短く配線する

$$G = \frac{V_{out}}{V_{in}} \fallingdotseq \left(1 + \frac{R_F}{R_S}\right)\left(1 - \frac{1}{A\beta}\right)$$

汎用OPアンプの場合はバイアス電流の影響を減らしたいときに$R_C = R_S /\!/ R_F$を挿入する．入力保護として数百〜数kΩの抵抗を入れる場合もある．バイアス・キャンセル回路内蔵型OPアンプの場合はR_Cは挿入しないほうがよい

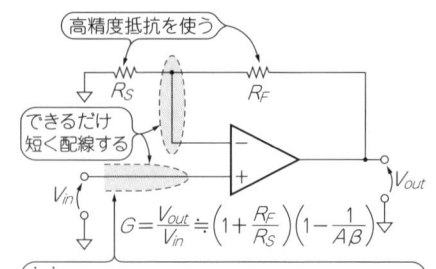

非反転アンプの出力インピーダンスR_{out}は，
$$R_{out} = \frac{R_{OA}}{1 + A\beta}, \quad \beta = \frac{R_S}{R_S + R_F}$$
ただし，R_{OA}：OPアンプの出力インピーダンス，A：OPアンプのオープン・ループ・ゲイン
非反転アンプの入力インピーダンスR_{in}は，
$$R_{in} = R_{IA}(1 + A\beta) + (R_S /\!/ R_F), \quad \beta = \frac{R_S}{R_S + R_F}$$
ただし，R_{IA}：OPアンプの入力インピーダンス，A：OPアンプのオープン・ループ・ゲイン

[図8-2] 低オフセットOPアンプの使い方
①バイアス電流補償用の抵抗を外付けしてはいけない．②入力端子周辺の配線をできるだけ短くする

● **入力にLPFを追加してOPアンプが追従できない信号を除去する**

　低オフセットOPアンプは周波数特性やスルー・レートなどの交流性能が悪いものが多いため，OPアンプが追従できないような周波数の高い信号を入力しないのが基本です．

　高周波成分が重畳している直流信号を入力すると，高周波信号が検波されて直流誤差が生じますから[2]，**図8-3**に示すように入力にLPFを追加して周波数の高い信号を除去します．LPFには，高誘電率系の積層セラミック・コンデンサは使わないほうが無難です．セラミック・コンデンサに使われている素材（強誘電体）は，応力や温度変動によって表面に電荷が生じるからです．

　応力によって電荷が生じる圧電効果は，コンデンサに大きな直流電圧が加わるほど顕著に現れます．温度変動によって電荷が生じる焦電効果は，強磁性体が常磁性体に転移する温度（キュリー温度）付近で発生します．誘電体の種類によっては使用上問題ない場合もありますが，コンデンサ・メーカの技術資料に圧電係数や焦電係

高精度抵抗を使う

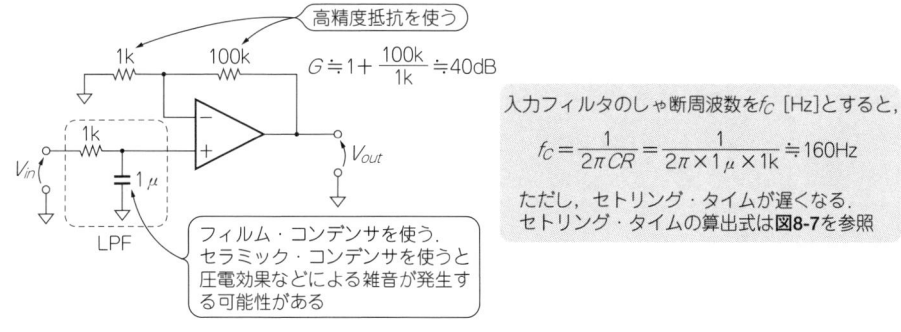

$G ≒ 1 + \frac{100k}{1k} ≒ 40dB$

入力フィルタのしゃ断周波数を f_C [Hz]とすると，

$f_C = \frac{1}{2\pi CR} = \frac{1}{2\pi \times 1\mu \times 1k} ≒ 160Hz$

ただし，セトリング・タイムが遅くなる．
セトリング・タイムの算出式は**図8-7**を参照

フィルム・コンデンサを使う．
セラミック・コンデンサを使うと圧電効果などによる雑音が発生する可能性がある

[図8-3] LPFを前置して追従できない周波数の高い信号が入力されないようにする
入力信号の直流成分に高周波が重畳すると誤差が生じる

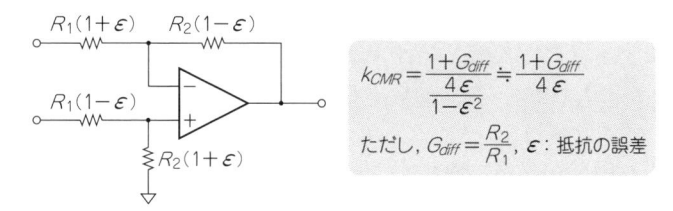

$k_{CMR} = \frac{1 + G_{diff}}{\frac{4\varepsilon}{1-\varepsilon^2}} ≒ \frac{1 + G_{diff}}{4\varepsilon}$

ただし，$G_{diff} = \frac{R_2}{R_1}$，$\varepsilon$：抵抗の誤差

[図8-4][7] 差動アンプに利用するときは±1％より高精度な抵抗を使う
抵抗値の絶対精度よりも抵抗間の相対誤差がゲイン誤差に影響する．温度係数のトラッキング精度が高い集合抵抗がよい

数，キュリー温度，誘電体層数などが記載されていることはまれです．

● **±1％より高精度な抵抗を使う**

　OPアンプ周辺の抵抗の精度はゲイン誤差に影響するため，最低でも±1％の精度が必要です．

　ゲイン誤差には，抵抗値の絶対精度よりも各抵抗間の相対精度(トラッキング精度)が影響します．BIテクノロジー社(旧ベックマン社)やアルファ・エレクトロニクス社が製造している温度係数のトラッキング精度が高い集合抵抗を使います．

　図8-4に示すように，差動アンプを構成する場合は，周辺抵抗の相対誤差が*CMRR*に大きく影響します．

● **OPアンプ入力端子周辺の配線をできるだけ短くする**

　OPアンプの入力端子周りはインピーダンスが高いので，できるだけ配線を短くします．配線がむき出しになっていると，誘導雑音を拾いやすくなります．これは次のようなしくみです．

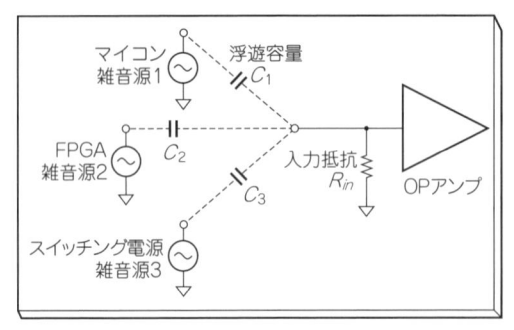

[図8-5] インピーダンスの高い入力部は雑音源と結合しやすい

図8-5に示すように，プリント基板上にある部品は，目に見えないコンデンサ（浮遊容量とかストレー・キャパシティと呼ばれる）で互いに結合されています．雑音源となりうるマイコンやFPGAなどのディジタルICやスパイク状の電流が流れるスイッチング電源とOPアンプが結合すると低雑音特性は期待できません．

図8-5に示す浮遊容量（$C_1 \sim C_3$）とOPアンプの入力インピーダンス（R_{in}）はHPFを構成し，このHPFの通過帯域が広いほど雑音がOPアンプに侵入しやすくなります．OPアンプの入力端子周辺の配線が長いと$C_1 \sim C_3$は大きくなります．OPアンプの入力インピーダンス（R_{in}）はとても高いため，$C_1 \sim C_3$が少し大きくなるだけでも雑音を拾いやすくなります．

帰還抵抗の配線長は短くしなければなりません．配線が長いと信号の伝達に時間を要して，位相が遅れ，第7章で説明した負帰還の安定性が損なわれるからです．目安は，低オフセットOPアンプであってもGBWが数十MHz以上のOPアンプ回路では，帰還抵抗の配線長は1cm以下にします．

8-3　オフセットを除きながら増幅するチョッパ安定化型

● 低オフセットに特化した「チョッパ安定化型」
▶オフセット分をキャンセルしながら増幅する

低オフセット型には，チョッパ安定化型と呼ばれる，オフセット電圧を回路で機能的に打ち消すしくみを内蔵したOPアンプが存在します．

図8-6に，古典的なチョッパ安定化OPアンプの動作原理を示します．

スイッチAがON，スイッチBがOFFのとき，オフセット補正モードになります．オフセット電圧検出用アンプ（AMP_B）の入力端子がショートされ，AMP_Bのオフセット電圧がコンデンサC_{XA}に生じます．C_{XA}両端の電圧はAMP_Bに帰還されて

[図8-6] チョッパ安定化OPアンプの動作原理

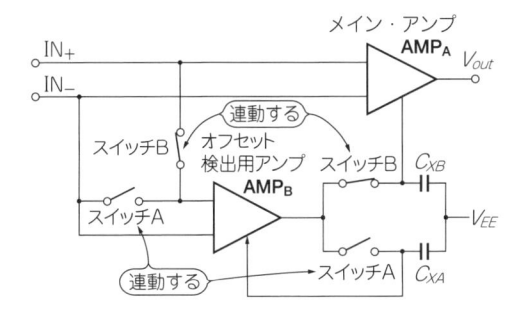

動作モード	スイッチA	スイッチB
AMP$_B$のオフセットをキャンセル	ON	OFF
AMP$_A$のオフセットをキャンセルしながら増幅動作	OFF	ON

AMP$_B$のオフセット電圧を補正します．

スイッチAがOFF，スイッチBがONになると，オフセット電圧補正ずみのAMP$_B$にAMP$_A$の入力オフセット電圧が入ります．AMP$_B$はこれを受けてAMP$_A$のオフセット補正電圧をC_{XB}とAMP$_A$に供給し，AMP$_A$は増幅動作モードに入ります．

次に，スイッチAがON，スイッチBがOFFすると，再びAMP$_B$はオフセット補正モードになります．この期間，AMP$_A$のオフセット補正用の電圧はC_{XB}から供給されます．

▶入力できるのはスイッチング周波数の半分まで

チョッパ安定化型は，スイッチがON/OFFするスイッチング周波数の半分よりも高い周波数の信号が入力されると折り返し雑音を出力するので，図8-3に示すようにLPFを前置する必要があります．このタイプのOPアンプが利用できるのは，DC～数kHzの低周波アプリケーションです．

● 出力フィルタを追加して特有の雑音を取り除く

チョッパ安定化型は，内部のスイッチが絶えずスイッチングしているため，本質的に大きな雑音を出力しますが[2]，図8-7に示す簡単なフィルタ（R_1とC_1）で取り除くことができます．

チョッパ・ノイズは，R_Fと並列にコンデンサを接続しても取り除くことができません．これで雑音を取り除けるなら，ボルテージ・フォロワ構成のときはチョッパ・ノイズが発生しないはずですが，実際にはそんなことはありません．ただしCの追加は，増幅器の帯域を制限するため，熱雑音レベルが減少します．

[図8-7] チョッパ安定化OPアンプ特有のチョッパ・ノイズは出力LPFで除去する

このコンデンサではチョッパ・ノイズを除去できない
出力にLPFを追加する

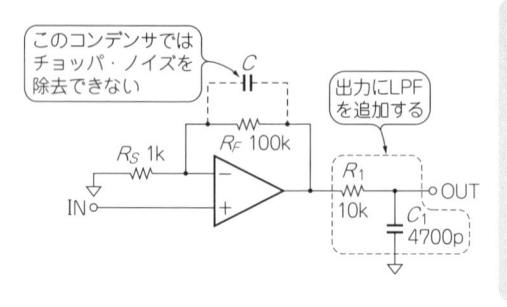

R_S 1k, R_F 100k, R_1 10k, C_1 4700p

しゃ断周波数をf_C [Hz], セトリング・タイムをt_{set} [s], セトリング精度をε_{set} [%]とすると, 次式が成り立つ.

$$f_C = \frac{1}{2\pi R_1 C_1} \fallingdotseq 3.4\text{kHz}$$

$$t_{set} = -R_1 C_1 \ln\left(\frac{\varepsilon_{set}}{100}\right)$$

セトリング精度を0.01%とすると, セトリング・タイムは次のように求まる.

$$-10\text{k} \times 4700\text{p} \times \ln\left(\frac{0.01}{100}\right) \fallingdotseq 433\mu\text{s}$$

● LPFを追加したらセトリング・タイムを確認する

　チョッパ安定化型に限りませんが, 直流レベルを気にする回路にLPFをつけたときは, セトリング・タイムの変化を確認する必要があります. LPFの時定数によって, 直流信号が入力されてから出力レベルが落ち着くまでの時間が変わるからです. 図8-7に示すRCの1次回路のセトリング・タイムは図中の式で算出できます.

8-4　重要な性能とその評価方法

　低オフセットOPアンプがよく利用される高精度直流回路では, 周波数特性やひずみといった交流性能よりも, ゲイン誤差やオフセット電圧, 温度ドリフトなど, 精度にかかわる直流性能が重視されます.
　周波数帯域0.1〜10Hzの低周波雑音はオシロスコープで測定します. このような長時間の電圧変動を観測するためにはロング・メモリを搭載したディジタル・オシロスコープが必要です. 広帯域の雑音電圧は, スペクトラム・アナライザやFFTアナライザを使って測定します.

■測定系の雑音レベルを確認する

　測定開始前に, 測定系の雑音レベルを確認して限界値を調べておきます.
　オシロスコープの測定限界は, AD797によるプリアンプを接続して, 被測定デバイスの出力に相当する部分（後出の図8-10のv_{Nout1}）をグラウンドに接続した状態で測定しました. 写真8-2に示すのはオシロスコープ測定系の雑音波形です.
　スペクトラム・アナライザの測定限界は, スペクトラム・アナライザの入力をショートにしたときのスペクトラム（ノイズ・フロア）です. 写真8-3に示すのは, ス

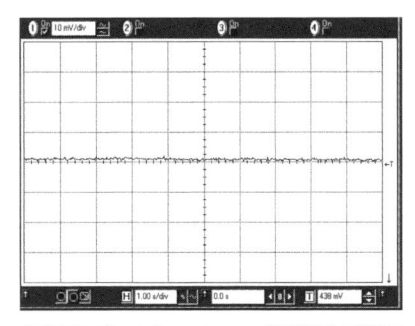

[写真8-2] オシロスコープ測定系の測定限界
評価前に測定系の雑音レベルを確認しておく．これは雑音測定の基本

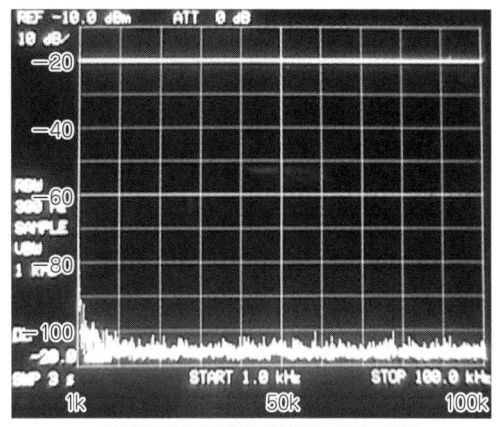

測定系の雑音
・0.1Hz～10Hz：0.02mV$_{P-P}$以下
・10kHz～100kHz：−100dBm以下
(RBW：300Hz，VBW：1kHz)

[写真8-3] スペクトラム・アナライザ測定系の測定限界(縦軸：レベル[dBm]，横軸：周波数[Hz])
評価前に測定系の雑音レベルを確認しておく

ペクトラム・アナライザ測定系のノイズ・スペクトラムです．

測定値が測定限界値と差がないほど低い場合は，測定値に大きな誤差(雑音)を含んでいる可能性があります．そのような場合は，測定方法を工夫したり，測定器を変更したりする必要があります．

■入力オフセット電圧とその温度ドリフト特性

● 測定方法

図8-8に入力オフセット電圧を評価する方法を示します．

測定対象のOPアンプのゲインを1001倍に設定しました．実際の入力オフセット電圧は，ディジタル・マルチメータに表示される値の1/1001です．

図8-8の回路部だけを恒温槽の中に入れて，設定温度を0～80℃の間で変化させ，入力オフセット電圧の温度変化(温度ドリフト)を測定しました．簡易的には恒温槽の設定温度をデバイス周辺の温度と考えてかまいませんが，正確な測定をしたいときはOPアンプの近くに熱電対温度計などを取り付け，温度も同時に測定しておきます．

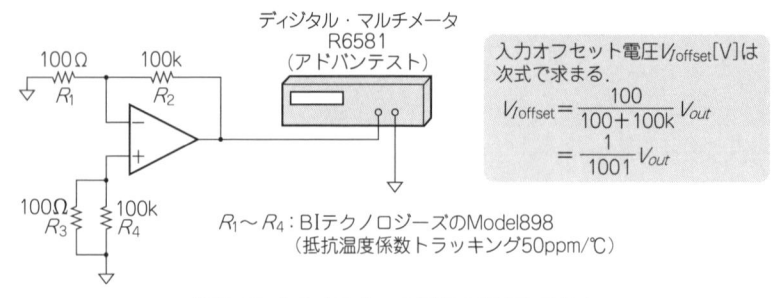

[図8-8] 入力オフセット電圧の測定システム
OPアンプのゲインを1001倍に設定して，ディジタル・マルチメータで出力される直流電圧を測る

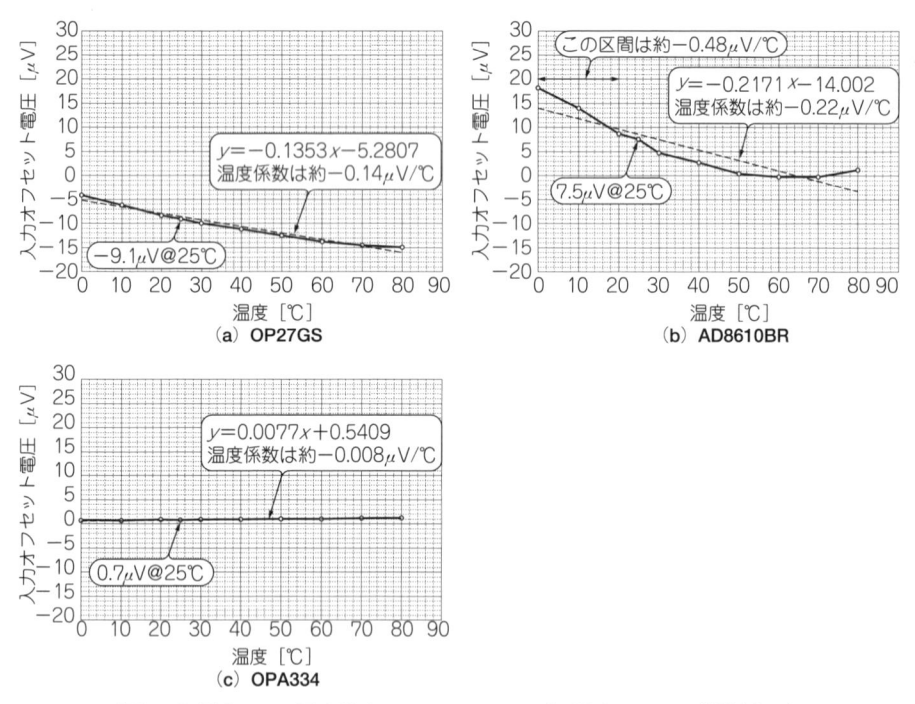

入力オフセット電圧 $V_{Ioffset}$[V]は次式で求まる．

$$V_{Ioffset} = \frac{100}{100+100k} V_{out} = \frac{1}{1001} V_{out}$$

$R_1 \sim R_4$：BIテクノロジーズのModel898（抵抗温度係数トラッキング50ppm/℃）

(a) OP27GS
$y = -0.1353x - 5.2807$
温度係数は約 $-0.14\mu V/℃$
$-9.1\mu V@25℃$

(b) AD8610BR
この区間は約 $-0.48\mu V/℃$
$y = -0.2171x - 14.002$
温度係数は約 $-0.22\mu V/℃$
$7.5\mu V@25℃$

(c) OPA334
$y = 0.0077x + 0.5409$
温度係数は約 $-0.008\mu V/℃$
$0.7\mu V@25℃$

[図8-9] 写真8-1に示す低オフセットOPアンプの温度ドリフト特性（実測）
データシートに記載された標準値と同等の結果が得られることを確認

● 測定結果の分析

　図8-8の測定系を利用して，写真8-1と表8-1に示した市販の低オフセットOPアンプの入力オフセット電圧を測定しました．図8-9に温度ドリフトを，表8-2に25℃における値を，表8-3に温度係数［$\mu V/℃$］を示します．温度係数はデータシ

[表8-2] 写真8-1に示す低オフセットOPアンプの入力オフセット電圧(実測)

型　名	実測値[μV]
OP07CP	15.7
OP177FP	0.3
OP27EP	− 4.7
OP27GS	− 9.1
OPA27U	− 11.4
AD8610BR	7.5
AD8628AR	2.5
OPA334	0.7

[表8-3] 写真8-1に示す低オフセットOPアンプの入力オフセット電圧の温度ドリフト(実測)

型　名	実測値[μV/℃]
OP07CP	− 0.44
OP177FP	0.19
OP27EP	− 0.09
OP27GS	− 0.14
OPA27U	0.13
AD8610BR	− 0.22
AD8628AR	0.004
OPA334	− 0.008

ートに記載のある標準値とほぼ同じです．

　メーカのデータシートには「Average Input Offset Drift」が示されている場合があります．この温度係数は平均値であり，最悪値ではありません．AD8610BRでは，変化の傾きが急なところ(最悪値)でも係数は − 0.48μV/℃で，データシートの仕様値よりも小さい結果が得られました．

■入力換算雑音電圧

● 測定方法

　図8-10に入力換算雑音電圧の評価回路を示します．

　一般にOPアンプの入力換算雑音電圧はμVオーダの小さい値なので，被測定OPアンプのゲインを10001倍にし，その出力をさらに低雑音プリアンプで10倍しました．

　被測定OPアンプの出力には等価雑音帯域幅10HzのLPFを置き，帯域制限しました．理由は，データシートで規定されている低周波雑音の測定条件に合わせるためです．多くのOPアンプの低周波雑音電圧は0.1～10Hzの帯域におけるピーク・ツー・ピーク値で規定されています．オシロスコープのサンプリング・レートは10ms(ナイキスト周波数50Hz)にしました．

　OPアンプの裸の雑音レベルを調べたいときは，LPFの手前の信号をスペクトラム・アナライザに入力して，高周波までの雑音レベルを測定します．任意の周波数の雑音電圧や雑音電圧密度の値が知りたいときは，スペクトラム・アナライザのノイズ・マーカ機能を利用します．スペクトラム・アナライザによる観測帯域は1k～100kHzとしました．

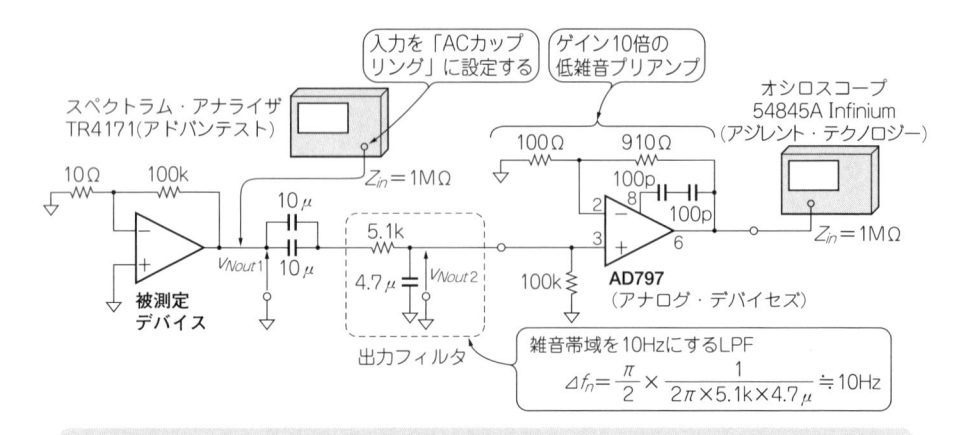

図中ラベル:
- スペクトラム・アナライザ TR4171（アドバンテスト）
- 入力を「ACカップリング」に設定する
- ゲイン10倍の低雑音プリアンプ
- オシロスコープ 54845A Infinium（アジレント・テクノロジー）
- $Z_{in} = 1\text{M}\Omega$
- 被測定デバイス
- 出力フィルタ
- AD797（アナログ・デバイセズ）
- 雑音帯域を10HzにするLPF $\Delta f_n = \dfrac{\pi}{2} \times \dfrac{1}{2\pi \times 5.1\text{k} \times 4.7\mu} \fallingdotseq 10\text{Hz}$

周波数帯域10Hzの出力雑音電圧 v_{Nout} [V_{RMS}]は次のとおり．

$$v_{Nout} = \sqrt{\{(G-1)\sqrt{4kTR_S}\}^2 + 4kTR_F + (e_N G)^2 + (i_{N-} R_F)^2} \times \sqrt{10} \quad \cdots (8\text{-}1)$$

$G = 1 + R_F / R_S$

ただし，e_N：OPアンプの入力換算雑音電圧密度[$V_{RMS}/\sqrt{Hz}$]，k：ボルツマン定数[J/K](1.38×10^{-23})，T：絶対温度[K]

ここで，$G = 1 + R_F / R_S$ を式(8-1)に代入して整理すると，

$$v_{Nout} = \sqrt{\dfrac{(R_S+R_F)^2}{R_S^2} e_N^2 + \left(\dfrac{R_S R_F}{R_S+R_F} i_{N-}\right)^2 \dfrac{(R_S+R_F)^2}{R_S^2} + 4kT \dfrac{R_S R_F}{R_S+R_F} \dfrac{(R_S+R_F)^2}{R_S^2}} \times \sqrt{10}$$

$$= \sqrt{e_N^2 + \{(R_S // R_F) i_{N-}\}^2 + 4kT(R_S // R_F)} \times \dfrac{R_S+R_F}{R_S} \times \sqrt{10}$$

したがって，周波数帯域10Hzの入力換算雑音電圧 v_{Nin} [V_{RMS}]は次のとおり．

$$v_{Nin} = \dfrac{R_S}{R_S + R_F} v_{Nout} = \sqrt{e_N^2 + \{(R_S // R_F) i_{N-}\}^2 + 4kT(R_S // R_F)} \times \sqrt{10}$$

ここで，

$i_N \fallingdotseq 0.2\text{pA}_{RMS}/\sqrt{Hz}$，$R_S = 10\Omega$，$R_F = 100\text{k}\Omega$，$T = 300\text{K}$

とすると，v_{Nin} は次のようになる．

$$v_{Nin} = \sqrt{e_N^2 + (2 \times 10^{-12})^2 + (0.407 \times 10^{-9})^2} \times \sqrt{10} \fallingdotseq \sqrt{10} \, e_N$$

このように v_{Nin} は，OPアンプの入力換算雑音電圧（周波数帯域10Hz）にほぼ等しくなる．したがって，オシロスコープによる観測電圧（出力雑音電圧）v_{Nosc} [$V_{P\text{-}P}$]から，OPアンプの入力換算雑音電圧 v_{Nin} [$V_{P\text{-}P}$]は，プリアンプのゲインを10倍に設定すると次のようになる．

$$v_{Nin} \fallingdotseq \dfrac{1}{10001} \times \dfrac{1}{10} v_{Nosc} \fallingdotseq \dfrac{1}{100000} v_{Nosc}$$

[図8-10] **入力換算雑音電圧密度の測定システム**
被測定OPアンプのゲインを10001倍にし，さらに低雑音プリアンプで10倍する

● 測定結果の分析

▶ JFET入力型は雑音が大きい

写真8-4〜写真8-6に示すのは雑音電圧の波形とスペクトラムです．

表8-4に実測値[$V_{P\text{-}P}$]をまとめました．入力換算雑音電圧が一番大きいOPアン

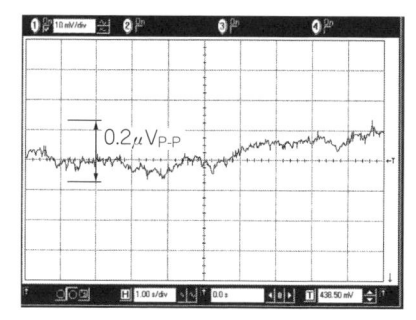

(a) 出力波形(0.1μV/div, 1s/div)

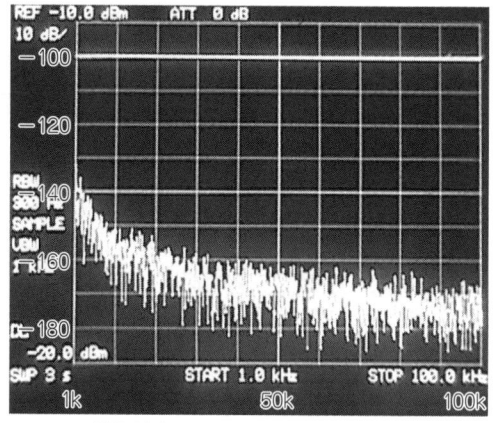

- 0.1Hz～10Hz：0.2μV_{P-P}
- 10kHz～100kHz：－150dBm以下
  (*RBW*：300Hz, *VBW*：1kHz)

(b) 出力スペクトラム
(縦軸：入力換算雑音レベル[dBm]，横軸：周波数[Hz])

[写真8-4] バイポーラ入力OPアンプ OP27GSの雑音特性

[表8-4] 写真8-1に示す低オフセットOPアンプの入力換算雑音電圧

型　名	実測値[μV_{P-P}]	
OP07CP	0.38	
OP177FP	0.34	
OP27EP	0.11	
OP27GS	0.20	
OPA27U	0.11	
AD8610BR	1.80	JFET入力型
AD8628AR	0.40	チョッパ安定化型
OPA334	0.98	

プはJFET入力型(AD8610BR)，続いてチョッパ安定化型です．しかし，JFET入力型は入力雑音電流がバイポーラ入力型よりも小さいため，信号源インピーダンスが高い応用では低雑音を実現できます．

▶データシートの値を換算したときの誤差

OP177FPの雑音[V_{P-P}]は，**表8-1**に示す仕様値より大きくなりました．この理由を考察してみます．

表8-1に示す値は，データシート(**表8-5**)に記載のある実効値($118nV_{RMS}$)を参照して，測定回路(**図8-10**)の条件に合うように換算して得たものですが，この方

8-4 重要な性能とその評価方法

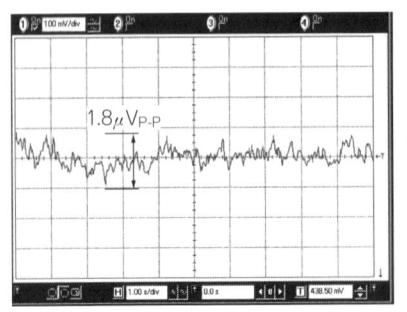

(a) 出力波形（1μV/div, 1s/div）

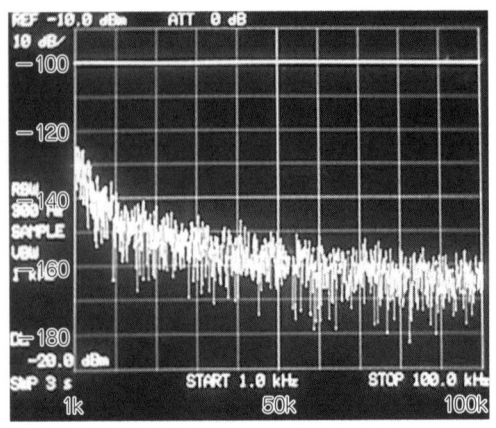

- 0.1Hz〜10Hz：1.8μV_{P-P}
- 10kHz〜100kHz：－138dBm以下
  （RBW：300Hz, VBW：1kHz）

(b) 出力スペクトラム
（縦軸：入力換算雑音レベル[dBm]，横軸：周波数[Hz]）

[写真8-5] JFET入力OPアンプ AD8610BRの雑音特性

[表8-5][12]　OP177FPの雑音の実測値が仕様値（表8-1）より大きい理由を調査

理由1：データシートは実効値，測定値はピーク・ツー・ピーク，理由2：データシートは測定帯域が1〜100Hz，測定回路は0.1〜10Hz

| Parameter | Symbol | Conditions | OP177F | | | Unit |
			Min	Typ	Max	
INPUT OFFSET VOLTAGE	V_{OS}			10	25	μV
LONG-TERM INPUT OFFSET[1] Voltage Stability	ΔV_{OS}/time	雑音の測定帯域は1〜100Hz		0.3		μV/mo
INPUT OFFSET CURRENT	I_{OS}			0.3	1.5	nA
INPUT BIAS CURRENT	I_B		−0.2	+1.2	+2	nA
INPUT NOISE VOLTAGE	e_n	f_O = 1 Hz to 100 Hz[2]		118	150	nV rms
INPUT NOISE CURRENT	i_n	f_O = 1 Hz to 100 Hz[2]		3	8	pA rms
INPUT RESISTANCE Differential Mode[3]	R_{IN}		26	45		MΩ
INPUT RESISTANCE COMMON MODE	R_{INCM}			200		GΩ
INPUT VOLTAGE RANGE[4]	IVR		±13	±14		V
COMMON-MODE REJECTION RATIO	CMRR	V_{CM} = ±13 V	130	140		dB
POWER SUPPLY REJECTION RATIO	PSRR	V_S = ±3 V to ±18 V	115	125		dB

（入力雑音電圧は118nV_{RMS}）

法には問題があります．データシートと測定回路には次の二つの条件の違いがあります．

(1) データシートの記載は実効値，測定値はピーク・ツー・ピーク

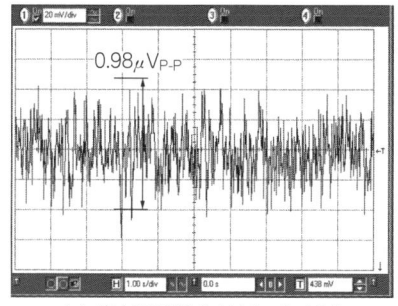

(a) 出力波形（0.2μV/div, 1s/div）

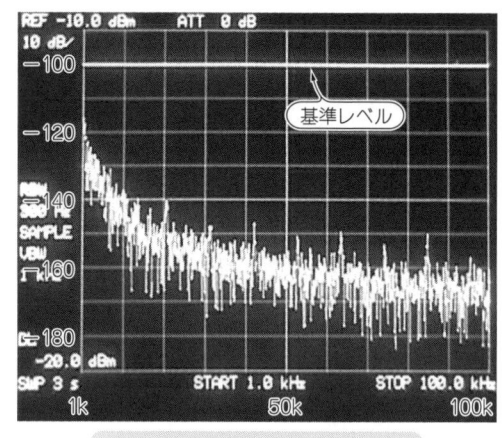

- 0.1Hz～10Hz：0.98μV$_{P-P}$
- 10kHz～100kHz：−138dBm以下
  （*RBW*：300Hz, *VBW*：1kHz）
  チョッパ・ノイズを除く

(b) 出力スペクトラム
（縦軸：入力換算雑音レベル[dBm], 横軸：周波数[Hz]）

[写真8-6] チョッパ安定化OPアンプ OPA334の雑音特性

(2) データシートの測定帯域は1～100Hz, 測定回路は0.1～10Hz 換算の方法は次のとおりです．次式を使って実効値をピーク・ツー・ピーク値に変換しました．

$$v_{NP-P} \fallingdotseq 6.6 \times v_{NRMS} = 6.6 \times 118 \times 10^{-9} = 0.779 \times 10^{-6} V_{P-P}$$

ただし, v_{NP-P}：入力換算雑音電圧のピーク・ツー・ピーク[V$_{P-P}$], v_{NRMS}：入力換算雑音電圧の実効値[V$_{RMS}$]

データシート(**表8-5**)の雑音の測定帯域は1～100Hzです．一方，実測した回路の測定帯域は10Hzなので，データシートの値を$1/\sqrt{10}$倍にすれば測定帯域の条件はだいたいそろいます．実際に計算すると，

$$v_{NP-P} = 0.779 \times 10^{-6} \times 1/\sqrt{10} = 0.25\mu V_{P-P}$$

となり, **表8-1**に示された仕様値が得られます．

第5章 Appendix Bで説明したとおり，振幅頻度が正規分布する雑音の場合は，標準偏差(実効値)の3.3倍の範囲内に99.9％の振幅が入るため，実効値[V$_{RMS}$]を3.3倍すればほぼ片ピーク[V$_{0-P}$]の振幅が求まります．片ピークを2倍すればピーク・ツー・ピーク値[V$_{P-P}$]ですから, 実効値[V$_{RMS}$]から尖頭値[V$_{P-P}$]に換算するときは，実効値を6.6倍します．

8-4 重要な性能とその評価方法 | 243

この換算が適用できる雑音は，白色雑音(正規分布)だけです．1/f雑音もおおむね正規分布すると考えることができますが，第5章Appendix Bで説明したとおり厳密には異なります．測定した帯域は，1/f雑音領域なので，6.6倍するという換算方法に問題があったようです．

▶JFET入力型の次に雑音が大きいのはチョッパ安定化型

　写真8-6からわかるように，チョッパ安定化OPアンプ(OPA334)の雑音電圧は小さくありません．また，AD8628ARのほうがOPA334より低雑音です．OPA334の利点は消費電流が小さく，Enable端子のON/OFFで動作を止められることです．

　写真8-4(b)～写真8-6(b)に示されている雑音レベルは，被測定OPアンプの入力雑音電圧の10001倍ですから，+80dB(≒20log10001)加えて読まなければなりません．**写真8-6**の一番上のREFラインは-10dBm，目盛りは10dB/divですから，上から2段目の(基準レベル)は-100dBm(=-20dBm-80dB)です．

　写真8-6に示す波形とスペクトラムには，第5章で説明した熱雑音，ショット雑音，分配雑音などの真性雑音とチョッパ・ノイズが混在していますが，チョッパ・ノイズのレベルがアンプのゲインを上げても一定という性質を利用すれば，チョッパ・ノイズだけの大きさを知ることができます．具体的には，**図8-10**の被測定デ

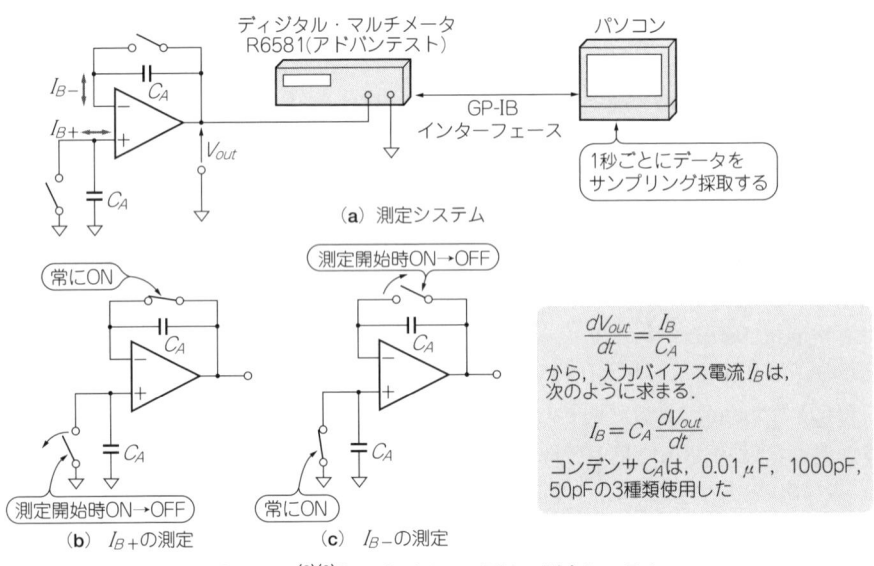

$$\frac{dV_{out}}{dt} = \frac{I_B}{C_A}$$

から，入力バイアス電流I_Bは，次のように求まる．

$$I_B = C_A \frac{dV_{out}}{dt}$$

コンデンサC_Aは，0.01μF，1000pF，50pFの3種類使用した

(a) 測定システム
(b) I_{B+}の測定
(c) I_{B-}の測定

[図8-11[(2)(9)]] 入力バイアス電流の測定システム

バイスのゲインを1倍にすれば，チョッパ・ノイズだけを測定できます．ゲインは1倍ですから，スペクトラムを読むときは，基準レベルを元の-20dBmとします．

■入力バイアス電流

● 測定方法

入力バイアス電流は**図8-11**の回路で測定します．

積分コンデンサ(C_A)には，誤差2％のPPSコンデンサ(ポリフェニレン・スルファイド・フィルム・コンデンサ)を使用します．図中に示した式を使って，出力電圧を電流値に換算します．ただし，コンデンサの誤差が測定誤差に含まれます．より正確な測定値が必要な場合は，1fAまで測定できるエレクトロ・メータ(**写真8-7**)を使用します．

● 測定結果の分析

図8-12と**表8-6**に入力バイアス電流の測定結果を示します．OP27EP，OP27GS，OPA27の通電直後の入力バイアス電流は思いのほか小さい値ですが，時間とともに変化していました．

■発振マージン

● 測定方法

アンプの位相余裕は，60°以上あれば発振の可能性は極めて低く，45°より小さいと，プリント基板や配線などのちょっとした容量がアンプ周辺に存在するだけで発振する可能性があります．

図8-13に示すのは，OPアンプのオープン・ループ・ゲインと位相の周波数特性を測定する回路です[8]．

[写真8-7] 1fAまで測定できる電流計
エレクトロ・メータ(R8252，エーディーシー，旧アドバンテスト)

8-4 重要な性能とその評価方法

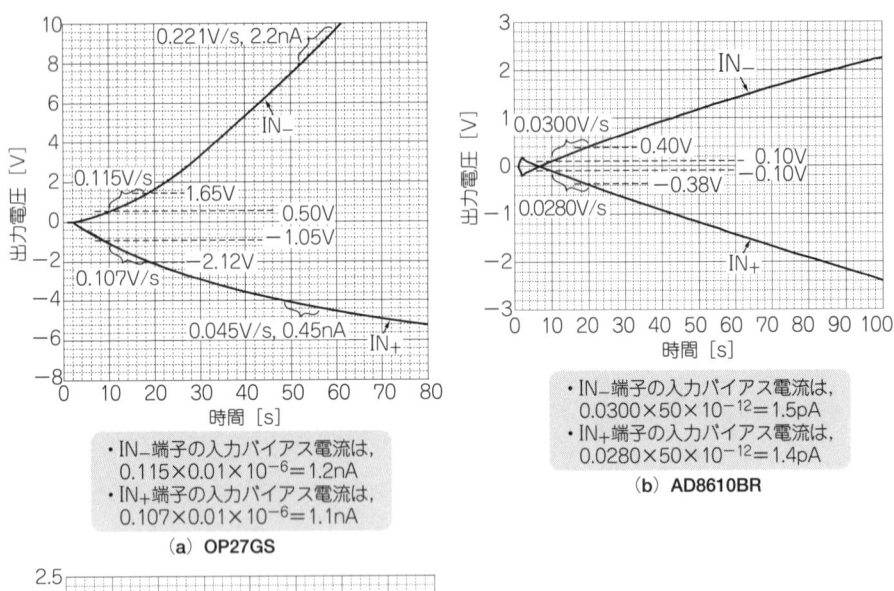

(a) OP27GS
- IN−端子の入力バイアス電流は，
  $0.115 \times 0.01 \times 10^{-6} = 1.2\mathrm{nA}$
- IN+端子の入力バイアス電流は，
  $0.107 \times 0.01 \times 10^{-6} = 1.1\mathrm{nA}$

(b) AD8610BR
- IN−端子の入力バイアス電流は，
  $0.0300 \times 50 \times 10^{-12} = 1.5\mathrm{pA}$
- IN+端子の入力バイアス電流は，
  $0.0280 \times 50 \times 10^{-12} = 1.4\mathrm{pA}$

(c) OPA334
- IN−端子の入力バイアス電流は，
  $0.058 \times 1000 \times 10^{-12} = 58\mathrm{pA}$
- IN+端子の入力バイアス電流は，
  $0.033 \times 1000 \times 10^{-12} = 33\mathrm{pA}$

[図8-12] 写真8-1に示す低オフセットOPアンプの入力バイアス電流の時間変化

[表8-6] 写真8-1に示す低オフセットOPアンプの入力バイアス電流

型名	実測値[pA]	
OP07CP	790	
OP177FP	540	
OP27EP	1100	長期変動あり
OP27GS	1200	
OPA27U	3900	
AD8610BR	1.5	
AD8628AR	27	
OPA334	58	

注▶非反転入力，反転入力のうち，値の大きいほうを測定値とした．

　OPアンプは無帰還状態にすると，入力に存在するわずかな直流電圧(オフセット電圧)を増幅して出力が飽和するため，このような回路にしています．被測定アンプは，直流～低域でクローズド・ループ・ゲイン6dB，C_1またはC_2のインピーダンスが低下する中～高域でオープン・ループ・ゲインで動作します．

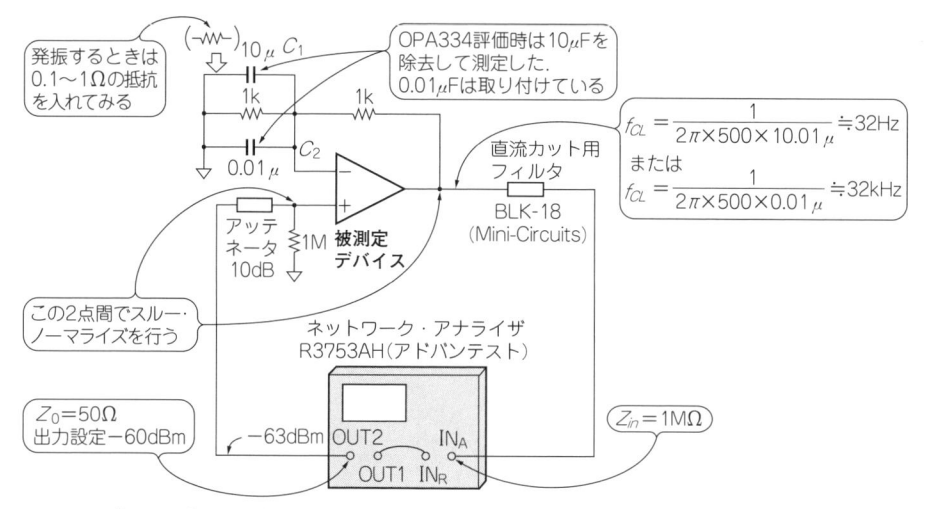

[図8-13] オープン・ループ・ゲインと位相の周波数特性を測定するシステム

図8-13のOPアンプ回路は微分回路なので，OPアンプによっては発振します．実際，評価したOPアンプの一つ(OPA334)が発振したため10μFをはずしました．ただし，10μFがないと低域の特性を測定できません．低域の特性を測定したい場合は，10μFに直列に0.1～1Ω程度の抵抗を入れます．

● 測定結果の分析
写真8-8に，四つのOPアンプのオープン・ループ・ゲインと位相特性を示します．

OP27GS，AD8610BR，OPA334は，オープン・ループ・ゲインが1倍になるときの位相余裕が60°以上あります．これらは，ボルテージ・フォロワ接続でも安定に動作します．

OPA27Uの位相余裕は，29.7MHzで32°と不足気味です．次式を計算することで，位相が180°遅れるときの負荷容量C_Lがわかります．

$$C_L = \frac{\tan(-\theta_M)}{\omega R_{out}}$$

ただし，θ_M：位相余裕[°]，R_{out}：OPアンプの出力抵抗[Ω]

この式に，$\theta_M = -32°$，$f = 29.7\text{MHz}$，$R_{out} = 70Ω$（データシートから）を代入すると，$C_L = 48\text{pF}$が得られます．位相補償をせずにボルテージ・フォロワで使うと，

8-4 重要な性能とその評価方法 **247**

(a) OP27GS 位相余裕82°

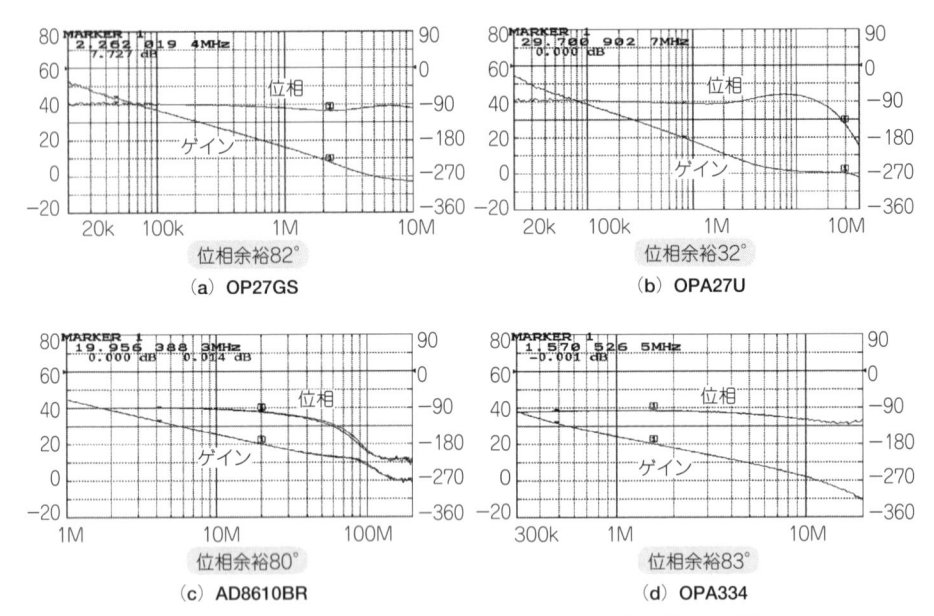

(b) OPA27U 位相余裕32°

(c) AD8610BR 位相余裕80°

(d) OPA334 位相余裕83°

［写真8-8］写真8-1に示す低オフセットOPアンプの発振マージン
左軸：ゲイン[dB]，右軸：位相[°]，横軸：周波数[Hz]

OPA27UはC_L = 48pFの容量負荷で発振することを意味しています．出力にケーブルを接続する場合などは，発振に注意が必要です．

第9章

【成功のかぎ9】
低雑音OPアンプの使い方と評価法
入力換算雑音電圧と入力換算雑音電流を正しく評価する

本書では，高精度OPアンプと高速OPアンプの一部で特に低雑音特性をもつものを低雑音OPアンプに分類しています．低雑音OPアンプは内部で発生する雑音が小さく抑えられており，オーディオ・アンプやPLL回路のループ・フィルタ，携帯電話や無線LANのベースバンド信号の増幅回路に利用することができます．

本章では，低雑音OPアンプの雑音特性の評価方法と測定結果の分析方法について解説します．

9-1　低雑音OPアンプのいろいろ

　高速OPアンプの応用分野は多岐におよび，超音波回路や高周波受信機(トランシーバやスペクトラム・アナライザなど)の中間周波数増幅段に使われることも増えています．このような応用分野では，オーディオ周波数帯の低雑音OPアンプよりも低雑音・低ひずみ性能が要求されます．

　写真9-1に市販の低雑音OPアンプを，**表9-1**に仕様を示します．
▶ OPA627B
　JFET入力の定番OPアンプです．後継品(OPA827)も市販されています．入力雑音電圧密度は$4.5\mathrm{nV_{RMS}}/\sqrt{\mathrm{Hz}}$ (10kHzにおける代表値)で，バイポーラ入力の低雑音OPアンプより少し大きいですが，汎用OPアンプよりは低雑音です．JFET入力なので入力換算雑音電流密度は$1.6\mathrm{fA_{RMS}}/\sqrt{\mathrm{Hz}}$ (100Hzにおける代表値)と小さくなっています．*GBW*は約16MHzですから高周波回路には使えませんが，雑音，温度ドリフト，オフセット電圧などの性能バランスが良いため，高級オーディオ製品や計測器内部の高精度直流回路に利用されています．
▶ AD797AN
　高級オーディオ機器によく利用されています．

[表9-1] 実際の低雑音OPアンプ(写真9-1)とその仕様

型 名	入力換算雑音電圧密度 $[nV_{RMS}/\sqrt{Hz}]$		入力換算雑音電流密度 $[pA_{RMS}/\sqrt{Hz}]$		入力オフセット電圧 $[\mu V]$		温度ドリフト $[\mu V/℃]$	
	標準	最大	標準	最大	標準	最大	標準	最大
OPA627BP	5.2@1kHz	8@1kHz	0.0016@100Hz	0.0025@100Hz	40	100	0.8	2
AD797AN	0.9@1kHz	1.2@1kHz	2.0@1kHz	—	25	80.0	0.2	1
LT6200CS8	1.5@10kHz	2.4@10kHz	2.2@10kHz	0.6	100	1000	2.5	8
LT6202CS8	2.9@10kHz	4.5@10kHz	0.75@10kHz	—	100	500	3	9
LMH6702MA	1.83@>1MHz	—	3.0@>1MHz (IN$_+$)	—	±1000	±4500	−13	—
OPA846ID	1.2@>1MHz	1.5@>1MHz	2.8@>1MHz	3.6@>1MHz	±150	±700	±0.4	±1.5

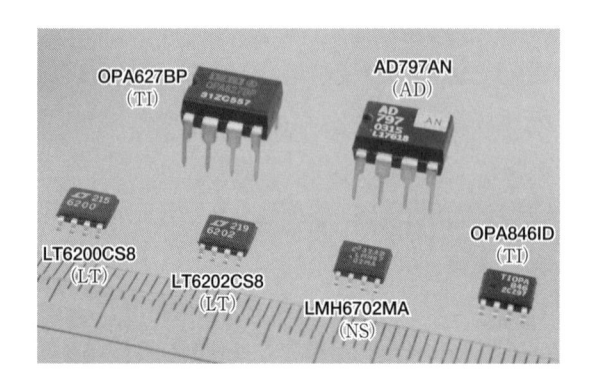

[写真9-1] 実際の低雑音OPアンプ

　入力換算雑音電圧密度は1k～10MHzの広帯域に渡って$0.9nV_{RMS}/\sqrt{Hz}$と低雑音です．*GBW*も110MHzと大きいため，周波数の高い回路にも使えます．
　汎用OPアンプなみの大きな入力バイアス電流(標準値で250nA)が流れるため，入力バイアス電流が問題にならない低インピーダンス信号源と組み合わせて使います．*GBW*が110MHzと大きいので，高周波回路を設計するつもりで扱わないと，発振する可能性があります．

▶ LT6200CS8とLT6202CS8

　*GBW*の高いOPアンプです．LT6200CS8とLT6202CS8の主な違いは，消費電流，*GBW*そして雑音性能です．LT6200CS8のほうが消費電流が大きい分，LT6202CS8よりも*GBW*が大きく低雑音です．微細プロセスを使っているため低周波雑音が大きめで，高調波ひずみ率もあまり良くありません．高調波ひずみが問題になりにくい高速信号(時間軸信号)を扱う回路への応用を想定したOPアンプと思われます．

入力バイアス電流 [μA]		ゲイン帯域幅積 [MHz]		動作電圧 [V]	動作電流 [mA]	特 徴	メーカ名
標準	最大	標準	最小		標準		
1pA	5pA	16	–	±4.5〜±18	7	JFET入力	テキサス・インスツルメンツ
0.25	1.5	110	–	±5〜±18	8.2	バイポーラ入力	アナログ・デバイセズ
−10.0	−40.0	145	–	±2.5〜±6.3	16.5	バイポーラ入力	リニアテクノロジー
−1.3	−7.0	90	–	±2.5〜±6.3	2.5	バイポーラ入力	リニアテクノロジー
−8.0	−30.0	720(−3dB)	–	±1.9〜±6.75	12.5	低ひずみ,高速	ナショナルセミコンダクター
−10	−21	1750	1200	±6.5max	12.6	ゲイン10倍以上で使う,高速	テキサス・インスツルメンツ

▶ LMH6702MA

電流帰還型のOPアンプです.高調波ひずみ特性が良好で,入力換算雑音電圧も$1.83\text{nV}_{\text{RMS}}/\sqrt{\text{Hz}}$(1MHz以上の周波数)と小さくなっています.計測器の中間周波数増幅段や映像信号の増幅回路に利用されています.

▶ OPA846ID

高周波動作が可能な電圧帰還型OPアンプです.電圧帰還型なので,高調波ひずみ特性はLM6702MA(電流帰還型)より良くありません.電流帰還型が使いにくい場合の応用で使われるようです.入力換算雑音電圧密度は$1.2\text{nV}_{\text{RMS}}/\sqrt{\text{Hz}}$(1MHz以上の周波数),$GBW$は1.75GHzです.

＊

LMH6702MA,OPA846ID,LT6200CS8,LT6202CS8は,携帯電話や無線LANなどのベースバンド信号やビデオ信号など,特性インピーダンスが50Ωや75Ωのシステムに使われることが多い低雑音の高速OPアンプです.

9-2 使い方の基本

● 反転アンプで使う場合

反転アンプでは,OPアンプの入力バイアス電流によるオフセット電圧出力を低減したいときに抵抗(R_A)を追加することがあります.しかし,R_Aから生じる熱雑音が$1+R_F/R_S$倍で出力されるだけでなく[**図9-1(a)**],R_AはOPアンプ自体から生じる入力雑音電流を電圧に変換するため値が大きいほど雑音が増します.さらに,

(a) 反転アンプの場合

抵抗による熱雑音電圧密度 v_{RN} [$V_{RMS}/\sqrt{Hz}$] は次のとおり.

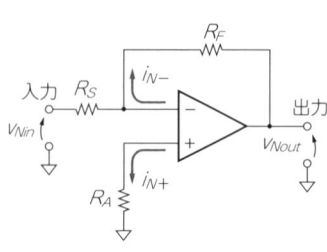

$$v_{RN} = \sqrt{(G\sqrt{4kTR_S})^2 + \{\sqrt{4kTR_A}(1-G)\}^2 + 4kTR_F}$$

ただし，$G = -R_F/R_S$

電圧性雑音電圧密度 v_{eN} [$V_{RMS}/\sqrt{Hz}$] は次のとおり.

$$v_{eN} = e_n(1-G)$$

ただし，e_n：OPアンプの入力換算雑音電圧密度 [$V_{RMS}/\sqrt{Hz}$]

電流性雑音電圧密度 v_{iN} [$V_{RMS}/\sqrt{Hz}$] は次のとおり.

$$v_{iN} = \sqrt{(i_{N+}R_A(1-G))^2 + (i_{N-}R_F)^2}$$

ただし，i_N：OPアンプの入力換算雑音電流密度 [$A_{RMS}/\sqrt{Hz}$]

出力の雑音電圧密度 v_{Nout} [$V_{RMS}/\sqrt{Hz}$] は次のとおり.

$$v_{Nout} = \sqrt{v_{RN}^2 + v_{eN}^2 + v_{iN}^2}$$

よって，入力換算雑音電圧密度 v_{Nin} [$V_{RMS}/\sqrt{Hz}$] は次のとおり.

$$v_{Nin} = \frac{v_{Nout}}{|G|}$$

(b) 非反転アンプの場合

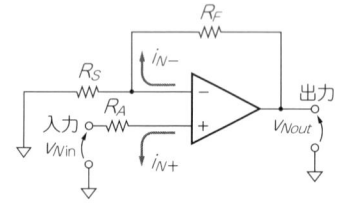

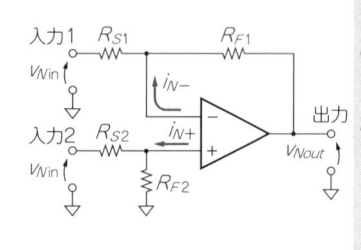

抵抗による熱雑音電圧密度 v_{RN} [$V_{RMS}/\sqrt{Hz}$] は次のとおり.

$$v_{RN} = \sqrt{\{\sqrt{4kTR_S}(G-1)\}^2 + (G\sqrt{4kTR_A})^2 + 4kTR_F}$$

ただし，$G = 1 + R_F/R_S$

電圧性雑音電圧密度 v_{eN} [$V_{RMS}/\sqrt{Hz}$] は次のとおり.

$$v_{eN} = e_n G$$

ただし，e_n：OPアンプの入力換算雑音電圧密度 [$V_{RMS}/\sqrt{Hz}$]

電流性雑音電圧密度 v_{iN} [$V_{RMS}/\sqrt{Hz}$] は次のとおり.

$$v_{iN} = \sqrt{(i_{N+}R_A G)^2 + (i_{N-}R_F)^2}$$

ただし，i_N：OPアンプの入力換算雑音電流密度 [$A_{RMS}/\sqrt{Hz}$]

出力の雑音電圧密度 v_{Nout} [$V_{RMS}/\sqrt{Hz}$] は次のとおり.

$$v_{Nout} = \sqrt{v_{RN}^2 + v_{eN}^2 + v_{iN}^2}$$

よって，入力換算雑音電圧密度 v_{Nin} [$V_{RMS}/\sqrt{Hz}$] は次のとおり.

$$v_{Nin} = \frac{v_{Nout}}{|G|}$$

(c) 差動アンプの場合

抵抗による熱雑音電圧密度 v_{RN} [$V_{RMS}/\sqrt{Hz}$] は次のとおり.

$$v_{RN} = \sqrt{(G\sqrt{4kTR_S})^2 + \{\sqrt{4kT(R_{S2}//R_{F2})}(1+G)\}^2 + 4kTR_{F1}}$$

ただし，$R_{F1} = R_{F2}$，$R_{S1} = R_{S2}$　$G = \dfrac{R_{F1}}{R_{S1}}$　←入力1と入力2の差分に対するゲイン

電圧性雑音電圧密度 v_{eN} [$V_{RMS}/\sqrt{Hz}$] は次のとおり.

$$v_{eN} = e_n(1+G)$$

ただし，e_n：OPアンプの入力換算雑音電圧密度 [$V_{RMS}/\sqrt{Hz}$]

電流性雑音電圧密度 v_{iN} [$V_{RMS}/\sqrt{Hz}$] は次のとおり.

$$v_{iN} = \sqrt{\{(i_{N+}(R_{S2}//R_{F2})(1+G)\}^2 + (i_{N-}R_{F1})^2}$$

ただし，i_N：OPアンプの入力換算雑音電流密度 [$A_{RMS}/\sqrt{Hz}$]

出力の雑音電圧密度 v_{Nout} [$V_{RMS}/\sqrt{Hz}$] は次のとおり.

$$v_{Nout} = \sqrt{v_{RN}^2 + v_{eN}^2 + v_{iN}^2}$$

よって，入力換算雑音電圧密度 v_{Nin} [$V_{RMS}/\sqrt{Hz}$] は次のとおり.

$$v_{Nin} = \frac{v_{Nout}}{|G|}$$

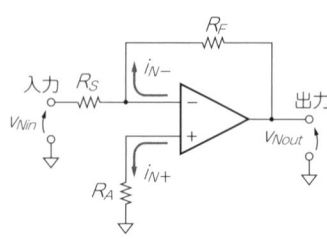

[図9-1] 低雑音OPアンプの使い方と入力換算雑音電圧密度の計算方法

入力バイアス電流の大きいOPアンプは雑音電流も大きい傾向があります．
　データシートをチェックして入力バイアス電流が出力オフセット電圧に影響しないと判断できる場合はR_Aの追加は避け，出力オフセット電圧に影響する場合はオフセット・キャンセル回路を外部に追加して対応します．
　$R_S = R_A = 0\Omega$のI-V変換回路を作る場合はR_Fが大きくなるので，入力換算雑音電流の小さいOPアンプを選びます．

● 非反転アンプで使う場合

　図9-1(b)に示す非反転アンプでは，信号源のインピーダンスやR_Aから発生する熱雑音が問題になります．
　信号源インピーダンスが大きい場合は，入力換算雑音電流密度の小さいFET入力のOPアンプを選びます．信号源インピーダンスが小さい場合は，逆に入力換算雑音電圧の小さいバイポーラ入力OPアンプが有利です．

● 差動アンプで使う場合

　図9-1(c)に示す差動アンプは，反転アンプと非反転アンプの両方の性質を合わせもちます．周辺抵抗には，OPアンプが駆動できる範囲内でできる限り低い値のものを使います．

9-3　低域の雑音を正確に測定できる「ロックイン・アンプ」

　雑音レベルの測定器といえば，ヘテロダイン技術を使ったスペクトラム・アナライザですが，測定できる下限周波数が約100Hzと低くありません．原理上，ゼロ・キャリアというスプリアス成分が直流域に生じるので，直流信号の測定ができません．
　直流領域から数百kHzまでの雑音測定には，FFTアナライザやロックイン・アンプが適しています．
　ロックイン・アンプ(写真9-2)を使うと，1/f雑音から白色雑音領域の低周波雑音を正確に測定できます．図9-2に，ロックイン・アンプを使ったOPアンプの雑音測定のため接続例を示します．
　ロックイン・アンプは，スペクトラム・アナライザと同様に，ヘテロダイン技術を利用しています．スペクトラム・アナライザと少し違うのは，観測したい信号と同期の取れた参照信号を使って乗算(同期検波)することで，雑音に埋もれた信号であっても，そのレベルを測定できる点です．ここでロックイン・アンプによる雑音

[写真9-2] 1/f雑音から白色雑音領域の低周波雑音を正確に測定できるロックイン・アンプLI5640（NF回路設計ブロック）

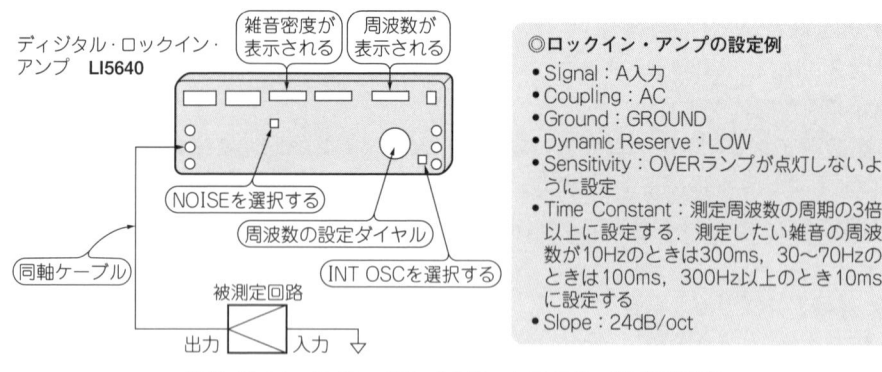

[図9-2] ロックイン・アンプを使ったOPアンプの雑音測定

◎ロックイン・アンプの設定例
- Signal：A入力
- Coupling：AC
- Ground：GROUND
- Dynamic Reserve：LOW
- Sensitivity：OVERランプが点灯しないように設定
- Time Constant：測定周波数の周期の3倍以上に設定する．測定したい雑音の周波数が10Hzのときは300ms，30～70Hzのときは100ms，300Hz以上のとき10msに設定する
- Slope：24dB/oct

測定のしくみのイメージを説明します（**図9-3**）．

正弦関数の$\sin\alpha$を同じ$\sin\alpha$と乗算すると，次の式が得られます．

$$\sin\alpha \times \sin\alpha = \frac{1}{2} - \frac{\cos 2\alpha}{2}$$

この式は，ある信号（$\sin\alpha$）と同位相の信号（同期のとれた正弦波信号$\sin\alpha$）を掛け合わせることで，信号を直流成分（$1/2$）と2倍の周波数成分（$-(1/2)\cos 2\alpha$）に変換できることを意味しています．ロックイン・アンプはこの原理を応用して，観測したい交流信号を直流に周波数変換して雑音密度を測定しています．

雑音密度の最も簡単な測定方法は，**図9-4**(**a**)に示すように，帯域幅が既知の複数のバンド・パス・フィルタ（BPF）を使うことです．この方法は，測定周波数ごとに中心周波数の異なるBPFを用意する必要があるため，10Hz～1kHzまで1Hz刻みで測定するような要求には現実的に対応できません．一方，ロックイン・アンプが採用している周波数変換技術を利用すれば，たった一つのロー・パス・フィルタ（LPF）だけで雑音密度を測定できます．BPFの中心周波数の変更に相当する操作は，参照信号の発振周波数の変更で対応できます．

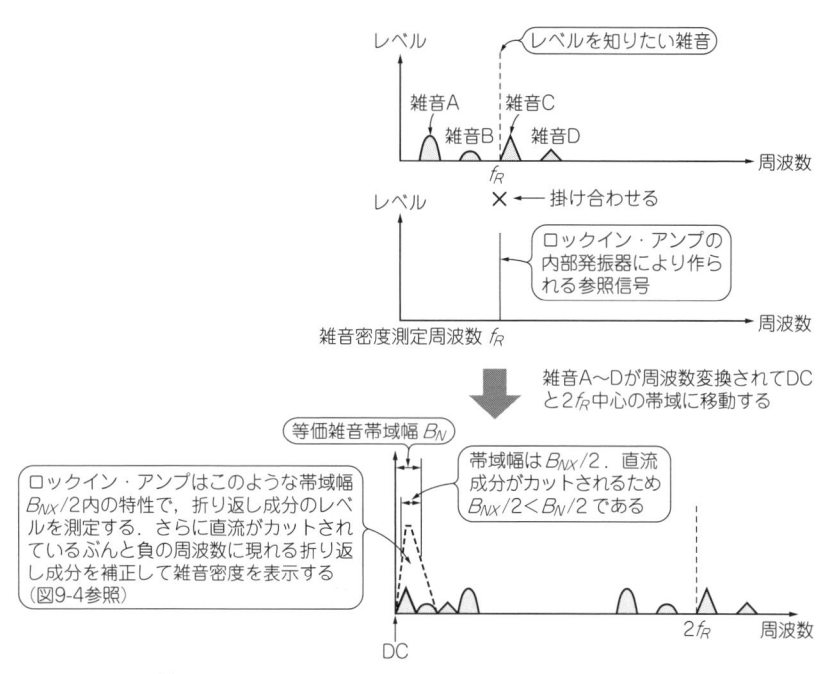

[図9-3⁽⁶⁾]　ロックイン・アンプが雑音に埋もれた信号を抽出するしくみ

　ロックイン・アンプで雑音密度を測定する場合は，観測信号である雑音を入力し，雑音密度の測定周波数と一致する周波数の参照信号（f_R）を内部発振器で発生させます（図9-2のようにINT OSCを選択し，周波数を設定する）．ロックイン・アンプは，参照信号と同じ周波数の雑音成分（図9-3の破線）を直流に周波数変換します．雑音成分は広帯域に分布しているため，ある周波数の雑音が直流に変換されたといっても，直流近傍に交流成分（図9-3の三角や半丸の雑音成分）が含まれています．

　雑音の周波数が参照信号（内部発振器による信号）と一致したとしても，位相まで一致するわけではありません．雑音はその振幅や位相がランダムに変化します．雑音の位相が参照信号と180°異なれば直流成分は小さくなり，逆にたまたま同相であれば直流成分は大きくなります．雑音と同相の参照信号を作るには狭帯域のBPFが必要ですが，狭帯域のBPFを使ったのではロックイン・アンプを使って雑音を測定する意味がありません．

　入力信号（雑音）と参照信号に位相差が存在するため，直流レベルには雑音と参照信号との位相差に相当する変動電圧が現れてきます．測定したいのは雑音電圧であって，参照信号との位相差の変動ではありません．そこで，周波数変換後に得られ

9-3　低域の雑音を正確に測定できる「ロックイン・アンプ」

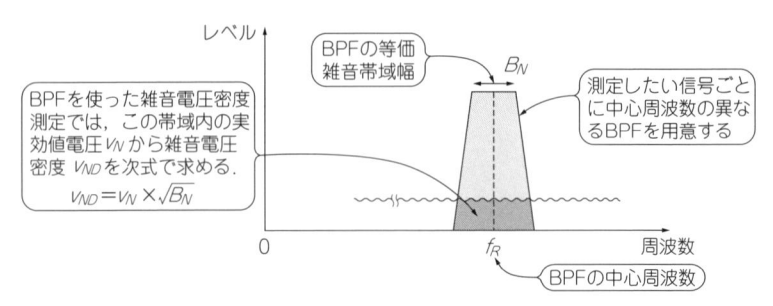

(a) ロックイン・アンプを使わずBPFを使う場合

- BPFの等価雑音帯域幅 B_N
- 測定したい信号ごとに中心周波数の異なるBPFを用意する
- BPFを使った雑音電圧密度測定では，この帯域内の実効値電圧 v_N から雑音電圧密度 v_{ND} を次式で求める．
  $$v_{ND} = v_N \times \sqrt{B_N}$$
- BPFの中心周波数 f_R

(b) ロックイン・アンプを使う場合

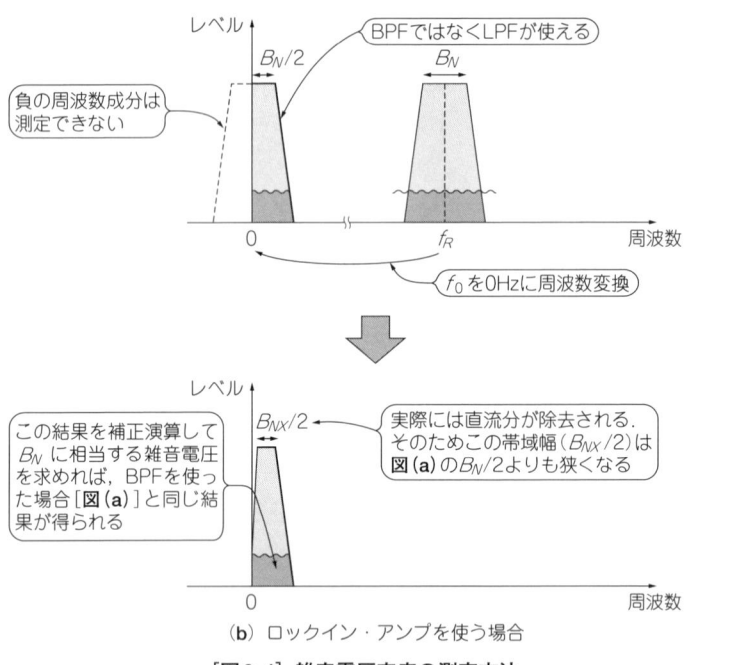

- 負の周波数成分は測定できない
- BPFではなくLPFが使える
- $B_N/2$, B_N
- f_0 を0Hzに周波数変換
- この結果を補正演算して B_N に相当する雑音電圧を求めれば，BPFを使った場合［図(a)］と同じ結果が得られる
- 実際には直流分が除去される．そのためこの帯域幅（$B_{NX}/2$）は図(a)の$B_N/2$よりも狭くなる
- $B_{NX}/2$

［図9-4］雑音電圧密度の測定方法

る信号から直流成分を除去し，残った交流成分をLPFで帯域制限してその実効値を求めると，片側波帯ぶんの雑音レベル（$B_{NX}/2$）が得られます．雑音密度の算出に必要な等価雑音帯域幅（B_N）は，対象周波数の両側波帯の幅に等しいため，ロックイン・アンプで測定されたレベルを2倍にする必要があります．さらに，直流カットによる帯域制限の影響で，**図9-4(b)** の帯域幅（$B_{NX}/2$）が$B_N/2$よりも狭いことも

考慮する必要があります．これらの影響をすべて補正すると，実際の等価雑音帯域幅(B_N)に相当する雑音密度の値が求まります．

9-4　入力換算雑音電圧密度の評価と分析

■評価回路

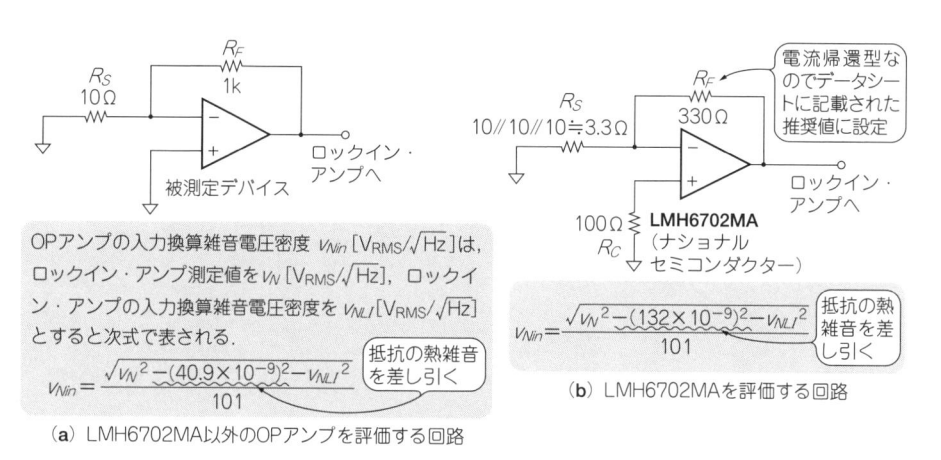

図9-5にOPアンプの入力換算雑音電圧密度の測定回路を示します．

図(a)は一般的な評価回路です．図(b)は高速OPアンプ LMH6702に特化した回路です．周辺抵抗はできるだけ小さくして，入力換算雑音電圧密度を算出するときは，帰還抵抗から発生する熱雑音を差し引きます．

LMH6702MAのような電流帰還型OPアンプは，図(b)の＋入力側の抵抗(R_C)がないと発振することがあります．帰還抵抗R_Fの値(330Ω)も発振しないように選んでいます．電流帰還型OPアンプはR_Fの値で周波数特性が決まります(第12章)．LMH6702MAのデータシートを参照して，R_Fは330Ωに設定し，さらにゲインが図(a)と等しくなるようにR_Sを3.3Ωにしました．

■測定結果と分析

入力換算雑音電圧密度の測定結果を図9-6に示します．OPA627BPとAD797ANは低周波雑音(1/f雑音)が小さいことがわかります．そのほかのOPアンプは1kHz

(a) LMH6702MA以外のOPアンプを評価する回路

OPアンプの入力換算雑音電圧密度 v_{Nin} [$V_{RMS}/\sqrt{Hz}$]は，ロックイン・アンプ測定値をv_N [$V_{RMS}/\sqrt{Hz}$]，ロックイン・アンプの入力換算雑音電圧密度をv_{NLI}[$V_{RMS}/\sqrt{Hz}$]とすると次式で表される．

$$v_{Nin} = \frac{\sqrt{v_N^2 - (40.9 \times 10^{-9})^2 - v_{NLI}^2}}{101}$$

抵抗の熱雑音を差し引く

(b) LMH6702MAを評価する回路

電流帰還型なのでデータシートに記載された推奨値に設定

$$v_{Nin} = \frac{\sqrt{v_N^2 - (132 \times 10^{-9})^2 - v_{NLI}^2}}{101}$$

抵抗の熱雑音を差し引く

[図9-5] 入力換算雑音電圧密度の測定回路

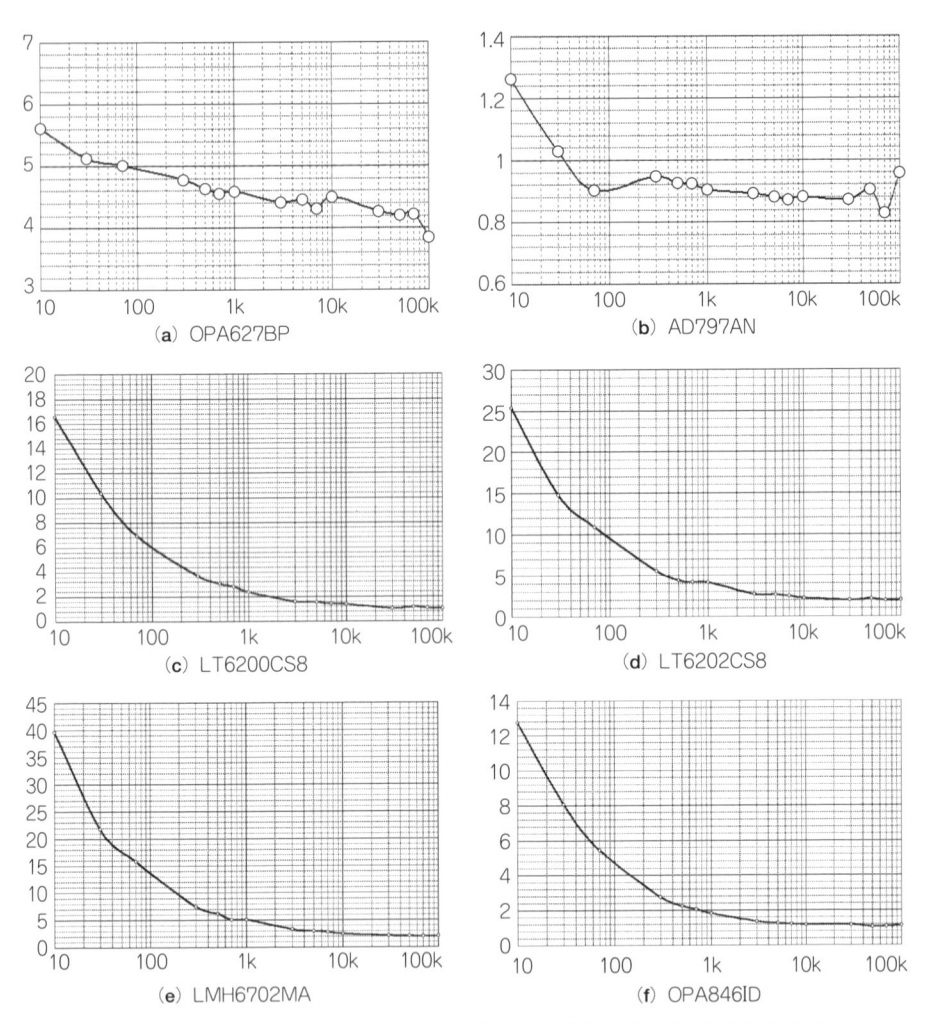

[図9-6] 写真9-1に示す低雑音OPアンプの入力換算雑音電圧密度の周波数分布
縦軸：入力換算雑音電圧密度[nV$_{RMS}$/$\sqrt{Hz}$]，横軸：周波数[Hz]

以下で雑音が増加しています．

● OPA627BP
　1kHz以下の入力換算雑音電圧密度は約4.5nV$_{RMS}$/$\sqrt{Hz}$です．100Hz以下で少し増加していますが，最大5.6nV$_{RMS}$/$\sqrt{Hz}$です．入力換算雑音電流が小さいため，信

号源インピーダンスが高い応用で安心して使えます．

● AD797AN
　40Hz～100kHzで1nV$_{RMS}$/$\sqrt{Hz}$以下と評価したOPアンプ中で最も低雑音です．30Hz以下で雑音が少し増加していますが，最大でも1.3nV$_{RMS}$/$\sqrt{Hz}$です．
　入力換算雑音電流と入力バイアス電流が比較的大きいため，信号源インピーダンスの高い応用では雑音が増大する可能性があります．信号源インピーダンスが規定されていない応用では使わないほうが無難でしょう．

● LT6200CS8
　10kHz以上では，AD797ANと同等の雑音性能ですが,それ以下の周波数帯では，雑音電圧密度が大きくなります．高域までゲインが伸びているので，超音波回路や数M～数十MHzの信号を扱う回路に使えます．

● LT6202CS8
　雑音レベルはLT6200CS8の約2倍です．10kHz以下で雑音レベルが増加する傾向がLT6200CS8と似ています．LT6200CS8より入力換算雑音電流が小さいので，インピーダンスの高い回路に使うときはLT6200CS8より有利です．

● LMH6702MA
　100MHzまで使える電流帰還型の高速OPアンプです．
　10kHz以上では約2nV$_{RMS}$/$\sqrt{Hz}$と低雑音ですが，低周波では雑音が大きくなります．ACカップリングせずにDCから帯域を伸ばして使用すると，*SN*比が悪化します．高速OPアンプの中には1/*f*雑音の大きいものがあるため，安易にDCから帯域を伸ばしてはいけません．

● OPA846ID
　10kHz以上でLMH6702MAより約1nV$_{RMS}$/$\sqrt{Hz}$雑音が大きいですが，1/*f*雑音は小さくなっています．DCから周波数帯域を伸ばしたいときはLMH6702MAよりも有利です．

9-5　入力換算雑音電流密度の評価と分析

● 評価回路

図9-7にOPアンプの入力換算雑音電流密度の測定回路を示します．

OPアンプの入力換算雑音電流には次の3種類があり，データシートに記載されている場合もあります．

(1) 差動入力雑音電流
(2) 非反転入力雑音電流
(3) 反転入力雑音電流

▶差動入力雑音電流を測定する意味

差動入力雑音電流とは，＋入力端子と－入力端子のインピーダンスが等しいという前提で発生する雑音で，この値から，＋入力端子と－入力端子の信号ラインのインピーダンスをそろえることが，雑音の低減にどのくらい有効かを判断できます．

次の条件を満たす理想OPアンプは，＋入力端子と－入力端子に流れる雑音電流に起因する雑音は相殺されて出力されません．

- ＋入力端子と－入力端子の雑音電流の相関が高い
- ＋入力端子と－入力側から見たインピーダンスが等しい

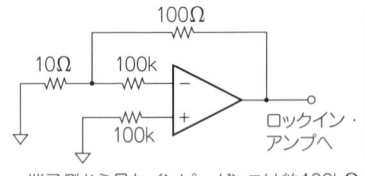

入力換算雑音電流密度 i_{Nin} [$A_{RMS}/\sqrt{Hz}$]は次式で求まる．

$$i_{Nin} = \frac{\sqrt{v_N^2 - (11 \times 57.6 \times 10^{-9})^2 - v_{NLI}^2}}{200 \times 10^3 \times 11} \quad \text{抵抗の熱雑音を差し引く}$$

ただし，v_N：ロックイン・アンプの測定値[$V_{RMS}/\sqrt{Hz}$]，
v_{NLI}：ロックイン・アンプの入力換算雑音電圧密度 [$V_{RMS}/\sqrt{Hz}$]

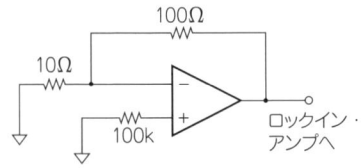

－端子側から見たインピーダンスは約100kΩ
＋端子側から見たインピーダンスは100kΩ

(a) 差動入力雑音電流

入力換算雑音電流密度 i_{Nin} [$A_{RMS}/\sqrt{Hz}$]は次式で求まる．

$$i_{Nin} = \frac{\sqrt{v_N^2 - (11 \times 40.7 \times 10^{-9})^2 - v_{NLI}^2}}{100 \times 10^3 \times 11} \quad \text{抵抗の熱雑音を差し引く}$$

－端子側から見たインピーダンスは約9.1Ω（＝10//100）
＋端子側から見たインピーダンスは100kΩ

(b) 非反転入力雑音電流

[図9-7] 入力換算雑音電流密度の測定回路

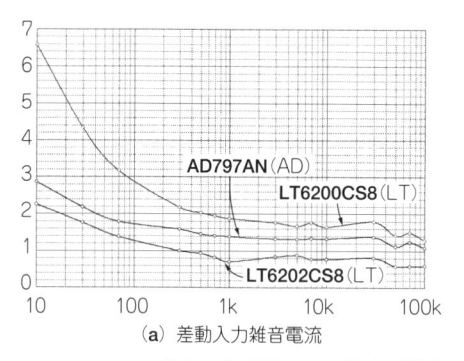

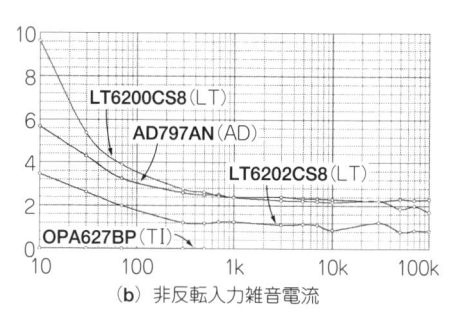

[図9-8] 写真9-1に示す低雑音OPアンプの入力換算雑音電流密度
縦軸：入力換算雑音電圧密度[pA$_{RMS}$/√Hz]，横軸：周波数[Hz]．差動入力よりも非反転入力のほうが雑音電流が大きい．LMH6702MAとOPA846IDは測定せず．OPA627BPは測定限界以下

(a) 差動入力雑音電流
(b) 非反転入力雑音電流

現実のOPアンプは，＋入力端子と－入力端子の雑音電流の相関も高くありませんし，これらの端子側からみたインピーダンスも等しくない回路が多いと思います．

▶非反転入力雑音電流と反転入力雑音電流を測定する意味

非反転入力雑音電流は＋側，反転入力雑音電流は－側に発生する雑音電流です．

OPアンプの入力雑音電流が問題になるのは，インピーダンスの高い信号源と接続する場合です．一般の増幅回路では，非反転アンプで問題になることが多いため，非反転入力雑音電流を測りました．I-V変換回路に使うOPアンプを選ぶときは，非反転側ではなく，反転入力雑音電流を測定し評価する必要があります．

*

図9-7に示すように，雑音電流密度を算出するときは，OPアンプの入力換算雑音電圧の影響は無視して，抵抗の熱雑音の影響を差し引きます．

● 測定結果と分析

図9-8に評価結果を示します．全体的に，差動入力雑音よりも非反転入力雑音のほうが大きい傾向があります．この結果から，OPアンプの＋入力と－入力からみたインピーダンスをそろえると，雑音電流の影響が小さくなることがわかります．

Column

高速OPアンプ LMH6702MA と OPA846ID の周波数特性と OIP_3

LMH6702MA と OPA846ID は，入力換算雑音電流を測定しませんでした．代わりに周波数特性と OIP_3 特性を測定しました．評価回路を図9-Aに示します．OIP_3 については第12章で説明しています．

● LMH6702MA

図9-B(a)にゲインの周波数特性を示します．100MHzまでフラットです．ゲイン G は2倍に設定しました．

図9-C(a)に3次相互変調ひずみ (OIP_3) を示します．OIP_3 は30MHzまで測定限界以下で，60MHzでも40dBm程度ととても低ひずみです．出力レベルはスペクト

(a) LMH6702MA

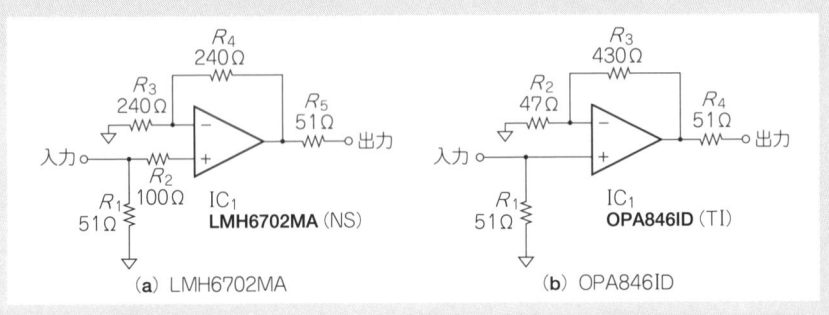

(b) OPA846ID

[図9-A] 低雑音・高速OPアンプ LMH6702MA と OPA846ID の周波数特性とひずみ (OIP_3) の測定回路

(a) LMH6702MA

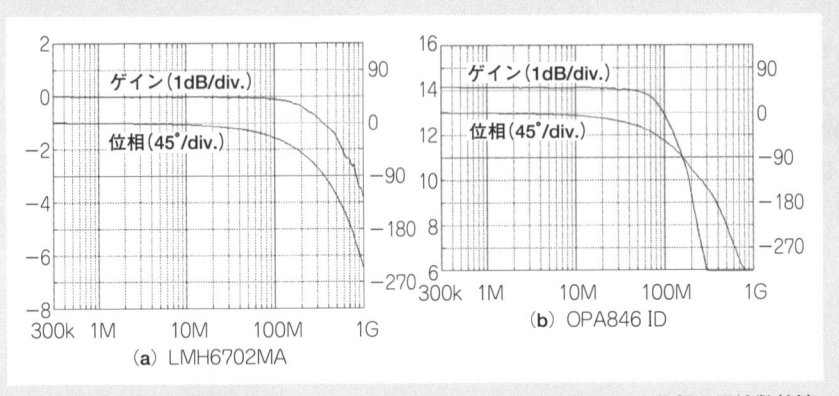

(b) OPA846 ID

[図9-B] 低雑音・高速OPアンプ LMH6702MAとOPA846IDのゲインと位相の周波数特性
左軸：ゲイン[dB]，右軸：位相[°]，横軸：周波数[Hz]

ラム・アナライザ入力端で+4dBm(2トーン信号の各トーンのレベル)です.
　この測定でも，OPアンプの出力に取り付けた50Ωの影響でレベルが6dB下がるため，OPアンプの出力端では+10dBmになります.
　図9-Dに高調波ひずみの周波数特性を示します．信号発生器の出力にLPFを接続して，信号発生器自体の高調波ひずみを低減して測定しました．データシートどおりの実力で，高速A-Dコンバータのフロントエンドに十分使えます．

● OPA846ID
　図9-B(b)にゲインの周波数特性を，図9-C(b)にOIP_3特性を示します．外部の位相補償なしで安定して動作する最小ゲイン(10倍)に設定しました．60MHzまでゲイン10倍でフラットな特性です．ひずみ特性はLMH6702MAより悪いようです．

(a) LMH6702MA (非反転，ゲイン2倍)

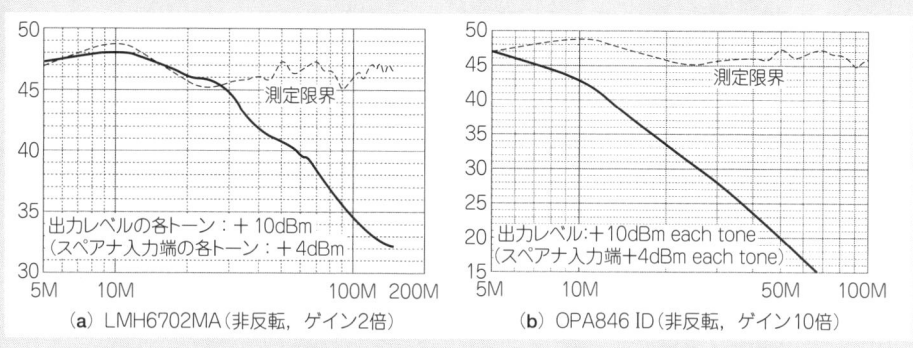

(b) OPA846 ID (非反転，ゲイン10倍)

[図9-C] 低雑音・高速OPアンプ LMH6702MAとOPA846IDのOIP_3の周波数特性
縦軸：OIP_3[dBm], 横軸：周波数[Hz]

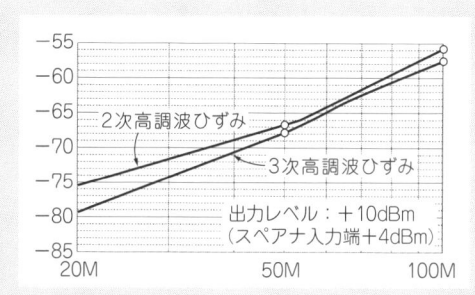

[図9-D] 低雑音・高速OPアンプ LMH6702MAの高調波ひずみ
縦軸：高調波ひずみ[dBc], 横軸：周波数[Hz]

9-5　入力換算雑音電流密度の評価と分析

Column

いくら低雑音なOPアンプを使っても雑音指数の小さい50Ω系アンプを作ることはできない

図9-Eに示すように，OPアンプを使った増幅回路の入力インピーダンスを50Ωにしたいときは，50Ωの抵抗で終端します．しかし抵抗で終端すると，NF（雑音指数）は理論的に3dB以下になりません．OPアンプ自体の入力換算雑音電圧が影響し，NFは10dB程度になります．高周波回路における低雑音アンプでは，2dB以下のNFが要求されることがあるので，10dBは極めて大きな値です．図9-EのNFは次式で求まります．

$$NF = 20\log\left(\frac{V_S/v_N}{\frac{V_S/2}{\sqrt{v_{NA}^2+v_N^2/2}}}\right)$$

$$= 20\log\left(2\sqrt{\left(\frac{v_{NA}}{v_N}\right)^2+1/2}\right)$$

ただし，v_{NA}：入力換算雑音電圧 [$V_{RMS}/\sqrt{Hz}$]（図5-8または図5-9参照），
v_N：50Ω抵抗から発生する熱雑音 [V_{RMS}]

入力換算雑音電圧v_{NA}が$2nV/\sqrt{Hz}$の低雑音OPアンプを使ったとして，図9-Eの50Ω系アンプのNFを計算すると，

$$NF = 20\log\left(2\sqrt{\left(\frac{2\times10^{-9}}{0.91\times10^{-9}}\right)^2+1/2}\right)$$

$$\fallingdotseq 13.3\text{dB}$$

というふうにNFは10dB以上になります．極めて雑音の小さい$0.91nV/\sqrt{Hz}$のOPアンプを使ったとしても，NFは7.8dBしか得られません．50Ω抵抗でインピーダンス・マッチングすると，雑音性能はかなり悪化することを覚悟しなければなりません．

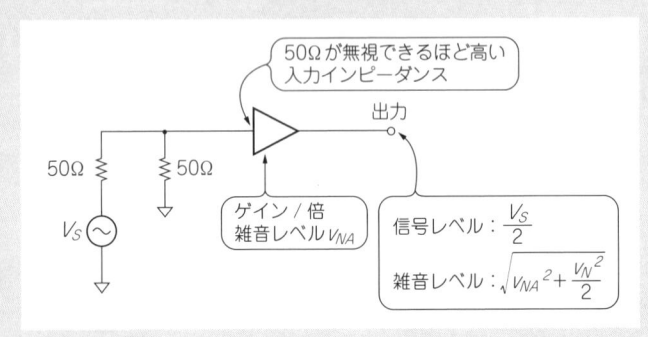

[図9-E] 高入力インピーダンス＋50Ω抵抗による整合回路ではNFは小さくならない

第10章

【成功のかぎ10】
差動アンプの使い方と評価法
雑音の中から微小信号を抽出して増幅する

差動アンプは，抵抗両端の電位差を検出するタイプの電流測定回路など，同相電圧を除去したい回路に使用します．

インスツルメンテーション・アンプは，差動アンプを改良したより高精度なアンプです．

差動アンプやインスツルメンテーション・アンプを使うときは，同相信号除去比($CMRR$)の効果が得られる周波数上限を把握することがポイントです．

■ 差動アンプとインスツルメンテーション・アンプの違い

図10-1に示すのは，OPアンプで作ったインスツルメンテーション・アンプです．IC_3で構成されているのは差動アンプ，IC_1とIC_2で構成されているのはバッファ・アンプです．初段のバッファ・アンプは，同相信号を増幅しないタイプです．図10-2に示すバッファ・アンプは同相信号を増幅してしまいます．

差動アンプは入力インピーダンスが低いため，信号源や配線のインピーダンスのアンバランスの影響を受けやすい欠点があります．後述のように，入力信号ラインのインピーダンスのアンバランスは，コモン・モード・ノイズ(同相雑音)がノーマル・モード・ノイズに変換される原因となります．ノーマル・モード・ノイズは差動信号ですから，増幅すべき信号と区別が付かなくなり，アンプから不要な雑音が出力されます．

インスツルメンテーション・アンプは，この欠点を克服するために，差動アンプの前段に，入力インピーダンスが高く同相信号を増幅しないタイプのバッファ・アンプを置いたアンプです．コモン・モード・ノイズの多い環境で，微小な信号を抽出する場合に利用します．脳波／心電／筋電などの微弱な生体信号を扱う医療機器や計測器，イグニッション・ノイズなど大きなコモン・モード・ノイズにまみれた中でアナログ信号を伝送する車載機器にも有効です．

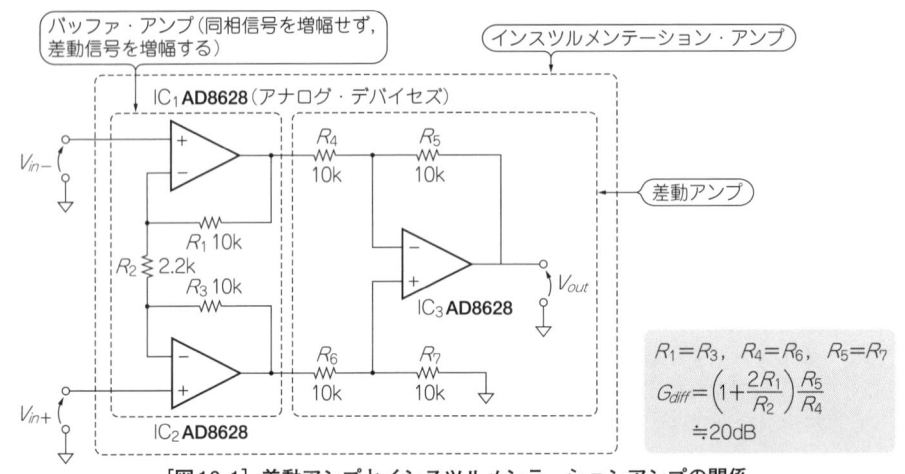

[図10-1] 差動アンプとインスツルメンテーションアンプの関係
インスツルメンテーション・アンプは差動アンプと同相成分を増幅しないバッファ・アンプを組み合わせたもの

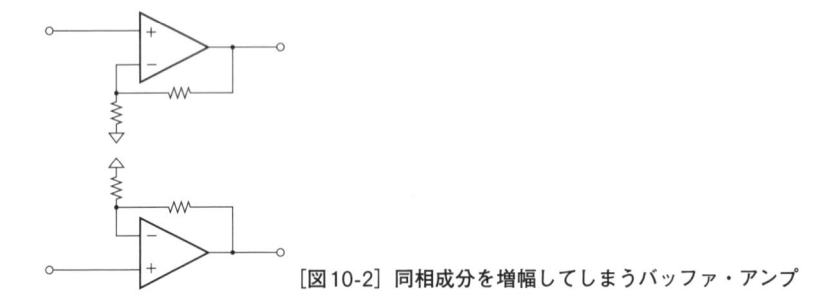

$R_1 = R_3$, $R_4 = R_6$, $R_5 = R_7$

$$G_{diff} = \left(1 + \frac{2R_1}{R_2}\right)\frac{R_5}{R_4}$$

$\fallingdotseq 20\text{dB}$

[図10-2] 同相成分を増幅してしまうバッファ・アンプ

10-1 差動アンプのふるまいと特性

■「同相信号をどれだけ抑圧できるか」がかぎ

● CMRRとは

CMRR (Common Mode Rejection Ratio) は差動アンプの基本性能の一つで，同相電圧除去比とも呼ばれています．

+端子と－端子に入力される同相信号または雑音（コモン・モード・ノイズ）を抑圧する能力で，差動アンプとインスツルメンテーション・アンプの最も重要な特性です．

CMRRは，同相入力電圧をΔV_{CM}[V]としたときの入力オフセット電圧ΔV_{IO}[V]の変化量で定義され，データシートに必ず載っています．

CMRR[dB]はデシベル値で表記するので次のように表されます．

$$CMRR = 20 \log \left(\frac{\Delta V_{CM}}{\Delta V_{IO}} \right)$$

実際の回路では，CMRRは出力電圧の変動量として現れますから，上式のCMRRよりも出力電圧変動に換算した値のほうが実用的です．出力換算されたCMRRをO_{CMRR}[dB]とすると次のようになります．

$$O_{CMRR} = \frac{\Delta V_{CM}}{\Delta V_{IO}} G_{diff}$$

ただし，G_{diff}：差動ゲイン[倍]

$\Delta V_{CM}/\Delta V_{IO}$はコモン・モード・ゲイン$G_{comm}$の逆数ですから，上式は次のように書き換えることができます．

$$O_{CMRR} = \frac{G_{diff}}{G_{comm}}$$

ただし，G_{diff}：差動ゲイン[倍]，G_{comm}：コモン・モード・ゲイン[倍]

dBで表現すると，

$$O_{CMRR\_d} = G_{diff\_d} - G_{comm\_d}$$

ただし，G_{diff_d}：差動ゲイン[dB]，G_{comm_d}：コモン・モード・ゲイン[dB]

となります．O_{CMRR}からCMRR[dB]を求めるときは次のように計算します．

$$CMRR = O_{CMRR\_d} - G_{diff\_d}$$

ただし，O_{CMRR_d}：出力換算CMRR[dB]，G_{diff_d}：差動ゲイン[dB]

● 同相信号の除去能力を高めるには

図10-3に示すのは，差動アンプのCMRRが最大になる使用条件を求める過程です．CMRRが最大になるのは，次式が成立するときです．

$$R_1 R_4 = R_2 R_3$$

図10-3のk_{CMR}を求める式(10-1)は重要です．$R_1 \sim R_4$の抵抗値誤差（トラッキング精度）が，どの程度CMRRを悪化させるかを見積もることができるからです．

CMRRを大きくするには，$R_1 + R_2 = R_3 + R_4$となるように抵抗値を選び，同相信号に対して入力インピーダンスのバランスをとります．このようにすれば，後述するコモン・モード・ノイズのノーマル・モード・ノイズへの変換が少なくなり，出力雑音が小さくなります．

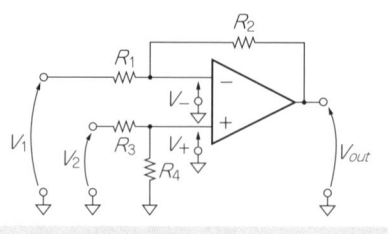

● *CMRR* が一番大きくなる周辺抵抗の条件を求める

V_1 と V_{out} をそれぞれグラウンド・レベル（0V）にした場合に分けて考えると，重ねの理から，

$$V_- = \frac{R_1}{R_1+R_2} V_{out} + \frac{R_2}{R_1+R_2} V_1$$

と求まる．同様に V_+ を考えると，

$$V_+ = \frac{R_4}{R_3+R_4} V_2$$

と求まる．ここでバーチャル・ショートが成り立っていれば，

$$V_- = V_+$$

となる．
したがって，

$$V_{out} = \frac{R_4}{R_1} \frac{R_1+R_2}{R_3+R_4} V_2 - \frac{R_2}{R_1} V_1$$

となる．ここで，差動成分（$V_2 - V_1$）と同相成分（$V_2 + V_1$）に対するゲインがわかるように式を変形する．

$$V_{out} = \frac{R_4}{R_1} \frac{R_1+R_2}{R_3+R_4} \frac{V_2}{2} + \frac{R_4}{R_1} \frac{R_1+R_2}{R_3+R_4} \frac{V_2}{2} - \frac{R_2}{R_1} \frac{V_1}{2} - \frac{R_2}{R_1} \frac{V_1}{2}$$

$\underbrace{\qquad\qquad\qquad\qquad\qquad}_{V_1,\ V_2 \text{の項を二つに分割}}$

$$+ \frac{R_2}{R_1} \frac{V_2}{2} - \frac{R_2}{R_1} \frac{V_2}{2} + \frac{R_4}{R_1} \frac{R_1+R_2}{R_3+R_4} \frac{V_1}{2} - \frac{R_4}{R_1} \frac{R_1+R_2}{R_3+R_4} \frac{V_1}{2}$$

$\underbrace{\qquad\qquad\qquad\qquad\qquad}_{\text{追加した項}=0}$

これを整理すると，

$$V_{out} = \frac{1}{2}\left(\frac{R_4}{R_1} \frac{R_1+R_2}{R_3+R_4} + \frac{R_2}{R_1}\right)(V_2 - V_1)$$

$\underbrace{\qquad\qquad\qquad\qquad}_{\text{差動ゲイン}: G_{diff}}$

$$+ \frac{1}{2}\left(\frac{R_4}{R_1} \frac{R_1+R_2}{R_3+R_4} + \frac{R_2}{R_1}\right)(V_2 + V_1)$$

$\underbrace{\qquad\qquad\qquad\qquad}_{\text{同相ゲイン}: G_{comm}}$

となる．*CMRR*（k_{CMR}）は，

$$k_{CMR} = \frac{G_{diff}}{G_{comm}} = \frac{R_4(R_1+R_2) + R_2(R_3+R_4)}{R_4(R_1+R_2) - R_2(R_3+R_4)} \quad\cdots\cdots (10\text{-}1)$$

と求まる．*CMRR* を∞とするには，

$$R_4(R_1+R_2) = R_2(R_3+R_4)$$

から，

$$R_1 R_4 = R_2 R_3$$

とすればよい

［図10-3］ 差動アンプの *CMRR* が最大になるのは $R_1 R_4 = R_2 R_3$ のとき

　図10-4に，同相信号と差動信号に対する入力インピーダンスを求める式を示します．同相信号に対する入力インピーダンスは＋入力側が $R_3 + R_4$，－入力側は $R_1 + R_2$ です．差動信号の入力インピーダンスは，$1 + G_{diff} \fallingdotseq 1 + 2G_{diff}$（例えば $G_{diff} = 1$ 倍のとき）と仮定した場合，＋入力側は $R_3 + R_4$，－入力側は R_1 です．

　非反転入力側と反転入力側の入力インピーダンスを揃えたい場合は，**図10-4**の差動信号に対する計算式を使って入力インピーダンスを計算し，外付けすべき抵抗を追加します．

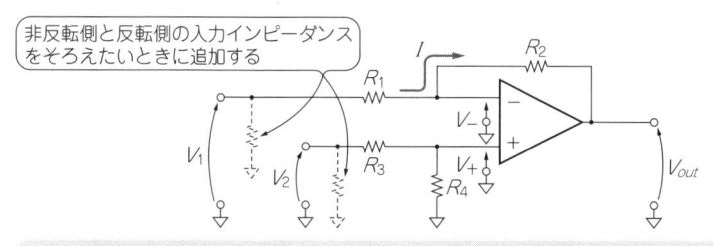

> 非反転側と反転側の入力インピーダンスをそろえたいときに追加する

●同相信号に対する入力インピーダンス
▶非反転入力側
$Z_{in+} = R_3 + R_4$

▶反転入力側
$V_+ = \dfrac{R_4}{R_3+R_4} V_2$

$R_1 R_4 = R_2 R_3$ かつバーチャル・ショートが成り立っているとすると，

$V_+ = \dfrac{R_1}{R_1+R_2} V_2 = V_-$

$V_1 - V_- = IR_1$

$V_1 - \dfrac{R_2}{R_1+R_2} V_2 = IR_1$

$V_1 = V_2$ とすると，

$Z_{in-} = \dfrac{V_1}{I} = R_1 + R_2$

●差動信号に対する入力インピーダンス
▶非反転入力側
$Z_{in+} = R_3 + R_4$

▶反転入力側
$R_1 R_4 = R_2 R_3$ かつバーチャル・ショートが成り立っているとすると，

$V_- = \dfrac{R_2}{R_1+R_2} V_2$

$V_2 = -V_1$ なので，

$V_- = -\dfrac{R_2}{R_1+R_2} V_1$

$V_1 - V_- = IR_1$

$Z_{in-} = \dfrac{V_1}{I} = \dfrac{R_1(R_1+R_2)}{R_1+2R_2}$

$R_1 = R_3$, $R_2 = R_4$, $G_{diff} = \dfrac{R_2}{R_1}$ とすると，

$Z_{in-} = \dfrac{R_1(1+G_{diff})}{1+2G_{diff}}$

[図10-4] 同相信号と差動信号に対する差動アンプの入力インピーダンス

10-2 インスツルメンテーション・アンプはコモン・モード・ノイズに強い

● すべての電子回路は雑音の海の上で動作している

図10-5に示すのは，筏Aに乗った人が，筏Bに乗った人の背丈を測定しているところです．両方の筏は波で揺られているため，正しい背丈を測定するのは困難を極めます．測定できたとしても大きな誤差(雑音)を含んでいることでしょう．

二つの筏を揺らしている波がコモン・モード・ノイズと呼ばれる雑音です．人が足を置いている筏の上面がグラウンドです．現実の電子回路はすべて，このコモン・モード・ノイズという得体の知れない波の上で動いています．

図10-5を電子回路で描くと図10-6のようになります．直流電圧源の出力信号をアンプで増幅します．アンプの動作基準電位(グラウンドB)と直流電圧源の動作

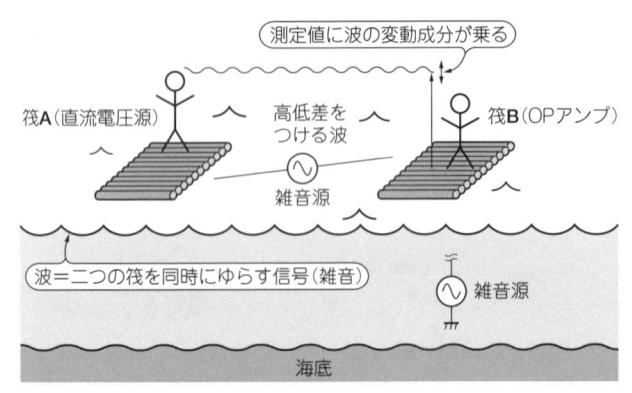

[図10-5] センサとOPアンプは雑音の海の上で信号を受け渡しする

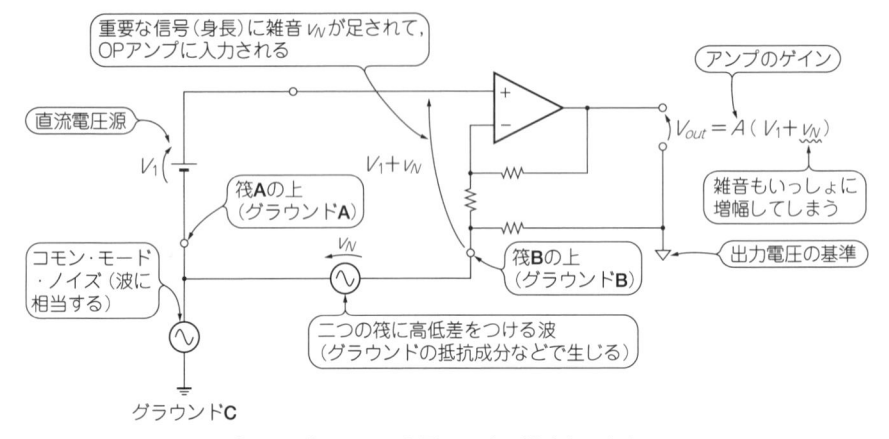

[図10-6] 図10-5を電子回路で描くとこうなる

基準電位（グラウンドA）の間には雑音があります．

図10-6を見るとわかるように，直流電圧源とアンプは共通の雑音，つまりコモン・モード・ノイズの上で動作しています．コモン・モード・ノイズは直流電圧源とアンプを同じように揺さぶります．その結果，アンプと直流電圧源は足元にあるコモン・モード・ノイズの存在に気づかず，アンプから雑音が出力されることはありません．

● コモン・モード・ノイズは配線インピーダンスの少しのアンバランスで突然悪性の雑音に化ける

コモン・モード・ノイズは，スイッチング電源や商用電源ラインなどいたるとこ

ろに存在しており，電子回路全体を揺さぶっています．コモン・モード・ノイズは電子回路全体の足元で変動しているので，私たちが地球が回っていることに気づかないのと同じように，電子回路も大地を基準に小刻みに変動するコモン・モード・ノイズに気づきません．

　このようにコモン・モード・ノイズは回路に悪影響がありません．影響があるのは，グラウンドAとグラウンドBの間に雑音が発生した場合です．

　コモン・モード・ノイズは，配線インピーダンスのバランスが少しでも崩れると突然その姿を現します．図10-7に示すのは，大地を基準に変動するコモン・モード・ノイズ(v_{NC})が，浮遊容量を介して回路に侵入して悪性の雑音に変換されるようすです．

　(1) 信号源インピーダンスR_Sが0Ω
　(2) 配線インピーダンスZ_AとZ_Bが完全に等しい（または0Ω）
　(3) 浮遊容量C_AがC_Bと等しい
　(4) 浮遊容量C_CとC_Dが等しい

という条件が成り立つならば，コモン・モード・ノイズ電流（i_{NCA}とi_{NCB}）がプリント基板上の回路に侵入して，二つのプリント・パターン配線を流れても，アンプの入力インピーダンス（Z_{in}）両端に電圧は生じません．i_{NCA}とi_{NCB}は，回路に害を与えることなく大地に戻っていきます．

$$V_{NN} = Z_B i_{NCB} - (R_S + Z_A) i_{NCA}$$
$$Z_A = Z_B \text{とすると，} V_{NN} = -R_S i_{NCA}$$
の雑音がR_L両端に発生する

i_{NC}：コモン・モード・ノイズ
v_{NC}：ノーマル・モード・ノイズ

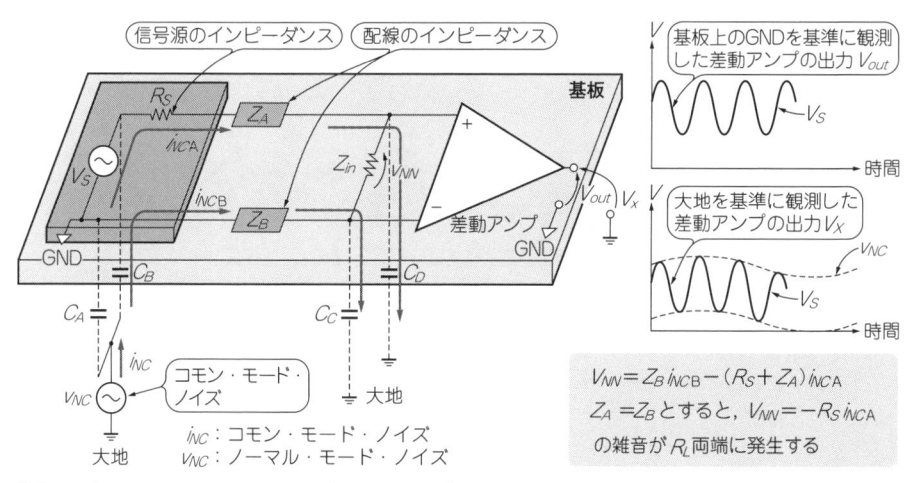

[図10-7] コモン・モード・ノイズはOPアンプの＋端子と－端子につながる配線や浮遊容量のバランスが少しでも崩れると姿を現す

しかし，上記の四つの条件がすべて満足されることは現実的ではありません．条件が一つ崩れるだけでコモン・モード・ノイズがその姿を現して雑音電流が流れます．この雑音をノーマル・モード・ノイズ(差動雑音)と呼びます．ノーマル・モード・ノイズに変換されると，必要な信号との区別がつかなくなり，取り除くのは困難を極めます．

● インスツルメンテーション・アンプさまさま

ちょっとしたインピーダンスのミスマッチが原因でノーマル・モード・ノイズに変換されるコモン・モード・ノイズの影響を受けずに，目的の信号を正確に取り出すにはどうしたらよいのでしょう．図10-7から考えられる対策は次の二つです．

- R_S や R_A，R_B が無視できるくらい入力インピーダンス(Z_{in})の大きいアンプを使ってノーマル・モード・ノイズ電流を小さく抑える

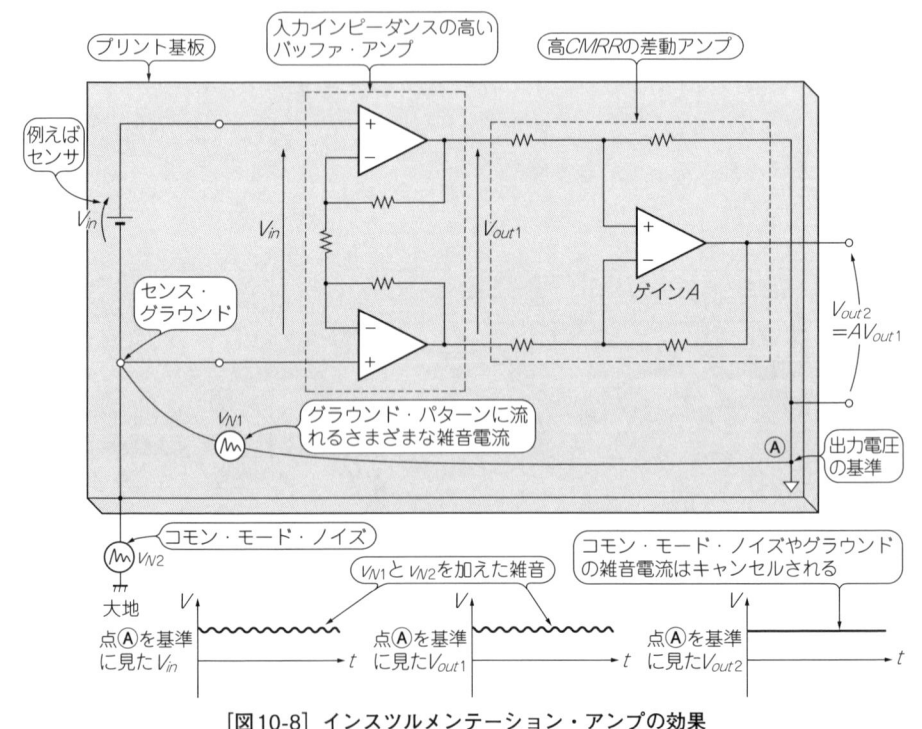

[図10-8] インスツルメンテーション・アンプの効果
初段のバッファは入力インピーダンスが高いため，センサや配線のインピーダンスの影響を受けにくい．後段の差動アンプは，グラウンドに流れるコモン・モード・ノイズを抑圧する

- Z_{in} に生じるノーマル・モード・ノイズが＋端子と－端子に入力されることで発生する同相電圧に対するゲインが小さい（CMRRの高い）アンプを使う

この二つの条件を満たしてくれるのが，インスツルメンテーション・アンプです．
図10-8に示すように，インスツルメンテーション・アンプの初段は，高入力インピーダンスのバッファ・アンプ，後段は高CMRRの差動アンプです．初段は，配線インピーダンスやセンサの出力インピーダンスの影響を受けなくする働きもあります．差動アンプの＋端子と－端子には，マイコンやFPGAが動作することでグラウンド・パターンに流れるさまざまな電流によって生じる雑音電圧が同相で入力されます．差動アンプは高いCMRR特性でこの雑音電圧を抑圧します．

10-3　高域のCMRR改善の方法

● CMRRは高域で劣化する

図10-9に示すのは，差動アンプAD628のCMRR特性です．
高域では，アンプ入力段にある差動アンプの動作が理想的ではなくなり，コモン・モード成分を効果的にキャンセルできません．そのため，CMRRは高域になるほど悪くなります．

● コモン・モード除去フィルタを追加する

図10-10に示すように，高域で差動アンプのCMRR性能が十分ではないときは，コモン・モード除去フィルタ（コモン・モード・チョークと呼ぶ）を追加します．
図10-11に示すように，コモン・モード除去フィルタは手ごろなコアに同軸ケーブルを巻くだけでも作ることができます．写真10-1に外観を示します．写真に

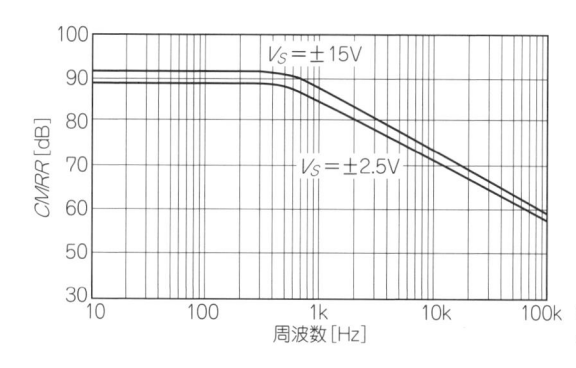

[図10-9[(11)]] 差動アンプAD628のCMRR特性
CMRRは高域で劣化する

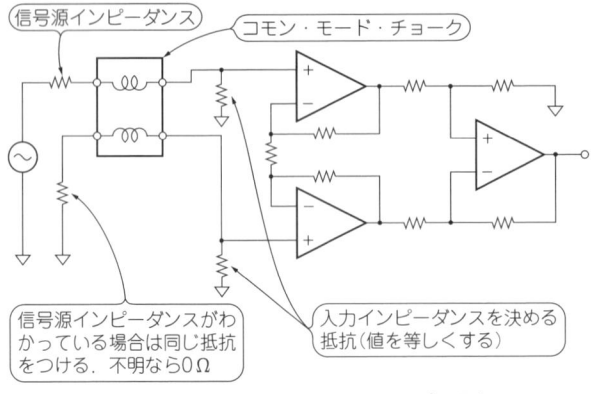

（a）インスツルメンテーション・アンプの場合

- 信号源インピーダンス
- コモン・モード・チョーク
- 信号源インピーダンスがわかっている場合は同じ抵抗をつける．不明なら0Ω
- 入力インピーダンスを決める抵抗（値を等しくする）

[写真10-1] 同軸ケーブルをコアに巻いて作ったコモン・モード除去フィルタ

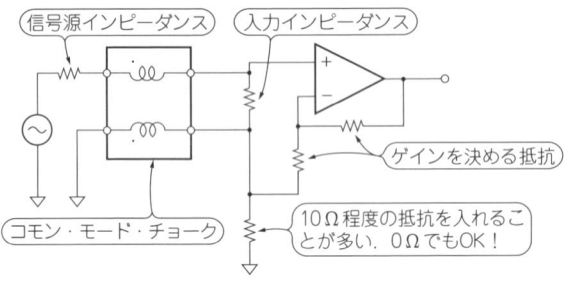

（b）非反転アンプの場合

- 信号源インピーダンス
- 入力インピーダンス
- コモン・モード・チョーク
- ゲインを決める抵抗
- 10Ω程度の抵抗を入れることが多い．0ΩでもOK！

[図10-10] コモン・モード除去フィルタを追加すると高域のCMRR低下を軽減できる

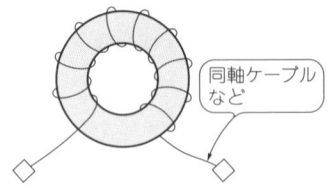

[図10-11] コモン・モード除去フィルタはコアに同軸ケーブルを巻くだけで作れる

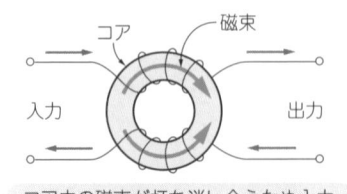

（同軸ケーブルなど）

（a）同相成分が少なく差動成分が多い信号を入力した場合

コア中の磁束が打ち消し合うため入力信号源からはインダクタンスの小さい部品に見える．差動信号は通過する

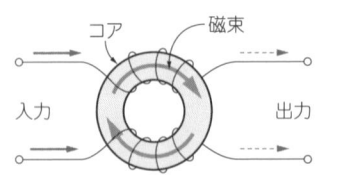

（b）同相成分が多く差動成分が少ない信号を入力した場合

コア中の磁束が強め合うため入力信号源からはインダクタンスの大きい部品に見える．同相信号は通過できない

[図10-12] コモン・モード除去フィルタは同相信号を通過させない

示す大型コアの場合，数百k～数MHzまでのコモン・モード・ノイズを取り除くことができます．スイッチング電源の雑音がコモン・モードで乗っているときに効果的です．

信号に大きな直流電流が重畳していると，除去特性が悪化するコモン・モード除去フィルタもあるので，直流重畳特性にも配慮して選びます．

▶なぜ効くのか？

図10-12(a)に示すように，コモン・モード除去フィルタは，2本の配線を流れる位相が180°違うノーマル・モード電流に対してインダクタンスの小さい部品として機能するため，差動信号はほとんど減衰しません．コモン・モード電流が流れると，図10-12(b)のようにコアの中に磁束が発生するため，インダクタンスの大

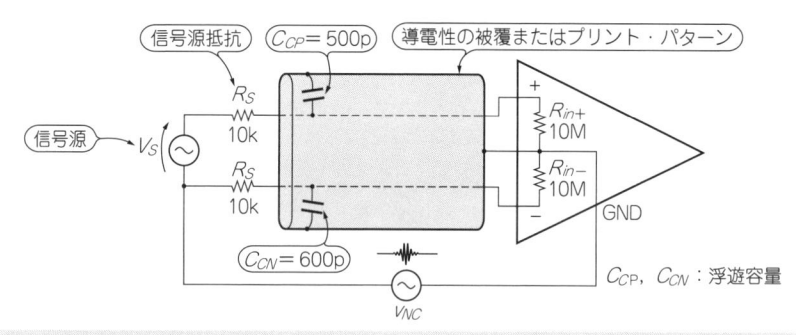

●入力信号が直流のとき

V_Sに対するゲインは，$f=0$Hz(DC)の場合，

$$\frac{R_{in+}}{R_S+R_{in+}} \fallingdotseq 0.999$$

コモン・モード・ノイズv_{NC}に対するゲインは0.999−0.999＝0倍．したがって，$CMRR$は∞．実際にはアンプの$CMRR$(60～100dB)だけが見えてくる

●入力信号が交流のとき

V_Sに対するゲインは，$f=10$kHz，

$\frac{1}{j\omega C_{CP}} \ll R_{in+}$ として，

$$\left| \frac{\frac{1}{j\omega C_{CP}}}{R_S+\frac{1}{j\omega C_{CP}}} \right| = \left| \frac{1}{1+j\omega C_{CP} R_S} \right|$$

$$= \frac{1}{\sqrt{1+\omega^2 C_{CP}^2 R_S^2}} \fallingdotseq 0.954倍$$

非反転入力に加わるv_{NC}成分に対するゲインは，

$$\frac{1}{\sqrt{1+\omega^2 C_{CP}^2 R_S^2}} \fallingdotseq 0.954倍$$

反転入力に加わるv_{NC}に対するゲインは，

$$\frac{1}{\sqrt{1+\omega^2 C_{Cn}^2 R_S^2}} \fallingdotseq 0.936倍$$

したがって，v_{NC}に対するゲインは0.954−0.936から0.018倍となる．$CMRR$は，

$$20 \log\left(\frac{0.954}{0.018}\right) = 34.5\text{dB}$$

に悪化する

[図10-13] 非反転入力側と反転入力側のケーブル容量の違いは$CMRR$悪化要因の一つ

(a) ICタイプのインスツルメンテーション・アンプの場合

$$V_{out} = V_{in}\left(1 + \frac{R_3 + R_4}{R_1 + R_2}\right)$$

$R_3 = R_4 = R_f$ のとき，$V_{out} = V_{in}\left(1 + \frac{2R_f}{R_1 + R_2}\right)$

(b) OPアンプを使ったインスツルメンテーション・アンプの場合

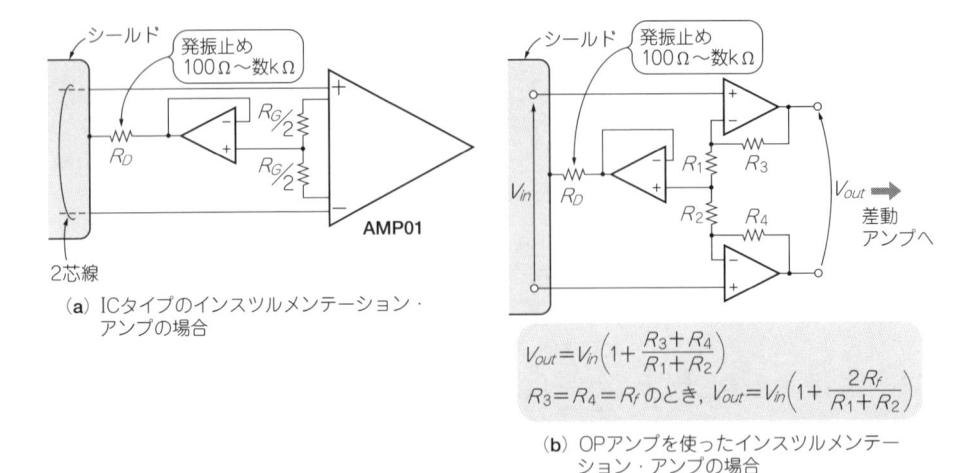

[図10-14] ケーブルのシールドを信号で駆動すればケーブル容量が小さくなる
ガード・ドライブと呼ぶ

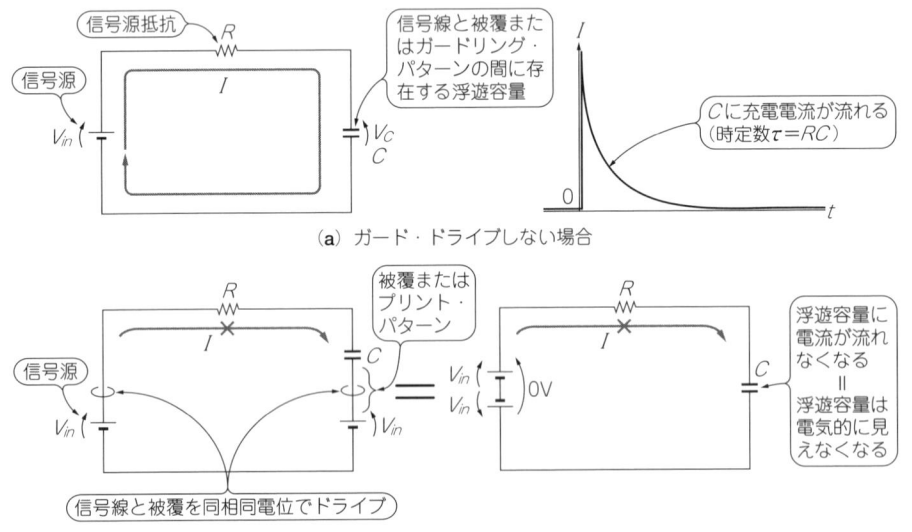

(a) ガード・ドライブしない場合

(b) シールド線の被覆を信号源V_{in}と同相でドライブすると浮遊容量Cに電流Iが流れなくなる

[図10-15] ガード・ドライブをすると浮遊容量の影響を受けにくくなる理由

きい部品として機能します．

　コモン・モード・ノイズ混じりの信号をコモン・モード除去フィルタに通すと，雑音が除去されて信号(差動信号)だけが通過します．まるで浄水器のようです．

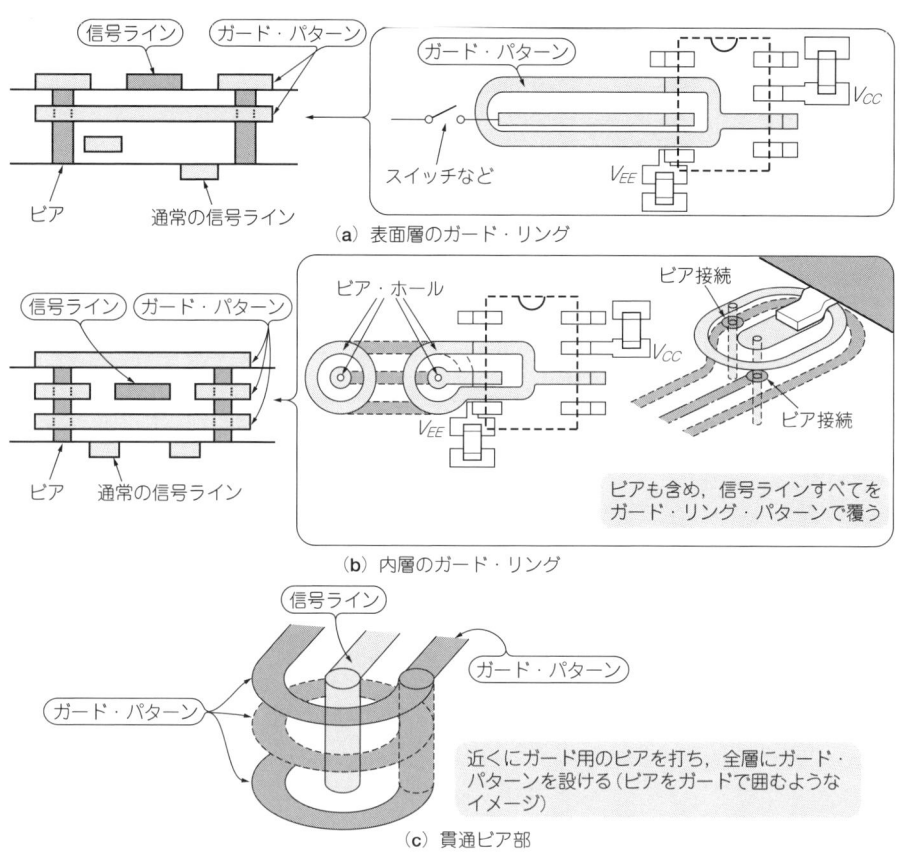

[図10-16^(14)] プリント基板上でガード・ドライブを行う方法

● 入力ケーブルの容量はCMRRを悪化させる

　図10-13に示すように，非反転入力と反転入力につながるケーブルの容量のバランスが悪いと，交流信号に対するCMRRが悪化します．シールドされた2芯線でも，各信号ラインとグラウンドの間に存在する容量値が異なるのは普通のことです．プリント・パターンでも，非反転入力と反転入力で対グラウンド間の容量が違うことはよくあることです．

▶ケーブルの容量を見えないようにする対策

　シールドをグラウンドに接続してもケーブルの容量差の影響を減らすことはできません．図10-14に示すように，ケーブルのシールドを信号と同相の信号で駆動します．このようにすると，ケーブル内の信号ラインとグラウンド間の容量が充電

10-3　高域のCMRR改善の方法

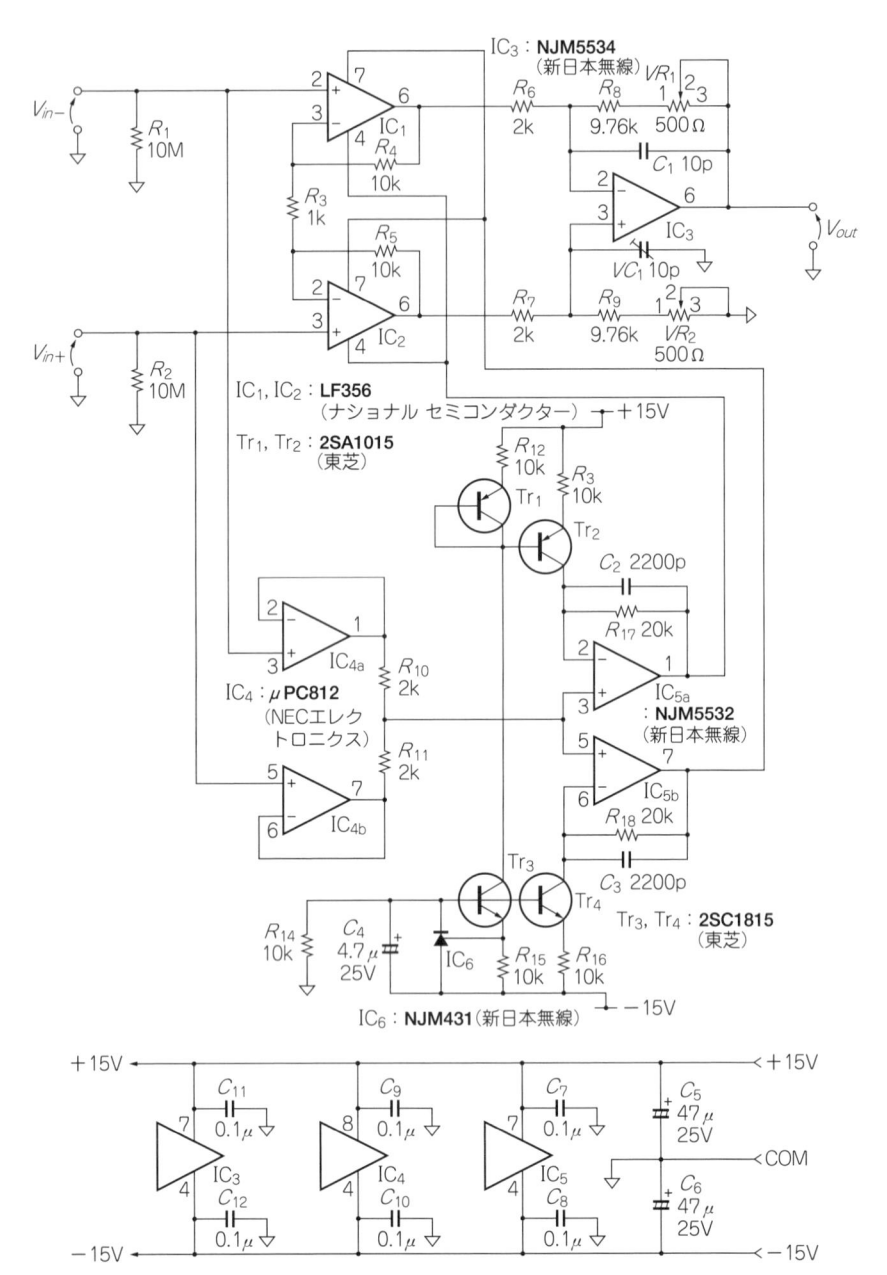

[図10-17(2)] 入力信号に応じて出力電圧が変化するフローティング電源を使えばCMRRが向上する

278　第10章　差動アンプの使い方と評価法

されなくなります(図10-15).これは,ガード・ドライブまたはシールド・ドライブと呼ばれます.

ガード(シールド)を駆動するOPアンプの周波数帯域は,インスツルメンテーション・アンプと同程度で充分です.容量負荷に対して発振しにくいμPC812などが適しています.

▶プリント基板上での対策

図10-16に示すのは,プリント基板上でガード・ドライブを行う方法です.2本の信号ラインの両側にシールド用のプリント・パターンを作ります.信号ラインの貫通ビアの周囲にはガードを設けます.この方法は特許として公開[14]されていますが,権利化はされていません.

● フローティング電源を使うと*CMRR*がアップする

図10-17に示すフローティング電源を作り,その出力電圧を入力信号に応じて変化させてOPアンプの電源端子に供給すると*CMRR*がさらに向上します.

10-4 　実際の差動アンプとインスツルメンテーション・アンプ

写真10-2に示すのは,実際の差動アンプ(AMP03GP,INA157U,AD628AR)とインスツルメンテーション・アンプ(AMP01EX,LTC6800HMS8)です.主な特性を表10-1に,図10-18にピン接続を示します.

[写真10-2] 市販の差動アンプとインスツルメンテーション・アンプ

[表10-1] 実際の差動アンプ / インスツルメンテーション・アンプ（写真10-2）とその仕様

型名	入力電圧範囲 [V]		入力オフセット電圧 [μV]		温度ドリフト [μV/℃]		CMRR [dB]		PSRR [dB]		BW [MHz]
	最小		標準	最大	標準	最大	標準	最小	標準	最小	標準
AMP03GP	±10		25	750	−	−	95	80	123	100	3.00
INA157U	±37.5		±100	±500	±2	±20	96	86	105	90	4.00
AD628AR	±120		−	±1500	4	8	−	75	94	77	0.60
AMP01EX	±10		20	50	0.15	0.3	100 [1]	85 [1]	85 [1]	55 [1]	0.57 [1]
LTC6800HMS8	−		−	±100	−	±0.25	113	90	116	110	0.20 [2]

注▶(1) ゲインなどの条件による（データシート参照のこと）　(2) 内部OPアンプの GBW

(a) AMP03GP　(b) INA157U　(c) AD628AR
(d) AMP01EX　(e) LTC6800HMS8

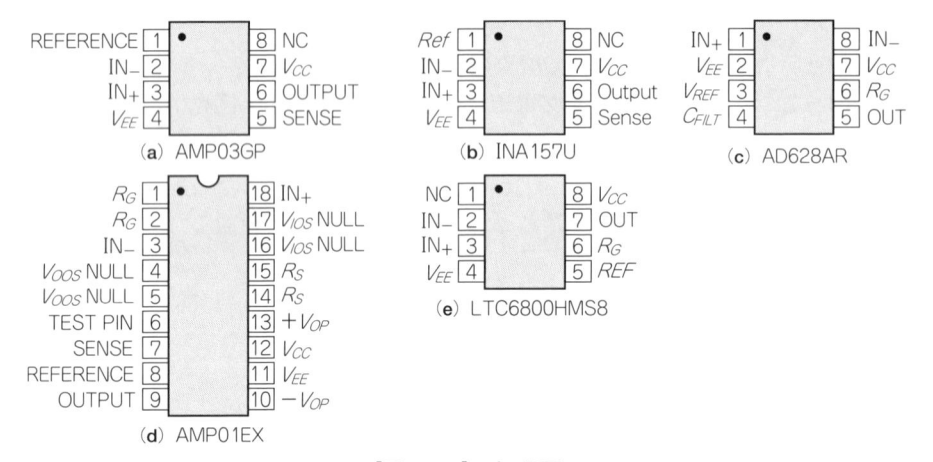

[図10-18] ピン配置

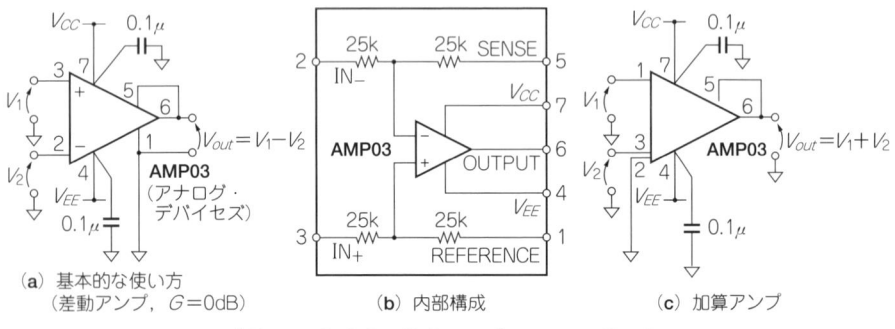

(a) 基本的な使い方（差動アンプ，$G=0$dB）　(b) 内部構成　(c) 加算アンプ

$V_{out} = V_1 - V_2$

$V_{out} = V_1 + V_2$

[図10-19] 定番の差動アンプAMP03の使い方

0.1Hz〜10Hz雑音 [μV_{P-P}] 標準	動作電圧 [V]	動作電流 [mA] 標準	メーカ名[3]
1.8	±6〜18	2.50	アナログ・デバイセズ
1.3	±4〜18	2.40	テキサス・インスツルメンツ
15.0	±2.25〜18	1.60	アナログ・デバイセズ
13.0 [1]	±4.5〜18	3.40	アナログ・デバイセズ
2.5	2.7〜5.5	1.20	リニア・テクノロジー

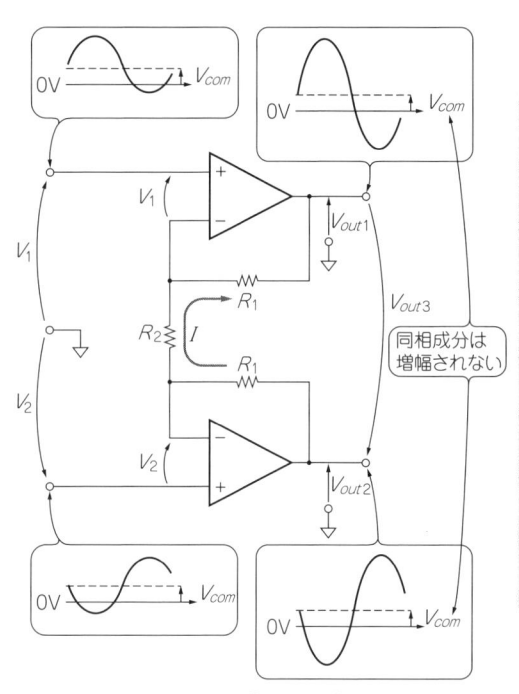

$$V_2 - V_1 = IR_2 \quad \cdots\cdots\cdots\cdots (10\text{-}2)$$
$$V_{out1} = V_1 - IR_1 \quad \cdots\cdots\cdots\cdots (10\text{-}3)$$
$$V_{out2} = V_2 + IR_1 \quad \cdots\cdots\cdots\cdots (10\text{-}4)$$

式(10-2)から，
$$I = \frac{V_2 - V_1}{R_2}$$

式(10-3)と式(10-4)に代入して，
$$V_{out1} = V_1 - \frac{R_1}{R_2}(V_2 - V_1)$$
$$V_{out2} = V_2 + \frac{R_1}{R_2}(V_2 - V_1)$$

V_{out1}，V_{out2}にV_1，V_2がそのままの大きさで含まれている．つまり，V_1，V_2に重畳している同相成分は増幅されずに出てくる．差動ゲインは，
$$V_{out3} = V_{out2} - V_{out1} = \left(1 + \frac{2R_1}{R_2}\right)(V_2 - V_1)$$
$$\therefore G_{diff} = 1 + \frac{2R_1}{R_2}$$

[図10-20] AMP03に前置する差動プリアンプ
信号源のインピーダンスによるCMRR悪化を避けることができる

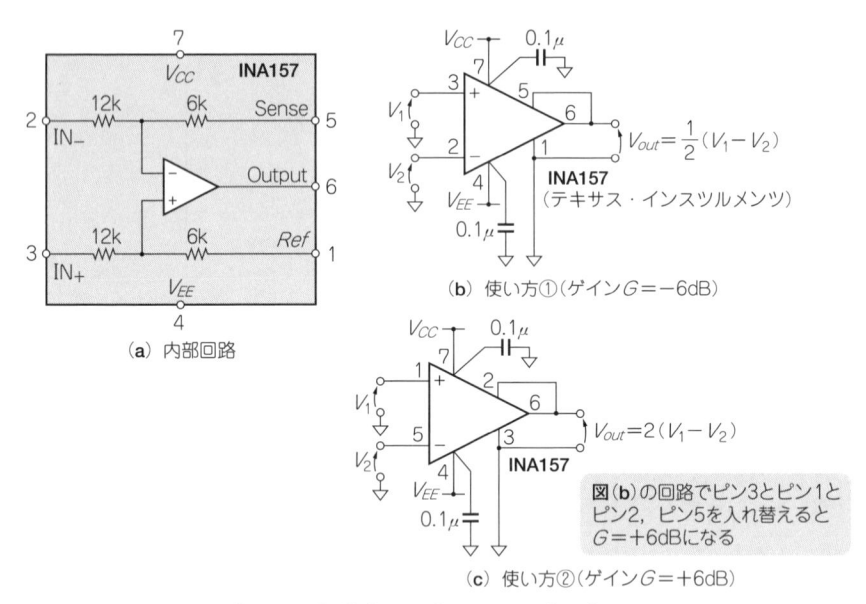

[図10-21] 差動アンプINA157の使い方
差動ゲインを1/2倍または2倍に設定できる

● AMP03

図 10-19 に使い方を示します．内部は差動アンプ構成です．信号源インピーダンスが本ICの内部抵抗($25k\Omega$)に対して十分に低くない場合は，CMRRが大幅に悪化するため，図 10-20 に示すような差動プリアンプを前置します．

● INA157

図 10-21 に内部回路と使い方を示します．内部の抵抗値は$12k\Omega$と$6k\Omega$です．接続を変えると，差動ゲインを1/2倍($-6dB$)，または2倍($+6dB$)に設定できます．

● AD628

図 10-22 に使い方を示します．両電源で使えるタイプです．

● AMP01

古典的なインスツルメンテーション・アンプです．図 10-23 に使い方を示します．ゲインは2個の抵抗で設定できます．

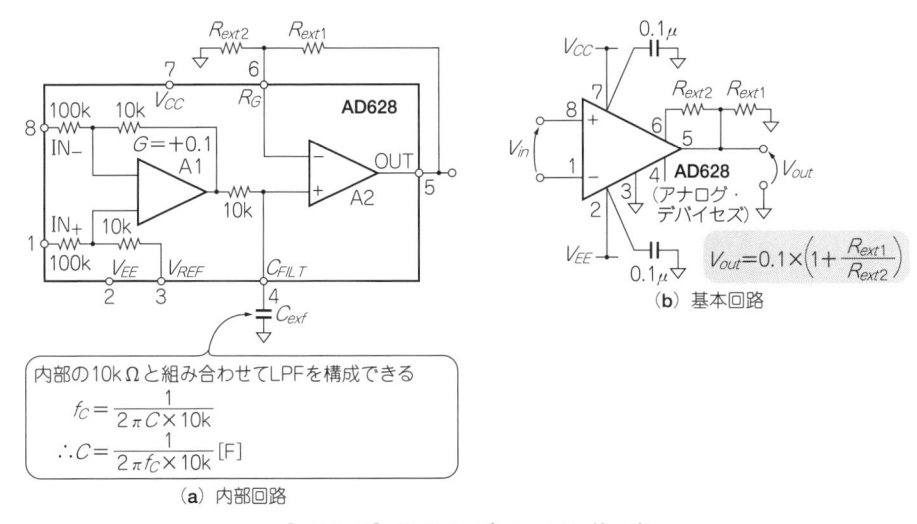

[図10-22] 差動アンプ AD628の使い方
両電源で使える

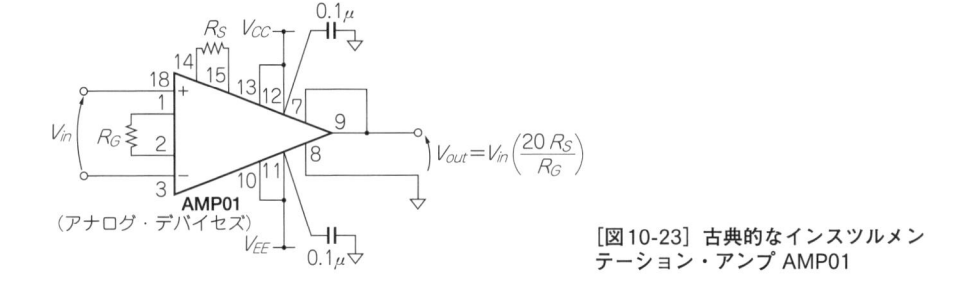

(a) 内部回路

内部の10kΩと組み合わせてLPFを構成できる
$$f_C = \frac{1}{2\pi C \times 10k}$$
$$\therefore C = \frac{1}{2\pi f_C \times 10k} \text{ [F]}$$

(b) 基本回路

$$V_{out} = 0.1 \times \left(1 + \frac{R_{ext1}}{R_{ext2}}\right)$$

[図10-23] 古典的なインスツルメンテーション・アンプ AMP01

$$V_{out} = V_{in}\left(\frac{20R_S}{R_G}\right)$$

● LTC6800

スイッチト・キャパシタ技術を使ったインスツルメンテーション・アンプです．

図10-24に使い方を示します．入力部のスイッチト・キャパシタの使い方を工夫することで，非反転アンプや反転アンプを構成できます．

同相の信号を入力したとき，コンデンサC_Sに電荷がチャージされることがないため，原理的に大きな$CMRR$が得られます．これは，図10-15に示すガード・ドライブと同じ考え方です．

欠点は，扱える信号周波数がスイッチト・キャパシタ回路の動作周波数で制限されることです．LTC6800のサンプリング周波数は3kHzなので，入力信号の周波数の上限は1.5kHzです．

10-4 実際の差動アンプとインスツルメンテーション・アンプ

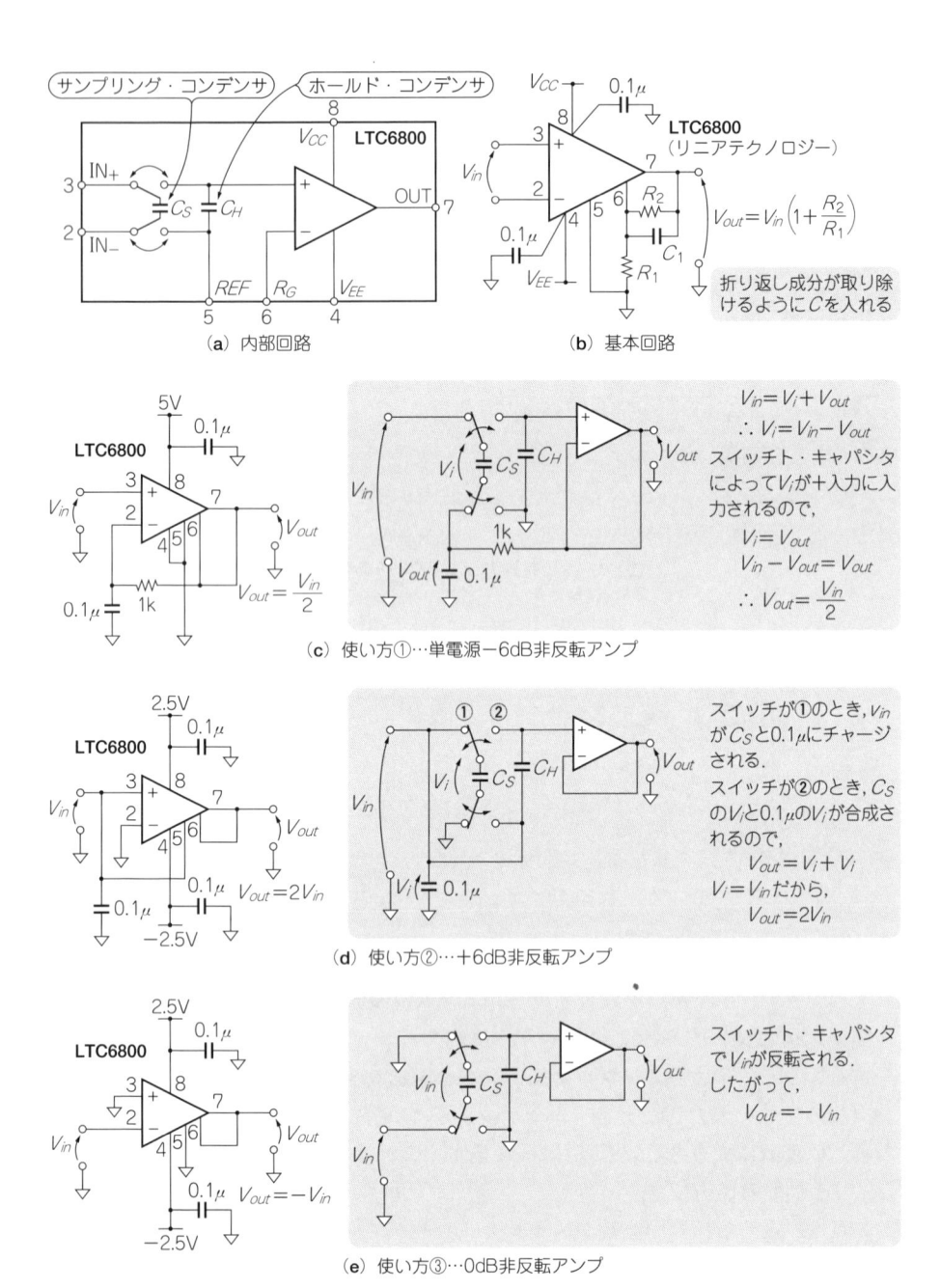

[図10-24] **非反転アンプや反転アンプを構成できるインスツルメンテーション・アンプ LTC6800**

(a) 内部回路 — サンプリング・コンデンサ C_S、ホールド・コンデンサ C_H

(b) 基本回路 — LTC6800（リニアテクノロジー）

$$V_{out} = V_{in}\left(1 + \frac{R_2}{R_1}\right)$$

折り返し成分が取り除けるように C を入れる

(c) 使い方①…単電源－6dB非反転アンプ

$$V_{out} = \frac{V_{in}}{2}$$

$V_{in} = V_i + V_{out}$
∴ $V_i = V_{in} - V_{out}$
スイッチト・キャパシタによって V_i が＋入力に入力されるので，
$V_i = V_{out}$
$V_{in} - V_{out} = V_{out}$
∴ $V_{out} = \dfrac{V_{in}}{2}$

(d) 使い方②…＋6dB非反転アンプ

$$V_{out} = 2V_{in}$$

スイッチが①のとき，V_{in} が C_S と 0.1μ にチャージされる．
スイッチが②のとき，C_S の V_i と 0.1μ の V_i が合成されるので，
$V_{out} = V_i + V_i$
$V_i = V_{in}$ だから，
$V_{out} = 2V_{in}$

(e) 使い方③…0dB非反転アンプ

$$V_{out} = -V_{in}$$

スイッチト・キャパシタで V_{in} が反転される．したがって，
$V_{out} = -V_{in}$

10-5　評価すべき特性と結果の分析

差動アンプの重要な評価項目は，差動ゲイン，CMRR，PSRRなどです．測定器は主にネットワーク・アナライザを使います．

■差動ゲインの周波数特性

● 測定法と結果の分析
　図10-25に差動ゲインの測定法を示します．
　図10-26に差動アンプ(写真10-2)の差動ゲインの測定結果を示します．
▶ INA157Uはゲイン＋6dBで使う
　INA157Uは，＋6dBで使うと周波数特性がフラットになります．
▶ AD628ARは電源電圧を低くするとしゃ断周波数が低下する
　図10-26(c)から読み取りにくいのですが，AD628ARは電源電圧を±15Vから±2.5Vに下げるとしゃ断周波数(－3dB周波数)が数kHz低下します．
▶ LTC6800HMS8は低周波専用

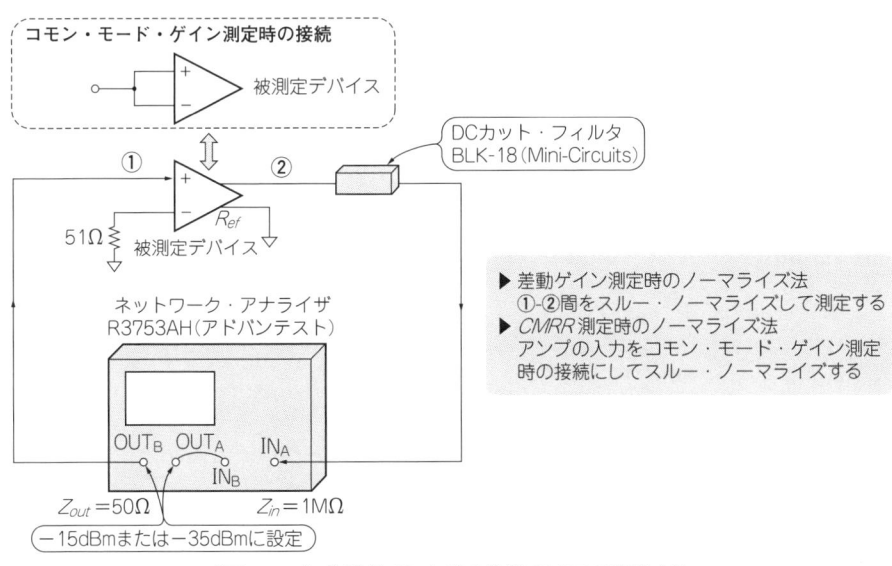

[図10-25] 差動ゲインと出力換算CMRRの測定方法

(a) AMP03GP（ゲイン設定0dB，電源電圧±15V）

(b) INA157U（電源電圧±15V）

(c) AD628AR（ゲイン設定0dB）

(d) LTC6800HMS8（ゲイン設定+20dB，電源電圧±2.5V）

(e) OPアンプAD8628で作ったインスツルメンテーション・アンプ（ゲイン設定+20dB，電源電圧±2.5V）

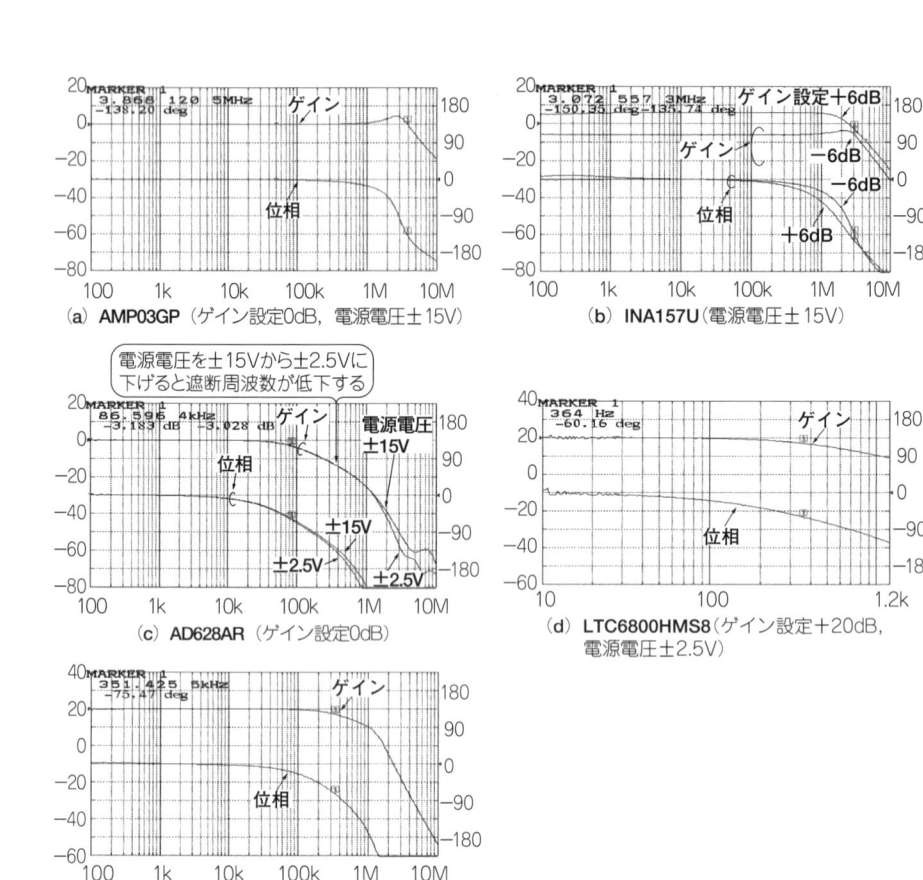

[図10-26] 写真10-2に示した市販ICの差動ゲイン周波数特性
左軸：ゲイン[dB]，右軸：位相[°]，横軸：周波数[Hz]

図10-26(d)から，しゃ断周波数が360Hzと低く，直流域でしか使えないことがわかります．ただしデータシートによれば，DC～数十HzのCMRRが116dBと大きく，オフセット電圧の温度ドリフトも±0.25μV/℃maxと小さい特徴をもつインスツルメンテーション・アンプです．

▶OPアンプで作ったインスツルメンテーション・アンプも実用的

高精度OPアンプ（AD8628）で作ったインスツルメンテーション・アンプの周波数特性を見ると，−3dBとなるしゃ断周波数は350kHzです．

OPアンプの電源電圧が±2.5Vと低く，入力電圧範囲が狭いのが欠点ですが，インスツルメンテーション・アンプとして十分使用に耐える特性です．

● 測定系の正規化の方法

　この測定方法には少し問題があります．被測定アンプを取りはずし，①-②間を接続してネットワーク・アナライザを正規化するスルー・ノーマライズ時と，被測定アンプを測定系に入れたときの入出力インピーダンスの条件が異なるからです．スルー・ノーマライズとは，伝送ラインの損失を0dBに正規化する作業です．

　スルー・ノーマライズ時の出力ポートのインピーダンスは50Ω，入力ポートのインピーダンスは1MΩですから，50Ωと1MΩの分圧比で信号レベルが減衰して表示されます．一方，測定時の分圧比は出力ポートの50Ωと被測定アンプの入力インピーダンスで決まります．

　ここでは，入力ポートのインピーダンスである1MΩも被測定アンプの入力インピーダンスも，出力ポートの50Ωに対して十分に大きいと考え，どちらの場合も分圧比は約1倍と考えました．インピーダンスの違いが周波数特性に与える誤差も無視することにして，図に示すとおり①と②間で正規化を行いました．

　図10-25のようにDCカット・フィルタを使った測定システムでは，インピーダンスの違いを無視して正規化すると，被測定アンプによっては1kHzより低周波側でDCカット・フィルタの影響が出ます．また，被測定アンプの出力インピーダンスがネットワーク・アナライザの出力ポートのインピーダンス50Ωと異なると，ネットワーク・アナライザの入力容量による高域通過特性の影響をキャンセルできなくなります．

■出力換算 $CMRR$

● 測定方法

　出力換算の $CMRR$ の測定回路は**図10-25**と同じです．

　ノーマライズは，コモン・モード・ゲインを測定する状態，つまり非反転端子と反転端子を接続して行います．ノーマライズが終わったら，差動ゲイン測定時の接続に戻します．データシートに記載のある $CMRR$ を測定したい場合は，**図10-25**による測定データ[dB]から差動ゲイン[dB]を減算します．

　ネットワーク・アナライザのダイナミック・レンジの関係から，80～90dB以下の領域だけ測定しました．

　LTC6800HMS8は $CMRR$ 特性が大きく，ネットワーク・アナライザの測定限界を越えるため測定しませんでした．このデバイスに関しては，スペクトラム・アナライザを利用して，出力に含まれる折り返し信号を観測しました．適当な低周波発振器がなかったため，ネットワーク・アナライザのスタート周波数とストップ周波

数を同一設定にして入力信号源として使いました．LTC6800HMS8の内蔵スイッチト・キャパシタは一種のサンプルド・データ・システムで，出力信号に折り返し成分が含まれているため，入力と出力にフィルタが必要です．

● 結果の分析

図10-27に結果を示します．低周波側で見られる特性のばたつきは，特性が測定限界に近づいているからです．

▶ INA157Uは1MHzでも60dB

各アンプの$CMRR$を比較すると，INA157Uは1MHzでも60dBという大きな$CMRR$を確保できています．

▶ OPアンプAD8628で作ったインスツルメンテーション・アンプの$CMRR$は良好

無調整なので期待しませんでしたが，AD628AR相当の性能が確保できました．

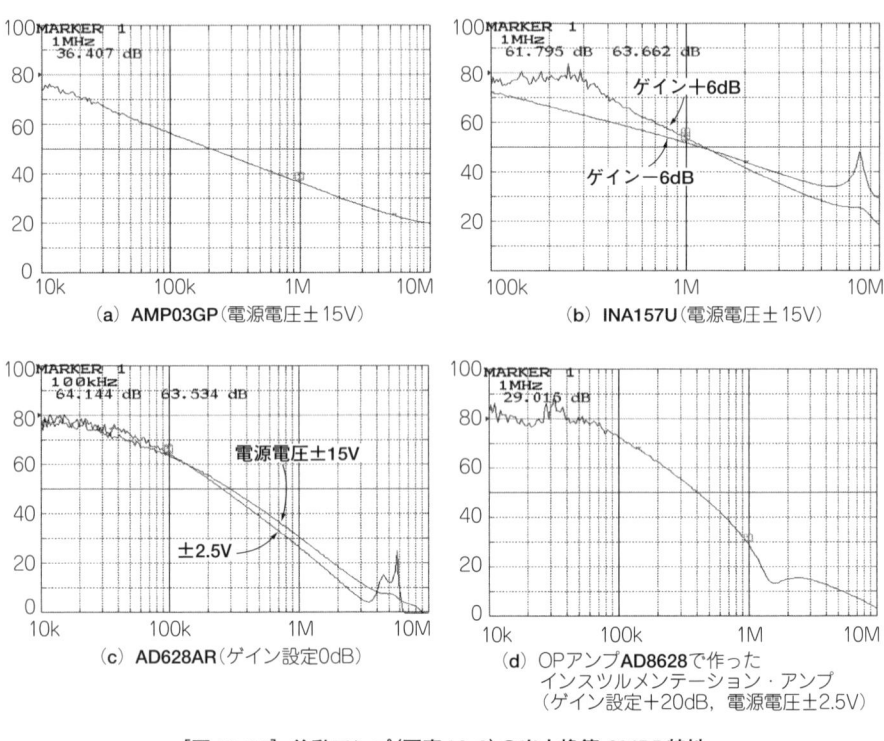

[図10-27] 差動アンプ(写真10-2)の出力換算$CMRR$特性
左軸：ゲイン[dB]，横軸：周波数[Hz]

(a) AMP03GP（電源電圧±15V）
(b) INA157U（電源電圧±15V）
(c) AD628AR（ゲイン設定0dB）
(d) OPアンプAD8628で作ったインスツルメンテーション・アンプ（ゲイン設定＋20dB，電源電圧±2.5V）

設計の古いAMP01より良い特性です．AD8628で差動バッファ・アンプを作り，INA157Uと組み合わせると良いインスツルメンテーション・アンプが作れそうです．

▶ LTC6800HMS8は入出力にフィルタが必要

LTC6800HMS8の出力信号には，次式で表される折り返し雑音が含まれています．

$$f_n = nf_S \pm f_a$$

ただし，n：整数（1，2，3…）

図10-28(a)に出力信号のスペクトルを示します．図10-28(c)に示すのは，信号源（ネットワーク・アナライザ）の周波数スペクトルです．この信号をLTC6800HMS8に入力しました．LTC6800HMS8のサンプリング周波数は約3.22kHzで，これらの成分が折り返しかどうかを確認するために，入力信号を400Hzにして同様の観測を行いました．図10-28(b)を見ると，2.82kHz（＝3.22kHz－0.4kHz）と3.62kHz

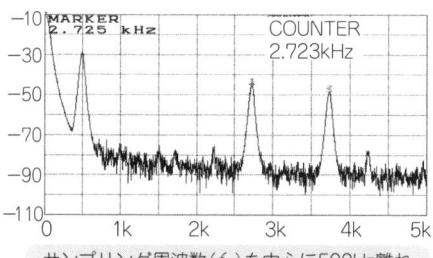

(a) 500Hzの信号を入力したときの出力周波数スペクトル

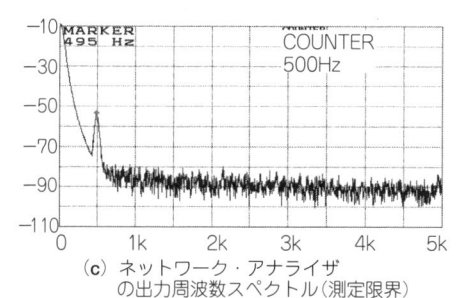

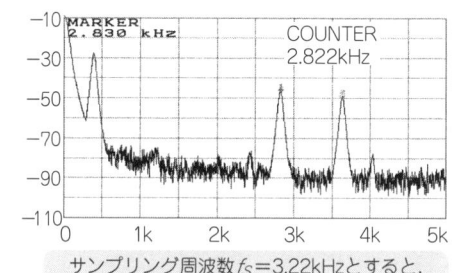

サンプリング周波数(f_S)を中心に500Hz離れた周波数に折り返し信号が生じる．2.72kHzと3.72kHzに折り返しが生じているので$f_S ≒ 3.22$kHzと考えられる

(b) 400Hzの信号を入力したときの出力周波数スペクトル

サンプリング周波数f_S＝3.22kHzとすると，f_S－400Hz＝2.82kHz f_S＋400Hz＝3.62kHz に折り返し信号が生じるはずである．観測結果から，2.82kHzと3.62kHzに折り返しが生じていることが確認できる

(c) ネットワーク・アナライザの出力周波数スペクトル（測定限界）

[図10-28] スイッチト・キャパシタ型インスツルメンテーション・アンプは折り返し雑音を出力する（RBW30Hz，VBW10Hz）

左軸：レベル[dB]，横軸：周波数[Hz]．LTC6800HMS8を使用．サンプリング周波数は約3.22kHzと判明した

10-5 評価すべき特性と結果の分析

(＝3.22kHz＋0.4kHz)に信号が生じています．これらが折り返しです．

折り返し成分は不要なので，**図10-24(b)** に示すようにフィードバック抵抗にコンデンサC_1を並列に接続して取り除きます．

入力にも1.5kHz以上の周波数成分をもつ信号が入力されないように，フィルタを設けます．この入力フィルタがないと，入力信号に含まれる1.5kHz以上の雑音がすべて1.5kHz帯域内に折り返して，ノイズ・フロアが上昇します．

■出力換算 *PSRR*

● *PSRR* とは

アンプは，無入力状態で電源電圧を変動させると，この影響で出力信号がわずかに変動します．*PSRR*は，電源電圧の変動をどのくらい除去できるかを表す特性で，電源電圧変動除去比とも呼びます．

*PSRR*が問題になるのは，雑音の大きい電源でICを動かす場合です．パスコンで取りきれない雑音がある場合は，出力に電源雑音が現れることを想定する必要があります．

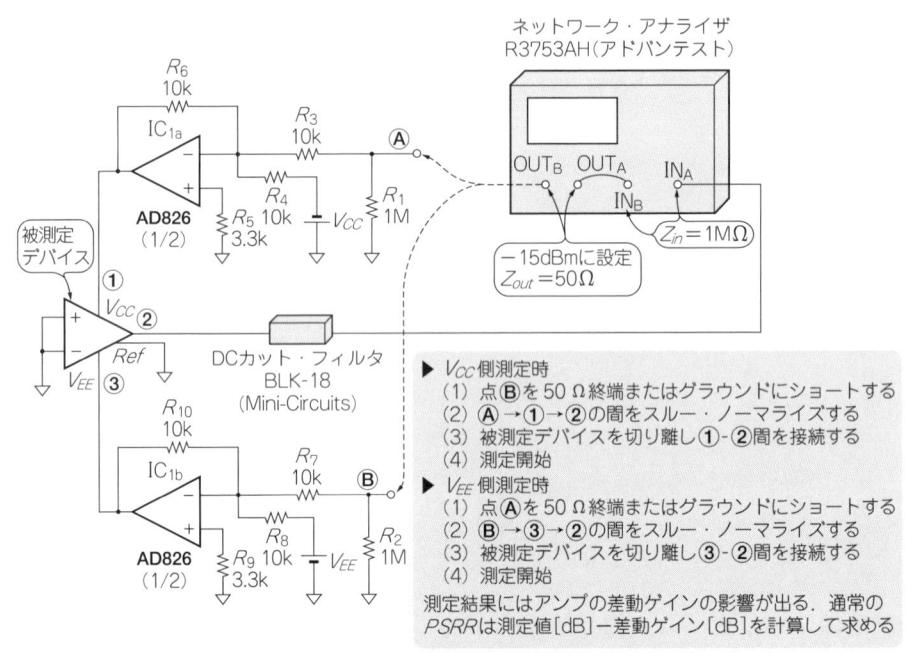

[図10-29] **出力換算*PSRR*の測定方法**

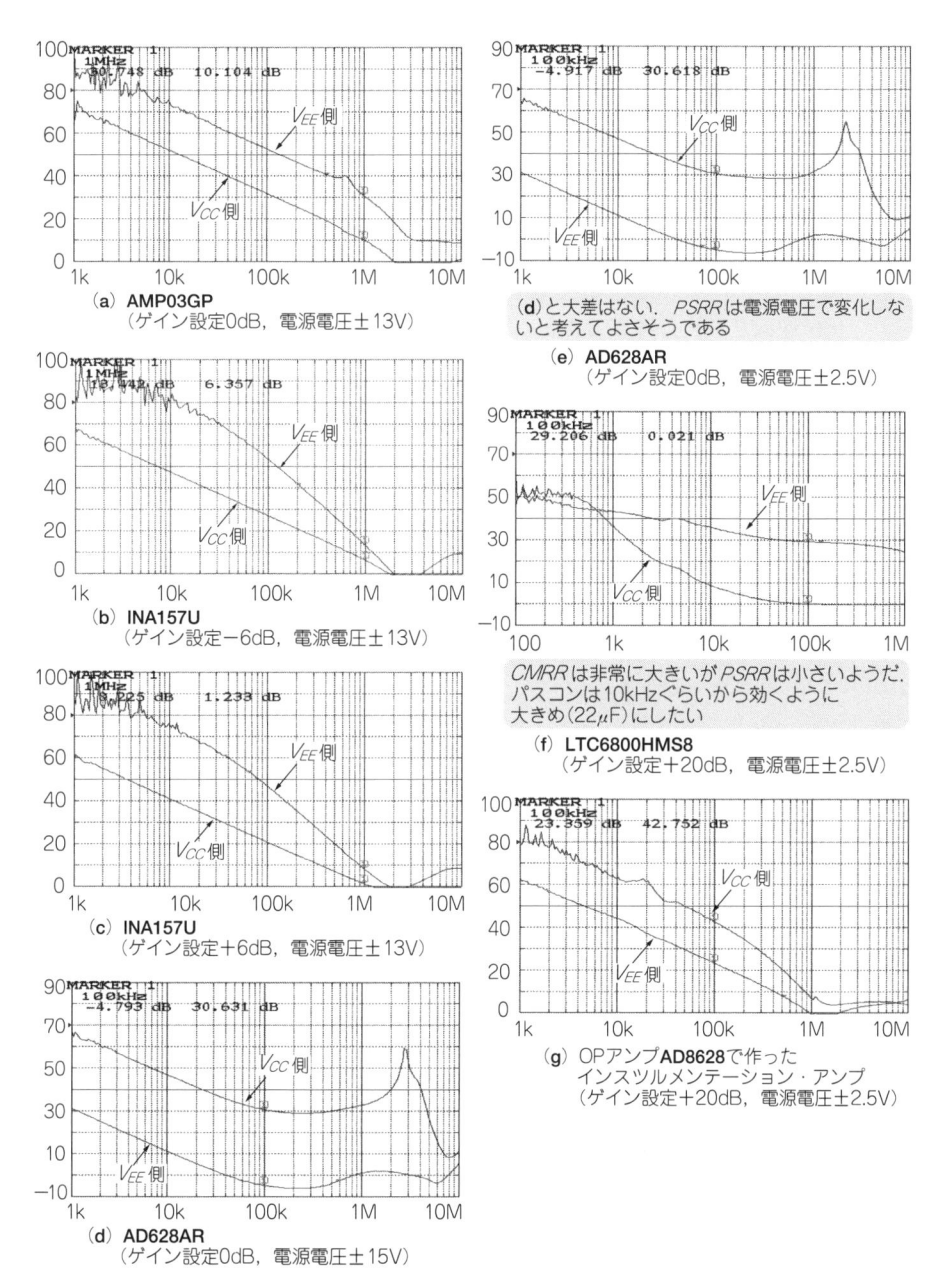

(a) AMP03GP
（ゲイン設定0dB，電源電圧±13V）

(b) INA157U
（ゲイン設定−6dB，電源電圧±13V）

(c) INA157U
（ゲイン設定+6dB，電源電圧±13V）

(d) AD628AR
（ゲイン設定0dB，電源電圧±15V）

(e) AD628AR
（ゲイン設定0dB，電源電圧±2.5V）

(d)と大差はない．PSRRは電源電圧で変化しないと考えてよさそうである

(f) LTC6800HMS8
（ゲイン設定+20dB，電源電圧±2.5V）

CMRRは非常に大きいがPSRRは小さいようだ．パスコンは10kHzぐらいから効くように大きめ(22μF)にしたい

(g) OPアンプAD8628で作ったインスツルメンテーション・アンプ
（ゲイン設定+20dB，電源電圧±2.5V）

[図10-30] 差動アンプ（写真10-2）の出力換算PSRR
左軸：ゲイン[dB]，横軸：周波数[Hz]

10-5 評価すべき特性と結果の分析 | 291

PSRRはCMRRと同様，アンプ入力段の差動アンプがどのくらい理想的な動作をするかに依存しており，CMRRと周波数特性がよく似ています．PSRR[dB]は，電源電圧変動(雑音)をΔV_S，そのときの入力オフセット電圧変化をΔV_{IO}とすると，以下のように定義できます．

$$PSRR = 20 \log\left(\frac{\Delta V_S}{\Delta V_{IO}}\right)$$

CMRRの場合と同じように，実際の回路で問題になるのは，入力オフセット電圧の変化が増幅され出力されることです．

● 測定方法

図10-29に測定回路を示します．

OPアンプによる加算回路で電源電圧を変動させます．加算回路の周波数特性は，スルー・ノーマライズによって正規化します．加算回路の周波数特性が測定周波数帯域よりあまりに狭いのは問題です．約10MHzの帯域が確保できるように手持ちのOPアンプの中からAD826を選びました．被測定アンプの消費電流が大きい場合は，AD826のフィードバック・ループの内側に電流増強用のバッファ・アンプ(BUF634など)を追加します．

電源電圧±15Vで動かすべきアンプもありますが，AD826の出力電圧範囲の制限があるため，PSRR特性の測定に限って電源±13Vを加えました．図10-29の測定回路は，耐圧の高いOPアンプとバッファ・アンプを使って改良することも可能です．

● 結果の分析

図10-30に示します．PSRR[dB]は，この測定データから差動ゲイン[dB]を減算した値です．パスコンのない状態で測定したため，電源ラインのプリント・パターンの影響を含んでいます．

▶差動アンプ＋非反転アンプ構成は出力換算PSRRが悪い

AD628ARのように，差動アンプと非反転アンプを組み合わせたデバイスの出力換算PSRRは，単体の差動アンプと比較して良くありません．これは後段の非反転アンプが，前段の差動アンプのPSRRの悪化分を増幅するからです．改善するには，アンプの近くに数十μFのパスコンを入れると効果があります．AMP01やLTC6800HMS8もPSRR特性は期待できないため，適切なパスコンを入れなければなりません．

第11章

【成功のかぎ11】
アイソレーション・デバイスの使い方と評価法
高圧回路でも安全で，安心して測定できる

電圧の高い回路を評価する際，プローブの接続を間違えると大きな電流が流れて高価な測定器を壊してしまいます．実験中に誤って高圧回路に触れると，筋肉が収縮して手を放すことができなくなり命を落とすことさえあります．

高圧回路と測定器や他の回路を安全にインターフェースするには，入力と出力を絶縁して信号を伝達するアイソレーション・デバイスが有効です．雑音低減に有効なディジタル回路とアナログ回路のグラウンドの分離にも利用できます．

11-1　　どのような2点間も安全に計測

● 測定器が壊れて感電する!?

電源回路の突入電流を測るときは，電流によって生じる磁束を電圧に変換するカレント・プローブを使います．実験室にパッシブ・プローブしかないときは，被測定回路と直列に抵抗を挿入してその両端の電圧を測定します(図11-1)．

このとき，オシロスコープの3ピンACプラグの接地ピンを実験サイトの電源コンセントに挿入すると，オシロスコープのグラウンドにつながる筐体が接地されます．もし，装置の回路のグラウンドもACコンセントを通じて接地されていると，装置の電源(V_{CC})→0.1Ω→パッシブ・プローブ→オシロスコープ→大地という経路で大きな電流が流れます．

通常は，3ピン→2ピン変換プラグを使って，3ピンのACプラグのグラウンドを絶縁します．すると，オシロスコープの筐体の電位は大地と無関係(フローティング状態)になります．この状態で，パッシブ・プローブのグラウンドを点Ⓐに接続すると，オシロスコープの筐体がV_{CC}と同電位になるため，オシロスコープの筐体と装置の両方に同時に触れると感電します．V_{CC}が高圧の場合は危険です．

[表11-1] 実際のアイソレーション・デバイス(写真11-1)とその仕様

型名	絶縁電圧(連続) [V_{RMS}]	IMRR@60Hz [dB]	絶縁回路 容量 [pF]	絶縁回路 抵抗 [Ω]	直線性 [%]	出力電圧範囲 [V]	上限周波数 [kHz]	スルー・レート [V/μs]
AD210BN	2500	120(ゲイン100)	5	5×10^9	最大±0.012	±10	20	1

(a) アイソレーション・アンプIC

型名	伝達ゲイン	アプリケーション回路 IMRR@60Hz [dB] 標準	絶縁回路 容量[pF]	絶縁回路 抵抗[Ω]	直線性 [%] 標準	直線性 [%] 最小	入力フォト・ダイオード電流伝達比 IP_D/I_F [%]	アプリケーション回路帯域 [kHz] 標準
HCNR201	1.00	95	0.6	1×10^{12}	0.01	0.25	0.48	1500

(b) リニア・フォト・カプラ

型名	最小パルス幅 [V]	伝搬遅延時間 [ns] 標準	伝搬遅延時間 [ns] 最大	パルス幅ひずみ [ns] 標準	パルス幅ひずみ [ns] 最大	立ち上がり/立ち下がり時間 [ns] 標準	立ち上がり/立ち下がり時間 [ns] 最大	動作電圧 [V]	メーカ名	備考
ADuM1100BR	10_{max}	10.5	18	0.5	2	3	—	3.0〜5.5	アナログ・デバイセズ	5V動作時
	20_{max}	15	28	0.5	3	3	—	3.0〜5.5		3.3V動作時
IL715	10_{max}	10	15	2	3	1	3	3.0〜5.5	NVE	5V動作時
	10_{max}	12	18	2	3	2	4	3.0〜5.5		3.3V動作時

(c) ディジタル・アイソレータ

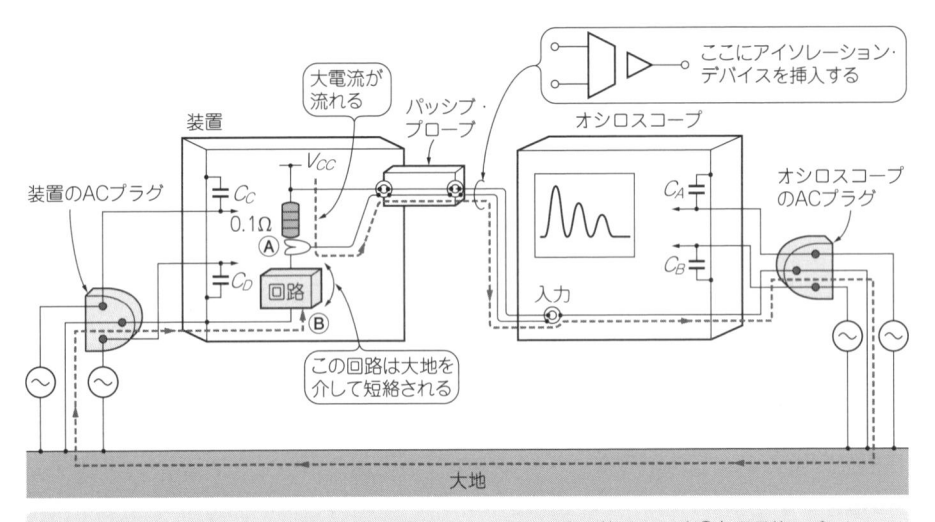

オシロスコープ→装置→大地を含む大きな経路でショート(短絡)が起きる.点Bと同電位のパッシブ・プローブのグラウンドを点Aに接続すると,V_{CC}→0.1Ω→プローブ→オシロスコープ→大地というルートで大電流が流れて,オシロスコープやプローブが焼損することがある

[図11-1] 安易に電源ラインの突入電流をオシロスコープで測定すると感電したり測定器が壊れる

動作電圧 [V]	動作電流 [mA]	メーカ名
15	50	アナログ・デバイセズ

LED帯域(−3dB) [MHz]		メーカ名
標準		
9		アジレント・テクノロジー

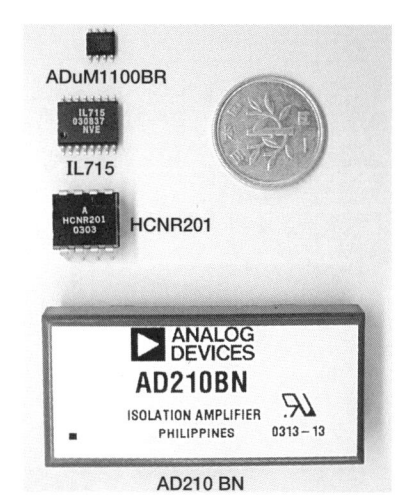

[写真11-1] 実際のアイソレーション・デバイス

● アイソレーション・デバイスで絶縁する

　筐体を大地と完全に(交流的にも直流的にも)絶縁することは困難です．というのは，通常機器のACラインには，コモン・モード・ノイズ対策用のコンデンサ(C_A, C_B)が入っており，これによって筐体は交流的にACラインとつながるからです．図11-1の装置が接地されていると，パッシブ・プローブのグラウンドを点Ⓐにつながなくても，これらのコンデンサを通して人体に電流が流れる恐れがあります．

　図11-1に示すように，パッシブ・プローブとオシロスコープの間に，アイソレーション・アンプを挿入すれば，入力側と出力側のグラウンドは電気的に分離され，測定器の破壊や感電の心配が減ります．

11-2　アイソレーション・アンプの使い方と評価法

　写真11-1に示すのは，実際のアイソレーション・デバイスです．
　アイソレーション・デバイスには，
　　(1) アナログ信号を伝達するアイソレーション・アンプ
　　(2) ディジタル信号を伝達するディジタル・アイソレータ
の2種類があります．
　表11-1に主な特性を，図11-2にピン接続を示します．

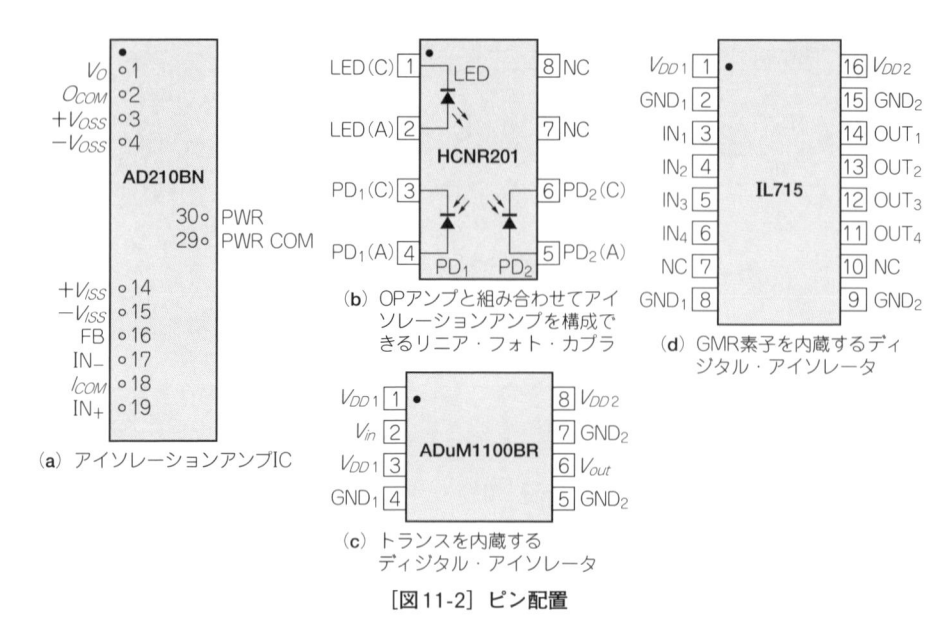

(a) アイソレーションアンプIC

(b) OPアンプと組み合わせてアイソレーションアンプを構成できるリニア・フォト・カプラ

(c) トランスを内蔵するディジタル・アイソレータ

(d) GMR素子を内蔵するディジタル・アイソレータ

[図11-2] ピン配置

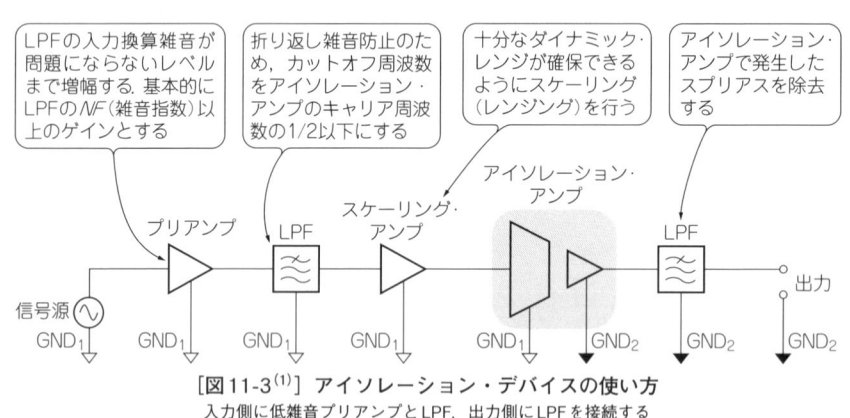

LPFの入力換算雑音が問題にならないレベルまで増幅する. 基本的にLPFのNF(雑音指数)以上のゲインとする

折り返し雑音防止のため，カットオフ周波数をアイソレーション・アンプのキャリア周波数の1/2以下にする

十分なダイナミック・レンジが確保できるようにスケーリング(レンジング)を行う

アイソレーション・アンプで発生したスプリアスを除去する

[図11-3$^{(1)}$] アイソレーション・デバイスの使い方
入力側に低雑音プリアンプとLPF，出力側にLPFを接続する

■使い方

● 入力側に低雑音プリアンプとLPF，出力側にLPF

図11-3にアイソレーション・アンプ周辺の回路を示します．

アイソレーション・アンプの多くは入力換算雑音電圧が小さくないので，微小信号は低雑音プリアンプで増幅してから入力します．

内部で発振回路が動作しているものも多く，このタイプはキャリア信号成分が出

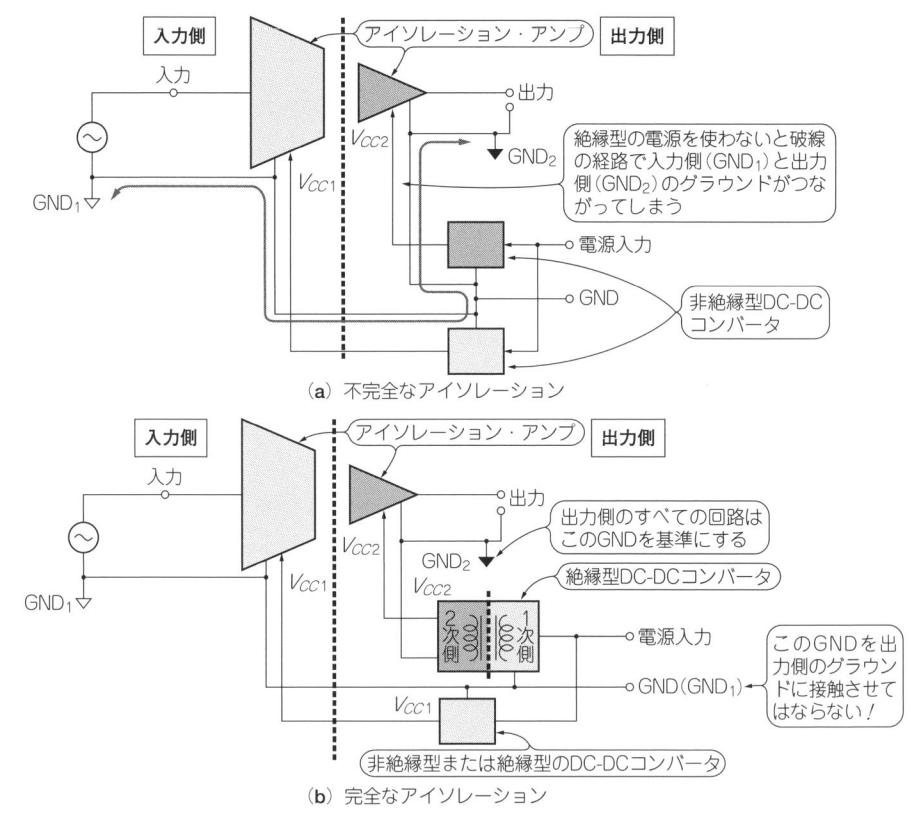

[図11-4] 電源も絶縁しなければアイソレーション・デバイスを使う意味がない

(a) 不完全なアイソレーション

(b) 完全なアイソレーション

力に漏れます．この雑音はLPFを出力に付けて除去します．また，キャリア信号よりも高い周波数の信号が入力されると折り返し雑音を出力するため，入力側にもLPFが必要です．

● 電源も絶縁して初めて絶縁される

　アイソレーション・アンプは，入力側と出力側に個別の電源を供給します．**図11-4(a)** に示すように，1次側と2次側が絶縁されていないDC-DCコンバータを使うと，入力側と出力側のグラウンドが電源部でつながり，アイソレーション・アンプを使っても1次側と2次側は絶縁されません．

　アイソレーション・アンプの電源には絶縁型を使って，入力側と出力側のグラウンドを完全に分離しなければなりません．**図11-4(b)** に示すように，入力側また

11-2　アイソレーション・アンプの使い方と評価法　**297**

は出力側の少なくとも一方の電源は絶縁型とします．

絶縁度をより強化したいときは，両方とも絶縁型にします．片方の電源に絶縁型を使う場合は，絶縁されてない電源側のグラウンドの配線を絶縁した側のグラウンド配線に近づけないようにします．グラウンド間の浮遊容量が絶縁度を悪化させるからです．

■シンプルなモジュール・タイプ

● 入力信号を変調してトランスで絶縁伝送

図11-5にAD210BNの内部構成を示します．内蔵のトランスで絶縁を実現しています．

周波数の高い交流信号(キャリア)を入力信号で変調し，その変調波をトランスの入力側の巻き線に供給します．出力側の巻き線には，電磁誘導によって入力側と同じ変調波が現れるので，これを検波回路で元の信号に復調します．

変調用の搬送波周波数は約50kHzですから，25kHz以上の信号が入力されないようにLPFを前置します．

● 専用電源要らず

AD210BNの入力側と出力側の信号伝達用の回路は，トランスを介して絶縁されています．AD210BNの電源入力ピンは一つしかなく，ここに+15Vを入力します．これは，入力側と出力側の回路用に，グラウンドも絶縁された完全に独立した二つの電源回路を内蔵しているからです．

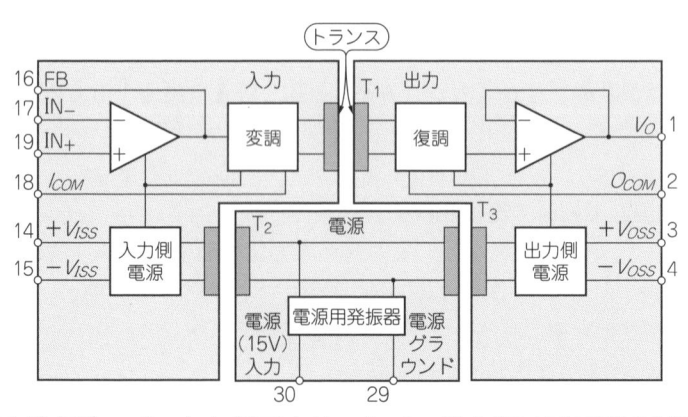

[図11-5] モジュール・タイプのアイソレーション・デバイス AD210BNの内部回路
入力信号を変調しトランスで出力側に伝達する．絶縁電源も内蔵している

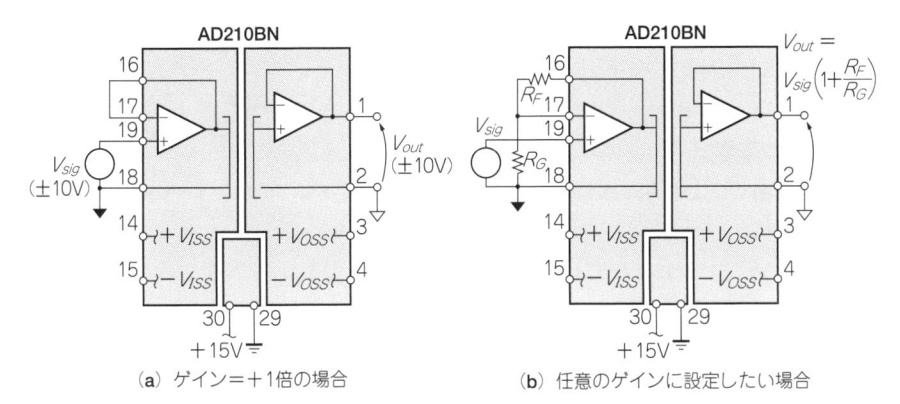

(a) ゲイン＝＋1倍の場合
(b) 任意のゲインに設定したい場合

[図11-6] AD210BNの使い方
OPアンプのようにゲインを設定できる

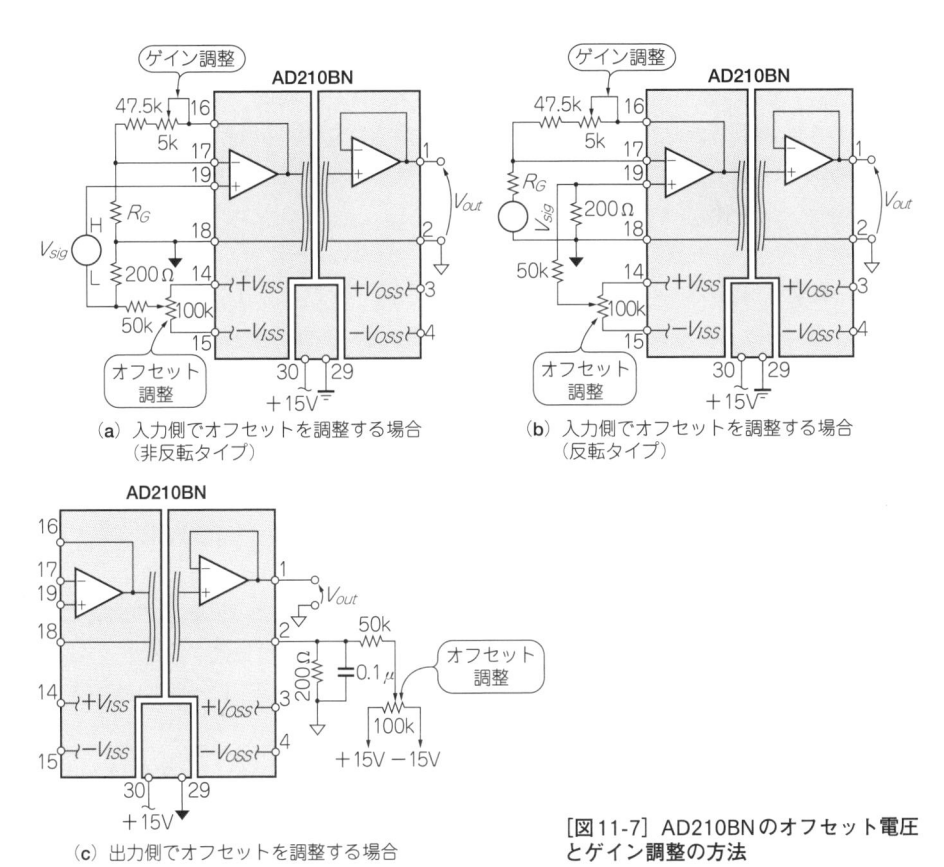

(a) 入力側でオフセットを調整する場合（非反転タイプ）
(b) 入力側でオフセットを調整する場合（反転タイプ）

(c) 出力側でオフセットを調整する場合

[図11-7] AD210BNのオフセット電圧とゲイン調整の方法

11-2 アイソレーション・アンプの使い方と評価法

14番ピンと15番ピンからは入力側電源回路の電圧が，3番ピンと4番ピンからは出力側電源回路の電圧が出力されます．

● 使い方の基本

図11-6(a)にAD210BNの使い方を示します．ゲインを変化させる場合は図(b)のように接続します．

図11-7に示すのは，オフセット電圧とゲインを調整する方法です．非反転増幅でオフセット電圧を調整したい場合は，入力信号に直流電圧を加えます［図11-7(a)］．反転増幅の場合は図11-7(b)のように接続して，非反転入力にオフセット電圧を加えます．

図11-7(c)に示すのは，出力側でオフセット電圧を調整する方法です．出力側の基準電位(2番ピン)の電圧を調整します．

■低雑音・広帯域タイプ

図11-8に示すのは，リニア・フォト・カプラHCNR201とOPアンプを組み合わせて作るアイソレーション・アンプ(写真11-2)です．稿末の文献[1]を参考にしてフォト・カプラの動作点を少し変更しました．

● 動作概要

図11-8に示すIC_1周辺の回路はV-I変換回路として，IC_2周辺の回路はI-V変換回路として動作します．IC_2の反転入力端子に接続されているフォト・ダイオード(5-6ピン)には，入力側のフォト・ダイオード(3-4ピン)と大きさのほぼ等しい電流が流れます．この電流を，IC_2と$R_{10} + R_{11} + R_{12}$で構成されたI-V変換回路で電圧に変換し出力を得ています．

● フォト・ダイオードの直線性が良い領域を使う

3-4ピン間と5-6ピン間のフォト・ダイオードに流す電流は，直線性が悪くならない範囲に設定する必要があります．

図11-9(a)に示すのは，HCNR201の入力電流と2次側電流/1次側電流(トランスファ・ゲイン)の関係です．入力電流が$5\mu A$以下になると，トランスファ・ゲインが減少するので，入力電流を$10\mu A$以上にします．図11-9(b)に示すのは入出力電流のリニアリティです．グラフに表示されている最大入力電流は$50\mu A$なので，フォト・ダイオードに流す電流の最大値は$50\mu A$に決めます．

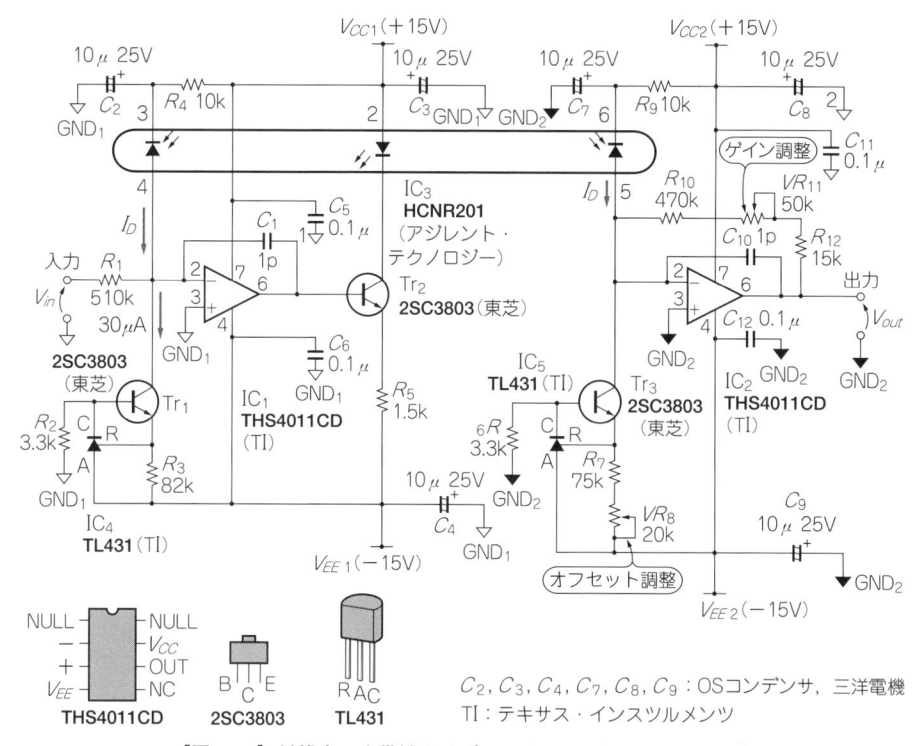

[図11-8] 低雑音・広帯域タイプのアイソレーション・アンプ

[写真11-2] リニア・フォト・カプラHCNR201で作った低雑音・広帯域タイプのアイソレーション・アンプ

11-2 アイソレーション・アンプの使い方と評価法 | 301

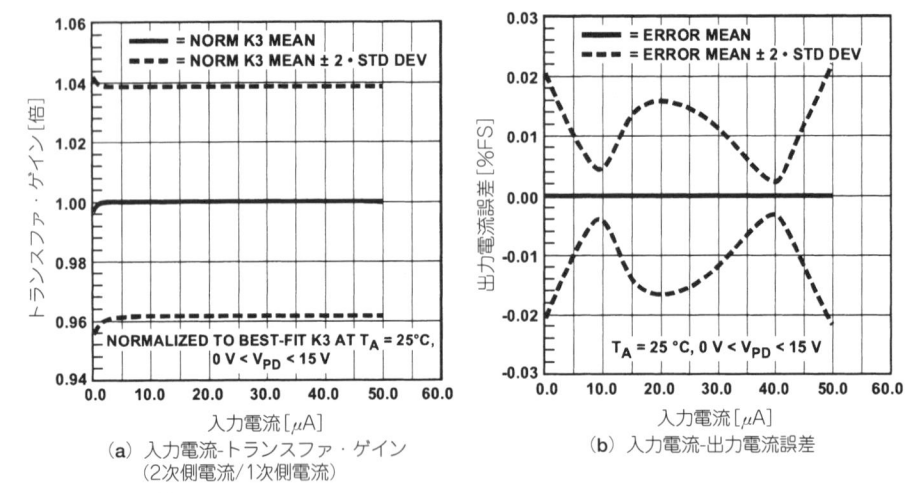

[図11-9(4)] リニア・フォト・カプラはフォト・ダイオードの直線性の良い領域を使う
入力電流は10μA以上で使う．最大入力電流は50μA

(a) 入力電流-トランスファ・ゲイン
(2次側電流/1次側電流)

(b) 入力電流-出力電流誤差

● 1次側(入力)回路の動作

IC_4はバンドギャップ・リファレンスICです．IC_4，Tr_1，R_2，R_3が構成する定電流回路の出力電流I_{out}は次のとおりです．

$$I_{out} = \frac{2.5\text{V}}{82\text{k}\Omega} = 30\mu\text{A}$$

アイソレーション・アンプの入力電圧V_{in}が10Vのとき，R_1 (510kΩ)に流れる電流は次のようになります．

$$I_{R1} = \frac{10\text{V}}{510\text{k}\Omega} \fallingdotseq 20\mu\text{A}$$

キルヒホッフの電流則から，フォト・ダイオードに流れる電流I_Dは次のようになります．

$$I_D = 30\mu\text{A} - 20\mu\text{A} = 10\mu\text{A}$$

入力電圧V_{in}が-10Vになると，R_1には-20μA流れるのでI_Dは，

$$I_D = 30\mu\text{A} - (-20\mu\text{A}) = 50\mu\text{A}$$

に変化します．

つまり，入力電圧が+10～-10Vに変化すると，フォト・ダイオードに流れる電流は10μ～50μAに変化します．この電流変化範囲は，前述の検討のとおりリニアリティの良い領域です．

IC_1 の出力にトランジスタ Tr_2 を接続して1-2ピン間のLEDを駆動しています．R_5 を $1.5k\Omega$ にすると，IC_1 の出力が0Vのとき LED には次に示す電流 I_{LED} が流れます．

$$I_{LED} = \frac{-0.6V - (-15V)}{1.5k\Omega} \risingdotseq 10mA$$

ただし，Tr_2 のベース-エミッタ間電圧を0.6Vとする

● 2次側(出力)回路の動作

　IC_5 は IC_4 と同じバンドギャップ・リファレンスICです．IC_5，Tr_3，R_6，R_7，R_8 で構成された回路は，入力側の IC_4 周辺回路と同じく約 $30\mu A$ の定電流回路です．入力側の回路と異なるのは，R_7 に半固定抵抗 VR_8 を組み合わせることで電流値を調整できる点です．この電流値を変えることで，出力オフセット電圧を調整することができます．

　出力側のフォト・ダイオード(5-6ピン間)には，入力側のフォト・ダイオード(3-4ピン間)とほぼ等しい電流が流れるため，IC_2 と $R_{10} + R_{11} + R_{12}$ で構成された I-V 変換回路への入力電流は，キルヒホッフの電流則から $-20\mu A \, (=10\mu A - 30\mu A) \sim 20\mu A \, (=50\mu A - 30\mu A)$ に変化します．

　出力側フォト・ダイオードに流れる電流が $-20\mu A$ のときの出力電圧 V_{out} は，次のとおりです．

$$V_{out} = -500k\Omega \, (R_{10} + R_{11} + R_{12}) \times -20\mu A = 10V$$

$+20\mu A$ のときは $-10V$ です．入力電圧が $+10V$ から $-10V$ に変化すると，出力電圧も $+10V$ から $-10V$ に変化します．出力側のゲインは半固定抵抗 VR_{11} で調整できます．

■評価すべき特性と結果の分析

● 周波数特性

▶評価法

　図11-10にゲインと位相の周波数特性の評価方法を示します．

　測定前に，ケーブルの周波数特性が測定結果に影響しないように，ネットワーク・アナライザの入出力をスルー・コネクタで接続してノーマライズします．

▶ AD210BN

　図11-11に結果を示します．-3dBカットオフ周波数は26kHzで，ピークが見られます．80kHz付近に出ているキャリア信号は，カットオフ周波数 20kHz程度

の2次バターワースLPFを追加して除去します．

▶ HCNR201を使ったアイソレーション・アンプ

図11-12に，位相補償用のコンデンサ C_{10}（図11-8）がある場合とない場合の結果を示します．C_{10}がないと－3dBカットオフ周波数は1MHz以上まで伸びますが，素直な周波数特性ではありません．

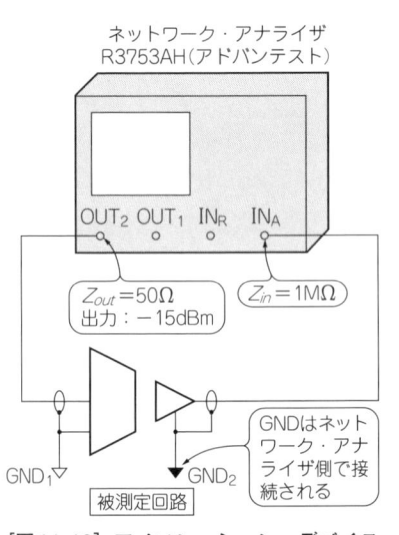

[図11-10] アイソレーション・デバイスの周波数特性の測定法

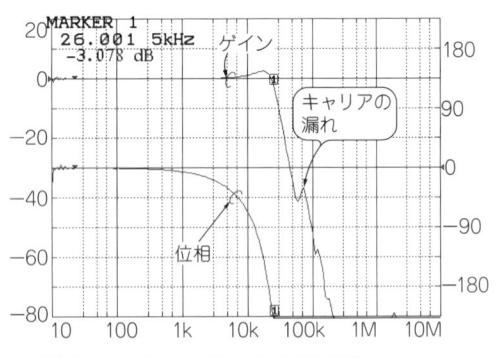

[図11-11] AD210BNの周波数特性
80kHz付近にキャリア信号が出ている．カットオフ周波数20kHzのLPFが出力に必要．左軸：ゲイン[dB]，右軸：位相[°]，横軸：周波数[Hz]

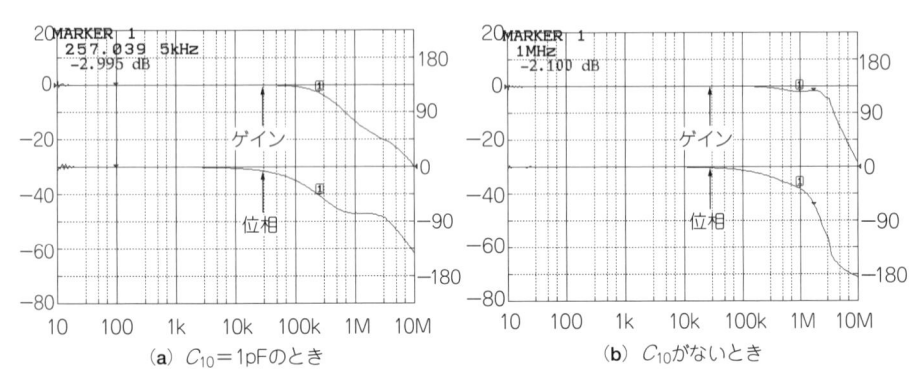

(a) C_{10}＝1pFのとき

(b) C_{10}がないとき

[図11-12] HCNR201使用のアイソレーション・アンプの周波数特性
左軸：ゲイン[dB]，右軸：位相[°]，横軸：周波数[Hz]

● 誤差電圧

　アイソレーション・アンプに求められる役割は，回路Aと回路Bを絶縁することですから，出力信号は入力信号に相似であることが期待されます．そこで**図11-13**に示す方法で入力信号と出力信号の誤差電圧を測定します．

▶測定法

　高精度なディジタル・マルチメータを使って入出力間の電圧差を測定します．得られる測定値には，次に示す誤差が含まれています．

- ゲイン誤差
- オフセット誤差
- 非線形誤差

▶AD210BN

　図11-14に結果を示します．$20V_{P-P}$を入力すると約$10mV_{P-P}$変動します．

　上記の三つの誤差(ゲイン誤差，オフセット誤差，非線形誤差)を含んだ値なので，

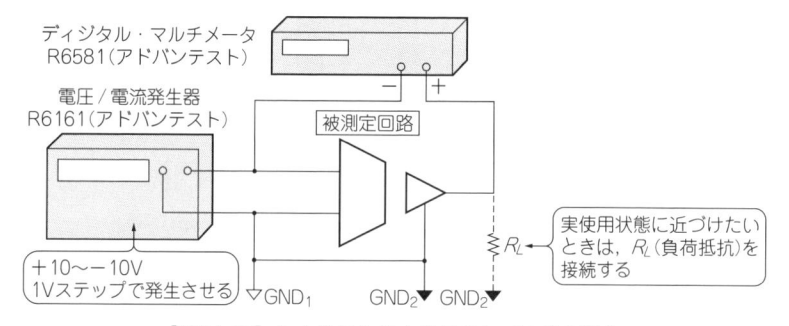

[図11-13] 入力信号と出力信号のレベル差の測定

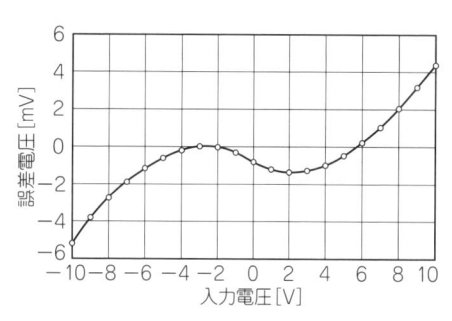

[図11-14] AD210BNの入力信号と出力信号のレベル差(誤差電圧)

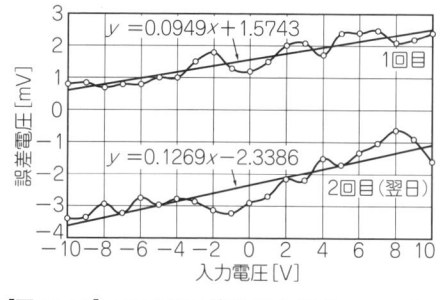

[図11-15] HCNR201使用のアイソレーション・アンプの誤差電圧
誤差よりドリフトのほうが大きく，正確に測定できなかった

$y = 0.0949x + 1.5743$ (1回目)
$y = 0.1269x - 2.3386$ (2回目(翌日))

11-2 アイソレーション・アンプの使い方と評価法

データシートに記載されている非線形誤差より大きくなっています．
　実使用時に問題になるのは，上記の三つをすべて含んだ誤差電圧です．
▶HCNR201使用のアイソレーション・アンプ
　実験結果を図11-15に示します．日を改めて測定すると，オフセット電圧が変わっていました．変化の傾きは変化していません．図11-8の回路はドリフト性能を改善しなければなりません．

● パルス応答
　内部発振回路で入力信号を変調しているタイプのアイソレーション・アンプは，一般に高速信号に対する追従性が良くありません．パルス波形が入力された場合の出力波形を観測して，高速信号に対する応答や波形を確認します．パルス応答はアイソレーション・アンプに限らず，一般のアンプでも測定します．
▶測定法
　パルス応答の測定方法を図11-16に示します．パルス信号発生器を使用し，低容量型のプローブとオシロスコープを使って波形を観測します．オシロスコープの入力インピーダンスは50Ωに設定します．プローブを接続すると，回路に1kΩ//1.5pFの負荷を接続したことになります．
▶AD210BN
　図11-17にパルス応答を示します．入力信号の周波数は1kHzです．
　図(a)は振幅の小さい方形波($2V_{P-P}$)に対する応答です．約0.6Vのオーバーシュートとアンダーシュートが生じています．図(b)は，振幅の大きい($20V_{P-P}$)の方形

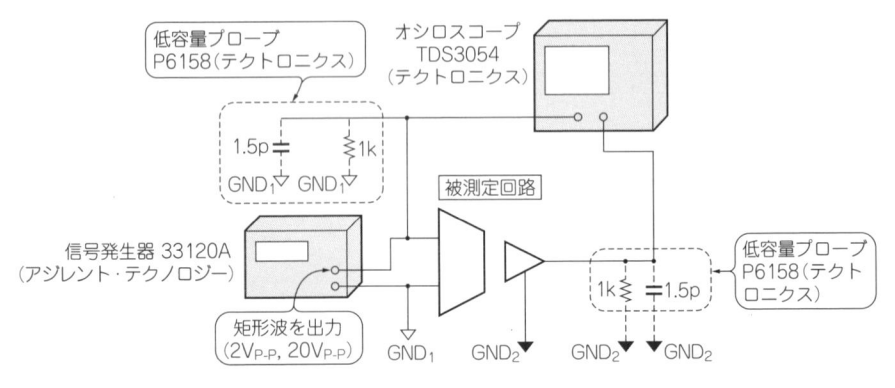

［図11-16］パルス応答の測定方法

(a) 1kHz，2V_{p-p}を入力（1V/div）

(b) 1kHz，20V_{p-p}を入力（10V/div）

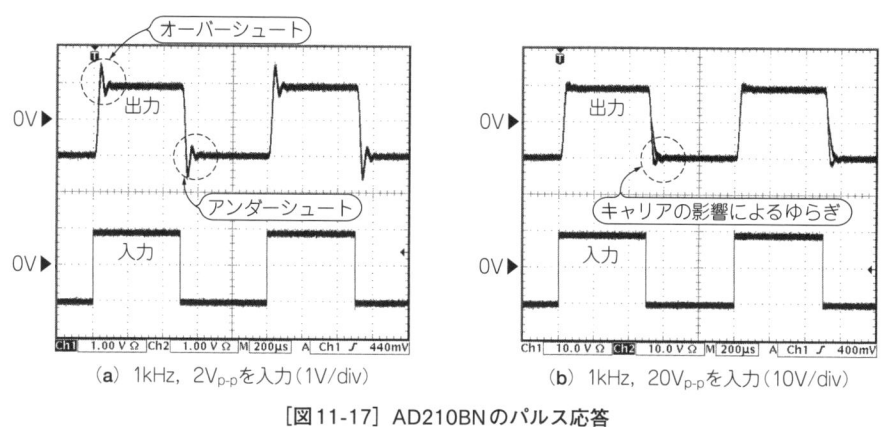

[図11-17] AD210BNのパルス応答

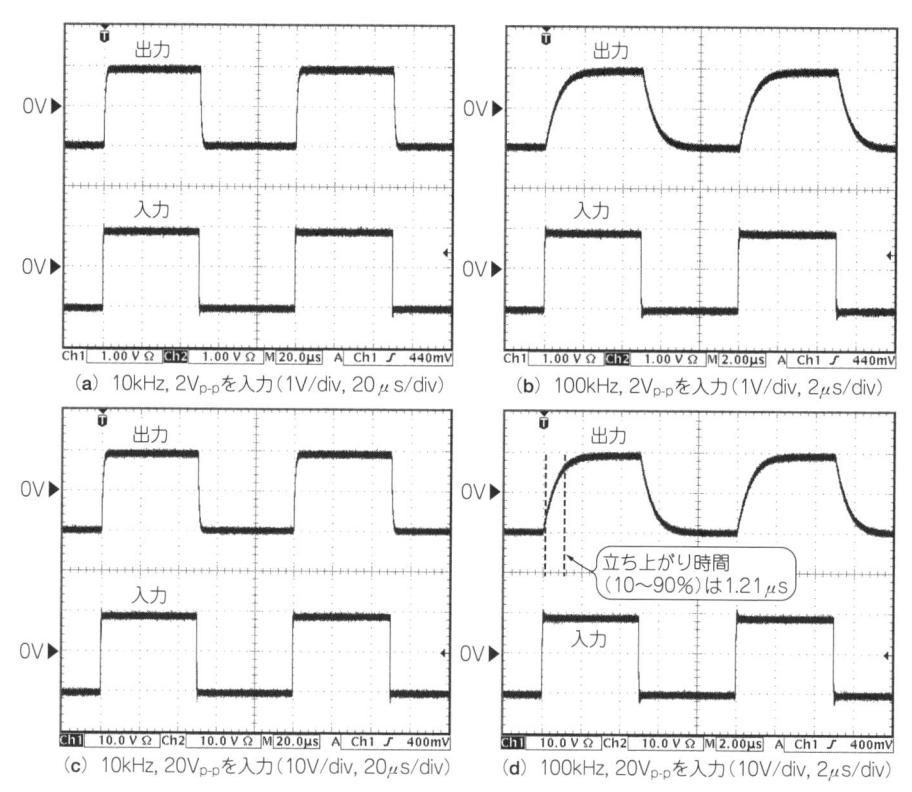

(a) 10kHz，2V_{p-p}を入力（1V/div，20μs/div）

(b) 100kHz，2V_{p-p}を入力（1V/div，2μs/div）

(c) 10kHz，20V_{p-p}を入力（10V/div，20μs/div）

(d) 100kHz，20V_{p-p}を入力（10V/div，2μs/div）

立ち上がり時間（10～90％）は1.21μs

[図11-18] HCNR201使用のアイソレーション・アンプのパルス応答

11-2 アイソレーション・アンプの使い方と評価法

波に対する応答です．キャリア信号の影響で立ち下がり時にジッタのようなゆらぎが生じています．

▶ HCNR201使用のアイソレーション・アンプ

図11-18に結果を示します．

小振幅応答[図(a), (b)]は，オーバーシュートもアンダーシュートもない，きれいな波形です．周波数特性にピークがなければ(図11-12)，素直なパルス応答が得られます．図(c)と(d)は大振幅応答です．入力信号のレベルや周波数を上げても，素直な応答を示します．

● *IMRR* の評価も必要

アイソレーション・アンプを評価するときは，*IMRR*(Isolation Mode Rejection Ratio)も測定する必要があります．

*IMRR*は，アイソレーションされた二つのグラウンド間に加わった電位差と入力電圧との比です(図11-19)．理想的なアイソレーション・アンプであれば，二つのグラウンド間の電位差は2次側には出力されません．実際には，*IMRR*だけ減衰された電圧がノーマル・モード・ゲイン倍されて出力されます．

感電防止が重要な回路では，商用電源周波数(50～60Hz)における性能が重視されます．一般的なアイソレーション・アンプの*IMRR*は50～60Hzで100dB以上あり，問題になることはまれです．*IMRR*を測定するには，数十kHzで120dB以上のダイナミック・レンジをもつ測定系が必要です．周波数特性分析器FRA(エヌエフ回路設計ブロック)を使えば測定できます．

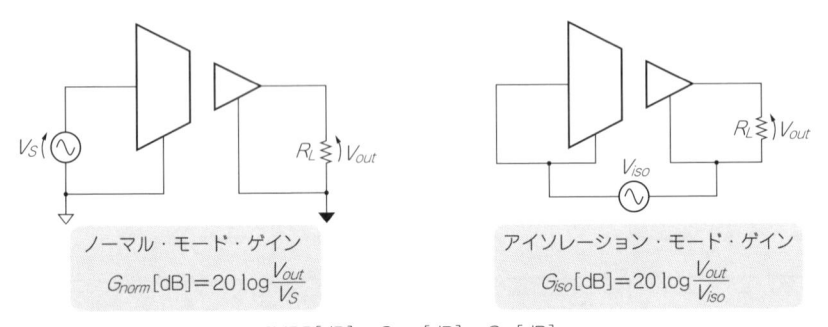

ノーマル・モード・ゲイン
$G_{norm}[\text{dB}] = 20 \log \dfrac{V_{out}}{V_S}$

アイソレーション・モード・ゲイン
$G_{iso}[\text{dB}] = 20 \log \dfrac{V_{out}}{V_{iso}}$

$$IMRR[\text{dB}] = G_{norm}[\text{dB}] - G_{iso}[\text{dB}]$$

(a) ノーマル・モード・ゲインの測定　　(b) アイソレーション・モード・ゲインの測定

[図11-19] 二つのグラウンド間に加わる電位差と入力電圧との比(*IMRR*)の測定も重要

11-3 ディジタル・アイソレータの使い方と評価法

● ディジタル・グラウンドとアナログ・グラウンドはどこでつないだらよいのか？

図11-20に示すのは，アナログとディジタルが混載したSoCデバイスの評価システムです．SoCデバイスにパルス・パターンを加え，そのアナログ出力信号をアンプで増幅してA-D変換します．変換データはFPGAに取り込み，高速処理した結果をメモリに蓄えます．

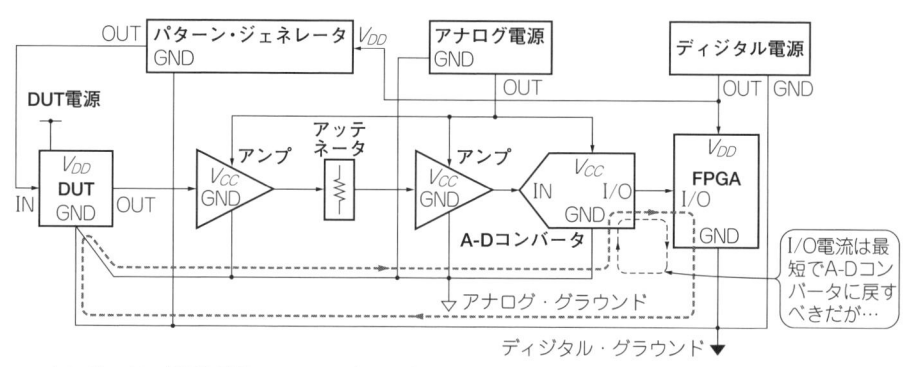

(a) グラウンド設計例①…A-DコンバータのI/O信号の電流がアナログ回路のグラウンドを揺さぶる

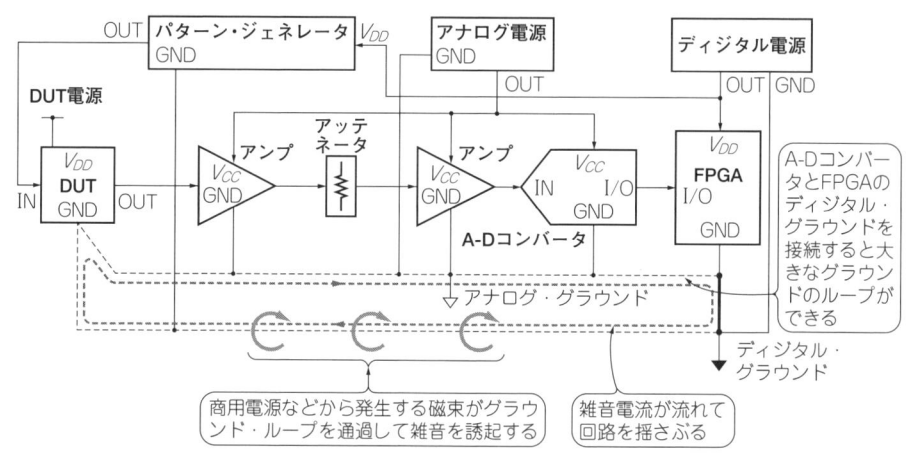

(b) グラウンド設計例②…面積の大きいグラウンド・ループができて誘導雑音が発生しやすい

[図11-20] アナログとディジタルの二つのグラウンドが混在する測定システムでは，どこで1点アースしても雑音に悩まされる

注目してほしいのはグラウンドです．パターン・ジェネレータのグラウンドはディジタル・グラウンドに接続されています．被測定デバイス(DUT；Device Under Test)が出力するアナログ信号を取り込むA-Dコンバータのグラウンドは，アナログ・グラウンドに接続されています．このように比較的大きいシステムには，アナログ回路用のグラウンドとディジタル回路用のグラウンドが混在しています．
　アナログ・グラウンドとディジタル・グラウンドは，1点に集めて接続する必要がありますが，その1点はどこが最適なのでしょうか？ DUT部でしょうか？ それともA-Dコンバータ部なのでしょうか？

▶ どこで1点アースしても雑音に悩まされる

　図11-20(a)に示すのは，DUT部で両グラウンドを接続した例です．高速A-D変換ユニット上のアナログ・グラウンドとディジタル・グラウンドは分離されています．
　A-DコンバータのI/Oの出力電流は，FPGAに入力された後，A-Dコンバータのグラウンドに最短で戻ることができません．破線で示すように，そのリターン電流は，ディジタル基板のグラウンドからパターン・ジェネレータとDUTのグラウンドを通ってA-Dコンバータに戻ります．アナログ基板上のレンジング・アンプやドライバ・アンプのグラウンドがこの電流によって揺さぶられると，アナログ信号に雑音が乗ります．
　図11-20(b)に示すように，A-Dコンバータのアナログ・グラウンドとFPGAのディジタル・グラウンドを接続すると，今度は大きなループができます．商用電源から発生する磁束がこのループを通過すると，誘導雑音(ハム)が発生します．近く

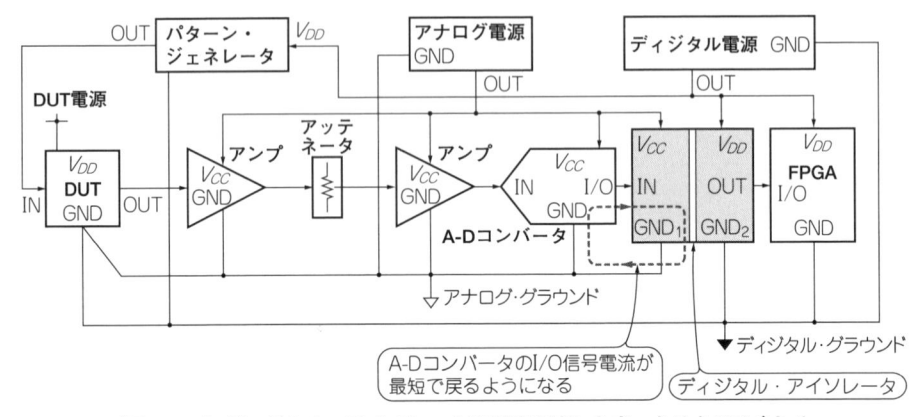

[図11-21] ディジタル・アイソレータは電流の流れをすっきりさせてくれる

にあるスイッチング電源やインバータ式蛍光灯などの放射ノイズ源の影響も受けやすくなります．

● ディジタルとアナログの電流の流れをすっきりさせる

図11-21に示すように，A-Dコンバータが出力するディジタル・データをディジタル・アイソレータに入力し，絶縁してからFPGAにデータを送ると，アナログ・グラウンドとディジタル・グラウンドが完全に分離されて，共通インピーダンスの影響もグラウンド・ループの影響もなくなります．

A-DコンバータのI/Oの出力電流は，ディジタル・アイソレータに入力され，リターン電流がA-Dコンバータのグラウンド・ピン(アナログ・グラウンド)に最短距離で戻ります．

ディジタル・アイソレータの出力電流はFPGAに入力され，そのリターン電流はディジタル・アイソレータのグラウンド・ピン(ディジタル・グラウンド)に，最短距離で戻ります．

アイソレーション・アンプと同様の理由から，ディジタル・アイソレータの電源には絶縁型を使う必要があります．

■実際のディジタル・アイソレータと使い方

● ADuM1100BR

ADuM1100BRは，MEMS技術で作られたトランス内蔵のディジタル・アイソレータです．

パルス信号に含まれる低周波成分はトランスを通過しにくく出力信号にサグが生じるため，ADuM1100BRの内部でDCレベルを補正しています．データシートによると，「動作中に入力側の電源がOFFになると出力が"H"固定になる」と記載されています．

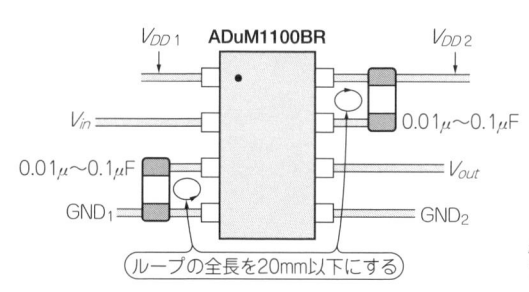

[図11-22[5]] ディジタル・アイソレータADuM1100BRのパスコンは近くにレイアウトする

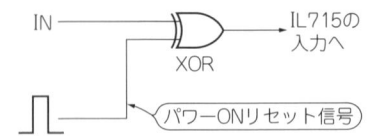

[図11-23⁽⁷⁾] 電源起動時はIL715の入力にリセット信号を入力する

　図11-22に示すように，ADuM1100BRの近くにはパスコンを置いて，コンデンサとデバイス間にできるループの大きさを20mm以内にします．

● IL715

　IL715はGMR（Giant MagnetoResistive）素子を使用したNVE社のディジタル・アイソレータです．

　IL715は入力パルスの立ち上がり／立ち下がりエッジを検出し，パルス幅2nsの正／負パルスを生成して，このパルスでコイルを駆動します．コイルによって発生した磁束をGMRで拾って信号を出力します．GMRにはヒステリシスがあり，パルス入力がなくなったあとも出力論理が保たれるため，入力パルスのエッジが検出されるたびに出力の論理が入れ換わります．

　電源投入時に入力レベルが常に"L"となる回路において，先ほどのGMRのヒステリシスによって以前の出力レベル（"H"）が記憶されていることがあります．このとき，入力レベルは"L"なのに出力レベルは"H"になります．この問題は，パワーONリセット回路（図11-23）を設けて，電源起動時にリセット・パルスを入力するようにして解決します．

　入力側の電源だけがOFFとなった場合，出力レベルが"L"になるとは限らないため，なんらかの対策が必要です．メーカは，常時"L"になることを保証しているわけではありません．また入力信号にグリッチがあると，これに反応して動作します．デバイス近くにはパスコンを必ず付け，コンデンサとデバイス間のループを20mm以内にします．

■評価すべき特性と結果の分析

● 測定項目とテスト条件

　次の四つの伝達特性を測定します．
　　(1) 伝播遅延時間
　　(2) パルス幅ひずみ
　　(3) 入力パルス幅が非常に小さくなったときの動作

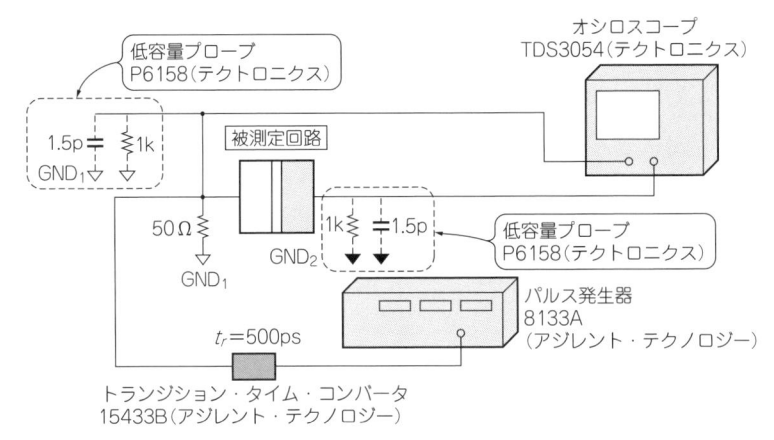

[図11-24] ディジタル・アイソレータの伝達特性の測定方法

[写真11-3] 入力パルス信号の立ち上がりを鈍化させるトランジション・タイム・コンバータ

(4) 入力側/出力側の電源OFF時の反応

図11-24に測定法を示します．電源電圧は，ADuM1100BRとIL715のどちらも，入力側電源+3.3V，出力側電源+3.3Vとします．

トランジション・タイム・コンバータ(写真11-3)を使って，パルス発生器8133A(アジレント・テクノロジー)で発生させたパルスの立ち上がり時間(数十ps)を500psに調整します．こうすることで，パルスに含まれるオーバーシュートやアンダーシュートが軽減されます．波形観測に使ったオシロスコープはTDS3054です．

● ADuM1100BR
▶伝播遅延時間

パルス信号の伝播遅延は，ディジタル回路のタイミング設計に大きく関わります．図11-25(a)に結果を示します．"L"から"H"に変化するときの伝播遅延時間t_{pLH}は約14nsです．

▶パルス幅ひずみ

11-3 ディジタル・アイソレータの使い方と評価法 | 313

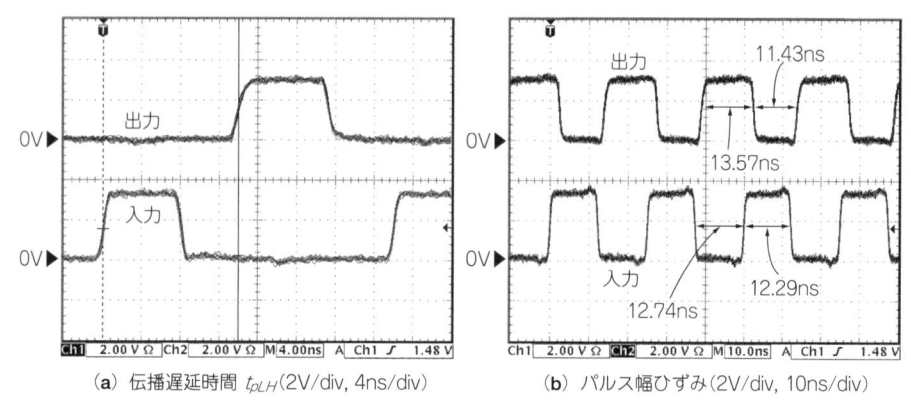

(a) 伝播遅延時間 t_{pLH} (2V/div, 4ns/div)　　(b) パルス幅ひずみ (2V/div, 10ns/div)

[図11-25] ADuM1100BRの伝播遅延時間

パルス幅ひずみ t_{DPW} [s] の定義は次のとおりです．

$$t_{DPW} = |\, t_{pLH} - t_{pHL}\, |$$

これはパルス幅がどのくらい時間方向に変化するかを表しています．複数のディジタル・アイソレータを使って信号を伝送する場合は，パルス幅ひずみの違いがスキュー(skew)になるため，タイミング設計に関わります．立ち上がりエッジだけでなく，立ち下がりエッジもタイミングとして利用する回路では注意が必要です．**図11-15**(b)の観測から，パルス幅ひずみは1.3nsでした．

▶入力パルス幅が非常に小さくなったときの動作

　ハザードやパルス性の雑音などに対する応答を調べるため入力パルス幅を徐々に狭くしていき，出力パルス波形を観測しました．5.2nsよりパルス幅が狭くなってくると，パルスが出たり出なかったりと不安定になるようです．データシートでは，最小パルス幅6.7ns$_{typ}$となっています．

　グリッチのように，非常に幅の狭いパルスを想定してパルス幅3.5nsのパルスを入力してみたところ，出力にパルスは現れませんでした．したがって，ADuM1100BRはグリッチの影響を受けないと言えます．

▶入力側と出力側の電源ON/OFF時の反応

　ディジタル・アイソレータの中には，出力側電源のON/OFFを繰り返したり，電源系をいじめるとおかしな挙動をするものがあります．

　ADuM1100BRは，動作中に入力側の電源をOFFすると，出力レベルが"H"固定になりました．信号を入れたまま出力側の電源をOFFにすると，出力レベルは"L"固定になり，さらに出力側の電源をONにしたところ，正常に信号が出てきました．

データシートには，電源復帰後1μs以内に出力レベルは入力レベルと同じになると記載があります．

ADuM1100BRは，入力側電源の異常によって電源電圧が0Vとなったときに出力が"H"固定になるため，異常検出のためには"H"固定を検出するロジック回路が必要です．または，入力側の電源電圧を監視して，異常時にFAULT信号をフォト・カプラを介して出力側に伝達します．出力側はFAULT信号を常にモニタして，シャットダウンなど適切な処理を実行します．

● IL715
▶伝播遅延時間
　図11-26(a)に結果を示します．

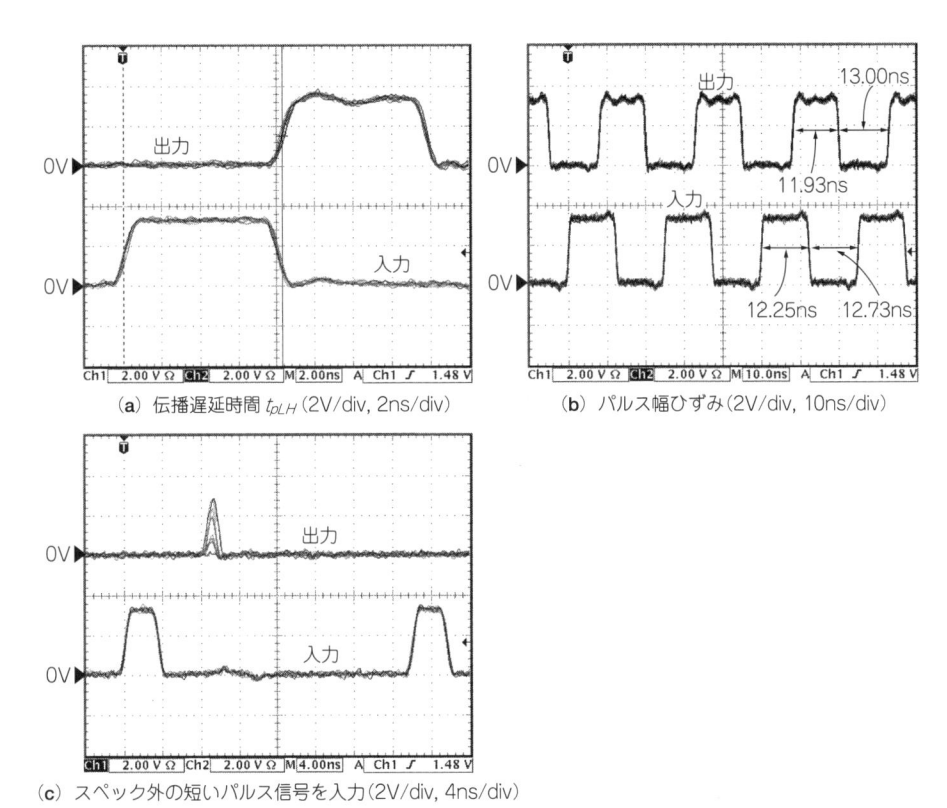

(a) 伝播遅延時間 t_{pLH} (2V/div, 2ns/div)
(b) パルス幅ひずみ (2V/div, 10ns/div)
(c) スペック外の短いパルス信号を入力 (2V/div, 4ns/div)

[図11-26] IL715の伝播遅延時間とグリッチに対する応答

[表11-2] ADuM1100BRとIL715の伝達特性のまとめ

型 名	実験時動作電圧[V]	伝播遅延時間[ns]	パルス幅ひずみ[ns]	グリッチに対する応答	入力側電源OFF時の出力レベル	出力側電源OFF時の出力レベル	メーカ
ADuM1100BR	3.3V（入出力両方）	14	1.3	なし	"H"	"L"	アナログ・デバイセズ
IL715	3.3V（入出力両方）	8.3	0.3	あり	"L"	"L"	NVE

　IL715が内蔵する4個のアイソレータの伝播遅延時間を測定しました．
　最大は8.3ns，最小は7.7nsでした．このばらつき（スキュー）はディジタル回路のタイミング設計に関わります．ディジタル・アイソレータを複数個使用する場合は，伝播遅延時間の最大値と最小値の差が実質的なスキューとなります．
▶パルス幅ひずみ
　図11-26(b)に結果を示します．0.3nsとADuM1100BRより小さくなっています．
▶入力パルス幅が非常に小さくなったときの動作
　図11-26(c)に結果を示します．スペックより短い3.5nsのパルス信号を入力すると反応してパルスを出力するため，IL715はグリッチに反応する可能性があります．
▶入力側／出力側の電源OFF時の応答
　入力側の電源をOFFした場合も，出力側の電源をOFFした場合も，出力は"L"に固定されました．文献[6]によると，入力側の電源がOFFとなったときの出力側のレベルは不定（状況による）のようですから，ADuM1100BRのように出力レベルのモニタだけでは，入力側の電源の異常を検出できません．入力側の電源電圧をモニタして異常を検出する必要があります．

＊

　ADuM1100BRとIL715の実験結果を表11-2にまとめました．IL715の伝播遅延時間は内部の4個のアイソレータの最大値を測定値としています．

第12章

【成功のかぎ12】
高速OPアンプの使い方と評価法
発振しない低ひずみ/広帯域アンプの作り方

高速OPアンプとはユニティ・ゲイン周波数とスルー・レートを高めたOPアンプです．カットオフ周波数が数MHzのアクティブ・フィルタや理想ダイオード回路(整流回路)，DC～数百MHz帯の広帯域増幅器などに利用できます．

12-1　電流帰還型OPアンプを攻略する

● 高速信号を増幅するなら電流帰還型

写真12-1に示すのは市販の高速OPアンプです．主な特性を表12-1に，ピン配置を図12-1に示します．

表12-1の備考欄に，電圧帰還型か電流帰還型か，OPアンプのタイプを記しました．OPアンプは，電圧を帰還させる電圧帰還型と電流を帰還させる電流帰還型の二つに分類できます．第1章～第11章で登場したOPアンプの多くは電圧帰還型です．

電流帰還型は高速増幅向きです．高調波ひずみが小さく，スルー・レートの大き

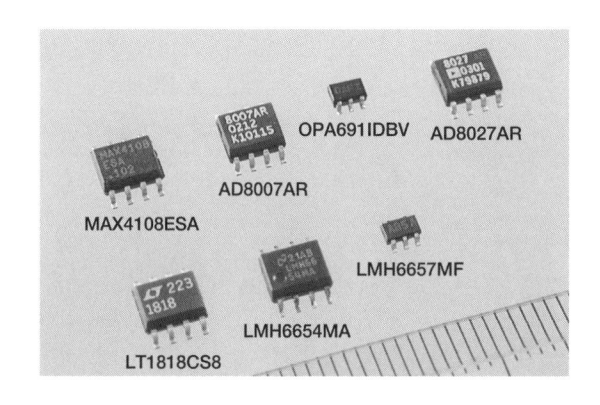

[写真12-1] 実際の高速OPアンプ

[表12-1] 実際の高速OPアンプ（写真12-1）とその仕様

型 名	入力オフセット電圧[mV]		入力バイアス電流[μA]		入力換算雑音電圧密度[nV/√Hz]		スルー・レート[V/μs]	
	標準	最大	標準	最大	標準	最大	標準	最小
MAX4108ESA	1	8	12	34	6@10kHz	—	1200	—
AD8007AR	0.5	4	4(IN$_+$)	8(IN$_+$)	2.7@100kHz	—	1000	900
OPA691IDBV	±0.5	±2.5	±15(IN$_+$)	±35(IN$_+$)	1.7@>1MHz	2.5@>1MHz	2100	1400
AD8027AR	0.2	0.8	−7.8	−10.5	4.3@100kHz	—	90	—
LT1818CS8	0.2	1.5	−2	±8	6@10kHz	—	2500	—
LMH6654MA	±1	±3	5	12	4.5@>100kHz	—	200	—
LMH6657MF	±1	±5	−5	−20	11@100kHz	—	700	—

注▶ AD8027はSELECT端子・OPEN時

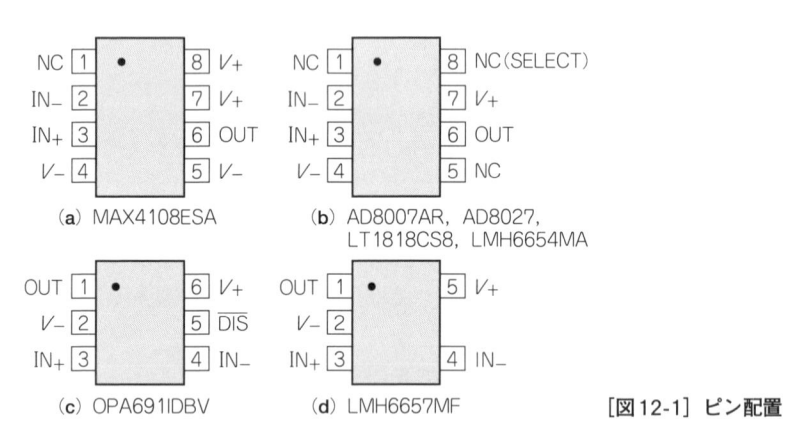

(a) MAX4108ESA
NC 1, IN− 2, IN+ 3, V− 4, V+ 8, V+ 7, OUT 6, V− 5

(b) AD8007AR, AD8027, LT1818CS8, LMH6654MA
NC 1, IN− 2, IN+ 3, V− 4, NC(SELECT) 8, V+ 7, OUT 6, NC 5

(c) OPA691IDBV
OUT 1, V− 2, IN+ 3, V+ 6, $\overline{\text{DIS}}$ 5, IN− 4

(d) LMH6657MF
OUT 1, V− 2, IN+ 3, V+ 5, IN− 4

[図12-1] ピン配置

い高性能な高周波（高速）回路には電流帰還型が適しています．電圧帰還型は，大きなスルー・レートが得られないほか，周波数が高くなると急激に高調波ひずみが悪化します．

● 電圧帰還型はゲインを上げると帯域が狭くなる

　第6章で説明したように，電圧帰還型OPアンプは帰還量βを小さくすると周波数帯域が狭くなります．図12-2に示すように，クローズド・ループ特性でのポールの位置f_{close}とf_Tとの間には次の関係があります．

周波数帯域 [MHz]		0.01% セトリング時間[ns]	電源電圧 [V]	動作電流 [mA]	備考	メーカ名
標準	最小	標準	標準	標準		
400	—	12	±5	20	電圧帰還	マキシム
500	250	35	±5	9	電流帰還	アナログ・デバイセズ
280	—	12@0.02%	±5	5.1	電流帰還	テキサス・インスツルメンツ
190	138	35@0.1%	±5	6.5	電圧帰還	アナログ・デバイセズ
400	270	10@0.1%	±5	9	電圧帰還	リニアテクノロジー
250	—	25	±5	4.5	電圧帰還	ナショナルセミコンダクター
270	220	35@0.1%	±5	6.5	電圧帰還	ナショナルセミコンダクター

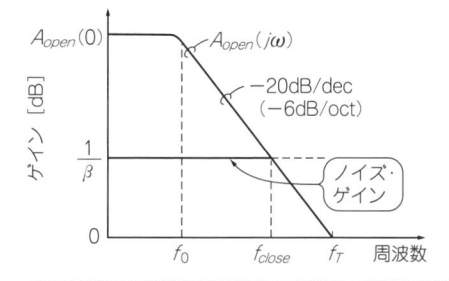

十分低い周波数でのオープン・ループ・ゲインを A_{open} とする．高域での減衰率は−20dB/decなので，1次遅れ（1次 CR 回路）と考えることができ，

$$A_{open}(j\omega) = \frac{A_{open}(0)}{1 + j\omega CR}$$

が成立する．

$$\omega_0 = 2\pi f_0 = \frac{1}{CR}$$

← OPアンプによって決まる定数

なので，

$$A_{open}(j\omega) = \frac{A_{open}(0)}{1 + j\left(\frac{\omega}{\omega_0}\right)}$$

と表され次式が得られる．

$$|A_{open}(j\omega)| = \frac{A_{open}(0)}{\sqrt{1 + \left(\frac{\omega}{\omega_0}\right)^2}}$$

$\omega = \omega_T$ のとき $|A_{open}(j\omega)| = 1$ なので，

$$\left(\frac{\omega_T}{\omega_0}\right)^2 = A_{open}(0)^2 - 1$$

から次式が得られる．

$$f_T = f_0\sqrt{A_{open}(0)^2 - 1} \fallingdotseq f_0 A_{open}(0)$$

1ポール補償されたOPアンプでは，f_T は GBW（ゲイン・バンド幅積）と一致する．一方，負帰還（帰還量 β）を施したアンプのノイズ・ゲインは $\frac{1}{\beta}$ である．オープン・ループ・ゲインの場合と同様に1次遅れと考えると，

$$f_T = f_{close}\frac{1}{\beta}$$

ただし，f_{close}：クローズド・ループ・ゲインのしゃ断周波数

が成り立つ．f_T を一定とすると，β によってクローズド・ループ・ゲインのしゃ断周波数 f_{close} が決まることがわかる

[図12-2] 電圧帰還型は周波数特性が帰還量 β に依存する

$$f_T(一定) = \frac{f_{close}}{\beta}$$

このように電圧帰還型OPアンプは，ゲイン$1/\beta$（クローズド・ループ・ゲイン＝ノイズ・ゲイン）を大きくすると周波数帯域f_{close}が小さくなり，逆に$1/\beta$を小さくするとf_{close}が大きくなります．

● **電流帰還型はゲインを上げても帯域が変わらない**

図12-3に示すのは，電流帰還型OPアンプを使った非反転アンプです．

図中の式(12-1)と式(12-2)を見比べると，電圧帰還型OPアンプと電流帰還型OPアンプの入出力ゲインを決めるパラメータの間に，次の関係があることがわかります．

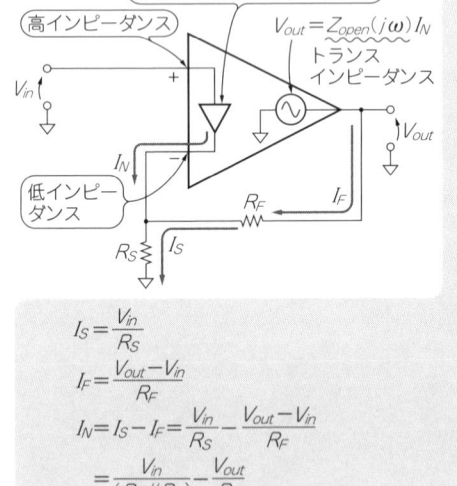

$$I_S = \frac{V_{in}}{R_S}$$

$$I_F = \frac{V_{out} - V_{in}}{R_F}$$

$$I_N = I_S - I_F = \frac{V_{in}}{R_S} - \frac{V_{out} - V_{in}}{R_F}$$

$$= \frac{V_{in}}{(R_S // R_F)} - \frac{V_{out}}{R_F}$$

が成り立つ．$V_{out} = Z_{open}(j\omega)I_N$から，

$$I_N = \frac{V_{out}}{Z_{open}(j\omega)}$$

が得られ，次式が成り立つ．

$$\frac{V_{out}}{Z_{open}(j\omega)} = \frac{V_{in}}{(R_S // R_F)} - \frac{V_{out}}{R_F}$$

上式から次式が得られる．

$$G(j\omega) = \frac{V_{out}}{V_{in}} = \frac{1}{(R_S // R_F)} \cdot \frac{1}{\frac{1}{Z_{open}(j\omega)} + \frac{1}{R_F}}$$

$$= \left(1 + \frac{R_F}{R_S}\right) \frac{1}{1 + \frac{1}{\frac{Z_{open}(j\omega)}{R_F}}} \quad \cdots (12\text{-}1)$$

$\frac{Z_{open}(j\omega)}{R_F} \gg 1$であれば，電圧帰還型と同じ式，

$$G = 1 + \frac{R_F}{R_S}$$

が得られる．電圧帰還型のゲイン$G_V(j\omega)$は次式で表される．

$$G_V(j\omega) = \frac{V_{out}}{V_{in}}$$

$$= \left(1 + \frac{R_F}{R_S}\right) \frac{1}{1 + \frac{1}{A_{open}(j\omega)\beta}} \cdots (12\text{-}2)$$

式(12-1)と式(12-2)を見比べると，

$$A_{open}(j\omega)\beta \equiv \frac{Z_{open}(j\omega)}{R_F}$$

ただし，$A_{open}(j\omega)$：電圧帰還型OPアンプのオープン・ループ・ゲイン，β：電圧帰還型OPアンプの帰還率

という関係がある．つまり，$A_{open}(j\omega)$は$Z_{open}(j\omega)$に，βは$\frac{1}{R_F}$に対応する

[図12-3] 電圧帰還型と電流帰還型のオープン・ループ・ゲインと入出力ゲイン（クローズド・ループ・ゲイン）の関係

- オープン・ループ・ゲイン $A_{open}(j\omega)$ ⇔ オープン・ループ・トランスインピーダンス $Z_{open}(j\omega)$
- ノイズ・ゲイン $\dfrac{1}{\beta}$ ⇔ R_F

　$A_{open}(j\omega)$ は電圧帰還型OPアンプのオープン・ループ・ゲイン，$Z_{open}(j\omega)$ は電流帰還型OPアンプのオープン・ループ・トランスインピーダンスです．トランスインピーダンスとは，電流量(**図12-3** の I_N)が電圧(**図12-3** の V_{out})に変換される割合です．電圧帰還型OPアンプのオープン・ループ・ゲインに相当し，$A_{open}(j\omega)$ や $Z_{open}(j\omega)$ が大きいほどゲイン誤差が小さくなります．

　図12-3 の式(12-2)からわかるように，電圧帰還型では $A_{open}(j\omega)$ に帰還量 β が掛かっています．一方式(12-1)を見ると，$Z_{open}(j\omega)$ に掛っているのは R_F だけです．このことから電流帰還型OPアンプは，ゲイン$(1+R_F/R_S)$を変えても周波数特性が変わらないことがわかります．

　図12-4 に示すのは，電流帰還型OPアンプのトランスインピーダンスの周波数特性です．**図12-2** の $A_{open}(j\omega)$ を $Z_{open}(j\omega)$ に $1/\beta$ を R_F に置き換えたと考えてください．f_{close} は，$Z_{open}(j\omega)$ と f_{open}，R_F で決まります．

● 大敵「発振」への対応

　電流帰還型OPアンプのトランスインピーダンス $Z_{open}(j\omega)$ は，周波数が上がると小さくなり，位相も遅れてきます．これは，電圧帰還型OPアンプのオープン・

（周波数が10倍になるとトランスインピーダンスは1/10になる）
$Z_{open}(0)$
$Z_{open}(j\omega)$
$-20\mathrm{dB/dec}$
R_F
1
f_{open}　f_{close}　周波数
トランスインピーダンス $Z\,[\Omega]$

図12-2 において
$A_{open}(j\omega) \Rightarrow Z_{open}(j\omega)$
$\beta \Rightarrow \dfrac{1}{R_F}$
というふうに対応させることができる．
$A_{open}(j\omega)$ と $Z_{open}(j\omega)$ が1次遅れとして考えると，しゃ断周波数 f_{close} は次のようになる．
- 電圧帰還型OPアンプの場合，
$f_{close} = f_T \beta \,(= f_0\,A_{open}\,\beta)$
- 電流帰還型OPアンプの場合，
$f_{close} = \dfrac{Z_{open}(j\omega)\,f_{open}}{R_F}$
この式の中にはゲインを決める項 $\left(1+\dfrac{R_F}{R_S}\right)$ がないため，f_{close} はゲインに関係しないことがわかる

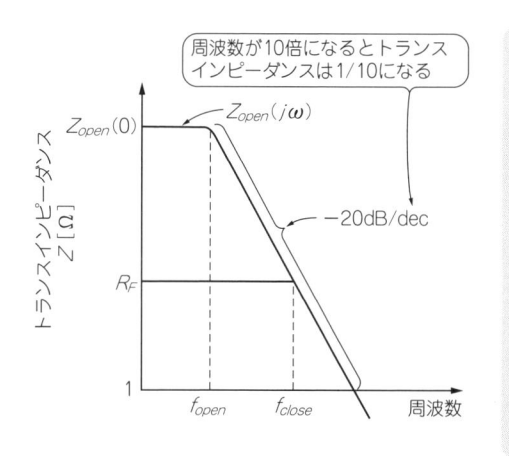

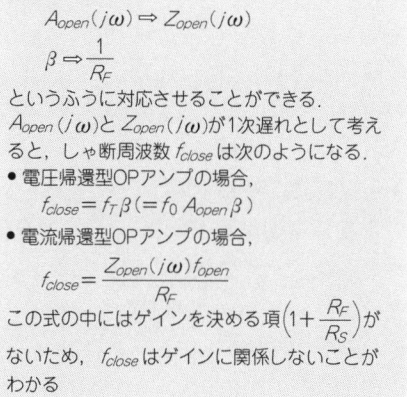

[**図12-4**] 電流帰還型OPアンプの周波数特性はゲインに依存しない

ゲイン	R_F	R_G	R_S
-1	499Ω	499Ω	200
+1	499Ω	NA	200
+2	499Ω	499Ω	200
+5	499Ω	124Ω	200
+10	499Ω	54.9Ω	200

[図12-5[(12)]] 電流帰還型OPアンプの帰還抵抗はメーカの推奨値に合わせる
データシートには最適値が記載されている

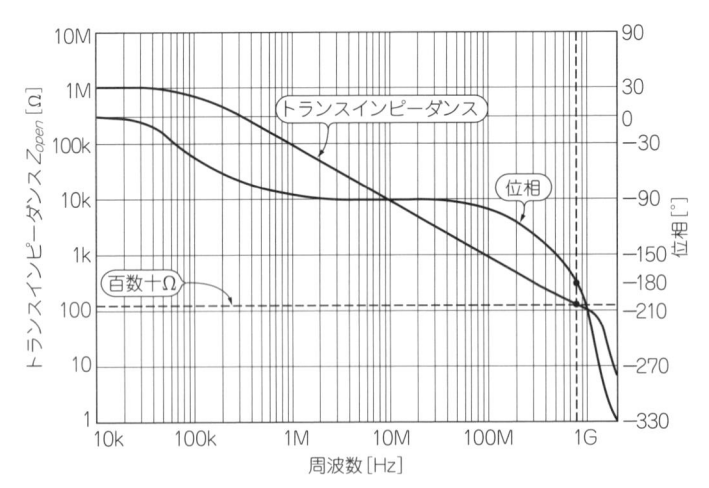

[図12-6[(12)]] 電流帰還型OPアンプAD8007のトランスインピーダンスと位相の周波数特性
R_Fを百数十Ωに設定すると,700MHz付近でループ・ゲインが1倍($Z_{open}(j\omega)/R_F=1$)になる.この周波数付近では,トランスインピーダンス$Z_{open}(j\omega)$の位相は180°以上遅れているため発振してしまう.R_Fは数百(300〜400)Ω以下にしてはならない

ループ・ゲイン$A_0(j\omega)$の変化と同様です.**図12-5**では,R_Fを499Ωにするように推奨しています.R_Fを百数十Ωに設定すると,700MHz付近で$Z_{open}(j\omega) \fallingdotseq R_F$となり,$Z_{open}(j\omega)/R_F$の値が1に近づきます.このとき,位相は180°以上(約200°)回っているため発振します.

▶帰還抵抗の値が重要

電流帰還型は帰還抵抗(R_F)で帰還量が決まります.電流帰還型で帯域を制限したいときは,帰還抵抗の値を大きくします.逆に帰還抵抗を小さくしすぎると,周波数特性にピークができたり発振したりします.**図12-5**に示すように,電流帰還型OPアンプのデータシートには,一般に最適なR_Fの値が載っています[(12)].

図12-6に示すのは,AD8007のトランスインピーダンスと位相特性です[(12)].周波数が上がると,トランスインピーダンスが低下し位相が回ります.**図12-6**を見

ると，R_Fが百数十Ωのとき，$Z_{open}(j\omega)/R_F$は1になり，位相が180°回って発振します．**図12-3**から，$A_{open}(j\omega)\beta = Z_{open}(j\omega)/R_F$ですから，$A_{open}(j\omega)\beta = 1$に相当するのは，$Z_{open}(j\omega) = R_F$のときです．

▶発振の原因は入力容量と負荷容量

　高速OPアンプの多くは，内部で位相補償されているため，位相補償で苦労することはそれほどありませんが，万が一のために，発振の理由とその対策法を知っておく必要があります．発振の原因は入力容量と出力容量による位相遅れです．

● パスコンがないと高調波ひずみが増える

　多くのOPアンプの出力段はAB級で動作しているため，正と負の電源端子には2次高調波を多く含んだ半波整流波状の電流が流れています．この高調波を含む電源電流は，OPアンプの正と負の電源端子近くにつけたパスコン(**図12-7**の$C_1 \sim C_4$)から供給され，グラウンドを通ってからパスコンに戻ってきます．もし，$C_1 \sim C_4$のグラウンドの配線が物理的に離れていると，この電源電流が共通インピーダンスに流れてグラウンド電位を揺さぶります．2次高調波電流によるグラウンド電位の変動は，電源変動除去比$PSRR$だけ小さくなった後に入力段に伝わります．

　電圧帰還型OPアンプは，2次高調波成分を打ち消すことができる差動増幅回路を入力段に採用しているため(**図12-33**)，2次高調波のような偶数次ひずみの影響をあまり受けません．しかし電流帰還型OPアンプは，入力段が差動増幅回路ではないため，グラウンドの2次高調波成分の影響を受けやすくなっています．

　2次高調波の影響を軽減するには，パスコンのグラウンド側を1点アースし，共通インピーダンスを小さくするか，**図12-7**のC_Xのように正負の電源間にパスコンを追加します．これによって，3～6dB程度，2次高調波のレベルが軽減されます．

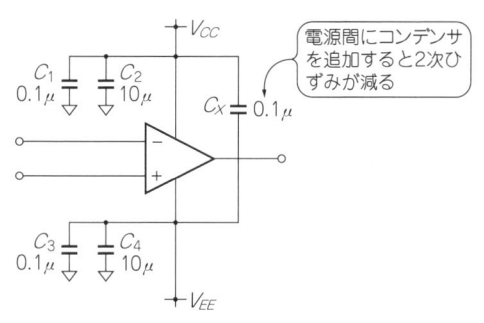

[図12-7] **電流帰還型OPアンプは正負電源間のパスコンが高調波ひずみ低減に有効**
2次高調波のレベルが3～6dB程度低下することがある

12-2　OPアンプ入力部にある寄生容量を補償する

● 寄生容量の正体
▶ 基板内層のベタ・グラウンドと端子間にある

図12-8に示すように，高速OPアンプに限らずOPアンプは，反転入力端子付近に容量成分があると不安定になり発振しやすくなります．コンデンサをつけていなくても，OPアンプの−端子と両面基板の裏面や多層基板の内層のベタ・グラウンドとの間にある，目に見えないわずかな容量（浮遊容量）で発振することがあります．

入力容量の影響を軽減するには，図12-9に示すように，帰還抵抗R_Fと並列にコンデンサC_Fを接続するか，R_FとR_Sの値を小さくします．−端子近くの内層のベタ・グラウンドを抜くのも効果があります．

ただし，R_Fと並列にC_Fを接続する方法は電圧帰還型のみにしか使えません．電

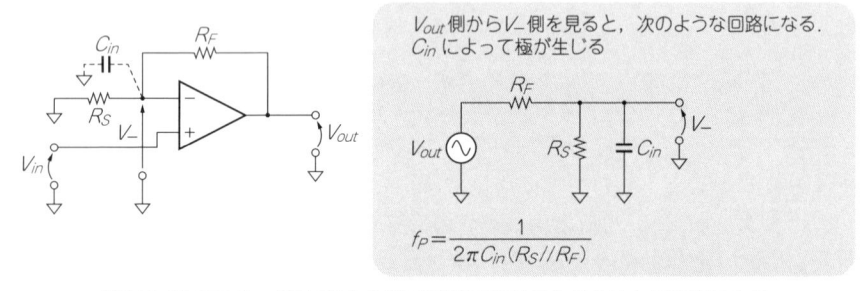

V_{out}側から$V_−$側を見ると，次のような回路になる．
C_{in}によって極が生じる

$$f_P = \frac{1}{2\pi C_{in}(R_S // R_F)}$$

[図12-8] OPアンプは反転入力端子付近に容量成分があると不安定になる

（位相補正用のコンデンサ）

R_Fと並列にC_Fを入れて零点を作って補償する．
$C_F R_F = C_{in} R_S$とすれば，帰還回路の周波数特性を補償できる

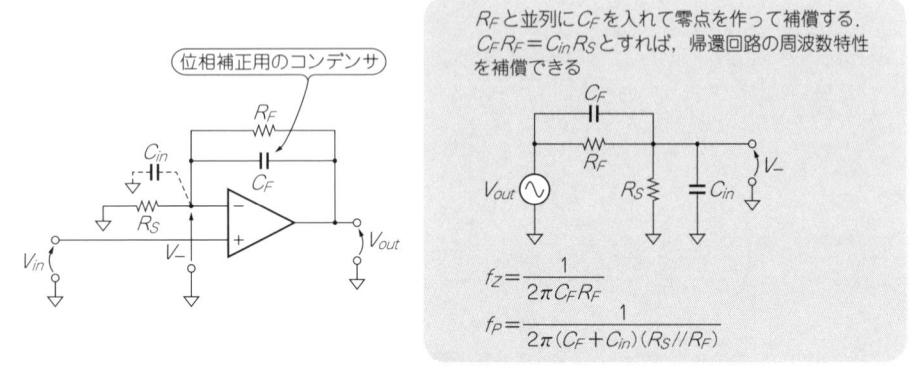

$$f_Z = \frac{1}{2\pi C_F R_F}$$

$$f_P = \frac{1}{2\pi (C_F + C_{in})(R_S // R_F)}$$

[図12-9] 入力容量による安定性への悪影響を軽減する方法

流帰還型OPアンプでC_Fを接続すると，高周波で帰還インピーダンスが低下して発振しやすくなります．

● 二つの対策
- 帰還抵抗と並列に容量を接続する(図12-10)
- R_SとR_Fを低抵抗化する(図12-11)

という二つの対策で，入力容量の悪影響がどのくらい補償されるのか，その効果をシミュレーションで調べます．図12-12にゲインの周波数特性を示します．

$C_{in} = C_F = 0.5\mathrm{pF}$のとき最も良好な平坦性が得られています．また，抵抗値を1kΩから330Ωに変更するとピークが大幅に改善されることから，不必要に抵抗値を大きくしてはいけないことがわかります．

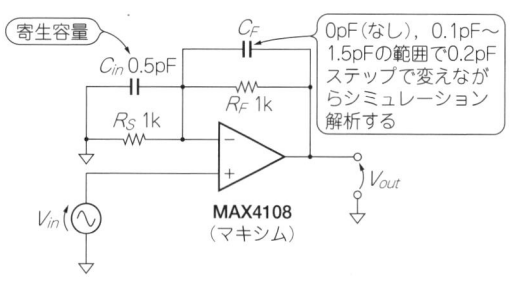

[図12-10] 入力容量の補償方法その1
帰還抵抗と並列にコンデンサを接続する

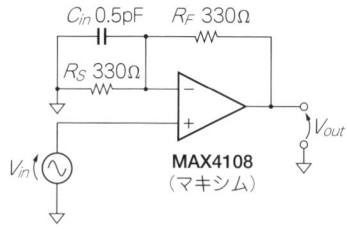

[図12-11] 入力容量の補償方法その2
帰還回路の抵抗値を下げる

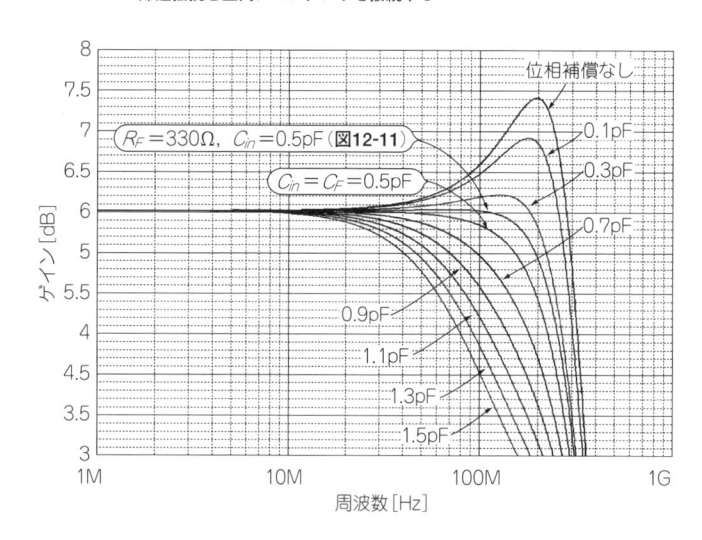

[図12-12] 図12-10の対策効果
$C_{in} = C_F = 0.5\mathrm{pF}$を追加するか，1kΩから330Ωに低抵抗化すると平坦性が得られる

12-2 OPアンプ入力部にある寄生容量を補償する

高速OPアンプでは，抵抗値を下げる対策がベストです．C_Fは部品点数が増えるだけなので普通は使いません．

使用したシミュレータはB^{2}SPICEです．高速OPアンプのマクロモデル（MAX4108）は，マキシム社のホーム・ページからダウンロードしました．

● ボルテージ・フォロワの補償方法

ボルテージ・フォロワには帰還抵抗（R_F）がありません．図12-13のようにR_Fを追加しても，C_Fの効果はあまりありません．－入力端子のインピーダンスが高いため，C_Fの効果が見えてこないのです．

C_FとR_Fが高域での異常発振に効いた例がないわけではありません．アクティブ・ロー・パス・フィルタを作ったとき，高域で発振してしまったので，駄目もとでR_FとC_Fを入れてみたら発振が止まりました．高域では，OPアンプの反転入力のインピーダンスが低くなっているため，C_Fが効いたのだろうと思います．

電圧帰還型高速OPアンプを使ったボルテージ・フォロワの場合，大きなR_Fを入れてはいけません．図12-8で説明したとおり，R_Fと反転入力端子周辺の寄生容量によって位相遅れが生じ発振する可能性があるからです．電流帰還型高速OPアンプの場合には適切なR_Fを入れます．電流帰還型の場合は，R_Fを入れておかないと発振します．

電圧帰還型，電流帰還型どちらの場合も，入力容量に対する発振対策の基本は，反転入力端子周辺のグラウンド・ベタを抜くなどして，入力端子に余分な寄生容量がつかないようにすることです．容量性負荷が接続されない限り，これらの対策で発振を防ぐことができるでしょう．

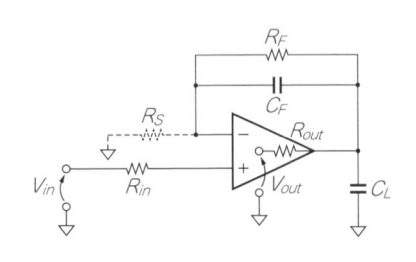

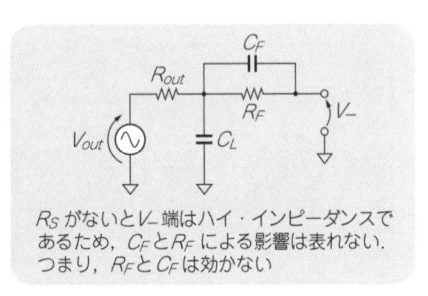

[図12-13] ボルテージ・フォロワはR_Fを追加してもC_Fは効かない
反転入力端子のインピーダンスが高いためC_Fの追加は無意味

12-3　負荷容量による発振への対応

● 出力抵抗をつける

▶数百pFの小容量負荷が問題になる場合

　OPアンプの出力端子に同軸ケーブルを直接接続した場合，OPアンプが発振することがあります．1m当たり約100pFの容量をもつ同軸ケーブルは，小容量の容量性負荷と考えることができます．同軸ケーブルと同様に，プリント基板上の長いパターンも容量性負荷になります．

　このように，OPアンプの出力端子に容量(C_L)が接続されると（**図12-14**），OPアンプ内部にある出力抵抗(R_{out})との組み合わせで，クローズド・ループ・ゲインの周波数特性に次式で表される極(f_P)ができます．極の位置によってはOPアンプの動作が不安定になり発振することがあります．

$$f_P = \frac{1}{2\pi C_L R_{out}}$$

　ボルテージ・フォロワが負荷容量が原因で不安定になったときは，**図12-15**に示すように出力抵抗(R_C)をつけます．非反転アンプや反転アンプの場合も同様です．R_Cをつけると，負帰還で低くなっている出力インピーダンスを上げることになりますから，数十〜百数十Ωにします．

　図12-16に示すのは，**図12-15**に示すボルテージ・フォロワのR_Cの値とゲインの周波数特性です．負荷容量C_Lが約470pFのときは，R_Cを15Ω以上にすれば発振の心配はありません．

　図12-17に示すゲイン2倍の非反転アンプの出力抵抗R_Cとゲインの周波数特性は**図12-18**のようになります．シミュレーション結果から，$R_C = 15\Omega$程度のとき

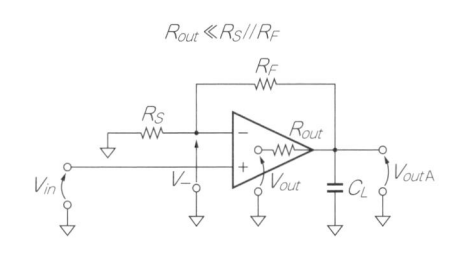

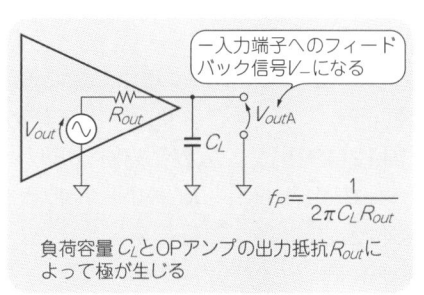

[図12-14] OPアンプは出力に容量が接続されると動作が不安定になる

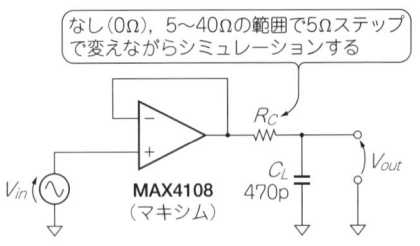

[図12-15] 数百pFの小容量負荷が問題になるときは出力に抵抗をつける
出力抵抗をつけると負荷容量による不安定動作を解消できる．非反転アンプや反転アンプの場合も同様

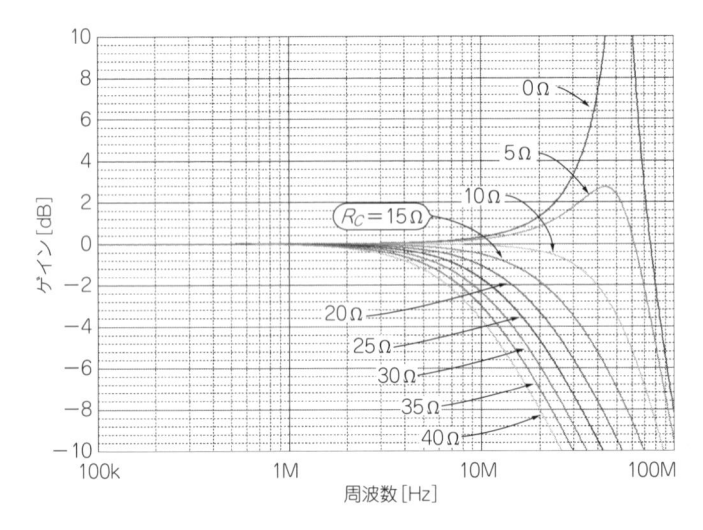

[図12-16] 負荷容量が約470pFのとき R_C を15Ω以上にすれば安定する

十分な補償効果が得られることがわかります．
▶数百pF以上の大容量負荷が問題になる場合
　OPアンプの出力雑音を小さくするために，数百pF以上のコンデンサを出力に接続することがあります．OPアンプで基準電圧を作るときも，コンデンサを接続して雑音を小さくしたり電圧変動を抑えたりします．しかし，OPアンプの出力に数百pF以上のコンデンサをつける場合は発振対策が必要です．
　図12-19(b)に，大容量(数百pF以上)の負荷を駆動するときの補償方法を示します．C_C と R_F，R_S，R_C による零点で，負荷容量による極を打ち消します．
　図12-20に，C_C の値を変化させたときのゲインの周波数特性を示します．C_C = 1200pF程度で十分に補償できることがわかります．実際には部品のばらつきを考えて1800pF程度にすれば，0.01μFの負荷容量も安定にドライブできます．

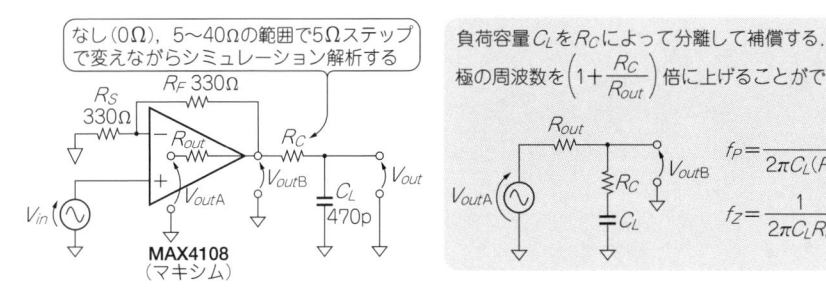

[図12-17] R_C の効果をシミュレーションで調べる

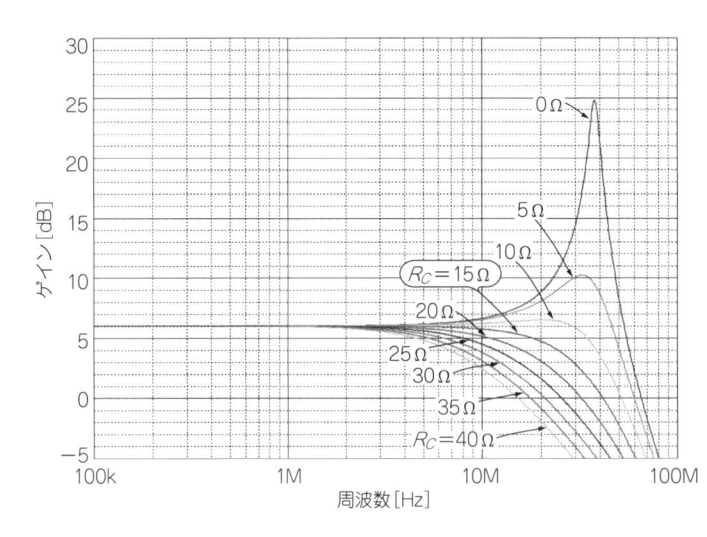

[図12-18] ゲイン2倍の非反転アンプの出力抵抗とゲインの周波数特性
$R_C=15\Omega$ のとき十分な補償効果が得られる

● ゲイン1倍で使えないOPアンプで安定に動くボルテージ・フォロワを作る方法

ゲイン1倍で使うことが許されていないOPアンプで，安定なボルテージ・フォロワを実現するには，**図12-21**に示すように反転端子と非反転端子にCR直列回路(R_CとC_C)を接続して安定性を確保します．ただしステップ応答波形に大きなオーバーシュートが生じるため，パルス回路には向かないようです[7]．

図12-22に，対策前後のゲイン-周波数特性を示します．周波数帯域は狭くなりますが，平坦性が改善されます．

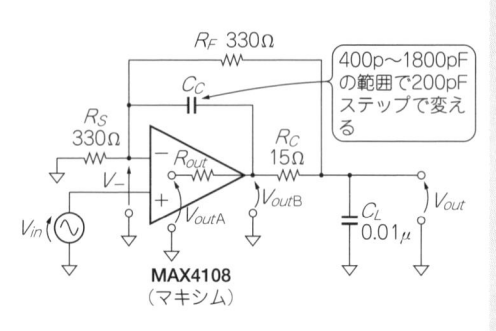

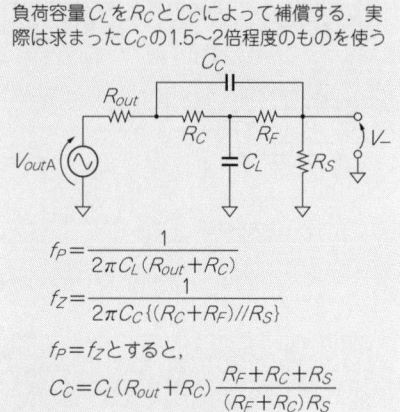

[図12-19] 数百pF以上の大容量負荷を駆動するときの補償方法
C_C と R_F, R_S, R_C で零点を作り, 負荷容量による極を打ち消す

負荷容量 C_L を R_C と C_C によって補償する. 実際は求まった C_C の1.5～2倍程度のものを使う

$$f_P = \frac{1}{2\pi C_L(R_{out}+R_C)}$$

$$f_Z = \frac{1}{2\pi C_C\{(R_C+R_F)//R_S\}}$$

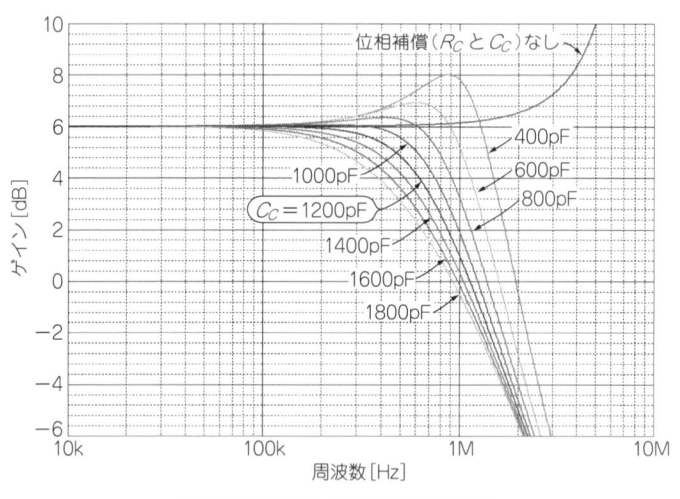

$f_P = f_Z$ とすると,

$$C_C = C_L(R_{out}+R_C)\frac{R_F+R_C+R_S}{(R_F+R_C)R_S}$$

[図12-20] 図12-19(b)の対策効果

12-4　ゲインと位相の周波数特性を測る方法

● 評価の方法

　図12-23に示すのは,ゲインと位相の周波数特性の測定方法です.ネットワーク・アナライザ(測定帯域300k～8GHz)を使い,**写真12-1**の7種類の高速OPア

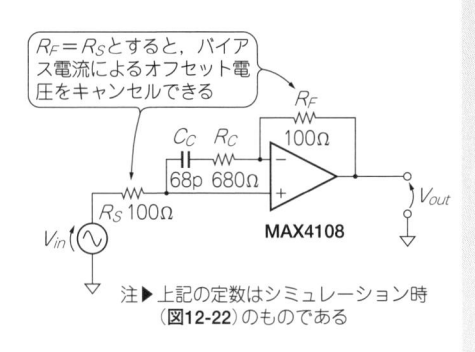

R_C と C_C によって次式で求まる零点が生じる.

$$f_Z = \frac{1}{2\pi C_C R_C}$$

極は,

$$f_P = \frac{1}{2\pi C_C (R_S + R_F + R_C)}$$

に生じる.設計手順を次にまとめる.

(1) R_F と R_S を決定する(数百～数kΩ)
(2) 安定に使えるゲインを G とすると,

$$R_C = \frac{R_F + R_S}{G - 1}$$

から R_C が求まる.

(3) 安定に使えるゲイン G となる周波数をオープン・ループ・ゲイン特性から読み取り,その周波数の1/2程度の周波数を f_Z とする.

(4) 次式から C_C を決定する

$$C_C = \frac{1}{2\pi R_C f_Z}$$

$R_F = R_S$ とすると,バイアス電流によるオフセット電圧をキャンセルできる

R_F 100Ω
C_C 68p R_C 680Ω
R_S 100Ω
MAX4108
V_{in} / V_{out}

注▶ 上記の定数はシミュレーション時(図12-22)のものである

[図12-21] ゲイン1倍で使用できないOPアンプでボルテージ・フォロワを安定に動かす方法
反転端子と非反転端子に C_R 直列回路(R_C と C_C)を接続する

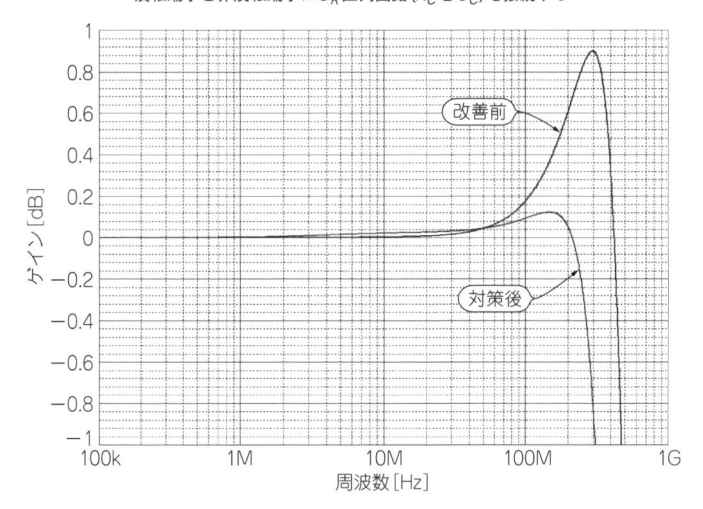

[図12-22] 図12-21の対策効果(シミュレーション)

ンプで構成したゲイン1倍の非反転アンプとゲイン-1倍の反転アンプを評価します.評価時に設定した抵抗値を**表12-2**に示します.また,50Ω系での使用を想定しています.

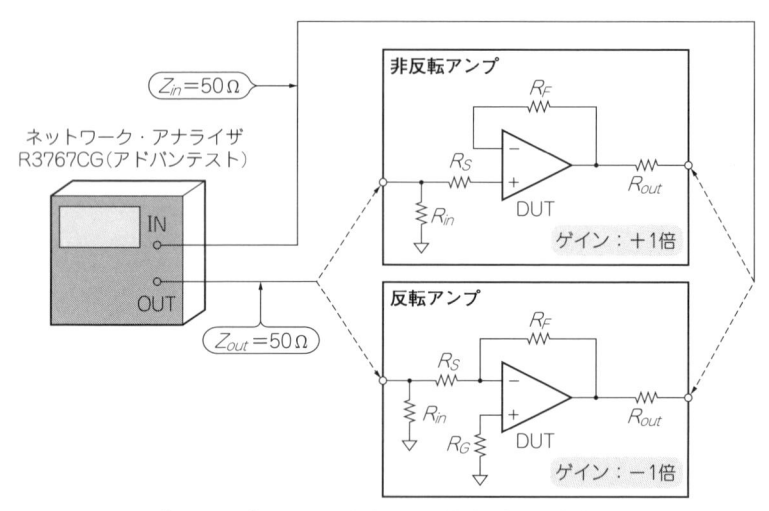

[図12-23] ゲインと位相の周波数特性の測定方法

[表12-2] 高速OPアンプ（写真12-1）の評価に使用した抵抗値

型　名	非反転アンプ				反転アンプ				
	$R_{in}[\Omega]$	$R_S[\Omega]$	$R_F[\Omega]$	$R_{out}[\Omega]$	$R_{in}[\Omega]$	$R_S[\Omega]$	$R_F[\Omega]$	$R_G[\Omega]$	$R_{out}[\Omega]$
MAX4108ESA	51	0	22	51	56	470	470	0	51
AD8007AR	51	200	470	51	56	470	470	200	51
OPA691IDBV	51	200	390	51	56	390	390	200	51
AD8027AR	51	0	22	51	56	470	470	0	51
LT1818CS8	51	0	22	51	56	470	470	0	51
LMH6654MA	51	0	22	51	56	470	470	0	51
LMH6657MF	51	0	22	51	56	470	470	0	51

● 結果と分析

図12-23に示すように，アンプの入出力インピーダンスを50Ωに固定したため，測定結果の基準ラインは－6dBです．ただし正確に50Ωではないので，ゲインは－6dBより若干小さくなっています．

▶ MAX4108ESA（電圧帰還型）

図12-24に結果を示します．同じゲイン1倍でも，非反転アンプと反転アンプでは帰還量βが異なるため，ピークの大きさが違います．一般に，非反転アンプのほうが帰還量が多いため，反転アンプよりもピークが大きくなります．

▶ AD8007AR（電流帰還型）

図12-25に結果を示します．

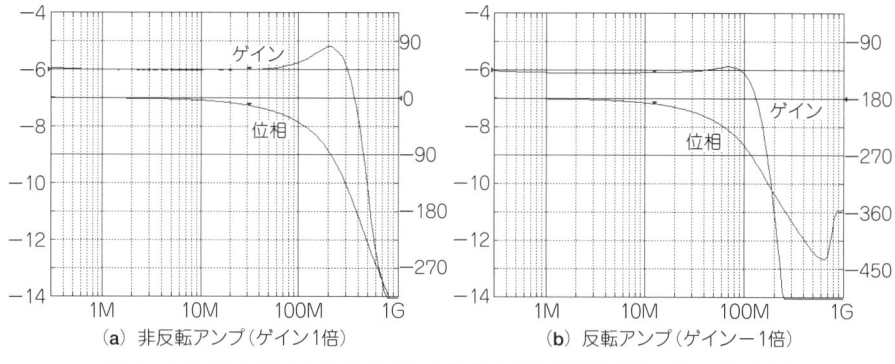

[図12-24] MAX4108ESAのゲインと位相の周波数特性(1dB/div, 45°/div)
左軸：ゲイン[dB]，右軸：位相[°]，横軸：周波数[Hz]

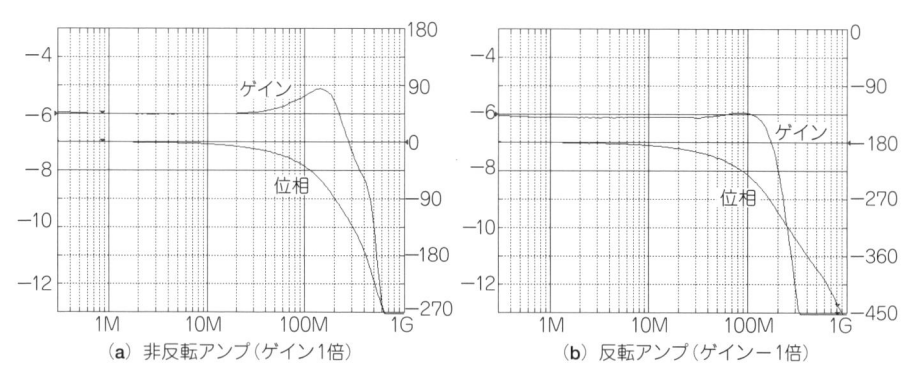

(a) 非反転アンプ（ゲイン1倍）　　(b) 反転アンプ（ゲイン-1倍）

[図12-25] AD8007AR（電流帰還型）のゲインと位相の周波数特性(1dB/div, 45°/div)
左軸：ゲイン[dB]，右軸：位相[°]，横軸：周波数[Hz]

(a) 非反転アンプ（ゲイン1倍）　　(b) 反転アンプ（ゲイン-1倍）

非反転アンプの評価回路（**図12-23**）のR_S（200Ω）がないと，高域でゲイン特性が大きく盛り上がります．R_Sは，非反転入力端子の内部にあるバッファの発振止めとして機能します．トランジスタを使ったエミッタ・フォロワ回路のベースに直列に入れる抵抗と同様の働き，つまり負性抵抗をキャンセルする働きがあります．

反転アンプでは$R_G = 200Ω$を挿入して測定しました．ピークはMAX4108と同等（0.8dB）です．

▶ OPA691IDBV（電流帰還型）

非反転アンプの測定結果[**図12-26**(a)]から，R_S（200Ω）を追加するとピークが約0.2dB小さくなることがわかります．またR_Sがないと，80MHz以上で大きな盛り上がりが発生します．AD8007ARの結果からも，R_Sを入れるのが無難だと言え

12-4 ゲインと位相の周波数特性を測る方法

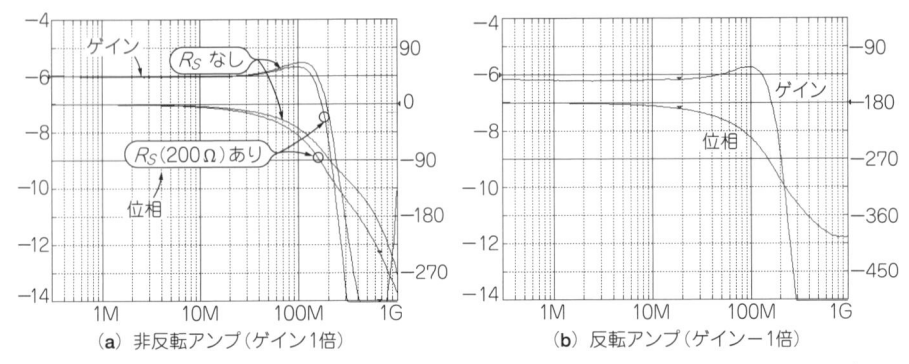

[図12-26] OPA691IDBV（電流帰還型）のゲインと位相の周波数特性（1dB/div, 45°/div）
左軸：ゲイン[dB]，右軸：位相[°]，横軸：周波数[Hz]

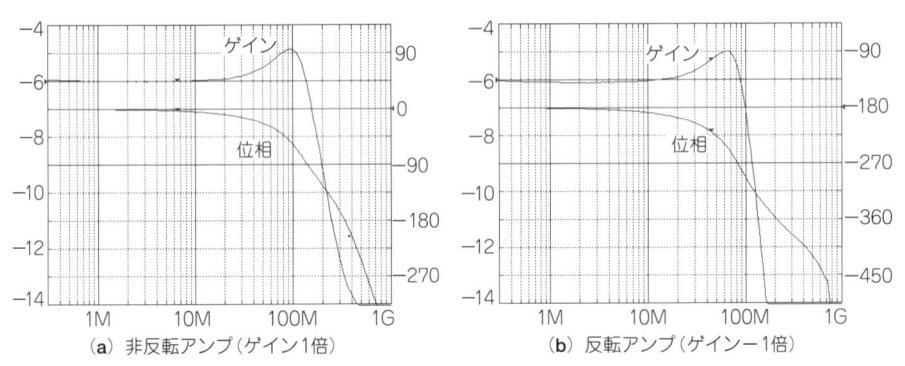

(a) 非反転アンプ（ゲイン1倍）
(b) 反転アンプ（ゲイン−1倍）

[図12-27] AD8027ARのゲインと位相の周波数特性（1dB/div, 45°/div）
左軸：ゲイン[dB]，右軸：位相[°]，横軸：周波数[Hz]

(a) 非反転アンプ（ゲイン1倍）
(b) 反転アンプ（ゲイン−1倍）

ます．フラットネスはAD8007ARより0.4dB良好です．
▶ AD8027AR（電圧帰還型）

　SELECT端子に直流バイアスを加えると初段の差動増幅回路の動作点を変えることができます．入力信号にDCオフセットが重畳しているときは，SELECT端子をコントロールして動作点を最適化すれば，ひずみ率が低くなります．
　図12-27に結果を示します．約1dBのゲインのピークが生じました．フラットネスや周波数特性の伸びを見ると，特性にあまり特徴はありません．
▶ LT1818CS8（電圧帰還型）
　2500V/μsの高速スルー・レートを実現しています．
　図12-28に結果を示します．ゲインのピークが1dBを越えており，反転アンプ

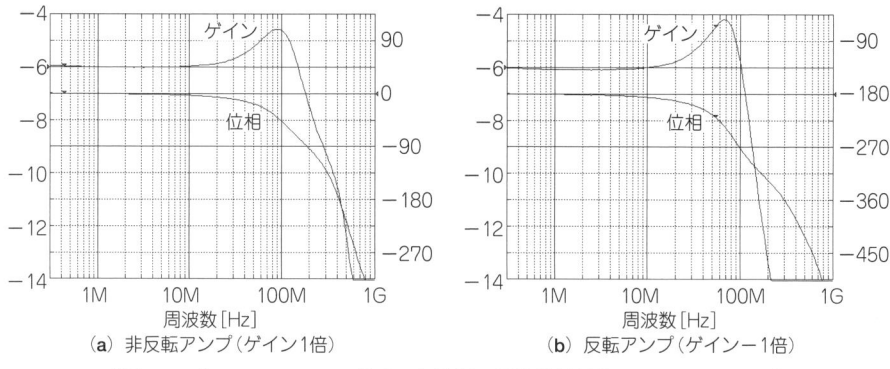

[図12-28] LT1818CS8のゲインと位相の周波数特性(1dB/div, 45°/div)
(a) 非反転アンプ(ゲイン1倍)　(b) 反転アンプ(ゲイン−1倍)
左軸：ゲイン[dB], 右軸：位相[°], 横軸：周波数[Hz]

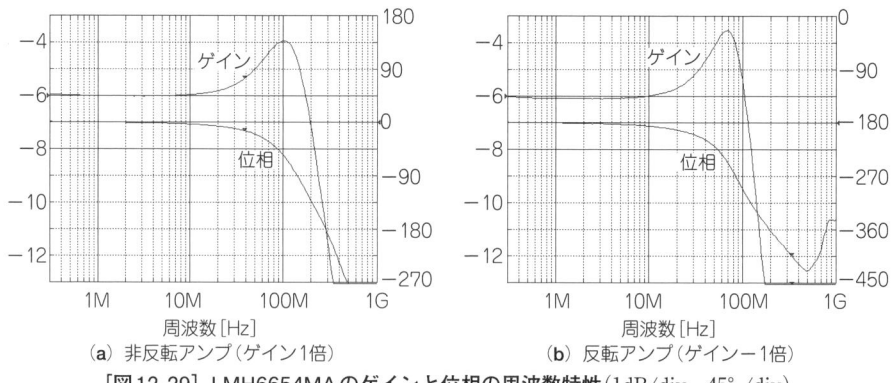

[図12-29] LMH6654MAのゲインと位相の周波数特性(1dB/div, 45°/div)
(a) 非反転アンプ(ゲイン1倍)　(b) 反転アンプ(ゲイン−1倍)
左軸：ゲイン[dB], 右軸：位相[°], 横軸：周波数[Hz]

のピークは非反転アンプよりも大きくなっています．

　ゲインの周波数特性の平坦性が良くないOPアンプをパルス回路に使用すると，オーバーシュートやリンギングに悩まされることがありますが，ピークを抑えることができれば立ち上がりの速いパルス信号を扱うことができます．

▶ LMH6654MA（電圧帰還型）

　図12-29に結果を示します．LT1818と同様，反転アンプのほうがゲインのピークが大きくなっています．非反転アンプでは2dB，反転アンプでは2.5dBのピークとなっています．

▶ LMH6657MF（電圧帰還型）

　図12-30に結果を示します．非反転アンプでピーク最大が0.7dBです．反転アン

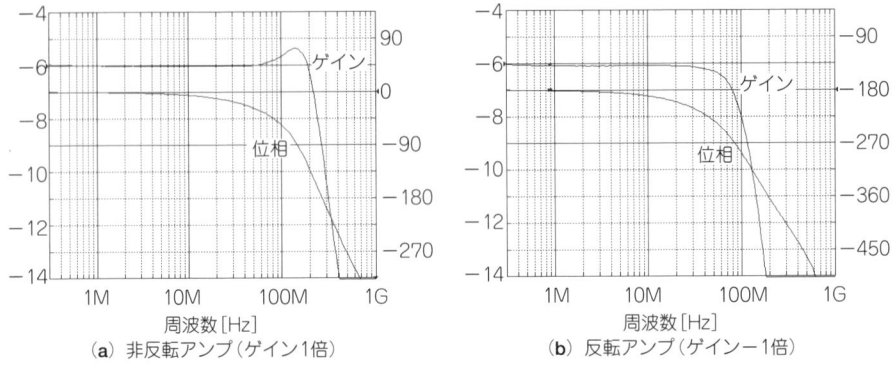

(a) 非反転アンプ（ゲイン1倍）　　(b) 反転アンプ（ゲイン−1倍）

[図12-30] LMH6657MFのゲインと位相の周波数特性（1dB/div，45°/div）
左軸：ゲイン[dB]，右軸：位相[°]，横軸：周波数[Hz]

プでは周波数特性の伸びが良くありませんが，評価した高速OPアンプの中では平坦性が一番良好です．

12-5　ひずみの評価

■高調波ひずみではなく相互変調ひずみで評価

● 入力と出力の関係が非線形な増幅素子は高調波ひずみを発生させる

図12-31に示すように，バイポーラ・トランジスタやJFETの入力電圧と出力電流の大きさはリニアな関係にありません．このような増幅素子に単一周波数の正弦波を入力すると，その周波数の2倍，3倍…の成分が生じます．この2倍，3倍の成分を2次高調波ひずみ，3次高調波ひずみと呼びます（図12-32）．

高調波ひずみは入力信号にはなく，アンプが加える余計な信号です．リニアな増幅が使命のアンプであれば，決して出してはならない信号です．

● 正弦波を入力して高調波を測定するひずみ測定では不十分

▶理由その1

高速OPアンプが扱うベースバンド信号（携帯電話の中間周波数信号など）や自然界の信号は必ず複数の周波数の成分で構成されています．単一周波数の信号を出力する応用はほとんどありません．単一周波数の正弦波を入力して，その高調波成分を測定する高調波ひずみ測定は実際のひずみ性能をまったく表現していません．

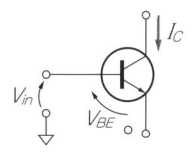

[図12-31] 入力と出力の関係が非線形な増幅素子は高調波ひずみを発生させる

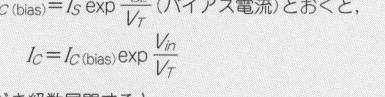

(a) バイポーラ・トランジスタ

● バイポーラ・トランジスタの入力(V_{in})と出力I_Cの関係は非線形である

$$I_C = I_S \exp\frac{V_{BE}}{V_T} \exp\frac{V_{in}}{V_T}$$

ただし，$V_T = kT/q \fallingdotseq 26\mathrm{mV}$，$I_S$：飽和電流，$k$：ボルツマン定数（$1.38\times 10^{-23}$ J/K），T：絶対温度（300K@27℃），q：キャリア（電子）の電荷（1.6×10^{-19}C）

$I_{C(\mathrm{bias})} = I_S \exp\frac{V_{BE}}{V_T}$（バイアス電流）とおくと，

$$I_C = I_{C(\mathrm{bias})} \exp\frac{V_{in}}{V_T}$$

べき級数展開すると，

$$I_C = I_{C(\mathrm{bias})}\left\{1 + \frac{V_{in}}{V_T} + \frac{1}{2!}\left(\frac{V_{in}}{V_T}\right)^2 + \frac{1}{3!}\left(\frac{V_{in}}{V_T}\right)^3 + \cdots\right\}$$

よって，
$$V_{out} = \alpha_1 V_{in} + \alpha_2 V_{in}^2 + \alpha_3 V_{in}^3 + \cdots$$
と考えることができる

(b) JFET

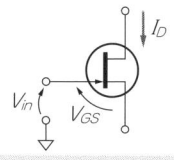

● JFETの入力(V_{in})と出力(I_D)は非線形である

$$I_D = I_{DSS}\left(1 - \frac{V_{GS} + V_{in}}{V_P}\right)^2$$

ただし，V_P：ピンチオフ電圧

$I_{D(\mathrm{bias})} = I_{DSS}\left(1 - \frac{V_{GS}}{V_P}\right)^2$（バイアス電流）とおくと，

$$I_D = I_{D(\mathrm{bias})} + I_{DSS}\left\{\left(1 - \frac{V_{in}}{V_P}\right)^2 + \frac{2V_{GS}V_{in}}{V_P^2} - 1\right\}$$

エンハンスメント・モードのJFETでは，
$$I_D = K(V_{GS} - V_{th})^2$$

ただし，K：定数，V_{th}：スレッショルド電圧

ディプリーション・モードのJFETでは，
$$I_D = I_{DSS}\left(1 - \frac{V_{GS}}{V_{th}}\right)^2$$

であるため，いずれも3乗の項は含まない．
よって，理想的には，
$$V_{out} = \alpha_1 V_{in} + \alpha_2 V_{in}^2 + \alpha_4 V_{in}^4 + \cdots$$
と考えることができる

▶ 理由その2

アンプのひずみを小さくするには，まずオープン・ループでのひずみを小さくする必要があります．このとき，初段のひずみを小さくすることが重要です．

図12-33に示すように，ディスクリート・アンプやOPアンプが初段に差動増幅回路を採用している理由は，トランジスタのもつ偶数次ひずみを打ち消すことができるからです．

アンプのひずみを高調波ひずみで評価すると，初段のひずみが悪く後段の周波数特性が悪かった場合，初段で発生した高調波成分が後段でフィルタリングされて，ひずみの原因を見逃してしまいます．

● 二つの信号を同時に入力してひずみを測る

多くの周波数成分で構成される信号を入力して，ひずみを測定するのは困難です．現実的には，**図12-34(b)**に示すように，二つの周波数（f_1とf_2）の正弦波を同時に

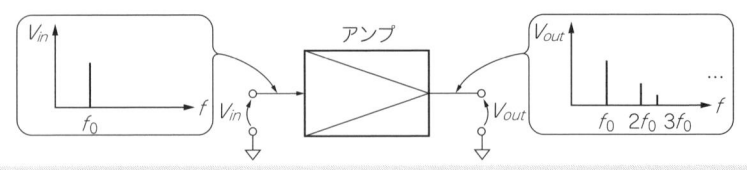

◎入力と出力の関係が非線形なアンプに単一周波数の正弦波を入力すると高調波が生まれる

アンプの入力電圧(V_{in})と出力電圧(V_{out})の関係は，
$$V_{out} = \alpha_1 V_{in} + \alpha_2 V_{in}^2 + \alpha_3 V_{in}^3 + \cdots$$
と表すことができる．

$V_{in} = A\cos\omega t$とすると，
$$V_{out} = \alpha_1 A\cos\omega t + \alpha_2 A^2 \cos^2\omega t + \alpha_3 A^3 \cos^3\omega t + \cdots$$

2倍角の公式，
$$\cos^2\omega t = \frac{1+\cos 2\omega t}{2}$$
と，3倍角の公式，
$$\cos^3\omega t = \frac{\cos 3\omega t + 3\cos\omega t}{4}$$
を利用すると，
$$V_{out} = \alpha_1 A\cos\omega t + \frac{\alpha_2 A^2}{2}(1+\cos 2\omega t) + \frac{\alpha_3 A^3}{4}(\cos 3\omega t + 3\cos\omega t)\cdots$$
$$= \frac{\alpha_2 A^2}{2} + \underbrace{\left(\alpha_1 A + \frac{3\alpha_3 A^3}{4}\right)\cos\omega t}_{\text{基本波成分}} + \underbrace{\frac{\alpha_2 A^2}{2}\cos 2\omega t}_{\text{2次高調波成分}} + \underbrace{\frac{\alpha_3 A^3}{4}\cos 3\omega t}_{\text{3次高調波成分}} + \cdots$$

が得られ，高調波が発生することがわかる

[図12-32] 非線形な増幅素子に単一波周波数の信号を入力すると高調波が生じる

入力して，f_1とf_2の近傍に生じる3次相互変調ひずみを測定します．この3次相互変調ひずみ成分の周波数はf_1とf_2に近いため，フィルタで取り除くのが困難です．

非線形な増幅素子に，周波数ω_1とω_2の周波数を同時に入力すると，各周波数成分の高調波以外に，次の変調成分（ひずみ）が現れます（**図12-35**）．

- 2次相互変調ひずみ：$\omega_1 + \omega_2$，$\omega_1 - \omega_2$
- 3次相互変調ひずみ：$2\omega_1 + \omega_2$，$2\omega_1 - \omega_2$，$2\omega_2 + \omega_1$，$2\omega_2 - \omega_1$

2次相互変調ひずみの振幅は，**図12-32**に示す2次高調波成分の2倍（6dB），3次相互変調ひずみの振幅は，3次高調波成分の3倍（9.5dB）にもなります．

● 相互変調ひずみの大きさはインターセプト・ポイントで表す

図12-36に示すように，入出力のレベルを対数軸で表すと，3次相互変調ひずみは入力の3倍の傾きで，2次相互変調ひずみは2倍の傾きで増大します．

3次相互変調ひずみの大きさは，直線的に変化する入力-出力特性線を伸ばした

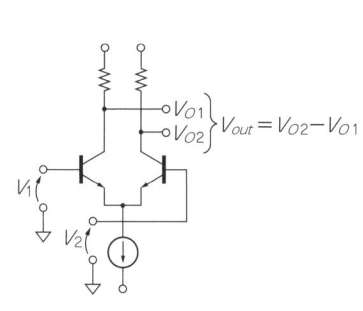

$V_1 = -A\cos\omega t$
$V_2 = A\cos\omega t$
とすると,

$$V_{O1} = \frac{\alpha_1 A^2}{2} - \left(\alpha_1 A + \frac{3\alpha_3 A^3}{4}\right)\cos\omega t$$
$$+ \underbrace{\frac{\alpha_2 A^2}{2}\cos 2\omega t}_{\text{2次高調波成分}} - \frac{\alpha_3 A^3}{4}\cos 3\omega t + \cdots$$

$$V_{O2} = \frac{\alpha_1 A^2}{2} + \left(\alpha_1 A + \frac{3\alpha_3 A^3}{4}\right)\cos\omega t$$
$$+ \underbrace{\frac{\alpha_2 A^2}{2}\cos 2\omega t}_{\text{2次高調波成分}} + \frac{\alpha_3 A^3}{4}\cos 3\omega t + \cdots$$

$$V_{out} = V_{O2} - V_{O1}$$
$$= 2 \times \left(\alpha_1 A + \frac{3\alpha_3 A^3}{4}\right)\cos\omega t + \frac{\alpha_3 A^3}{2}\cos 3\omega t + \cdots$$

このように,2次高調波などの偶数次ひずみはキャンセルされる

[図12-33] 差動増幅回路はトランジスタの偶数次ひずみを打ち消す

直線と,入力-3次相互変調ひずみ特性線を伸ばした直線が交わる点の入力レベル(IIP_3)または出力レベル(OIP_3)で表します.この交点をインターセプト・ポイント(Intercept Point;IP)と呼びます

インターセプト・ポイントは,相互変調ひずみのレベルと入力(出力)レベルが等しくなる点です.この点がわかれば,**図12-36**のようなグラフを描くことで,任意の入力レベルのときの相互変調ひずみのレベルを予測できます.

インターセプト・ポイントは,ある1点の相互変調ひずみΔIMを測定するだけで求まります.測定するときは,出力レベルが飽和しないように,入力レベルをできるだけ小さくします.

3次相互変調ひずみのインターセプト・ポイントは,入力レベルで表すときIIP_3,出力レベルで表すときOIP_3という記号を使います.TOI(Third Order Intercept Point)と表されることもあります.

■相互変調ひずみの評価法と分析

● 測定方法

図12-37に,相互変調ひずみの測定方法を示します.

2台のシグナル・ジェネレータの出力をパワー・コンバイナで合成し,2信号を生成します.2信号の周波数間隔は100kHz($\Delta f = 100$kHz)です.

相互変調ひずみの測定データには,測定系の相互変調ひずみ(測定限界)を書き入

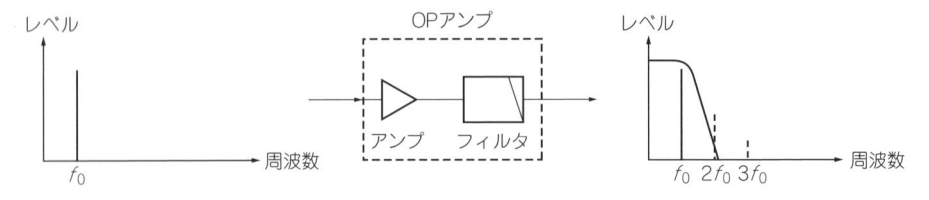

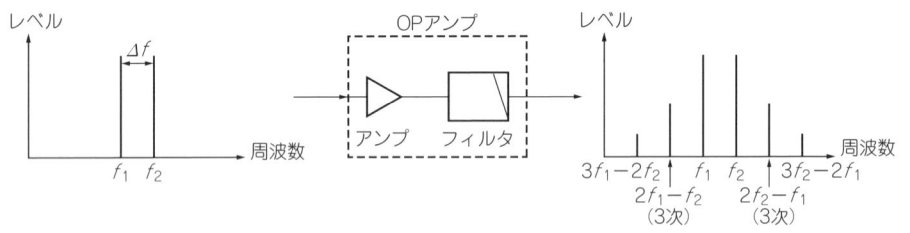

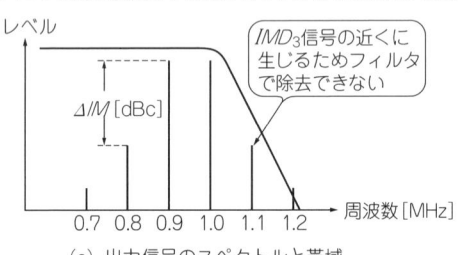

[図12-34] **アンプのひずみは2信号を同時に入力したときに生じる3次相互変調ひずみで評価する**

れておきます．測定限界と測定値との差が10dBに満たない場合は，測定値の信頼性が十分ではありません．

測定データを取得したときの測定限界を示すことは，データの正当性を示すうえで重要です．後出の実測データからわかるように，測定限界（OIP_3 = 45dB）の性能が得られる場合は，測定器の性能以上に高性能なOPアンプだと判断します．

高周波用の同軸リレーなどの接点でも相互変調ひずみは発生するようですが，そのOIP_3は100dBmなどと非常に大きいですから，一般の計測器では測定できません．

● 結果と分析

図12-37に示すように，OPアンプの出力にR_{out} = 51Ωを接続し，スペクトラ

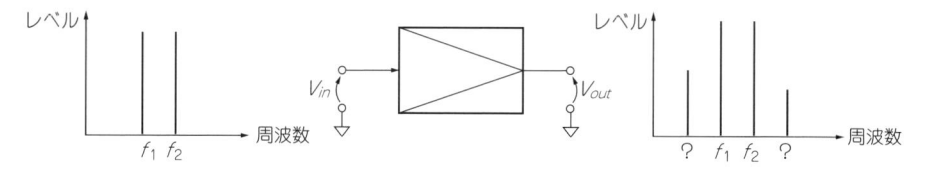

$V_{in} = A_1 \cos\omega_1 t + A_2 \cos\omega_2 t$
$V_{out} = \alpha_1 V_{in} + \alpha_2 V_{in}^2 + \alpha_3 V_{in}^3 + \cdots$

とすると，
$V_{out} = \alpha_1(A_1\cos\omega_1 t + A_2\cos\omega_2 t) + \alpha_2(A_1^2\cos^2\omega_1 t + A_2^2\cos^2\omega_2 t + 2A_1A_2\cos\omega_1 t \cos\omega_2 t)$
$\qquad + \alpha_3(A_1^3\cos^3\omega_1 t + 3A_1^2A_2\cos^2\omega_1 t \cos\omega_2 t + 3A_1A_2^2\cos\omega_1 t \cos^2\omega_2 t + A_2^3\cos^3\omega_2 t)$

2倍角の公式 $\cos^2\alpha = \dfrac{\cos 2\alpha + 1}{2}$, 3倍角の公式 $\cos^3\alpha = \dfrac{\cos 3\alpha + 3\cos\alpha}{4}$,

積→和の公式 $\cos\alpha\cos\beta = \dfrac{\cos(\alpha+\beta)+\cos(\alpha-\beta)}{2}$

を使って整理すると次のようになる．

$V_{out} = \dfrac{\alpha_2}{2}(A_1^2+B_1^2)$ 直流

$\quad + \left(\alpha_1 A_1 + \dfrac{3\alpha_3 A_1^3}{4} + \dfrac{3\alpha_3 A_1 A_2^2}{2}\right)\cos\omega_1 t + \left(\alpha_1 A_2 + \dfrac{3\alpha_3 A_2^3}{4} + \dfrac{3\alpha_3 A_1^2 A_2}{2}\right)\cos\omega_2 t \Big\}$ 基本波

$\quad + \dfrac{\alpha_2 A_1^2}{2}\cos 2\omega_1 t + \dfrac{\alpha_2 A_2^2}{2}\cos 2\omega_2 t + \alpha_2 A_1 A_2\{\cos(\omega_1+\omega_2)t + \cos(\omega_1-\omega_2)t\} \Big\}$ 2次

$\quad + \dfrac{\alpha_3 A_1^3}{4}\cos 3\omega_1 t + \dfrac{\alpha_3 A_2^3}{4}\cos 3\omega_2 t + \dfrac{3\alpha_3 A_1^2 A_2}{4}\{\cos(2\omega_1+\omega_2)t + \cos(2\omega_1-\omega_2)t\}$
$\quad + \dfrac{3\alpha_3 A_1 A_2^2}{4}\{\cos(2\omega_2+\omega_1)t + \cos(2\omega_2-\omega_1)t\} \Big\}$ 3次

2次，3次の項の$\cos 2\omega_1 t$，$\cos 3\omega_1 t$，$\cos 2\omega_2 t$，$\cos 3\omega_2 t$の成分は高調波である．したがって相互変調ひずみは，

　　2次：$\omega_1 \pm \omega_2 (f_1 \pm f_2)$
　　3次：$2\omega_1 \pm \omega_2 (2f_1 \pm f_2)$, $2\omega_2 \pm \omega_1 (2f_2 \pm f_1)$

に生じることがわかる．

[図12-35] 相互変調ひずみによる不要信号の周波数

ム・アナライザの入力インピーダンスを50Ωに設定しているので，後出のデータの出力レベルの基準ラインは−6dBです．また，0dBm = 223.6mV$_{RMS}$の関係を使えば，適宜電力レベルを電圧レベルに変換してデータを読み取ることができます．

▶ MAX4108ESA（電圧帰還型）

　図12-38に結果を示します．OIP_3特性は40MHzを越えると悪化し始めます．

▶ AD8007AR（電流帰還型）

　図12-39に結果を示します．

「正負電源間にパスコンを入れると2次高調波が軽減される」とデータシートに記されていたので，効果を調べてみました．OIP_3特性には違いは見られませんでしたが，反転アンプのOIP_2特性には改善効果が現れました．非反転アンプは測定限

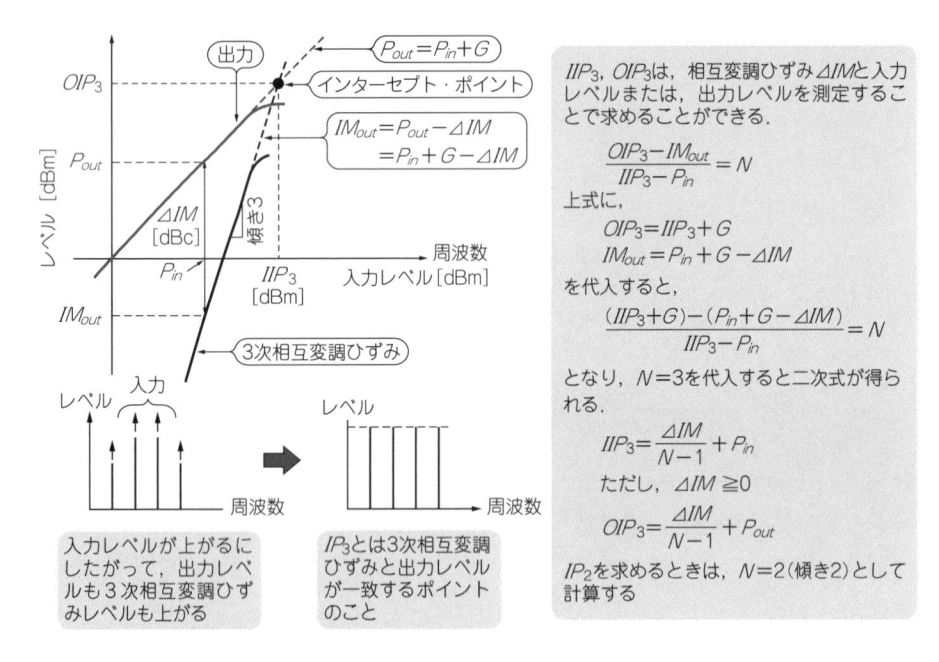

IIP_3, OIP_3は，相互変調ひずみ ΔIM と入力レベルまたは，出力レベルを測定することで求めることができる．

$$\frac{OIP_3 - IM_{out}}{IIP_3 - P_{in}} = N$$

上式に，

$OIP_3 = IIP_3 + G$
$IM_{out} = P_{in} + G - \Delta IM$

を代入すると，

$$\frac{(IIP_3 + G) - (P_{in} + G - \Delta IM)}{IIP_3 - P_{in}} = N$$

となり，$N=3$ を代入すると二次式が得られる．

$$IIP_3 = \frac{\Delta IM}{N-1} + P_{in}$$

ただし，$\Delta IM \geq 0$

$$OIP_3 = \frac{\Delta IM}{N-1} + P_{out}$$

IP_2 を求めるときは，$N=2$（傾き2）として計算する

[図12-36] **相互変調ひずみの大きさはインターセプト・ポイントで表す**

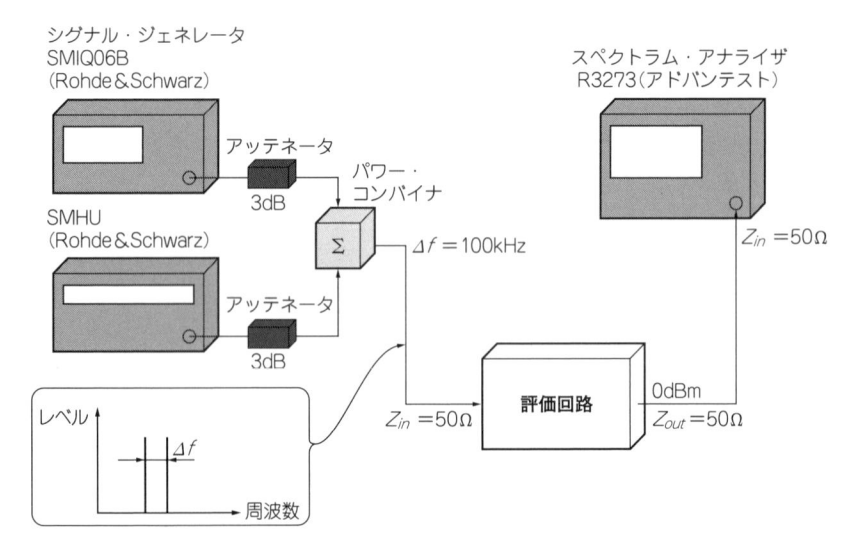

[図12-37] **相互変調ひずみの評価法**

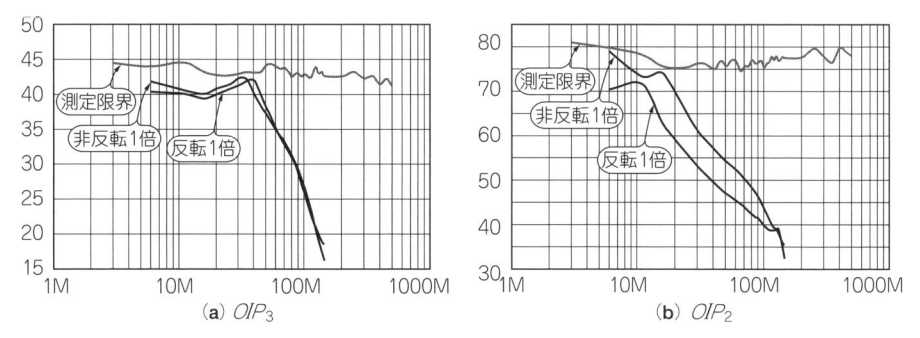

[図 12-38] MAX4108ESAの相互変調ひずみ
縦軸：OIP_3 または OIP_2 [dBm]，横軸：周波数[Hz]

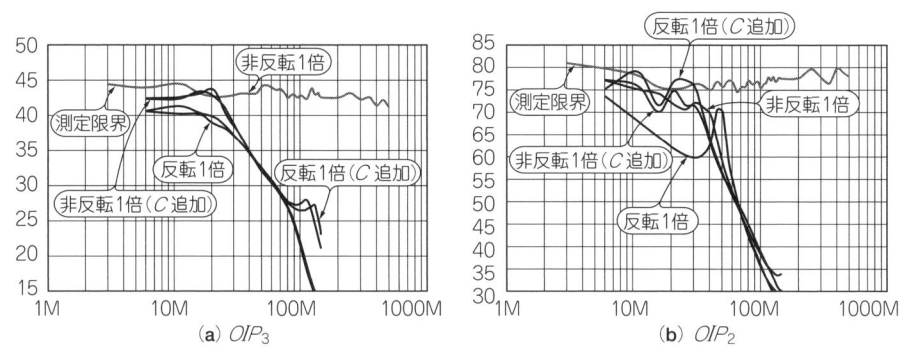

[図 12-39] AD8007AR（電流帰還型）の相互変調ひずみ
縦軸：OIP_3 または OIP_2 [dBm]，横軸：周波数[Hz]

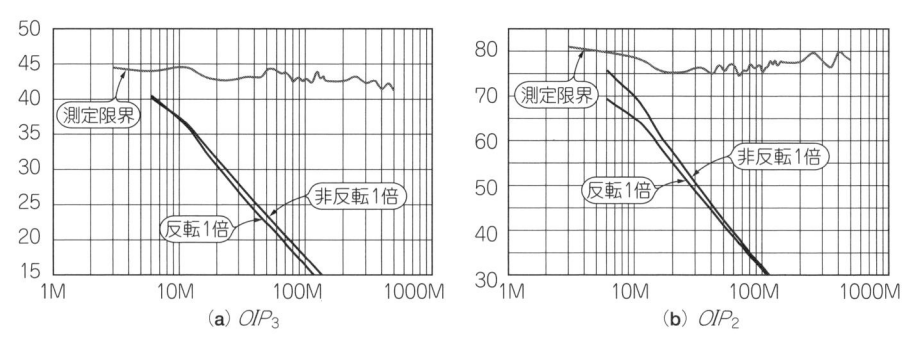

[図 12-40] OPA691IDBV（電流帰還型）の相互変調ひずみ
縦軸：OIP_3 または OIP_2 [dBm]，横軸：周波数[Hz]

12-5 ひずみの評価

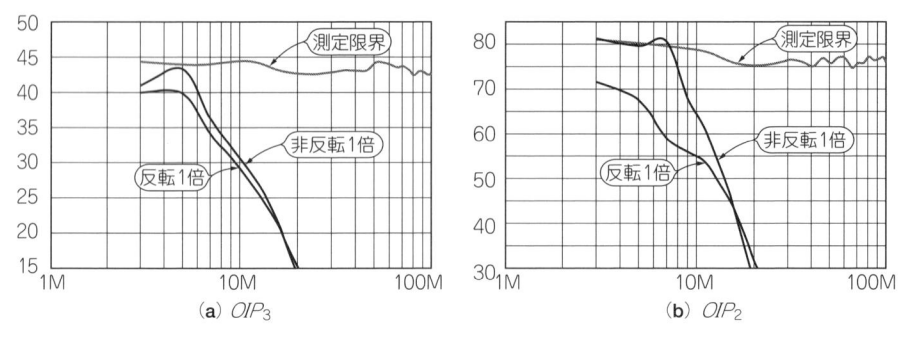

[図12-41] AD8027ARの相互変調ひずみ
縦軸：OIP_3 または OIP_2 [dBm]，横軸：周波数[Hz]

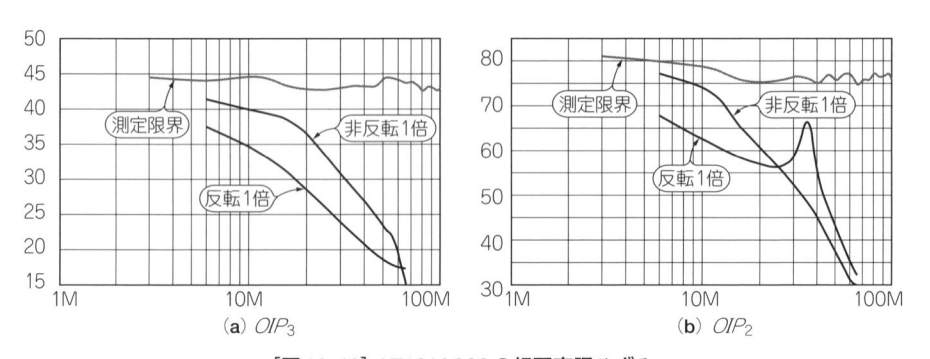

(a) OIP_3
(b) OIP_2

[図12-42] LT1818CS8の相互変調ひずみ
縦軸：OIP_3 または OIP_2 [dBm]，横軸：周波数[Hz]

(a) OIP_3
(b) OIP_2

界に達しているので効果は確認できませんでした．

▶ OPA691IDBV（電流帰還型）

 正負電源間にパスコンを入れた状態で評価しました．結果を図12-40に示します．ひずみ特性は10MHzから急激に悪化します．AD8007ARと比較するとひずみ性能はあまり良くありません．

▶ AD8027AR（電圧帰還型）

 図12-41に評価結果を示します．横軸は最大100MHzに設定されています．7MHzまでは低ひずみです．MAX4108ESAやAD8007ARに比べると見劣りします．

▶ LT1818CS8（電圧帰還型）

 図12-42に結果を示します．10MHzより高い周波数でひずみ特性が悪化しています．

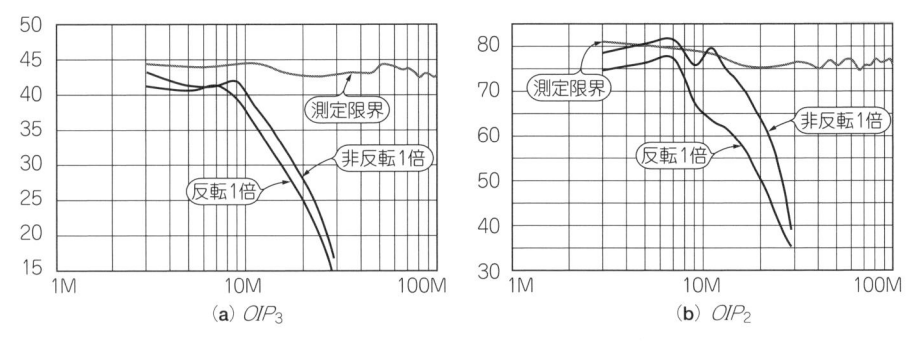

[図12-43] LMH6654MAの相互変調ひずみ
縦軸：OIP_3 または OIP_2 [dBm]，横軸：周波数[Hz]

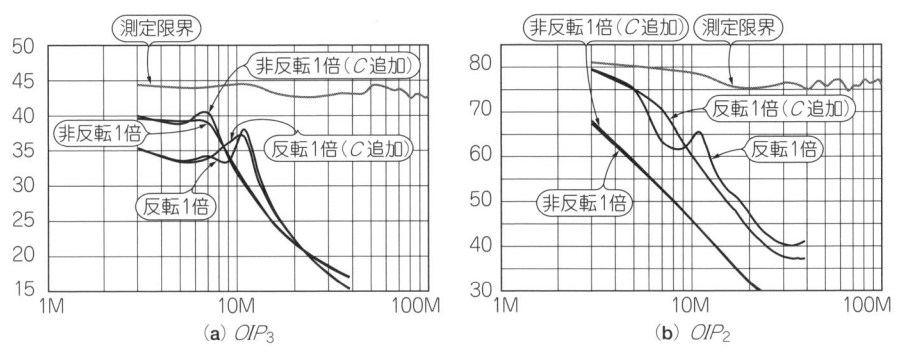

[図12-44] LMH6657MFの相互変調ひずみ
縦軸：OIP_3 または OIP_2 [dBm]，横軸：周波数[Hz]

▶ LMH6654MA（電圧帰還型）

図12-43に結果を示します．AD8027ARと比較するとこちらのほうが高い周波数まで低ひずみです．

▶ LMH6657MF（電圧帰還型）

図12-44に結果を示します．

ひずみ特性はあまり良くないですが，フラットネスが良好なので，パルス回路に安心して使えます．電流帰還型OPアンプでOIP_2改善に有効だった電源間のパスコンの効果はありませんでした．電圧帰還型OPアンプの場合，正負電源間にパスコンを入れても2次高調波ひずみの低減効果はないと思われます．

参考・引用＊文献

● まえがき
(1)＊岡村 廸夫；定本OPアンプ回路の設計，1993年，CQ出版社．
(2)＊アナログ・デバイセズ，電子回路技術研究会訳；OPアンプ大全 第1巻 OPアンプの歴史と回路技術の基礎知識，2003年，CQ出版社．
(3)＊佐藤 尚一，瀬志本 明；OPアンプ4558物語，トランジスタ技術2006年5月号，pp.201-212，CQ出版社．

● 第1章
(1)＊川田 章弘；特集 アナログ回路設計にTRY!，トランジスタ技術2006年1月号，CQ出版社．
(2)＊川田 章弘；特集 速習！アナログ・フィルタ設計入門，トランジスタ技術2008年7月号，CQ出版社．

● 第2章
(1)＊川田 章弘；特集 アナログ回路設計にTRY!，トランジスタ技術2006年1月号，CQ出版社．

● 第3章
(1)＊漆谷 正義；トランジスタ技術SPECIAL for フレッシャーズ No.102，特集 抵抗＆コンデンサ活用ノート，2008年，CQ出版社．
(2)＊1-2-3 ネットワーク抵抗器（フェースボンド形）カタログ，アルファ・エレクトロニクス㈱．
http://www.alpha-elec.co.jp/w2img/ww1210144917H19M06.pdf
(3)＊LM2904 DataSheet DS007787, 2005, National Semiconductor
(4)＊LM2904 DataSheet SLOS068P, 2004, Texas Instruments

● 第4章
(1)＊馬場 清太郎；OPアンプによる実用回路設計，2004年，CQ出版社．
(2)＊岡村 廸夫；定本 OPアンプ回路の設計，1993年，CQ出版社．
(3)＊川田 章弘；低オフセットOPアンプの使い方，トランジスタ技術2004年1月号，pp.249-256，CQ出版社．
(4) P.R.Gray, P.J.Hurst, S.H.Lewis, R.G.Meyer, Analysis and Design of Analog Integrated Circuits, Fourth Edition, 2001, John Wiley & Sons,Inc. (ISBN 0-471-32168-0).
(5)＊川田 章弘；特集 第2章 OPアンプ応用回路Q＆A (Q2-3)，トランジスタ技術2008年5月号，pp.119，CQ出版社．

● 第5章
(1)*川田 章弘；低雑音OPアンプの使い方と最新デバイスの評価，トランジスタ技術2003年12月号，pp.205-215，CQ出版社．
(2)*川田 章弘；OPアンプ回路の定数設計と部品選び，トランジスタ技術2004年6月号，pp.132-150，CQ出版社．
(3) 遠坂 俊昭；計測のためのアナログ回路設計，1997年，CQ出版社．
(4) C. D. Motchenbacher, F. C. Fitchen, 斎藤 正男監訳；低雑音電子回路の設計，1979年，近代科学社．
(5) C. D. Motchenbacher, J. A. Connelly；Low Noise Electronic System Design，1993，John Wiley & Sons Inc.（ISBN：0-471-57742-1）
(6) 馬場 清太郎；OPアンプによる実用回路設計，2004年，CQ出版社．
(7)*Ron Mancini ed.；Op Amps for Everyone 2nd Ed, Chap.10, pp.123-145, Newnes, 2003.（ISBN 0-7506-7701-5）
(8)*Noise Analysis in Operational Amplifier Circuits, Application Report SLVA043A, 1999, Texas Instruments Inc.
(9) 小林 常人；上級無線従事者用，空中線系と電波伝搬（上）（下），1992年，無線従事者教育協会．

● 第5章 Appendix A
(1)*TLV272 DataSheet SLOS351D, 2004, Texas Instruments.
(2)*川田 章弘；特集 アナログ回路設計にTRY！，トランジスタ技術2006年1月号，CQ出版社．
(3)*Ron Mancini ed.；Op Amps for Everyone 2nd Ed, Chap.18, pp.355-377, Newnes, 2003.（ISBN 0-7506-7701-5）
(4)*AD8651 DataSheet Rev.C, Analog Devices,Inc., 2006

● 第5章 Appendix B
(1) T. Antal, M. Droz, G. Gyorgyi, Z. Racz：1/f Noise and Extreme Value Statistics, PHYSICAL REVIEW LETTERS Vol.87, No.24（240601），The American Physical Society, 2001.
(2)*川田 章弘；特集 アナログ回路設計にTRY！，トランジスタ技術2006年1月号，CQ出版社．
(3) Udo Zolzer；Digital Audio Signal Processing, 1998, John Wiley & Sons Inc.（ISBN：0-471-97226-6）

● 第6章
(1)*川田 章弘；特集 アナログ回路設計にTRY！，トランジスタ技術2006年1月号，CQ出版社．

(2)＊川田 章弘；OPアンプ回路の定数設計と部品選び，トランジスタ技術2004年6月号，pp.132-150，CQ出版社．

● 第6章 Appendix A

(1)＊川田 章弘；OPアンプ回路の定数設計と部品選び，トランジスタ技術2004年6月号，pp.132-150，CQ出版社．
(2)＊川田 章弘，黒田 徹，岡村 武夫；OPアンプのコモンセンス，トランジスタ技術2008年4月号，pp.149，CQ出版社．

● 第7章

(1) 遠坂 俊昭；計測のためのアナログ回路設計，1997年，CQ出版社．
(2)＊馬場 清太郎；OPアンプによる実用回路設計，p.286，CQ出版社．
(3)＊川田 章弘；特集 アナログ回路設計にTRY！，トランジスタ技術2006年1月号，CQ出版社．
(4)＊計測お役立ち情報，伝達特性の測定，エヌエフ回路設計ブロック．
　　http://www.nfcorp.co.jp/techinfo/keisoku/dentatu/index.html
(5)＊川田 章弘；高速OPアンプの使い方の基本，トランジスタ技術2004年5月号，pp.209-214，CQ出版社．
(6) Behzad Razavi，黒田 忠広 監訳；アナログCMOS集積回路の設計 応用編，2003年，丸善㈱．
(7) 水上 憲夫；自動制御，1993年，朝倉書店．
(8) 杉江 俊治，藤田 政之；フィードバック制御入門，2007年，コロナ社．

● 第7章 Appendix A

(1) 川田 章弘：電子回路シミュレータTINAを使用した負帰還安定性の検討，JAJA097，Texas Instruments Japan．
　　http://focus.tij.co.jp/jp/lit/an/jaja097/jaja097.pdf
(2) 柴田 肇：トランジスタの料理法，2007年，CQ出版社．
(3) R.D.Middlebrook：Measurement of loop gain in feedback systems，International Journal of Electronics，pp.485-512，vol.38，no.4，Apr.1975．

● 第8章

(1) 黒田 徹；解析OPアンプ＆トランジスタ活用，2002年，CQ出版社．
(2)＊松井 邦彦；OPアンプ活用100の実践ノウハウ，1999年，CQ出版社．
(3) P.R.Gray，R.G.Meyer，永田 穣監訳；超LSIのためのアナログ集積回路設計技術（上），1997年，培風館．
(4) 澤岡 昭；電子材料，基礎から光機能材料まで，1999年，森北出版．
(5) 一ノ瀬 昇 編；電気電子機能材料，1996年，オーム社．
(6) 馬場 清太郎；わかる!!アナログ回路教室 第3回 負帰還による諸特性の改善とオフセッ

ト対策，トランジスタ技術2002年3月号，pp.257-269，CQ出版社．
(7)* 馬場 清太郎；わかる!!アナログ回路教室 第5回 差動増幅回路の設計，トランジスタ技術2002年5月号，pp.221-228，CQ出版社．
(8) 稲葉 保；アナログ技術センスアップ101，2001年，CQ出版社．
(9)* 江藤 章；高精度OPアンプの特性実験と使い方，トランジスタ技術SPECIAL No.41，特集 実験で学ぶOPアンプのすべて，pp.111-121，1999年，CQ出版社．
(10) デジタル・エレクトロメータ，8252カタログ，㈱エーディーシー．
http://www.adcmt.com/techinfo/product/intro/i_8252.html
(11)* OP07 DataSheet Rev. A 2002，Analog Devices, Inc.
(12)* OP177 DataSheet Rev. C 2002，Analog Devices, Inc.
(13)* OP27 DataSheet Rev. C 2003，Analog Devices, Inc.
(14)* OPA27/OPA37 DataSheet 2000，Texas Instruments, Inc.
(15)* AD8610 DataSheet Rev. C 2002，Analog Devices, Inc.
(16)* AD8628 DataSheet Rev. 0 2002，Analog Devices, Inc.
(17)* OPA334 DataSheet 2003，Texas Instruments, Inc.

● 第9章
(1) 黒田 徹；解析OPアンプ＆トランジスタ活用，2002年，CQ出版社．
(2) 遠坂 俊昭；計測のためのアナログ回路設計，1997年，CQ出版社．
(3) Behzad Razavi，黒田 忠広 監訳；RFマイクロエレクトロニクス，2002年，丸善㈱．
(4) P. R. Gray，R. G. Meyer，永田 穣監訳；超LSIのためのアナログ集積回路設計技術(下)，1998年，培風館．
(5) 遠坂 俊昭；計測のためのフィルタ回路設計，1998年，CQ出版社．
(6)* LI5640ディジタル・ロックイン・アンプ取り扱い説明書,㈱エヌエフ回路設計ブロック．
(7) LT1028 Data Sheet 1992，Linear Technology, Corp.
(8)* OPA627 Data Sheet 1998，Texas Instruments, Inc.
(9)* AD797 Data Sheet Rev. D 2002，Analog Devices, Inc.
(10)* LT6200 Data Sheet 2002，Linear Technology, Corp.
(11)* LT6202 Data Sheet 2002，Linear Technology, Corp.
(12)* LMH6702 Data Sheet 2002，National Semiconductor Corp.
(13)* OPA846 Data Sheet 2003，Texas Instruments, Inc.

● 第10章
(1) 岡村 廸夫；定本OPアンプ回路の設計，1993年，CQ出版社．
(2) 遠坂 俊昭；計測のためのアナログ回路設計，1997年，CQ出版社．
(3) 馬場 清太郎；わかる!!アナログ回路教室[5] 差動増幅回路の設計，トランジスタ技術2002年5月号，pp.221-228，CQ出版社．

(4) 馬場 清太郎；わかる!!アナログ回路教室[6] 差動増幅回路の調整と試作，トランジスタ技術2002年6月号，pp.231-245，CQ出版社．
(5) 長谷川 弘；知ると知らないとでは大違い アナ／デジ混在回路設計の勘どころ，1998年，日刊工業新聞社．
(6) Michel Mardiguian，小林岳彦訳；EMC設計の実際-放射妨害波の制御，2000年，丸善㈱．
(7) 魚田 隆；電流検出測定と差動増幅回路，トランジスタ技術増刊，受動部品の選び方と活用ノウハウ，pp.139-143，2000年，CQ出版社．
(8)* AMP03 DataSheet Rev. E 1999，Analog Devices, Inc.
(9)* INA157 DataSheet 2000，Texas Instruments, Inc.
(10)* AD628 DataSheet Rev. A 2003，Analog Devices, Inc.
(11)* AMP01 DataSheet Rev. D 1999，Analog Devices, Inc.
(12)* LTC6800 DataSheet 2002，Linear Technology, Corp.
(13) 特開平7-66564，多層プリント配線基板におけるガード電極の構造．
(14)*川田 章弘，黒田 徹，岡村 武夫；OPアンプのコモンセンス，トランジスタ技術2008年4月号，pp.144-145，CQ出版社．
(15) 安藤 繁；電子回路 ── 基礎からシステムまで ──，1995年，培風館．

● 第11章
(1)*遠坂 俊昭；計測のためのアナログ回路設計，1997年，CQ出版社．
(2) Agilent/NVE GMR Isolators-Performance Comparison to Analog Devices iCoupler Products，Analog Devices，2003．
(3)* AD210 DataSheet Rev. A，Analog Devices, Inc.
(4)* HCNR201 DataSheet，Agilent Technologies.
(5)* ADuM1100 DataSheet Rev. D 2003，Analog Devices, Inc.
(6)* IL715/6/7 DataSheet 2002，NVE Corp.
(7)* NVE社IL7XXシリーズ使用上の注意点，2003年4月2日，㈱ロッキー．

● 第12章
(1) Sergio Franco；Current-Feedback Amplifiers，Analog Circuit Design:Art, Science and Personalities(Jim Williams ed.)，ISBN0-7506-9640-0，1991，Butterworth-Heinemann.
(2) 山本 誠；第7章 電流帰還型OPアンプの設計・製作，定本 続トランジスタ回路の設計(鈴木 雅臣 著)，pp.160-181，1998年，CQ出版社．
(3) 岡村 廸夫；定本OPアンプ回路の設計，1993年，CQ出版社．
(4) 遠坂 俊昭；計測のためのアナログ回路設計，1997年，CQ出版社．
(5) Jim Karki；補償回路なしのOPアンプによる回路の性能向上，Analog Applications Journal, Vol.4，pp.26-31，Texas Instruments,Inc.

(6) 石橋 幸男：アナログ電子回路演習 — 基礎からの徹底理解 —，1998年，培風館．
(7) P.R.Gray/R.G.Meyer 著，永田 穣 監訳；超LSIのためのアナログ集積回路設計技術（上），1997年，培風館．
(8) Behzad Razavi，黒田 忠広 監訳；RFマイクロエレクトロニクス，2002年，丸善㈱．
(9) 松井 邦彦，末木 豊；高速・広帯域OPアンプの特性実験と使い方，トランジスタ技 SPECIAL No.41，pp.122-141，CQ出版社．
(10)* MAX4108 DataSheet Rev. 2, 1997, Maxim Integrated
(11)* AD8007 DataSheet Rev. C, 2002, Analog Devices, Inc.
(12)* OPA691 DataSheet, 2001, Texas Instruments, Inc.
(13)* AD8027 DataSheet Rev. 0, 2003, Analog Devices, Inc.
(14)* LT1818 DataSheet, 2002, Linear Technology, Corp.
(15)* THS4302 DataSheet, 2002, Texas Instruments, Inc.
(16)* LMH6654 DataSheet, 2001, National Semiconductor, Corp.
(17)* LMH6657 DataSheet, 2002, National Semiconductor, Corp.

——本書は下記の記事を加筆修正したものです——

● 第1章，第2章，第3章，第6章
- アナログ回路設計にTRY！，トランジスタ技術2006年1月号，川田 章弘，CQ出版社

● 第5章
- 低雑音OPアンプの使い方と最新デバイスの評価，トランジスタ技術2003年12月号，川田 章弘，CQ出版社．
- OPアンプ回路の定数設計と部品選び，トランジスタ技術2004年6月号，pp.132-150，川田 章弘，CQ出版社．

● 第8章
- 低オフセットOPアンプの使い方；トランジスタ技術2004年1月号，川田 章弘，CQ出版社．
- 低オフセットOPアンプの評価実験；トランジスタ技術2004年2月号，川田 章弘，CQ出版社．

● 第9章
- 低雑音OPアンプの使い方と最新デバイスの評価；トランジスタ技術2003年12月号，川田 章弘，CQ出版社．

● 第10章
- 差動増幅器とインスツルメンテーション・アンプの使い方；トランジスタ技術2004年3月号，川田 章弘，CQ出版社．
- 差動アンプとインスツルメンテーション・アンプの評価実験；トランジスタ技術2004年4

月号，川田 章弘，CQ出版社．

● 第11章
- アイソレーション・デバイスの評価（前編）；トランジスタ技術2004年10月号，川田 章弘，CQ出版社．
- アイソレーション・デバイスの評価（後編）；トランジスタ技術2004年11月号，川田 章弘，CQ出版社．

● 第12章
- 高速OPアンプの使い方の基本：トランジスタ技術2004年5月号，川田 章弘，CQ出版社．
- 高速OPアンプの位相補償テクニック；トランジスタ技術2004年6月号，川田 章弘，CQ出版社．
- 高速OPアンプの評価（前編）；トランジスタ技術2004年7月号，川田 章弘，CQ出版社．
- 高速OPアンプの評価（後編）；トランジスタ技術2004年8月号，川田 章弘，CQ出版社．

索引

【数字・記号】

2次高調波 —— 323
2次高調波ひずみ —— 336
2次相互変調ひずみ —— 338
3次高調波ひずみ —— 336
3次相互変調ひずみ —— 338
$1/f$ 雑音 —— 130

【アルファベット】

AD210 —— 298
AD628 —— 273, 282
AD797 —— 249
AD8007 —— 318, 322
AD8027 —— 318
AD8610 —— 30, 121, 230
AD8628 —— 230
AD8651 —— 161
ADuM1100 —— 311
AMP01 —— 282
AMP03 —— 282
BUF634 —— 193
$CMRR$ —— 48, 266
CMVエラー —— 198
DCサーボ —— 120
dec —— 172
GBW —— 171, 182
GB積 —— 172
HCNR201 —— 300
IIP_3 —— 339
IL715 —— 312
$IMRR$ —— 308
INA157 —— 282
JFET入力型 —— 241
LM12CLK —— 189
LM2904 —— 30, 56, 153
LM358 —— 56
LMC662 —— 30
LMH6645 —— 161
LMH6654 —— 318
LMH6657 —— 318
LMH6702 —— 251
LT1818CS8 —— 318
LT6200CS8 —— 250
LT6202CS8 —— 250
LTC6800 —— 283
MAX4108 —— 318, 325
NJM2711 —— 184
NJM2722 —— 184
NJM2749A —— 122
NJM4558 —— 183
oct —— 172
OIP_3 —— 262, 339
OP07CP —— 229
OP177FP —— 229
OP27EP —— 229
OP27GS —— 229
OPA211 —— 30
OPA2277 —— 226
OPA2350 —— 173, 186
OPA277 —— 113
OPA27U —— 229

OPA334 —— 230
OPA350 —— 157
OPA365 —— 157
OPA541 —— 189
OPA627 —— 145, 193, 249
OPA691IDBV —— 318
OPA827 —— 121, 145, 249
OPA846ID —— 251
PPSコンデンサ —— 245
PSRR —— 213, 290, 323
RFI —— 205
RRI型 —— 152
RRO型 —— 152
SN比 —— 127
THD+N —— 161
THS3001 —— 30
THS3201 —— 30
THS4011 —— 193
THS4031 —— 193
TLV272 —— 153, 173, 186
TOI —— 339
T型帰還回路 —— 144
μA741 —— 106
μPC811 —— 122
μPC812 —— 279

【あ・ア行】

アイソレーション・アンプ —— 295
アイソレーション・デバイス
　　—— 295
アクティブ・プローブ —— 216
圧電効果 —— 232
アナログ —— 19
アナログ・グラウンド —— 309
アバランシェ雑音 —— 131, 134
アルミ電解コンデンサ —— 61
位相遅れ —— 200

位相反転現象 —— 91
位相補償 —— 206
位相余裕 —— 201
インスツルメンテーション・アンプ
　　—— 265
インターセプト・ポイント —— 338
エレクトロ・マイグレーション
　　—— 135
エレクトロ・メータ —— 245
オーディオ・ミキサ —— 44
オーバーシュート —— 216
オープン・ループ・ゲイン —— 172
オープン・ループ・トランスインピーダンス
　　—— 321
オフセット・キャンセル回路
　　—— 115, 138
オフセット電圧 —— 105
オフセット電圧ドリフト —— 118
温度ドリフト —— 95, 197

【か・カ行】

ガード・ドライブ —— 279
外来雑音 —— 131
ガウス分布 —— 168
重ねの理 —— 41
加算回路 —— 42
仮想グラウンド —— 97
カットオフ周波数 —— 60
カップリング・コンデンサ —— 72, 96
帰還量 —— 171
寄生素子 —— 196
寄生熱電対 —— 198
寄生発振 —— 196, 211
寄生容量 —— 324
極 —— 206
金属皮膜抵抗器 —— 57
偶数次ひずみ —— 323

組抵抗 ── 58
クリップ ── 83, 98
クレスト・ファクタ ── 166
クローズド・ループ・ゲイン ── 175
クロスオーバーひずみ ── 83
クロストーク ── 97
ゲイン ── 40
ゲイン誤差 ── 50, 58, 233
ゲイン帯域幅 ── 171
ゲイン余裕 ── 201
高出力型OPアンプ ── 26
高精度型OPアンプ ── 26
高精度直流回路 ── 43
高速OPアンプ ── 27, 191
高調波ひずみ ── 70, 323, 336
厚膜チップ抵抗器 ── 57
交流アンプ ── 120
コモン・モード除去フィルタ ── 273
コモン・モード・チョーク ── 273
コモン・モード・ノイズ ── 266, 269

【さ・サ行】
サグ ── 123
雑音電力密度 ── 145
雑音密度 ── 133, 254
差動アンプ ── 265
差動ゲイン ── 285
差動積分回路 ── 121
差動入力雑音電流 ── 260
シールド・ドライブ ── 279
自乗平均 ── 133, 168
しゃ断周波数 ── 68
出力インピーダンス ── 50
出力オフセット電圧 ── 104
出力換算CMRR ── 267, 287
出力換算PSRR ── 290
出力レール・ツー・レール型 ── 152

上限周波数 ── 181
ショット雑音 ── 131
シングルエンド-差動変換回路 ── 43, 177
スーパー・ベータ・トランジスタ ── 114
ストレー・キャパシティ ── 234
スペクトラム・アナライザ ── 217
スルー・レート ── 183
正規分布 ── 168
ゼーベック効果 ── 198
積層セラミック・コンデンサ ── 61
積分回路 ── 120
絶縁 ── 295
接触雑音 ── 130
零点 ── 206
全高調波ひずみ ── 161
全実効雑音電圧 ── 148
相互変調ひずみ ── 336

【た・タ行】
ダイオード保護回路 ── 88
ダイナミック・レンジ ── 128, 150
単位周波数 ── 133
炭素皮膜抵抗器 ── 57
単電源 ── 37
単電源型OPアンプ ── 30
直流アンプ ── 93
直流オフセット電圧 ── 95
チョッパ安定化OPアンプ ── 234
低オフセットOPアンプ ── 229
低雑音OPアンプ ── 249
ディジタル ── 19
ディジタル・アイソレータ ── 295, 309
ディジタル・グラウンド ── 309
低電圧OPアンプ ── 27

ディレーティング —— 27
伝播遅延時間 —— 313
電流帰還型OPアンプ —— 317
電流駆動型アンプ —— 203
等価雑音帯域幅 —— 163
動作電源電圧範囲 —— 27
同相入力電圧 —— 44
同相入力電圧誤差 —— 119, 198
ドミナント・ポール —— 203
トランジション・タイム・コンバータ
　—— 313
トランスインピーダンス —— 321
トランスコンダクタンス・アンプ
　—— 203
トランスファ・ゲイン —— 300

【な・ナ行】
内部雑音 —— 131
入力インピーダンス —— 50, 73
入力オフセット電圧 —— 103, 106
入力換算雑音電圧 —— 136, 239
入力換算雑音電圧密度 —— 141, 257
入力換算雑音電流 —— 136
入力換算雑音電流密度 —— 260
入力バイアス電流 —— 66, 106, 245
入力レール・ツー・レール型 —— 152
熱雑音 —— 131
ノイズ・ゲイン
　—— 109, 174, 177, 211
ノイズ・フロア —— 150
ノーマル・モード・ノイズ —— 272

【は・ハ行】
バーチャル・ショート —— 53
バイアス電圧 —— 59, 63
バイアス電流キャンセル回路
　—— 114, 231
白色雑音 —— 130

薄膜チップ抵抗器 —— 57
波高率 —— 166
パスコン —— 42, 211, 323
バターワース —— 163
発振 —— 65, 195
発振マージン —— 219, 245
バッファ —— 50
バッファ・アンプ —— 50
バルクハウゼンの発振条件 —— 200
パルス幅ひずみ —— 312
パワーOPアンプ —— 189
反転アンプ —— 39
反転積分回路 —— 121
反転増幅回路 —— 39
反転入力雑音電流 —— 260
非反転アンプ —— 45
非反転積分回路 —— 121
非反転増幅回路 —— 45
非反転入力雑音電流 —— 260
標準偏差 —— 168
ピンク・ノイズ —— 130
浮遊容量 —— 234
フローティング状態 —— 293
フローティング電源 —— 279
分配雑音 —— 131
ヘッドホン・アンプ —— 162
保護用ダイオード —— 135
ポップコーン雑音 —— 130
ポリエステル・フィルム・コンデンサ
　—— 61
ポリファニレン・スルフィド・フィルム・
　コンデンサ —— 61
ポリプロピレン・フィルム・コンデンサ
　—— 61
ボルテージ・フォロワ —— 50

【ま・マ行】
ミドルブルック法 ——— 223
メタル・グレーズ厚膜チップ抵抗
——— 57

【や・ヤ行】
ユニティ・ゲイン周波数 ——— 176

【ら・ラ行】
リニア・フォト・カプラ ——— 300
両電源 ——— 37
両電源型OPアンプ ——— 30, 90
リンギング ——— 196
レール・ツー・レール型 ——— 32, 151
ロックイン・アンプ ——— 253

〈著者略歴〉
川田　章弘（かわた・あきひろ）

1975年　広島県生まれ．小学校入学まで宮城県で育つ
1990年　岡山県笠岡市にてアマチュア無線局JI4XJIを開局
1995年　第1級陸上無線技術士を取得
1996年　詫間電波工業高等専門学校 電子工学科を卒業
1998年　長岡技術科学大学 工学部 生物機能工学課程を卒業
2000年　長岡技術科学大学大学院 工学研究科 生物機能工学専攻 修士課程を修了．高等学校教諭専修免許状（工業）を取得
2000年　㈱アドバンテストに入社．群馬R&Dセンタにて，半導体試験装置（ATE）向けアナログ・オプションの研究開発に従事
2004年　日本テキサス・インスツルメンツ㈱に入社．フィールド・アプリケーション・エンジニア（FAE）として，OPアンプやA-D/D-Aコンバータの技術サポートを担当
2008年　社内インターンシップのため日本テキサス・インスツルメンツ㈱厚木テクノロジー・センタに勤務
2009年　ヤマハ㈱に入社．AV機器事業部勤務

電子情報通信学会，日本人間工学会，会員
米国電気電子学会（IEEE）Member

- **本書記載の社名，製品名について** ── 本書に記載されている社名および製品名は，一般に開発メーカーの登録商標です．なお，本文中ではTM，®，©の各表示を明記していません．
- **本書掲載記事の利用についてのご注意** ── 本書掲載記事は著作権法により保護され，また産業財産権が確立されている場合があります．したがって，記事として掲載された技術情報をもとに製品化をするには，著作権者および産業財産権者の許可が必要です．また，掲載された技術情報を利用することにより発生した損害などに関して，CQ出版社および著作権者ならびに産業財産権者は責任を負いかねますのでご了承ください．
- **本書に関するご質問について** ── 文章，数式などの記述上の不明点についてのご質問は，必ず往復はがきか返信用封筒を同封した封書でお願いいたします．ご質問は著者に回送し直接回答していただきますので，多少時間がかかります．また，本書の記載範囲を越えるご質問には応じられませんので，ご了承ください．
- **本書の複製等について** ── 本書のコピー，スキャン，デジタル化等の無断複製は著作権法上での例外を除き禁じられています．本書を代行業者等の第三者に依頼してスキャンやデジタル化することは，たとえ個人や家庭内の利用でも認められておりません．

JCOPY 〈(社)出版者著作権管理機構委託出版物〉
本書の全部または一部を無断で複写複製(コピー)することは，著作権法上での例外を除き，禁じられています．本書からの複製を希望される場合は，(社)出版者著作権管理機構(TEL：03-3513-6969)にご連絡ください．

OPアンプ活用 成功のかぎ

2009年 5月15日 初版発行 　© 川田 章弘 2009
2017年 2月 1日 第6版発行

著　者　　川田 章弘
発行人　　寺前 裕司
発行所　　CQ出版株式会社
　　　　　東京都文京区千石 4-29-14（〒112-8619）
電話　　編集　03-5395-2148
　　　　販売　03-5395-2141

編集担当　寺前 裕司
本文イラスト　神崎 真理子
DTP・印刷・製本　三晃印刷㈱
乱丁・落丁本はご面倒でも小社宛お送りください．送料小社負担にてお取り替えいたします．
定価はカバーに表示してあります．
ISBN978-4-7898-4206-8
Printed in Japan